童·笑·梅
育儿知识百科

—— 童笑梅 编著 ——

四川科学技术出版社

童笑梅
儿科权威专家

　　每一个孩子都是上天赐给父母的天使。让孩子健康快乐地成长，是每一位爸爸、妈妈最大的心愿。可是，做过父母的人都知道，这可并不容易。孩子成长过程中出现的各种问题真是令做父母的费尽心思、绞尽脑汁，却往往无可奈何。

　　作为母亲的我，也曾经历了这样一段刻骨铭心的心路历程。在养育孩子的过程中，既有孩子乖巧懂事和健康带来的甜蜜快乐，又有孩子任性胡闹带来的生气无奈。养育孩子比怀孕时更累，必须一天24小时都用来满足他的需要。一般新妈妈开始进入角色并不太容易，没有母乳、孩子夜里又哭又闹、不肯吃辅食、认生、依恋母亲，怎么办？

　　养育孩子到底难不难？相信很多父母都会有这个疑惑。其实，在我看来，父母之所以感到育儿吃力，原因之一就是父母并不了解孩子的生长发育过程和他们的内心状态。如果能清楚地了解孩子发育过程中每一阶段的身心状态，以及需要采取的措施和方法，那么在养育孩子上就可以收到事半功倍的效果。

　　因此，作为国内婴幼儿领域的一位临床实践者，我深知肩负着为广大父母寻求育儿心经、解决育儿难题的重大责任。在近20年的工作中，我全身心地投入到新生儿疾病、早产儿管理、新生儿重症监护以及儿童生长发育等方面的临床和实验研究中，丝毫不敢有所懈怠。

　　近20年来，无数的新手爸爸妈妈咨询过我，他们给予我巨大的信任和支持。作为一名儿科大夫，我感激又感动，在内心深处涌动着一种渴望，那就是把多年心血凝聚的育儿知识，像聊家常一样，讲给正在养育孩子的父母们听。

　　鉴于此，我特别推出《童笑梅育儿知识百科》这本书，本书涵盖了孩子成长发育的方方面面。我深切希望，这本书能够成为您枕边的育儿法宝，为您解决育儿过程中的诸多问题，同时，也衷心地祝愿您的孩子能够健康茁壮地成长，成为栋梁之才！

童笑梅

Proposed Preamble

3岁前的养育决定孩子的一生
——《童笑梅育儿知识百科》推荐序

一个新生命诞生了，新手爸爸妈妈们在喜悦之余，也常常会产生一份无奈和困惑——如何尽快适应为人父母的新角色？如何给宝宝更周到、更细致的照顾？怎样让宝宝更健康？怎样让宝宝更快乐?怎样让宝宝更聪明？……童笑梅大夫的这一套育儿经，给我们带来了一个个直观、实用而又通俗的答案。

童大夫是北京大学第三医院儿科主任、主任医师、硕士生导师，她长期致力于新生儿疾病、早产儿管理、新生儿重症监护以及儿童生长发育等方面的临床和实验研究，积累了丰富的临床、教学和科研工作经验。更加难能可贵的是，童大夫并没有把这些经验视为自己的独家秘籍，而是在繁忙的工作之余，辛勤撰稿，公之于众，造福更多的家庭。

本书适合0～3岁的宝宝。这本书最大的特点是：讲得清楚，写得全面，案例真切具体，因此，这也是我极力推荐的理由之一。根据婴幼儿成长各阶段身心发展的规律，童大夫结合自己丰富的临床经验和扎实的医学功底，搜集和介绍了丰富的、切实可行的养育宝宝的技巧和方法。0～3岁宝宝发育成长过程中会碰到的几乎所有问题，在这里都能找到科学系统的分析和指导！家里的书架上摆上这么一本"百宝囊"，关于宝宝的哺育可就真真正正地"万事不求人"了。

《童笑梅育儿知识百科》这本书无论是内容、结构还是版式设计，都能给人耳目一新的感觉。图书版式设计新颖，能鲜明突出图书的主题，有利于新手爸爸妈妈们对内容的理解，融艺术性、可读性于一体，有良好的视觉效果。图书内文在说教中蕴含思想与知识，在情趣中蕴含教育。尤其值得注意的是书中传递的现代育儿知识和育儿理念，相信一定会给新手爸爸妈妈们带来很多有益的启迪。

孩子是人类的希望，人类素质的提高应该从孩子抓起。意大利著名幼儿教育家蒙台梭利说："3岁前的教育决定了孩子的一生。"这一时期孩子的可塑性特别强，他们将来的发展，首先是父母给他们营造的环境决定的。家长对孩子的培养将影响孩子的一生。《童笑梅育儿知识百科》传递着爱的力量，荡漾着温暖的深情，这本书的出版，正是肩负起了这样的职责。

分享童大夫的育儿经验，让人心里觉得非常温暖、亲切和踏实。

王廷礼
中国优生科学协会理事
中国儿童医学研究中心主任

Contents 目录

03 ◆ 宝宝成长必备的优势营养及黄金食物

04 ◆ 添加辅食，这些食物要小心

母乳喂养是人类最原始的喂养方法，
同时也是 最科学、最安全、最有效的 喂养方法。
进行母乳喂养，无论是对宝宝还是妈妈都大有好处，
因此，世界卫生组织和儿童基金会曾提出：
鼓励、支持、保护、帮助母乳喂养！

PART
1

辅食与喂养篇

01 母乳——
喂养宝宝的**最佳奶品**

全面解析母乳的优势营养

　　母乳是婴儿成长唯一最自然、最安全、最健康的天然食物，它含有婴儿成长所需的所有营养和抗体。母乳中含有50%的脂肪，除了能为宝宝提供充足的热量之外，还能满足宝宝脑部发育所需的脂肪。另外，丰富的钙和磷可以使宝宝长得高又壮，而免疫球蛋白可以有效预防及保护婴儿免于感染及慢性病的侵袭。

母乳的五大基础营养成分

　　蛋白质：母乳中的蛋白质主要由酪蛋白和乳白蛋白组成，含量为11～13克/升，酪蛋白能为人体提供氨基酸和无机磷；乳白蛋白约占蛋白质总量的2/3，主要成分有α–乳白蛋白、乳铁蛋白、溶菌酶、白蛋白，营养价值高。乳白蛋白可促进糖的合成，在胃中遇酸后形成凝块小，有利于婴儿的消化吸收。

　　乳糖：母乳中的乳糖是婴儿热能的主要来源，含量为65～70克/升，较牛奶中乳糖含量(45～50克/升)高，对婴儿脑发育有促进作用。母乳中所含的乙型乳糖有助于钙的吸收，还能间接抑制大肠杆菌的生长。

　　脂肪：母乳中的脂肪主要以细颗粒的乳剂形态存在，其中较易吸收的油酸酯含量比牛奶多1倍，而且母乳中还含有脂肪分解酶，具有消化脂肪的功效，因此母乳中的脂肪更易于宝宝吸收。

　　维生素：母乳中富含维生素A、维生素E、维生素C、维生素B_1、维生素B_2、维生素B_6、维生素B_{12}、维生素K，叶酸含量较少，但能满足宝宝的正常生理需要。

　　矿物质：母乳中的矿物质含量约为牛奶的1/3，钙、磷含量（33∶15）比牛奶（125∶99）低，但钙、磷比例适宜（母乳为2∶1，牛奶为1.2∶1），钙的吸收良好，所以母乳喂养儿较少发生低钙血症；铁在母乳中含量较低，但吸收率高于牛奶；母乳中锌的含量不高，但母乳中存在一种小分子质量的配位体能与锌结合，可促进锌的吸收，因此母乳中锌的利用率很高。

母乳中的抗毒先锋——乳铁蛋白

乳铁蛋白是一种多功能蛋白质，存在于乳汁、血浆、免疫系统的中性白细胞和巨噬细胞中，母乳中富含的乳铁蛋白可调节血液中自由铁离子的浓度并渗透到机体的细胞核中，破坏细菌和病毒的DNA（脱氧核糖核酸），使它们失去侵害婴儿机体的能力。乳铁蛋白对宝宝的好处主要有以下几个方面。

抗菌：坚持母乳喂养的宝宝身体好有很大的原因就是乳铁蛋白具有很强的抗菌作用。因为乳铁蛋白进入宝宝体内后能高度结合铁，为宝宝补铁的同时也使细菌失去了它生长所需的基本养分——铁。另外，乳铁蛋白还能增加细菌细胞膜的通透性，使细菌的脂多糖从外膜渗出，起到杀菌作用。

抗病毒：乳铁蛋白通过抑制病毒进入细胞，减轻对细胞的损害，因此能有效预防宝宝患病。

抗氧化：乳铁蛋白具有核糖核酸酶的活性，能降解酶中的转运RNA、抑制超氧离子的形成，可降低人体内自由基对动脉血管壁弹性蛋白的破坏，具有很好的抗氧化作用。

调节机体免疫反应：乳铁蛋白能调节机体免疫系统，是因为乳铁蛋白对T细胞成熟有促进作用，而T细胞在体内能产生抗体，是人体抵御疾病感染的英勇斗士。对自身抗病能力不强的宝宝来说，这是十分重要的。

降低药物的损害：通常，妈妈都会担心自己服药后会通过母乳影响宝宝，其实妈妈也不必谈药色变，因为母乳中的乳铁蛋白能同多种抗生素和抗病毒药物发生协同作用，可将药物对宝宝肝、肾的损害降到最低，因此妈妈服药期间也可视情况进行母乳喂养，而不是必须停止喂养。

★ 吃母乳的宝宝身体发育更快。

母乳喂养好处多

俗话说，金水银水不如妈妈的奶水，这充分显示了母乳对于婴儿成长的重要性。世界卫生组织表示，母乳喂养有其不可替代的优势，对婴儿的健康成长有很多好处。同时，对哺乳妈妈产后康复也有很好的促进作用。

母乳喂养对婴儿的好处

世界卫生组织表示，母乳含有婴幼儿生长发育必需的各种营养成分，如不饱和脂肪酸、乳糖、多种维生素、牛磺酸、优质蛋白等，是婴儿最理想的天然食品，对婴幼儿存活、生长、发育、健康都极为重要。

● 提高婴儿免疫力

母乳中至少有50种成分具有免疫性，其中最具代表性的就是免疫球蛋白、免疫活性细胞和双歧因子，这些对提高宝宝的免疫力都十分有效。

母乳中的免疫球蛋白以初乳(产后2～4天内的乳汁)中浓度最高，免疫球蛋白中的抗体物质通过母乳进入婴儿体内，分布在婴儿的咽部、鼻咽部和胃肠道局部黏膜表面，在肠道中不被降解，能中和毒素、凝集病原体，防止它们侵入婴儿体内，从而起到抗病毒及抵抗细菌的

作用，减少婴儿患病机会，在预防新生儿和婴儿肠道感染中非常重要。

母乳中的免疫活性细胞具有吞噬和杀灭葡萄球菌、致病性大肠杆菌的能力，能合成溶菌酶和乳铁蛋白，母乳喂养的婴儿能够得到这些细胞的有效保护，自然就很少生病。而且，母亲体内的抗体正好是针对居住环境中存在的病原，带有这些抗体的母乳就像是婴儿抵御病原侵害的屏障。

母乳中的双歧因子含量高且稳定，可促进肠道内乳酸杆菌生长，从而抑制大肠杆菌、痢疾杆菌的生长繁殖。母

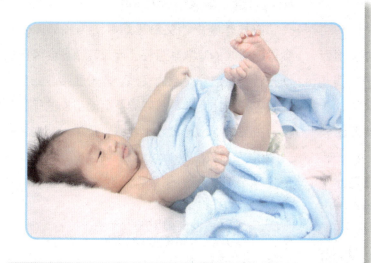

乳中溶菌酶较牛奶中高300倍，能水解细菌细胞膜上的黏多糖，溶解其细胞膜而杀伤细菌。

　　婴幼儿正处在一个高速成长的阶段，但跟成人比体质还比较脆弱，容易受病原微生物的侵害，因此增强宝宝机体的免疫力就显得尤为重要。只有免疫力增强了，宝宝才能更强壮，才能有效地抵御疾病侵袭而健康长大。所以为了宝宝的健康，妈妈要尽量坚持母乳喂养，让母乳为宝宝的成长保驾护航。

母乳免疫力效果可持续到青少年时期

　　母乳喂养的婴儿不仅在3岁前免疫力强于吃配方奶粉长大的婴儿，而且这种较强免疫力会一直持续到青少年时期。

　　研究显示，在出生后13～19个星期里完全接受母乳喂养的婴儿较之吃母乳时间仅在5～10个星期的婴儿免疫力明显增强。母乳喂养的婴儿在青少年时期患痢疾、呼吸道感染、中耳炎以及泌尿系统感染的概率也远远低于喝配方奶粉长大的婴儿。因此，让婴儿坚持吃母乳是最好的。

童大夫提醒

● 促进婴儿健康成长

　　母乳中含有具有调节婴儿成长功能的生长因子和激素，如生长激素释放因子、表皮生长因子、前列腺素等。这些重要成分支持机体生长，可促进机体内部各系统，如神经系统、内分泌系统、消化系统等的生长发育以及纤维细胞的增殖，能促进新生细胞建立组织以及帮助机体修复受损组织。

　　研究表明，4～6个月纯母乳喂养的婴儿，体重、身长、头围、胸围都明显优于非纯母乳喂养儿。研究结果显示，4个月大的婴儿纯母乳喂养比非纯母乳喂养的平均身长要多1.2厘米，纯母乳喂养的婴儿患生长迟缓的危险性比非纯母乳喂养的婴儿低50%。因此，母乳喂养对婴幼儿的生长发育具有非常显著的促进作用。

● 有益于宝宝的大脑发育

　　母乳中含有天然的胆固醇，胆固醇有利于宝宝出生后前两年的生长发育，尤其对大脑和神经系统的发育有很好的促进作用。另外，母乳中含有的胆固醇和DHA可有效预防宝宝成年后发生神经系统疾病。母乳喂养的宝宝平均智商较人工喂养的宝宝高。因此，母乳喂养是宝宝聪明又健康的最佳保证。

● 婴儿长大后不易患心脏病或中风

血压上升、胆固醇升高以及过于肥胖和患糖尿病这4点是引发中风和心脏病的主要危险因素，而英国的一项研究表明，非母乳喂养的婴儿在许多年后面临这些健康危险的可能性更高。

研究人员调查发现，母乳喂养的婴儿比较健康的原因是因为他们在出生后最初几周成长较缓慢。而且母乳喂养对成长后血压和胆固醇水平的影响，比他们成年后为控制心血管疾病危险因素而采取的任何措施都要大（服药除外）。由此科学家指出，母乳喂养可降低孩子成年后患心脏病或中风的危险，并对婴儿心血管疾病有预防作用。

● 防止婴儿腹泻的发生

婴儿腹泻大多是由肠道细菌感染引起的，如致病性大肠杆菌、轮状病毒、空肠弯曲菌等，而母乳中的免疫成分对以上细菌都具有明显的抑制作用，能有效预防宝宝发生腹泻。

● 降低婴儿长大后患肥胖的危险性

研究表明，母乳喂养对儿童期或成人期肥胖具有积极的预防作用。母乳喂养时间坚持6个月以上时，婴儿长大后体重超重和肥胖的危险性分别会降低30%和40%。

母乳喂养利于婴儿牙齿发育

母乳喂养的婴儿吮吸乳头要花的力气比吮吸奶瓶大得多，吮吸的动作有助于下颌的发育，锻炼下颌的力量，使牙床发育得更好，为将来牙齿的健康奠定良好的基础。

童大夫提醒

● 降低婴儿患哮喘病的可能

家族哮喘史、父母吸烟等遗传和环境因素会影响婴儿的哮喘易感性，而母乳喂养会降低婴幼儿特异反应和哮喘的发作。非母乳喂养儿与母乳喂养儿相比更容易患哮喘及运动引发的呼吸困难，主要的原因是母乳喂养减少了摄入其他食物（可能潜在致敏原）的可能性，而且母乳具有提供免疫调节、抗菌的作用，可有效预防哮喘的发作。

● 利于婴儿长大后的心理健康

初生的婴儿只能看到30厘米左右的物体，正好是哺乳时妈妈面部到婴儿眼睛的距离。哺乳时产生的母子接触对婴儿的心理发展十分有益。现在，母乳喂养已不再是单纯的一种喂养方法，更重要的是，这是使婴儿感到温暖、安全和舒适的重要途径，能为婴儿长大后的心理发育奠定良好的基础。

● 促进婴幼儿认知发育

母乳喂养对婴儿的认知发育具有促进作用。母乳中含有丰富的长链多不饱和脂肪酸和氨基酸以及比例适宜的蛋白质，这些都是促进婴幼儿大脑发育所必需的物质。母乳喂养儿脑中多不饱和脂肪酸水平、精神发育指数均显著高于非母乳喂养儿。

专家对母乳喂养与儿童的智商及入学后学习成绩的关系进行研究后发现，母乳喂养儿在智商指数、阅读能力、计算能力以及学习成绩等方面明显优于非母乳喂养儿。

母乳喂养对妈妈的好处

● 利于产后康复

◎有助于产后子宫复原。哺乳过程中婴儿的不断吮吸会刺激母体内缩宫素的分泌而引起子宫收缩，减少产后子宫出血的危险，还可促进产后子宫较快地恢复到孕前状态，并可避免乳房肿胀和乳腺炎的发生。因此妈妈坚持母乳喂养，对子宫复原很有帮助。

◎有助于产后体型恢复。现在有很多妈妈为了尽快恢复孕前的体型过早给孩子断奶，然后花时间和金钱重塑身材，其实这大可不必。女性在怀孕期间所积蓄的脂肪，就是为产后哺乳而储存的"燃料"。只要产后坚持进行母乳喂养就能消耗体内额外的热量，妈妈的新陈代谢也会改变，不用节食就能达到减肥的目的。

◎使妈妈身体放松、心情愉快。观察哺乳的妈妈我们不难发现，她们在哺乳的过程中都表现得非常安详，宝宝也吃着吃着就睡着了。科学研究证明，母乳中含有一种天然促进睡眠的蛋白质，能让宝宝安然入睡，而宝宝的吸吮动作也会使妈妈体内分泌有助于放松的激素，而且哺乳过程中的互动也会增进亲子感情，有利于妈妈保持愉快的心情。

● 使妈妈的心脏更健康

研究显示，在没有哺乳经历的女性中，32％的人患有冠状动脉硬化、18％的人患有颈动脉粥样硬化斑块、39％的人患有大动脉硬化，而在有过哺乳经历的女性中，有上述三种病的人分别只占17％、10％和17％。上述三种病容易导致心脏病和中风，没有哺乳过的女性患大动脉硬化的风险要比哺乳过的女性高5倍。

哺乳之所以对女性的心脏有利，原因可能就是哺乳能帮助她们分解并排出体内由于妊娠而积攒的多余脂肪。如果女性不哺乳，她们的身体就不得不设法应付这些过剩的脂肪，就会给心脏造成负担。因此，建议女性生育后应尽量延长哺乳时间。

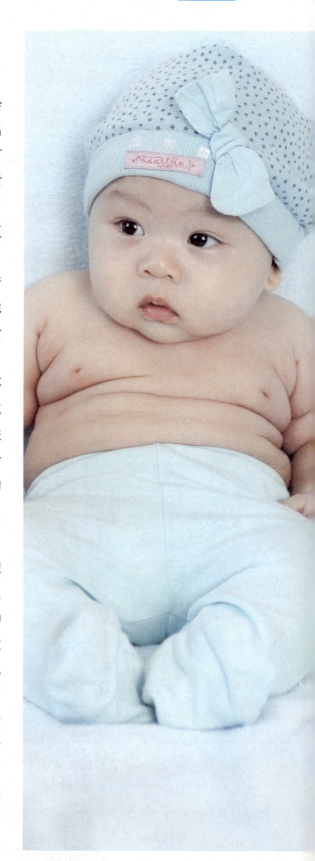

珍贵的初乳，不要错过

> 新妈妈产后7天内所分泌的乳汁称为初乳。初乳含有大量的胡萝卜素，胡萝卜素在体内经过一系列化学反应后转换成维生素A。初乳呈黄白色，稀薄似水状，看上去不像奶。

初乳与婴儿的关系

初乳的量虽然不多，但对产后7天母乳营养成分调查的结果表明，初乳与之后的成熟乳相比，含有丰富的蛋白质和矿物质，较少的糖和脂肪，还有更多的维生素、矿物质等营养成分，非常适合新生儿的消化要求。

初乳之所以重要，除了它富含婴儿生长发育需要的丰富营养外，更主要的原因就是其具有极强的免疫功能，能增加婴儿抗病能力。由此可见，民间旧俗认为产后头几天的乳汁不干净，主张把其挤出去扔掉，这是错误的做法。初乳是新生儿最理想的营养食品，所以应该让新生儿吸吮初乳，不应把初乳弃掉。

初乳的优点

● 乳铁蛋白含量较其他阶段高

乳铁蛋白是一种具备多种生理功能的蛋白质，对于婴幼儿而言是不可或缺的营养成分。研究发现，母乳中初乳的乳铁蛋白含量最高，过渡乳和成熟乳依次降低。乳铁蛋白与妈妈自身的营养状况息息相关，营养状况好的妈妈母乳中乳铁蛋白的含量较高。

● 有助提高母乳安全性

任何食物都必须具备一定的安全性，母乳也不例外。我国对大城市母乳污染情况的调查报告显示，中国妈妈的母乳中存在铅、汞、铜等重金属成分，但总体母乳重金属含量水平处于可接受范围。

母乳是婴儿的最佳食物来源和主要营养来源，也是潜在的有毒化学物质暴露源。一定程度上，母乳的安全性决定于妈妈的饮食。如果妈妈在怀孕期间吸烟或被动吸烟，将会导致母乳中铅含量过高，而经常食用海鱼、河鱼、贝类、螃蟹等水产品的妈妈，其乳汁中重金属元素的含量就会相对较高。因此，初乳是监测母乳是否安全的重要凭证，是妈妈提高母乳质量和安全性的重要参考。

● 初乳具有轻泻作用

初乳可以使新生儿的胎粪尽早排出。因胎粪中含有大量胆红素，其中50%能被肠道吸收，所以初乳能减少高胆红素血症发生的机会。初乳中含有生长因子，能促进小肠绒毛成熟，可阻止不全蛋白质代谢产物进入血液，以防止发生过敏反应。

★ 妈妈的初乳十分珍贵，一定要给宝宝吃。

● **溶菌酶含量极高**

溶菌酶是婴儿成长必不可少的蛋白质，它在抗菌、避免病毒感染以及维持肠道内菌群正常化、促进双歧杆菌增殖等方面都发挥着重要的作用。母乳中初乳溶菌酶的含量最高，过渡乳和成熟乳依次降低。测定并研究产妇母乳中溶菌酶的含量状况，对指导未来在配方奶粉中添加适宜于婴儿的溶菌酶配方十分重要。

● **含有丰富的微量元素**

初乳中含有丰富的锌等微量元素，对促进婴儿的生长发育特别是神经系统的发育十分有益。

初乳与免疫

初乳与普通乳汁的主要区别在于其富含免疫因子、生长因子以及婴儿生长发育所必需的多种营养物质，是大自然提供给新生命最珍贵的初始食物。新生儿摄入初乳后可提高免疫力、增强体质、抵御外界病原侵袭而健康成长。因此，初乳是全世界公认的可以影响新生儿初生阶段甚至一生健康的重要物质。

● **初乳中免疫球蛋白含量很高**

根据对产后1～16天的母乳营养成分分析结果，初乳中免疫球蛋白含量很高，尤其是其中的IgA，产后第1天含量最高，产后第3天仅是第1天的1/3，产后第6天是第1天的1/17。它能保护新生儿娇嫩的消化道和呼吸道黏膜，使之不受微生物的侵袭。而这些免疫球蛋白在新生儿体内含量是极低的。如果用母乳进行喂养，可使新生儿在出生后一段时间内具有防感染的能力。

● **初乳中含有有益细胞**

如中性粒细胞、巨噬细胞和淋巴细胞，它们有直接吞噬微生物异物、参与免疫反应的功能，能增加新生儿的免疫能力。所以，初乳被人们称为第1次免疫，对新生儿的终生生长发育具有重要意义。

母乳喂养的11个注意事项

认同母乳喂养

观察显示，母乳喂养的妈妈饮食状况良好，而且情绪稳定、心情舒畅。因此妈妈一定要树立坚持母乳喂养的信心，这不但对宝宝有益，对妈妈来说也十分重要。

有些妈妈会担心哺乳影响身材而不愿意给宝宝喂哺母乳，其实这种想法是不对的。哺乳不但不会引起乳房下垂，反而宝宝的吸吮还能促进母体分泌催产素，而催产素会增强乳房悬韧带的弹性。另外，不愿意进行母乳喂养的妈妈常常因为不能及时排空乳房内的乳汁，而且乳房也缺乏足够的吸吮刺激，从而导致反射性泌乳素及催产素停止分泌，反而不利于乳房保养。

其实，真正影响乳房外形的是孕期的乳房护理情况。女性在怀孕期间乳房仍继续发育，如果护理不当极易导致乳房松弛。因此，女性应在怀孕阶段就开始注意乳房的护理，如使用宽带乳罩支撑乳房，同时配合按摩或局部使用专用保养品来增加皮肤及皮下组织的弹性，以减少发生乳房下垂的可能，而并不是通过拒绝母乳来达到这个目的。

母婴同室

有的医院在妈妈产后会让母婴分室而居，只有在需要喂奶时才让婴儿回到妈妈身边，其实这样做对乳母、婴儿都不利。尽管婴儿刚刚娩出后频繁地哭闹会影响妈妈的休息，但妈妈的触摸、母子之间的对视互动对妈妈来说是一种良性刺激，不仅可以增进母婴之间的感情，而且可有效地刺激泌乳系统，解除下丘脑的抑制，使泌乳量增加。因此建议母婴同室，这对母乳喂养更有利。

尽早开奶

婴儿出生后，妈妈适当休息调整后即应开始喂养，及时让婴儿吸吮乳头，这对婴儿和妈妈都是十分重要的。妈妈分娩后，最好是在第一个小时之内就喂奶，之后每当宝宝出现饿的迹象时就喂一次奶。如果不知道是否该给宝宝喂奶了，可以把手放在宝宝的脸颊上，如果他张着嘴扭过头来寻找妈妈的手，那就说明可以给他喂奶了。

按需喂哺

产后的最初几天母乳分泌量较少，不宜固定时间喂奶，可根据宝宝的需要灵活地调节喂奶次数。如果妈妈乳汁分泌较少，可适当增加喂奶次数，这样一方面可以满足宝宝的生理需要，另一方面也可以通过宝宝吸吮的刺激来增加泌乳量，到这时再适当延长喂奶间隔即可。

如果将喂奶的时间固定，宝宝因饥饿而哭闹不停时，时间长了宝宝哭累了，等到了该喂奶的时候反而会因为过度疲劳而食量降低，而且哭闹会使气体进入宝宝的胃里，吃奶后容易引起呕吐。足月儿每隔三四个小时喂一次即可。至于每次喂奶的时间，第一天每次每侧喂奶约2分钟，第二天约4分钟，第三天约6分钟，以后为8～10分钟，即一次喂完两侧乳房共需15～20分钟。

夜间喂养很重要

除了保证白天对婴儿进行足够的哺乳外，还应注意夜间喂养。妈妈在夜间产生的泌乳素是白天的50倍，频繁的乳头刺激既有利于引起子宫收缩，减少产后出血量，又能促进妈妈的乳汁分泌，同时利于增进母子感情。

充分排空乳房

有的妈妈认为，乳房排空了会使乳汁越来越少，其实这种观点是错误的。充分排空乳房会有效刺激泌乳素的分泌，使妈妈产生更多的乳汁。一般情况下，妈妈可以用手挤奶或使用吸奶器吸奶来充分排空乳房中的乳汁。

掌握正确的哺乳方法

正确的哺乳方法对增加泌乳量及婴儿的健康都十分有益。妈妈在进行喂哺前应先让婴儿的嘴唇接触乳头，诱发他产生觅食反射，从而使宝宝的嘴张到足够大，以能含住乳头和大部分乳晕为宜。当婴儿嘴张大、舌向下的时候，妈妈即刻将婴儿靠向自己，使其能准确地把乳晕吸入口内。

哺乳时应两侧乳房交替进行，这样可以使宝宝在一天内从两侧的乳房中获得大致等量的奶水，既能吃到前奶，也能吃到后奶，营养全面。这样不仅利于婴儿的生长发育，也有利于乳汁的正常分泌与"休整"，对乳房的美观也有好处。

哺乳结束后，可挤少量的乳汁均匀地涂抹在乳头上，以保护乳头的表皮，防止乳头皲裂。在婴儿吃饱后，应及时将乳头拿出来，这样有利于宝宝的口腔健康。

应避免用奶瓶喂养

如果婴儿出现吸奶问题时，也尽量不要给他用奶瓶。因为宝宝一旦用过奶瓶，就很难再学会用正确的方式吸吮乳头，而且吸奶嘴比较省力，也会使宝宝出现厌奶症状。实际上，即使婴儿没有吸奶问题，在一个月以内也应该尽量避免使用奶瓶喂养宝宝。开始引入奶瓶时，每天只喂一次，观察宝宝吃母乳时有无变化，再逐渐增加用奶瓶的次数。

注意乳房卫生

健康的乳房是为宝宝提供优质母乳的基本条件，保持乳房（特别是乳头）卫生，防止乳房挤压、损伤，对有效提高泌乳质量极其重要。妈妈产后宜经常用温开水清洗乳房，切忌使用肥皂、酒精、洗涤剂等刺激性物品，以免造成乳头干燥、皲裂。对于乳汁分泌不足或乳房胀痛的妈妈，可进行适度的按摩，以促进乳房血液循环和乳汁分泌。一旦出现乳头感染，应及时采取积极措施，以免引发乳腺炎。为了更好地保持乳房卫生，妈妈们应穿戴专用的哺乳文胸，便于穿着、哺乳，还能起到按摩乳房的作用，对于产后哺乳及乳房恢复都有好处。内衣宜选择柔软布料的产品，不宜穿着化纤原料的衣服，避免衣服对乳头产生不良刺激，防止发生乳房炎症。

防止婴儿吐奶

吐奶是喂养婴儿时十分常见的现象，多半是由于婴儿在吃奶时吸进了空气所致。婴儿的胃不像成人那样是垂向下方的，而是水平的，所以导致宝宝的胃容量很小，而且连接食管处的贲门较宽且不容易关闭，而连接小肠处的幽门却比较紧，所以如果婴儿吃奶时吸入了较多空气，乳汁很容易倒流回口腔，引起吐奶。其实，只要注意哺乳方法，吐奶是完全可以避免的。

妈妈在给宝宝喂奶后将宝宝竖直抱起，头靠在肩部，空掌由下向上轻拍宝宝背部，使吸乳时吞入胃中的空气排出，还可以让宝宝坐在妈妈膝盖上，身体稍向前倾，妈妈的一只手托住宝宝的前胸和下巴，另一只手轻拍宝宝背部使气体排出。

增加乳母营养

妈妈在产后要注意摄取丰富的营养，多补充富含水分的食物以满足月子里对营养的需要，要在饮食上注意以下几点。

增加餐次：妈妈以每日5~6餐为宜，有利于胃肠功能的恢复，减轻胃肠负担。

合理搭配：首先，妈妈的饮食宜干稀搭配，干的能保证营养的供给，稀的能保证水分的供给。另外，还应注意荤素搭配，不要偏食。不同食物里所含的营养成分不同，而妈妈需要的营养应该是全面的，只有全面摄取食物，才能满足自身和宝宝的营养需要。

清淡适宜：一般认为，妈妈在月子期间应该吃清淡适宜的食物，应少食葱、大蒜、花椒、辣椒等刺激食物，食盐也应少吃。

调理脾胃：妈妈坐月子期间应该吃一些健脾开胃、促进消化、增强食欲的食物。如山楂、大枣、西红柿等。山楂具有开胃助消化的功能，还有促进子宫恢复的作用。

新妈妈的"下奶"食谱

鲫鱼汤

材料：鲫鱼1条，葱段、姜片各少许

调料：盐、料酒、鸡精各少许

做法：1.鲫鱼洗净控干水。

2.油锅烧热，放入鲫鱼，煎至两面金黄时捞出。

3.另起锅加水，放入煎好的鲫鱼，加入姜片、盐、料酒，煲至汤乳白浓稠后加入少许葱段、鸡精即可。

健康提示 鲫鱼汤含有丰富的蛋白质，不但有催乳、下乳的作用，对产妇身体恢复也有很好的补益作用。

清炖鲢鱼

材料：鲢鱼1条，姜、葱、蒜各少许

调料：油、料酒、酱油、盐各适量

做法：1.鲢鱼处理干净，姜切片，葱切段，蒜切片。

2.油锅烧热，放入鲢鱼，炸至两面浅黄色时捞出。

3.锅内留底油，放入葱段、姜片、蒜片煸炒，烹入料酒、酱油，放入鲢鱼，加水炖至鱼熟透，加盐即可。

健康提示 鲢鱼含有丰富的胶原蛋白，对皮肤粗糙、脱屑、头发干脆易脱落均有很好的疗效，是女性美容不可忽视的佳肴。中医认为，鲢鱼具有健脾补气、暖胃、泽肌肤的功效，适用于脾胃虚寒者食用，对产妇有催乳功效。

丝瓜鲫鱼汤

材料：鲫鱼500克，丝瓜200克，葱、姜各适量

调料：油、料酒、盐各适量

做法：1.鲫鱼洗净，背上切花刀；丝瓜洗净，切片。

2.油锅烧热，放入鲫鱼，煎至两面金黄时烹入料酒，加清水、葱、姜，小火焖炖20分钟。

3.将丝瓜片下入锅中，旺火煮至汤呈乳白色后加盐，3分钟后即可起锅。

健康提示 丝瓜具有清热利肠、凉血解毒、通经络、行血脉、下乳汁的作用，与鲫鱼同做汤，具有良好的生乳作用。对乳络不通、胀乳汁少或乳胀生结、疼痛乳少的产妇非常有益，能促进乳汁通利，防止乳腺炎的发生，是产妇催乳首选。

黄鱼烧豆腐

材料：黄鱼300克，豆腐400克，火腿30克，葱、姜各适量

调料：油、料酒、白糖、酱油、盐各适量

做法：1.黄鱼清理干净后放入盆中，切块，倒入酱油腌一下。

2.葱洗净，切段；姜去皮，洗净切片；豆腐洗净，切丁；火腿切丁。

3.油锅烧热，将黄鱼块放入，煎至两面发黄时盛出。

4.锅内留余油加热，放入葱段、姜片爆香，再把黄鱼放入，加料酒、白糖、酱油和清水烧沸，调小火煮10分钟后转大火，加入豆腐、火腿丁、盐和水再烧至鱼熟即可。

健康提示 黄鱼含有丰富的蛋白质、微量元素和维生素，能清除人体代谢产生的自由基，延缓衰老。中医认为，黄鱼对女性产后体虚有良好的疗效。豆腐营养丰富，消化吸收率高，非常适合产后女性进食。

鲫鱼蒸蛋

材料：鲫鱼2条，鸡蛋1个，姜适量

调料：油、盐各适量

做法：1.鲫鱼处理干净，在鱼身两侧切花刀。

2.煲置火上，放入适量清水后用大火烧开，放入鲫鱼及盐，烧1分钟左右连汤盛入碗内备用。

3.鸡蛋打入碗内，加清水、盐搅打均匀，上笼蒸至凝固，取出后随即放入鲫鱼，浇入煮鱼原汤，撒上姜丝，淋上少许油，再放蒸笼里，上火蒸5～10分钟即可。

健康提示 鲫鱼含游离氨基酸、蛋白质、维生素A、维生素B1、维生素B2、尼克酸、钙、钠、铁、磷等多种营养素，具有补中益气、利湿通乳的功效，为高蛋白、低脂肪食品。女性产后食用既可促进乳汁分泌，同时对产后身体康复也十分有益。

花生炖猪蹄

材料：花生米200克，猪蹄4只，葱、姜各适量

调料：盐、料酒各适量

做法：1.猪蹄洗净斩块，葱切段，姜切片。

2.锅置火上，加适量清水烧沸，放入猪蹄略煮片刻，捞出备用。

3.将处理好的猪蹄放入砂锅内，加入花生米、盐、葱段、姜片、料酒、清水，置旺火上烧沸，改用小火炖至猪蹄熟烂即成。

健康提示 花生性平味甘，具有养血益阴、催乳增乳的功效。与猪蹄共炖，可养血生精、通络增乳，适用于产后血虚体弱、乳汁不足的产妇食用。

02 0~3岁
婴幼儿同步喂养方案

0~1个月

刚出生的小宝宝如此娇嫩，此时宝宝的
最佳食物非母乳莫属。

本阶段体格发育标准

出生时：

	男宝宝	女宝宝
身高	平均50.4厘米（47.1~53.8厘米）	平均49.8厘米（46.6~53.1厘米）
体重	平均3.3千克（2.5~4.1千克）	平均3.1千克（2.4~3.9千克）
头围	平均34.3厘米（31.9~36.7厘米）	平均33.9厘米（31.5~36.3厘米）
胸围	平均32.3厘米（29.3~35.3厘米）	平均32.2厘米（29.4~35.0厘米）

满月时：

	男宝宝	女宝宝
身高	平均56.9厘米（52.3~61.5厘米）	平均56.1厘米（51.7~60.5厘米）
体重	平均5.1千克（3.8~6.4千克）	平均4.8千克（3.7~5.9千克）
头围	平均38.1厘米（35.5~40.7厘米）	平均37.4厘米（35~39.8厘米）
胸围	平均37.3厘米（33.7~40.9厘米）	平均36.5厘米（32.9~40.1厘米）

宝宝的实际数据：

身高：____ 体重：____ 头围：____ 胸围：____

注：本书体格发育数据均参考《中华儿科杂志》45卷，第8期，609页，2007年。

新妈妈喂养课堂

● 你的宝宝适合哪种喂养方式

天下所有的父母都希望自己的宝宝能够健康快乐地成长，他第一次张开双眼、第一次甜甜微笑、第一次牙牙学语、第一次舞动小手、第一次蹒跚学步等，都会让爸爸妈妈激动不已。宝宝出生后的头半年是生长发育最关键的时期，这个阶段的营养摄取在婴儿成长的过程中也显得尤为重要。那么，爸爸妈妈一定要找到适合自己宝宝的喂养方式，这样才能保证宝宝健康成长。

母乳喂养

母乳（尤其初乳）是婴儿最佳天然营养品，所以最适合宝宝的喂养方式就是母乳喂养。给宝宝喂奶的时间不固定，一般每隔3个小时左右喂一次，每次喂15分钟左右即可。初乳对于宝宝来说十分珍贵，应让新生儿尽量多次吸吮。

人工喂养

在妈妈不能为宝宝提供健康的乳汁或出现特殊情况不能进行母乳喂养时，可采用经卫生部门许可出售的配方奶粉来喂养宝宝，按指定食用方法进行喂养即可。每天喂8次，每3小时左右喂一次。

混合喂养

如果妈妈不能为宝宝提供充足的乳汁，可选用混合喂养的方式来喂哺宝宝。一般情况下，在喂母乳后可接着喂配方奶粉，也可在两次喂母乳的间隔喂奶粉。坚持每天保证喂三次母乳。

● 早产儿的喂养

早产儿是指胎龄未满37周，体重小于2500克，身长少于46厘米的婴儿。由于早产儿在生理上发育不够完善，吸吮和吞咽能力差，容易发生呕吐，因此需要给予特殊的喂养。

把握喂奶的次数。因早产儿消化能力差，胃容量小，但每日所需要的热能又不能少，所以只能采取分次哺喂的方法。如：体重低于1500克的早产儿，每隔2小时哺喂一次；体重在1500克以上的早产儿，每隔3小时哺喂一次。

把握喂奶的量。因早产儿消化能力弱，所以最好采用母乳喂养。初次喂奶量不可太多，体重在1500克的宝宝，开始量为4毫升，如喂后反应较好，每次可增加2毫升，但每天最多增长16毫升。体重低于1500克或超过1500克的宝宝酌情增减。白天在两次喂奶之间，应喂少量的葡萄糖水。需要注意的是每次喂完后，最好让婴儿侧卧，避免吐奶时引起窒息。

早产儿脂肪酶不足，对脂溶性维生素的吸收较差，因此应该从出生10天后开始服用浓缩维生素A、维生素D，每日2次，每次1滴。

● 母乳不足，应选牛奶还是配方奶粉

母乳喂养对宝宝和妈妈都大有益处，但是如果母乳不足时应该如何选择宝宝喝的奶呢？当妈妈的乳汁不能满足宝宝的需要时，可以用配方奶粉来弥补，而不是牛奶。下面就来分析一下牛奶和配方奶的利与弊。

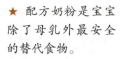
★ 配方奶粉是宝宝除了母乳外最安全的替代食物。

牛奶

牛奶被认为是蛋白质、铁和钙的最佳来源，但对于新生儿来说，它却并不适合。牛奶中富含的矿物质会加重宝宝的肾脏负担，另外还可能引起镁缺乏症。

牛奶还可能会使一些宝宝产生过敏反应，出现腹泻、呕吐、湿疹等症状。所以如果妈妈母乳不足时，要用配方奶粉来代替母乳。

★ 牛奶

配方奶粉

配方奶粉营养丰富，添加了许多人体必需脂肪酸、矿物质、维生素，是以牛奶或者大豆蛋白质为主要原料，按照母乳中含有的各种营养素成分标准来加工的理想食品。

配方奶粉中减少了牛奶中所含的部分酪蛋白，而增加了更适合新生儿的乳清蛋白；除去了大部分饱和脂肪酸，加入了主要含不饱和脂肪酸的植物油、DHA(二十二碳六烯酸，俗称脑黄金)、ARA(花生四烯酸)等更适合宝宝生长发育的

营养素；配方奶粉中加入了乳糖，含糖量接近母乳；配方奶粉还降低了矿物质的含量，以减轻宝宝肾脏负担；另外还添加了维生素、某些氨基酸等成分，使之更接近于母乳。

给这个阶段的宝宝添加配方奶粉，量的多少要根据妈妈的乳汁多少和宝宝的食量具体而定。

因此，如果妈妈母乳不足，应选择适合宝宝的配方奶粉来满足宝宝的需要，而不应选用牛奶来替代母乳。

● 解决胀奶问题

胀奶原因

胀奶是因为乳房内乳汁、结缔组织中增加的血量及水分所引起的，在产后三四天最严重。妈妈在孕晚期就已经产生初乳，当宝宝娩出后，泌乳激素的分泌量会增加，从而刺激乳汁产生，乳腺管及周围组织膨胀。如果妈妈在宝宝出生后未及时进行母乳喂养，或者哺奶的时间间隔太长，或者乳汁分泌旺盛宝宝吃不完，均会使乳汁无法完全溢出，导致乳汁淤积在乳腺管内，让乳房变得肿胀且疼痛。

酸奶也不能喂给新生儿

酸奶是牛奶经乳酸菌发酵后的一种奶，营养成分与牛奶相同，但发酵后蛋白质、糖经过一定程度的酵解，而且含有一定量的益生菌，更容易被消化吸收，口味也更好，但依然不能用来喂新生儿。

童大夫提醒

预防胀奶

尽早开奶：最好在宝宝出生半小时内开始哺喂母乳，宝宝的吸吮会刺激乳汁的分泌，预防乳汁淤积导致胀奶。

注意哺喂次数：3小时左右就可喂一次母乳，以排出乳汁，保证乳腺管通畅，预防胀奶。

排出多余乳汁：如果妈妈的乳汁分泌过多，宝宝吃不完，可以用吸奶器将多余的奶吸出。这样既解决了妈妈乳房胀痛的困扰，又能促进乳汁分泌。

解决方法

一般情况下，及时多次吸吮，一两天后乳腺管即可通畅。但是也有个别妈妈还是会出现乳房胀痛的状况，可采取以下办法来缓解。

热敷：热敷能改善乳房的循环状况，使阻塞在乳腺中的乳块变得通畅。乳晕和乳头部位的皮肤比较娇嫩，在热敷时要注意避开。另外，热敷的温度不宜过高，以免烫伤皮肤。

按摩：热敷后即可对乳房进行按摩。按摩的具体方法是：以双手托住单侧乳房，并从乳房底部交替按摩至乳头部位，再将乳汁挤出即可。

洗热水澡：当妈妈出现乳房胀痛时，不妨先洗个热水澡，在洗澡的同时按摩乳房，能有效缓解乳房胀痛。

温水浸泡：可准备一盆温热水，然后将乳房泡在盆里并轻轻摇晃，借着温水的按摩作用可使乳汁比较容易流出来。

★ 胀奶会导致乳汁淤积，妈妈一定要重视。

冷敷：如果疼痛非常严重，可用冷敷的方法来止痛。但是一定要注意，应先将奶汁挤出后再进行冷敷。

● 揭秘宝宝不爱吸母乳的原因

很多新手妈妈听到孩子哭就以为是自己没有奶，然后就迫不及待地给孩子添加奶粉，随即母乳喂养以失败告终。其实宝宝不爱吸母乳是由很多原因造成的，妈妈要坚定母乳喂养的信心，因为妈妈的心态也会影响乳汁的正常分泌。

乳头错觉

有的妈妈在最初进行母乳喂养时奶水不足，所以当宝宝哭时就给他用了奶瓶，但当妈妈乳汁能顺利分泌时，无论怎么喂宝宝，他都不肯吃了。这种情况就是宝宝产生了乳头错觉。因为奶瓶上的奶嘴长，奶嘴开口大，宝宝不用费劲就能很顺利地吸到奶水。当他们再吸妈妈的乳头时会感到很吃力，妈妈的乳头也很难含住，因此便不愿再吃母乳。纠正宝宝乳头错觉比较困难，妈妈一定要有足够的耐心来坚持，并通过以下几种方法来纠正。

首先，应马上停止给宝宝使用奶瓶喂奶。即使一些特殊情况下需要给宝宝喂食挤出来的母乳，也不要再使用奶嘴，而是选择其他方式，如用小勺、针管、喂药器等。

其次，妈妈应掌握正确的喂奶姿势，以帮助宝宝学习正确的含乳姿势。喂奶时要使宝宝的脸对着乳头（不需要扭着脖子），头、肩、臀形成一条直线，舒适地躺在妈妈的怀里。用乳头逗引宝宝张大嘴，并及时将乳头放入宝宝口中。宝宝的鼻子应该轻微地贴在乳房上侧，下唇应该多含乳晕。如果一次不成功，可将乳头拿出，反复多次进行训练。

需要注意的是，妈妈切不可为了让宝宝乖乖吃母乳而刻意饿着宝宝，以为他饿极了就会吃奶。这样会使宝宝营养不足，身体虚弱，甚至引起脱水。即使宝宝乳头错觉现象比较严重、坚决抗拒乳头时，也不应饿着宝宝。可尝试采取以下措施进行纠正：第一天，不给奶嘴，也不给乳头，将乳汁挤出来用其他方式喂食；第二天，不给奶嘴，用乳头安抚宝宝，同时仍用其他方式喂食乳汁；第三天，只用乳头喂食。

奶流太急

案例

果果妈的奶水很多，只要宝宝一哭，她刚抱起宝宝奶水就会喷出来。她怕浪费了珍贵的母乳，每次都是赶紧将乳头放进宝宝嘴里，但宝宝反而哭得更厉害，根本不吃奶。

果果妈的乳汁很丰盛，但她的喂养方法是不正确的。奶量丰盛的妈妈下奶时奶流来得很急，宝宝面对大量奶液有点"应接不暇"，他可能会想松开乳头喘息吐奶，所以妈妈一直喂的话他可能会哭闹。

发生这种情况时，妈妈先不要急着喂奶，而应将宝宝移开几分钟。过一会儿奶流速度会慢下来，那时宝宝吃起来就容易多了。妈妈还可以重新调整宝宝的姿势，让他顺着奶流方向吃奶。可以用靠枕垫高宝宝的头，让他吃奶时面朝下对着乳房，这样吸奶会更顺利。

舌系带过短

一般来说，舌系带过短的宝宝吸吮方式不当，吃奶效率低，因此宝宝会对乳头失去兴趣。另外，由于舌系带过短，宝宝的吸奶方式不对，还会在吃奶时导致妈妈乳头皲裂。

　　妈妈可以在宝宝大哭的时候检查他是否舌系带过短，查看宝宝的舌头是否因为被舌系带勒住而呈心形，也可以在宝宝吃奶的时候看他的舌头是否能伸出到牙床外并裹住乳晕。

　　如果确认宝宝舌系带过短，可以在每次喂奶之前对宝宝进行压舌练习，具体方法是：妈妈将手指洗干净，指甲朝下伸进宝宝的口腔，让宝宝吸吮30秒，而后慢慢地将手指翻过来，使指肚朝下压他的舌头，同时慢慢地抽出手指。这样的练习效果十分明显，如果马上喂奶就会发现，宝宝的舌头会平铺并且外伸。

专家讲堂

牛初乳奶粉不宜作为婴儿主食

　　初为人母的女性在给宝宝选购奶粉时，面对琳琅满目、花样繁多的奶粉常常会无所适从，不知道哪种才是最适合宝宝食用的。市场上有一种牛初乳奶粉，价格比普通奶粉贵，商家的宣传称可以增强宝宝的免疫功能，利于宝宝生长发育。其实，牛初乳奶粉不宜作为婴儿的主食，婴幼儿最佳的食物就是母乳。在没有母乳或缺乏母乳的情况下，牛初乳奶粉也不能直接作婴儿主食，而应给宝宝添加配方奶粉。

● 不能代替母乳

　　这里提醒新妈妈，切不要盲目相信广告，不宜将牛初乳作为婴儿主食。特别是0～4个月的婴儿最好只采取母乳喂养，母乳不足时可添加配方奶粉。婴儿不应该单纯喂牛初乳，也不应单纯用牛奶喂养，因为不管是牛初乳还是牛奶，都无法跟母乳相比，不适合喂养婴儿。

　　婴儿在早期时应进行母乳喂养，晚期时可根据婴儿的月（年）龄选择合适的配方奶粉，并在医生的指导下进行科学喂养。

● 品种鱼龙混杂

　　牛初乳是指母牛产犊3天内的奶，其含有较多的蛋白质、维生素等营养物质，尤其是它含有免疫球蛋白（IgG），被厂家宣称能提高宝宝的免疫力，预防多种疾病的发生。

　　市售牛初乳产品品牌众多，除了国货外，还有一些是从国外进口的，让人眼花缭乱。仔细查看这些产品的包装就会发现，其所含物质的标量各有不同，甚至有的产品外包装上标着均衡添加免疫球蛋白，但在配料表内却没有。

提醒广大新手妈妈，目前牛初乳市场良莠不齐、鱼龙混杂，有些产品的宣传明显有故意夸大奶粉功能的嫌疑，应谨慎购买。

● 功效尚难确定

尽管厂商将牛初乳的特殊功能宣传得神乎其神，但医学专家提醒广大消费者：牛的免疫功能与人的免疫功能是否相同，尚未有定论；广告宣传中虽然声称牛初乳的营养价值远远高于牛奶，但目前并没有科学依据。

毋庸置疑，所有哺乳动物的初乳营养价值都是很高的，牛也不例外。牛初乳中所含的IgG对牛的免疫作用是肯定的，但对于宝宝的免疫是否有作用，目前并没有得到科学的临床验证。

研究显示，牛初乳中的免疫球蛋白是一种很不稳定的物质，要保持它的活性需要很高的技术水平。一般来说，牛初乳在排出的两个小时内必须置于4摄氏度的环境中保存，否则其活性免疫价值很快就会被破坏掉，而牛初乳奶粉是经过加工做成的固态产品，其免疫作用如何很难确定。每个生产厂家是否符合标准，目前并没有权威的机构去检测。

● 产品难辨真假

面对市场上丰富的牛初乳奶粉品种，消费者也不免心生疑惑：号称牛初乳奶粉里到底含有多少真正的牛初乳？有人分析说，国产牛初乳奶粉的原料多从新西兰进口，那里有丰富的牛初乳资源，所以牛初乳原料供应充足保证了牛初乳的"真"。也有人认为，即使牛初乳的原料是从新西兰进口的，但企业整个加工过程并没有相关部门的监督，产品上市后也没有规范的检测标准，添没添加牛初乳只有厂商自己知道。即便添加了牛初乳，也不能保证企业不会将普通奶粉掺入牛初乳中进行"二次加工"，以谋取更大的利润。另外，即便是真正的牛初乳奶粉，其中含有的各种营养是否如厂商所说、是否含有有害物质等都不能有效、确切地检测出来。所以，牛初乳产品真正的品质如何很难断定。

★ 宝宝哭闹的时候不要喂奶。

1~2个月

这个月的宝宝变得更招人疼，吃不饱可是会
通过哭闹来抗议了。

本阶段体格发育标准

	男宝宝	女宝宝
身高	平均60.4厘米（55.6~65.2厘米）	平均59.2厘米（54.6~63.8厘米）
体重	平均6.2千克（4.8~7.6千克）	平均5.7千克（4.4~7.0千克）
头围	平均39.7厘米（37.1~42.3厘米）	平均38.9厘米（36.5~41.3厘米）
胸围	平均39.8厘米（36.2~43.4厘米）	平均38.7厘米（35.1~42.3厘米）

宝宝的实际数据：

身高：＿＿＿ 体重：＿＿＿ 头围：＿＿＿ 胸围：＿＿＿

新妈妈喂养课堂

● 人工喂养的注意事项

母亲因各种原因不能喂哺婴儿时，可选用配方奶粉喂养婴儿，即人工喂养。人工喂养有很多缺点，首先配方奶粉中不具备母乳中的免疫物质，又很容易被细菌污染。因此人工喂养儿发病率较母乳喂养儿高，且易引起过敏及消化不良等症状，所以对宝宝进行人工喂养时更要注意很多问题，才能满足宝宝的营养需要，使宝宝健康成长。

◎选择合适的配方奶粉。配方奶粉越接近母乳成分的越好。一般奶粉说明书上都有适合的月龄或年龄，父母可按需选择。父母也可以按宝宝的健康需要选择，最好在临床医生指导下进行。对缺乏乳糖酶的宝宝、患有慢性腹泻导致肠黏膜表层乳糖酶流失的宝宝、有哮喘和皮肤疾病的宝宝，可选择脱敏奶粉。急性或长期慢性腹泻或短肠症的宝宝，由于肠道黏膜受损，多种消化酶缺乏，可用水解蛋白配方奶粉。

◎注意奶量。奶量要按婴儿的体重来计算，每日每千克体重喂奶100毫升左右，如婴儿重6千克，每天就应吃奶600毫升，每3~4小时喂一次奶。

◎奶粉的浓度适宜。奶粉的浓度要适宜，不能过浓，也不能过稀。过浓会使宝宝消化不良，大便中带有奶瓣，过稀则会导致宝宝营养不良。

◎喂奶前要试奶温。妈妈在给宝宝喂奶前要先试奶温，具体方法是将冲好的配方奶粉滴几滴于手腕内侧处，以不烫手为宜。

◎注意喂奶方法。喂奶的方法也很重要，奶瓶的斜度应使奶液始终充满奶嘴，以免婴儿将空气吸入胃中，产生溢奶。哺乳后应将婴儿竖抱拍嗝。

◎适量补水。母乳中水分充足，因此母乳喂养的宝宝一般不必喂水，而人工喂养的宝宝则必须在两顿奶之间补充适量的水。补水一方面有利于宝宝对高脂蛋白的消化吸收，另一方面能使宝宝大便通畅，防止消化功能紊乱。人工喂养的宝宝常常会出现便秘状况，老人会说这是宝宝"火"大，得多喂水，这是有道理的。另外，有时宝宝的啼哭不是因为饿，而是因为渴，尤其是在炎热的夏天。

◎重视奶具消毒。宝宝用的奶瓶、奶嘴必须每天消毒，在进行完基础的清洗后，要对奶瓶、奶嘴进行高温蒸煮10分钟左右，也可以使用专门的奶具消毒器具。

◎宝宝长大一点后尽早添加辅助食品。人工喂养的宝宝更应提早添加辅食，在宝宝6个月以后即可添加营养均衡的婴儿米粉，其蛋白质、

脂肪含量较高，还含有多种维生素，容易消化吸收，能满足婴儿生长发育的需要。

● 如何判断宝宝是否吃饱了

案例

我家宝宝这两个月都是混合喂的，努力追奶后，这两天发现加的奶粉少了，开心的同时，却开始担心宝宝吃不饱了。每次他哭的时候就赶紧喂奶，最近几天基本上都是两个小时就喂一次，下午的喂奶时间更长，一般会断断续续地喂奶1个半小时，宝宝应该吃饱了。

宝宝每次该喝多少配方奶粉要按他自己的需要来定，如果宝宝不哭闹，并在喂奶时候将头转开就表示吃饱了。千万不要在宝宝每次哭闹的时候就喂奶，宝宝哭不一定就是饿，也可能只是想要引起你的注意而已。

宝宝的喂养量和喂养次数可参考下表：

月龄	哺喂量	哺喂次数
新生儿	60~90毫升（1~3天）	每隔4个小时一次
	70~100毫升（4~30天）	每隔3个小时一次
1~2个月宝宝	70~150毫升	每隔3个小时一次
2~3个月宝宝	75~100毫升	每隔3个半小时一次
3~4个月宝宝	90~180毫升	每隔3个半小时一次
4~5个月宝宝	110~120毫升	每隔4个小时一次
5~6个月宝宝	120~220毫升	每隔4个小时一次
6~7个月宝宝	180~240毫升	每隔6个小时一次
7~8个月宝宝	180~240毫升	每隔6个小时一次
8~9个月宝宝	480~720毫升	每隔8个小时一次
9~11个月宝宝	480~720毫升	每隔16个小时一次

新手妈妈在喂养宝宝时经常不知道宝宝是否吃饱了，尤其是当宝宝不停地哭闹或吃奶后仍表现得很烦躁的时候。母乳进入宝宝体内，一般要经过几小时才能被宝宝消化吸收，所以宝宝在度过了最初

★ 哺乳妈妈服药需谨慎，否则会影响宝宝。

昏睡不醒的一两天之后，就会总表现出很饥饿的样子。基本上是每隔3～4小时就要吃一次奶。

大多数宝宝在度过了最初的三四天后会每天需要吃8次奶。新生儿的体重通常会在出生后的两周内先减轻5%～9%，之后才开始增长。从出生后的第五天开始，宝宝的体重每天会增长30克左右。如果妈妈担心宝宝没有吃够奶，可以请儿科医生检查一下，儿科医生会根据宝宝的体重增长情况来判断他们是否吃饱。如果宝宝没有吃够奶，通常会有如下表现：

◎宝宝的体重在出生后的5天里会减少10%或更多。

◎喂奶时几乎听不到宝宝吃奶的吞咽声。

◎哺乳后感觉不到乳房变软。

◎宝宝在吸奶时面颊上出现酒窝，或发出咂舌头的声音。

◎宝宝总是表现出不安或昏昏沉沉。

◎宝宝排大便的频率少于每天1次，而且颜色发暗。

如果宝宝出现以上情况，要及时咨询育儿专家或去医院就诊。

● 谨防母乳变成"毒乳"

哺乳妈妈如果服药的话就要注意了，虽然大部分药物会随肾脏排出体外，存留在乳汁中的浓度很低，每天排出的量也不足以对婴儿产生不良影响，但有一些药物在乳汁中的排出浓度较高，是哺乳妈妈应禁用或慎用的药物。下面提供一些哺乳妈妈应该慎用或禁用的药物，以供参考。

◎磺胺类。如磺胺异噁唑、丙磺舒、磺胺嘧啶、磺胺甲基异噁唑、复方新诺明、甲氧苄啶等。这类药物本不易进入乳汁，但由于婴儿的药物代谢系统尚未发育完善，肝脏解毒能力不强，即使少量进入婴儿体内也会对宝宝产生不利影响，会使婴儿出现溶血性贫血。所以，哺乳妈妈不宜长期大量使用，尤其是长效磺胺制剂。

◎氯霉素。可造成致命的灰婴综合征，应禁用。

◎四环素。易造成婴儿骨生长抑制及出现黄疸，还会导致牙齿染色，应禁用。

◎庆大霉素、链霉素等氨基糖苷类。在乳汁中浓度较高，会损害婴儿的听力，应禁用。

◎青霉素类、头孢菌素类。可能会影响婴儿正常的肠道菌群，还可能导致出现过敏反应，严重的还可能有生命危险，应禁用。

◎卡那霉素。会导致婴儿出现中毒症状，发生耳鸣、听力减退及蛋白尿等。

◎金刚烷胺。会导致宝宝出现呕吐、尿潴留、皮疹等症状，应禁用。

◎抗癌药物。会引起婴儿骨髓抑制，出现白细胞水平下降，应禁用。

◎抗甲状腺药物。会抑制婴儿的甲状腺功

能，应禁用。

◎中枢抑制药。如苯巴比妥、安定、安宁、利眠宁等，可引起婴儿嗜睡、体重下降，甚至虚脱，应禁用。

◎避孕药。避孕药会抑制泌乳素生成，使乳汁分泌量下降。而且，避孕药还可能使男婴乳房变大及女婴阴道上皮增生，应禁用。

哺乳妈妈在服用上述药物时应停止哺乳，暂以配方奶粉喂养宝宝。

专家讲堂

健康人生，从配方奶粉开始

配方奶粉又称母乳化奶粉，是每个宝宝都会接触到的生活必需品。那么，什么样的配方奶粉才更适合宝宝？宝宝不吃配方奶粉怎么办？诸多关于配方奶粉的问号困扰着新手妈妈，下面就配方奶粉给妈妈带来的一些困扰进行答疑解惑。

● **如何选购配方奶粉**

母乳不足的宝宝就要喂配方奶粉来满足生长需要，以弥补母乳的不足。婴儿在生长发育的不同阶段其所需营养及消化功能都是不同的，因此选择适合宝宝生长发育的奶粉就显得格外重要。在购买奶粉时应注意以下几点：

◎包装。包装完整，有商标、生产厂名、生产日期、批号、保存期限等标识。不同材料包装的奶粉其保存期限不同，我国规定：袋装奶粉为6个月，瓶装奶粉为9个月，非充氮包装奶粉为1年，马口铁罐密封充氮包装奶粉保存期限为2年。

◎成分。不管是罐装还是袋装的奶粉，其包装上都应有配料、营养成分表、性能、适用对象、食用方法等具体的文字说明。

◎颜色。颜色为乳白色或乳黄色，色泽均匀，有光泽。

◎组织状态。袋装的奶粉用手捏时有轻微的沙沙声，感觉柔软、松散；罐装的奶粉将罐慢慢倒置，轻微摇动时罐底无黏着的奶粉；马口铁罐的奶粉摇动时会发出沙沙声，且声响清晰。

◎冲调试验。在玻璃杯内用开水充分调和一勺奶粉，静置5分钟后水应与奶粉溶解在一起，没有沉淀。

● **如何冲调配方奶粉**

给宝宝冲调奶粉，比如用什么样的水、水温应该控制在多少摄氏度、一次冲多少等都是有讲究的，妈妈可不能掉以轻心，随意冲调。那样既浪费奶粉，又会影响宝宝的正常进食。

冲调用水慎选择

提倡用自来水冲配方奶粉，不建议用纯净水和矿泉水。目前家用自来水大都经过了处理，质量符合标准，煮沸放凉后即可用来冲奶粉。纯净水则不含普通自来水中的矿物元素，所以不宜用纯净水冲奶粉。矿泉水的矿物质含量较高，婴儿肠胃消化功能还不健全，会引发消化不良和便秘。

要注意水温高低

冲奶粉不可以直接用开水，因为沸水会使奶粉里的微量元素流失，含有益生菌的奶粉也忌高温。可以将自来水烧开，然后凉成40摄氏度左右的温开水再冲奶粉。

冲多冲少有讲究

一些妈妈在给宝宝冲奶粉时往往很随意，根据自己的主观意愿想放多少就放多少，冲调用水量也或多或少，不讲究调配浓度，这是不妥的。婴儿的适应能力较弱，又无法表达自己的感受，妈妈应该参照奶粉外包装上的参考数据合理进行调配，这样才有利于宝宝的健康成长。当然，每个宝宝都是不同的，妈妈还应根据自家宝宝的特点作适当调整。

● 帮助宝宝接受配方奶粉

母乳不足时就需要用配方奶粉来喂养宝宝了，但让宝宝顺利接受配方奶粉可不是那么容易的事。因为宝宝已经习惯了母乳的味道，而且很享受哺乳的过程，再加上配方奶粉的味道与母乳不同，奶嘴的口感与妈妈的乳头也不同，所以让宝宝接受配方奶粉并不容易。

用奶瓶喂水

如果妈妈不能坚持母乳喂养至4个月以上就应及早做好准备，当母乳喂养成功后，在喂母乳的同时可有意识地用奶瓶给宝宝喂点水，以使宝宝能适应奶嘴的口感。

用奶瓶喂奶

妈妈还可以将母乳用吸奶器吸出来，然后放入奶瓶中间接喂哺，或者每天少量喂一次配方奶粉，让宝宝逐渐适应奶瓶喂养，然后逐渐增加配方奶粉的比例。这样，当妈妈由于上班或其他原因不能进行母乳喂养时，宝宝已经逐渐适应了配方奶粉喂养。

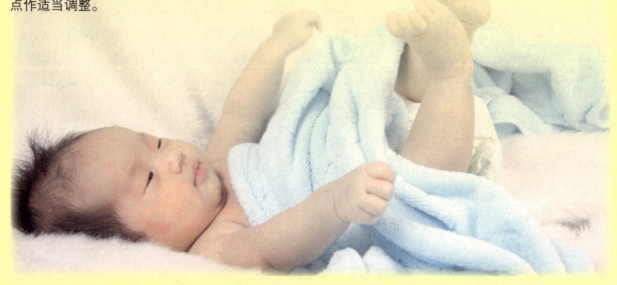

2~3个月

宝宝头竖起来了，爸爸妈妈的喂养要跟进。

本阶段体格发育标准

	男宝宝	女宝宝
身高	平均63.0厘米（58.4~67.6厘米）	平均61.6厘米（57.2~66.0厘米）
体重	平均7.0千克（5.4~8.6千克）	平均6.4千克（5.0~7.8千克）
头围	平均41.0厘米（38.4~43.6厘米）	平均40.1厘米（37.7~42.5厘米）
胸围	平均41.6厘米（37.4~45.8厘米）	平均39.6厘米（36.5~42.7厘米）

宝宝的实际数据：

　　身高：____　体重：____　头围：____　胸围：____

新妈妈喂养课堂

● 避免母乳喂养错误

　　妈妈都了解母乳喂养对自身以及宝宝的好处，几乎所有的妈妈在怀孕期间就已经做好了母乳喂养宝宝的准备工作。可当升级为新妈妈时，一连串的突发问题总会让妈妈束手无策，身心俱疲。宝宝的哭闹声更是让妈妈揪心，丧失了决心母乳喂养的信念。任何事情都是熟能生巧的，妈妈只要找到解决之道，母乳喂养就可以变得非常轻松了。

叫醒宝宝喂奶

案例 我家宝宝已经两个多月了，看一些育儿书籍上说，每隔3~4个小时就要给宝宝喂一次奶。可最近几天宝宝变得很贪睡，到了该吃奶的时间还在睡觉，于是我在到时间的时候就把宝宝弄醒后喂奶。可状况并不好，宝宝不但有时候会哭闹不止，而且吸奶量也开始下降。这是怎么回事呢？

案例中的宝宝妈有点教条了，提倡每隔3~4个小时给宝宝喂一次奶是指的一般情况，但也要根据宝宝的具体需要进行按需哺乳。如果宝宝在睡觉，不要打扰宝宝的美梦，适应宝宝的生理需要进行喂奶更合理。

生病了即离乳

　　有的妈妈感冒了，担心病毒会传染宝宝，于是就停止了母乳喂养，其实大可不必。如果妈妈只是轻微的小感冒，没有必要离乳，因为感冒病毒一般是不会通过乳汁传给宝宝的，普通缓解感冒症状的药物也不会对母乳喂养的宝宝产生不良影响，服用普通抗感冒药也不会影响乳汁分泌。但妈妈最好在服药半个小时后再进行母乳喂养，并在哺乳时戴上口罩，仔细洗手。

如果妈妈患了急性乳腺炎，则要视具体情况看是否需要停止母乳喂养，如果是化脓性急性乳腺炎或乳头出现皲裂现象一定要离乳，如果乳腺炎是非化脓性的或只是单纯的红肿就不一定要离乳。但妈妈要注意在治疗期间应及时将乳汁挤出，以免影响愈后乳汁分泌，使母乳喂养不能顺利进行。

● 夜间不要频繁喂奶

夜间是宝宝生长发育，尤其是大脑发育的重要时间，一定要保证宝宝夜间持续的睡眠时间，避免人为打扰宝宝的睡眠，才能让宝宝茁壮成长。

夜间频繁喂奶不利大脑发育

据中华医学会统计，妈妈关注宝宝睡眠问题的比例近几年呈直线上升趋势，已经占据所有育儿问题的12%。其中最受关注的就是，不少新妈妈提到，宝宝每天晚上都要喂几次奶，搞得自己白天精神状态很差，而宝宝的发育也并不理想。其实，宝宝夜间频繁地吃奶是不良的睡眠习惯，需要及时进行纠正。

夜间喂奶的注意事项

◎妈妈困倦，容易忽视乳房是否堵住宝宝的鼻孔，易使宝宝发生呼吸困难。

◎夜里光线暗，视物不清，不容易看清宝宝的脸色以及宝宝是否有溢奶状况。

◎妈妈怕喂奶影响家人的睡眠，所以宝宝一哭就马上用乳头哄，结果导致宝宝夜间吃奶的次数越来越多，养成不好的吃奶习惯。

综上所述，妈妈在夜间给宝宝喂奶时也要像白天一样，要坐起来喂奶，喂奶时光线不要太暗，要能够清晰地看到宝宝的脸。喂奶后仍要竖抱宝宝进行拍嗝。观察一会儿，宝宝安稳入睡即可关灯睡觉。但卧室内尽量保留暗一些的光线，以便宝宝出现溢乳等特殊状况时能及时发现。

● 频繁换奶粉不利宝宝肠胃功能

新手妈妈必须要知道这样一个基本常识：婴儿食用的配方奶粉是不能频繁更换的。婴儿的消化系统发育尚不完全，对不同食物的消化都需要一段时间来适应，因此，妈妈一定要注意不要给宝宝频繁转奶。

有的妈妈片面地认为所谓转奶就是在不同牌子的奶粉之间相互转换，其实不尽然。即使是相同牌子的配方奶粉，不同阶段之间的奶粉、同一牌子相同阶段但产地不同的也属于转奶，妈妈要特别注意了。

转奶不适的症状

妈妈如果觉得宝宝不适合喝之前牌子的配方奶粉，也可以考虑转换品牌，但要知道，转奶需要一个循序渐进的过程，切不可操之过急。那么，怎么知道宝宝是否转奶成功了呢？宝宝转奶不适又会表现出什么症状呢？

据了解，宝宝转奶出现不适通常会有以下几种表现：不爱吃奶、腹泻、呕吐、便秘、哭闹、过敏等。其中腹泻最为严重，而过敏则表现为皮肤痒、出红疹等。妈妈在给宝宝转奶时一定要注意观察宝宝的状况，如果出现不适症状应马上调整喂养方案。

转奶的原则

给宝宝转奶最忌频繁。每种配方奶粉都有相对应的符合宝宝成长的阶段分级，因为宝宝的肠胃和消化系统尚未完全发育，而各种奶粉的配方又不尽相同，如果换用另外一种新的奶粉，宝宝又要去重新适应，这样极易导致宝宝腹泻。所以，妈妈给宝宝转奶要循序渐进，不要过于心急，要让宝宝有个适应的过程。妈妈要随时注意观察，如果宝宝没有不良反应，才可以增加添加量，如果不能适应就要慢慢改变。

此外，转奶应在宝宝身体健康情况良好时进行，没有腹泻、发烧、感冒等症状，接种疫苗期间也最好不要转奶。

转奶的方法

转奶最科学的方法就是新旧混合，即将预备替换的新奶粉和宝宝之前已经习惯饮用的奶粉在转奶时掺和饮用，开始可以量少一点，慢慢适当增加比例，直到转奶成功。比如，先在旧的奶粉里添加1/3的新奶粉，这样喂宝宝两三天之后如果没什么不适反应，就可以旧的、新的奶粉各一半再喂养两三天，如果没有不良反应再旧的1/3、新的2/3喂两三天，最后过渡到完全用新的奶粉替代旧的奶粉。

● 增加泌乳量的方法

母乳不足是困扰很多新妈妈的问题，为此特总结了几种比较科学的方法，以帮助新妈妈增加泌乳量。

注意饮食、休息并培养哺乳的信心

妈妈在哺乳期间要保持心情愉快，对母乳喂养抱有信心，尤其要注意保证足够的睡眠和休息，劳逸结合，可采取与婴儿同步休息法。

及时、适量、科学地补养

哺乳期间要注意全面摄取营养，不可偏食。更关键的是，不要产后马上开始进食猪蹄汤、鲫鱼汤等高蛋白、高脂肪饮食，因为这类食物会使初乳过分浓稠，引起排乳不畅。妈妈产后第一周的饮食宜清淡，以低蛋白、低脂肪的流质食物为主。此后可适当增加营养，可根据个人口味以及平时的饮食习惯适当多吃一些具有催乳功效的食物，如鲫鱼、鲢鱼、猪蹄等。

纠正母乳喂养中的不合理现象

最常见的导致母乳不足的原因就是婴儿的吸吮时间不够，因此妈妈应保证足够的时间来喂婴儿，让宝宝多吸吮才有利于泌乳。新生儿每天的哺乳时间可长达8个小时，出生1~2个月的婴儿每天应哺乳7次，3个月的婴儿24小时内哺乳次数也不得少于6次。

找到引起母乳不足的其他因素

还有一些其他因素也可能影响乳汁分泌，如妈妈和婴儿是否生病、妈妈的乳头有无异常、哺乳技巧掌握的熟练程度等。

★ 充分的休息是保证乳汁分泌顺畅的前提。

让宝宝爱上奶瓶

宝宝会因依恋妈妈的母乳喂养而排斥奶瓶，但如果妈妈母乳不足、上班或有事外出，妈妈就会非常头疼，这时候奶瓶变得必不可少了。

● 奶瓶喂养的重要性

◎保证宝宝食量。妈妈需要外出时，往往无法为宝宝提供充足的母乳，此时奶瓶就有了大显身手的机会。妈妈可定期将母乳挤出，然后家人可用奶瓶进行间接喂养。

◎方便家人看护。奶瓶是妈妈上班或有事外出时首选的哺育方式。如果宝宝无法接受奶瓶，将会给哺育工作带来很大困难，会导致宝宝哭闹不止，甚至拒绝食物。

◎解除妈妈担忧。如果宝宝不接受奶瓶，势必会影响宝宝的日常饮食与健康成长，这无疑会使妈妈在上班时也要担心宝宝的喂养问题，影响妈妈情绪，不利于顺利工作。

● 找出宝宝不爱奶瓶的理由

习惯成自然

新生宝宝对外界的刺激尚不敏感，即使知道自己饿了，也不是妈妈喂什么就吃什么。随着月龄的增加，宝宝的神经系统发育逐渐完善，他开始敏感地注意到妈妈的乳头和奶嘴是不一样的，已经开始习惯了母乳喂养的宝宝便开始拒绝奶瓶。

味觉很敏感

一直进行母乳喂养的宝宝非常依赖妈妈，也十分依恋妈妈的乳头，能识别出乳汁与配方奶粉的味道是不一样的，因此拒绝奶瓶。

口感有差别

奶嘴的孔径不适合宝宝也是导致宝宝拒绝奶瓶的主要原因之一。如果奶嘴孔径太大，奶水大量流出，会令宝宝发生呛奶；如果奶嘴太小，会因奶水无法均匀流出而使宝宝喝不到足够的奶，这都会使宝宝对奶嘴产生排斥情绪，从而拒绝奶瓶。

● 让宝宝爱上奶瓶4个关键

关键1：做好心理准备

母乳喂养的宝宝一般都不喜欢吃奶瓶。因为宝宝已经习惯吸乳头的感觉以及妈妈身上的味道，这都与吃奶瓶不一样。想让吃惯母乳的宝宝爱上奶瓶，需要宝宝付出哭闹、挨饿的代价。

关键2：选择合适时机

训练让宝宝接受奶瓶一定要选择在宝宝比较饿的时候，而且要保证宝宝情绪愉悦，千万不要在哭闹或生病时，那会使努力变为徒劳，弄不好会让宝宝对奶瓶产生反感。

关键3：进行相关训练

让宝宝接受奶瓶是一个循序渐进的过程，需要逐步训练。

案例

悠悠88天了，因为我的乳汁不多，一直都是母乳和奶粉混合喂养。但最近几天她不肯用奶瓶吃奶，就是想吃母乳，即使是很饿的时候也是如此。后来邻居豆豆妈告诉我，可以试着用汤匙喂她喝奶液，宝宝慢慢就使用了。

悠悠妈妈的做法是正确的。因为宝宝习惯了乳头，所以她是不会轻易接纳奶嘴的。妈妈可以将乳汁挤出，然后用小勺一点点地喂，让宝宝先摆脱奶头错觉，时间长了自然就会接受乳头以外的东西来喝奶水。

关键4：注意喂养姿势

舒适的喂养姿势是宝宝乐意接受奶瓶的前提。妈妈宜采取坐姿，一只手将宝宝抱在怀里并托住宝宝的臀部，让宝宝身体呈45度倾斜状靠在妈妈肘弯里。另一只手拿奶瓶，用奶嘴轻轻触碰宝宝口唇，宝宝即会张嘴含住，开始吸吮。

3~4个月

开始学习翻身的一个月，妈妈母乳喂养需要坚持。

本阶段体格发育标准

	男宝宝	女宝宝
身高	平均65.1厘米（60.7~69.5厘米）	平均63.8厘米（59.4~68.2厘米）
体重	平均7.5千克（5.9~9.1千克）	平均7.0千克（5.5~8.5千克）
头围	平均42.1厘米（39.7~44.5厘米）	平均41.2厘米（38.8~43.6厘米）
胸围	平均42.3厘米（38.3~46.3厘米）	平均41.1厘米（37.3~44.9厘米）

宝宝的实际数据：

身高：＿＿＿ 体重：＿＿＿ 头围：＿＿＿ 胸围：＿＿＿

新妈妈喂养课堂

● 婴儿慎喂羊奶粉

一些妈妈担心牛奶不安全，于是就给宝宝喂羊奶粉。羊奶中叶酸含量较少，加之其中蛋白质、脂肪的分子质量大，其实对于不满4个月的宝宝来说并不适合，要慎喝。

羊奶与牛奶的营养成分类似，且蛋白质和矿物质的含量都高于牛奶，因此一些家长认为对牛奶过敏的婴儿可以选择喂羊奶。殊不知，羊奶中叶酸含量较少，容易引起婴儿发生营养性巨幼细胞性贫血。不满4个月的婴儿还未添加辅食，不能通过食物补充叶酸，因此，在给婴儿选奶粉时要特别慎重。如要选择羊奶粉，也最好选择叶酸含量高的配方羊奶粉。

另外，羊奶中蛋白质、脂肪的分子质量较大，且含有不宜消化的乳糖和乳糖酶，而婴儿的消化系统发育尚不完善，部分婴儿喝羊奶可能会引起腹泻、吐奶等不适症状，一定要慎重选择。

● 宝宝喝水要注意

案例

我家宝宝3个月多一点点，不肯喝水，一喝就哭得死去活来的，目前为止都是纯母乳喂养。后来我听了一些妈妈的建议，变着花样地弄不同味道的水给他喝，比如往水里加少量的糖，稍微有些甜味，他就会喝些，而且这些添加了糖或者市售果汁的饮品营养价值也会比白开水高，妈妈们不妨试试。

案例中的妈妈认为添加了糖或者市售果汁的饮品比白开水营养价值高，宝宝也爱喝，所以经常用它们代替白开水给孩子解渴，其实这是不妥当的。

由于宝宝新陈代谢旺盛，对水的需求量大，按体重计算每天需要的水分相对较大人多。1岁以下的宝宝每天水的需要量为每千克体重120～160毫升，而成人则为每千克体重40毫升。所以，除正常饮食外，宝宝还要保证足够的水分摄取。但给孩子喝水是有讲究的，妈妈要注意以下几点：

不宜选择市售果汁

市售果汁的蛋白质和脂肪含量及其有限，在加工过程中维生素也常常遭到破坏，所以想通过喝饮料来为宝宝补充营养是不大可能的。另外，饮料大多含有香精、色素、防腐剂，这些添加剂对宝宝的健康不利。

饮料里还含有大量的糖分和较多的电解质，喝下后会在宝宝的胃部长时间停留，对胃部产生不良刺激。所以不宜给宝宝喝饮料。

不能喂过甜的水

可以在两餐之间给宝宝喂点淡糖水，但不能过甜。大多数家长会以自己的感觉为标准，自己尝过后觉得甜才喂给宝宝喝，这是不科学的。宝宝的味觉要比大人灵敏得多，大人觉得甜时对于宝宝来说已经甜得过头了。摄取过多的糖会抑制宝宝的肠蠕动，使宝宝腹部胀满。因此，喂给宝宝的水应以少糖为宜。

专家讲堂

白领妈妈母乳喂养宝宝的秘诀

对于合格的妈妈来说，喂好宝宝与从容工作并不矛盾，妈妈可以通过以下提供的这些好办法来达到哺乳与工作的平衡。

● 缩短第一个工作周

对于新妈妈来说，回到工作岗位的第一个星期是重要的转折。妈妈明智的做法是，在上班前的一两个星期先回到办公室熟悉一下办公环境。可以带上宝宝给同事们看一看，最好能安排时间与领导具体商谈一下回来工作的细节问题（比如，主要负责哪些具体工作，将会与哪些同事合作，参与哪些项目等）。上班的第一个星期最好只工作两三天（可以选择在星期三或星期四上班），有利于新妈妈对工作环境有一个慢慢适应的过程又不至于太累。在正式投入真正的工作之前（例如：大的项目或正在执行的方案），最好给自己留出几天时间来熟悉工作，做好调整。

★ 吸奶器

● **提前使用吸奶器**

妈妈应该学会充分利用吸奶器把奶水吸出来并冷藏或冷冻起来备用，这样就很容易适应重新工作，不必因为无法给宝宝喂奶而担忧。在返回工作岗位前三四周就应该开始使用吸奶器了，这样可以有充分的时间熟悉这种喂养方式。用吸奶器吸奶的时间一般为每次15分钟，加上清理的时间整个过程以不超过20～25分钟为宜。

使用吸奶器吸奶最理想的时间是在两次喂奶之间，妈妈应该先给宝宝喂奶，45分钟左右后再开始吸奶，每天2～4次。最初的几天可能只能吸出少量的奶，不过坚持几天后就会发现，吸出的奶量会逐渐增加。

保存好的奶够宝宝吃一整天，直到妈妈下班。这样可以避免妈妈为了给宝宝喂奶而两处奔波，不会过度劳累而影响身体健康，同时保证为宝宝提供优质的母乳。

● **准备不同的吸奶器**

吸奶器有自动和半自动两种。下面是根据环境的不同需要建议妈妈选择不同的吸奶器。

◎工作时选用的吸奶器。这种吸奶器的特点是双泵全自动循环式抽取，能有效节省时间；外形设计小巧还具有冷藏功能，即使公司没有冰箱也便于奶水储存；重量轻，便于工作时携带。

◎家用吸奶器。这种吸奶器的特点是单泵全自动循环式抽取，设计轻便，经济实惠，还具有省时、高效、节能、减轻肌肉疲劳的功效。妈妈可以偶尔在外出时使用。大概每天使用一两次。

● **教会宝宝用奶瓶**

在准备上班之前，妈妈应该提前让宝宝适应用奶瓶。可以在每次喂奶之前或喂奶快结束的时候，让他吮吸一下奶嘴，体会一下有什么不同。

宝宝习惯了乳头，当他初次接触奶嘴时可能会不适应，完全是勉强接受，甚至拒绝进食。所以，妈妈要在宝宝满月后就开始让他练习使用奶瓶，并要有足够的耐心和毅力坚持下来才可能成功。

● **为宝宝培养一个保姆**

给宝宝培养一个优秀的保姆可不简单。妈妈首先需要对宝宝的保姆进行一些适当的培训，教给她必备的急救常识，帮助她熟悉家附近的情况。可以慢慢尝试每天让宝宝单独和保姆待上几个小时，让宝宝慢慢适应这个变化。

每天都要仔细询问保姆有关她和宝宝在一起的一切情况，妈妈也要仔细观察宝宝的行为和情绪，如果觉得保姆不合适要马上更换。另外，为宝宝找保姆不仅仅是让宝宝有人带，也可以给妈妈留出时间调整，适应宝宝不在身边的感觉。

4～5个月

宝宝对吃越来越"讲究"，妈妈需要为
宝宝准备辅食了。

本阶段体格发育标准

	男宝宝	女宝宝
身高	平均67.0厘米（62.4～71.6厘米）	平均65.5厘米（60.9～70.1厘米）
体重	平均8.1千克（6.3～9.9千克）	平均7.5千克（5.9～9.1千克）
头围	平均43.0厘米（40.6～45.4厘米）	平均42.1厘米（39.7～44.5厘米）
胸围	平均43.0厘米（39.2～46.8厘米）	平均41.9厘米（38.1～45.7厘米）

宝宝的实际数据：

　　身高：____ 体重：____ 头围：____ 胸围：____

新妈妈喂养课堂

● **宝宝初添辅食学问大**

　　不知不觉间，宝宝已经快满6个月了。在这之前宝宝最完美的食物——母乳此时已经快无法完全满足宝宝的需求，所以及时给宝宝添加辅食就必须提上喂养日程了。对于初为人母并尚未有辅食添加经验的妈妈来说，掌握一些关于辅食的知识十分重要。

添加辅食的时间

　　大多数育儿书籍都会提到，4～6个月的宝宝就要开始添加辅食了。其实，这并不意味着所有的宝宝长到4个月时都要开始添加辅食，现在一般提倡从6个月开始。在决定要不要添加辅食时，应首先看宝宝是否有要吃辅食的要求，而不是看几个月。而且不宜过早给宝宝添加辅食，这是因为：

◎如果宝宝能够吃到足量的优质母乳，且身高、体重都呈正常增加趋势，那么对于宝宝来说不必急于添加辅食，母乳仍然是他们最完美的食物。

◎早于6个月就开始添加辅食，很可能引发宝宝消化不良及过敏反应，因为宝宝的消化系统还不够成熟，尚不能接受复杂的食物——特别是家长有过敏史的情况。

◎宝宝的味觉逐渐发育，有些宝宝在尝到了母乳以外的新鲜食物后，会被丰富的味道所吸引，从而不愿吃母乳。这将影响妈妈的乳汁分泌，而即使再营养的食物也是不能取代母乳的。

添加辅食的信号

妈妈平时注意仔细观察宝宝，通过他的一些表现来决定添加辅食的时间。一般来说，当宝宝想要且能够吃辅食时，会有以下信号：

◎宝宝常常在抓到一些物品后就往嘴里送。

◎当大人吃东西时，宝宝表现出极大的兴趣，或者伸手去抓大人正要吃的东西。

◎宝宝的背部发展到稍加扶持便可坐稳，头颈部肌肉的发育已完善，能够自主挺直脖子。

◎宝宝的吞咽功能趋于完善，挺舌反射消失。当宝宝准备接受辅食时，舌头及嘴部肌肉将发展至可将舌头上的食物往嘴巴后面送，一起来完成咀嚼的动作，而不会总是习惯性地将送到舌头上的食物往外吐。

◎宝宝饿得很快，即便吃了足量的母乳或增加了喂奶次数，仍无法满足他的需求。

◎宝宝连续几天哭闹或表现得十分烦躁，但吃喝睡玩、大小便都正常，完全没有生病的迹象。

◎宝宝近一两个月的身高、体重增长状况欠佳，生长曲线过于平缓，不能达到正常标准。

灵活掌握辅食添加时间

每个宝宝都是不同的，所以添加辅食的时间也应该个体化、机动化。需要提醒妈妈的是，宝宝6个月时就可以添加辅食了。因为此时宝宝的味觉发育较为敏感，广泛接触不同味道和口感的食物有利于预防宝宝挑食偏食。如果辅食添加过晚，会影响消化功能的正常发育，导致宝宝营养不良。另外，辅食添加过晚也会错过培养宝宝咀嚼和吞咽能力的最佳时机，影响宝宝颌骨及面部肌肉的发育以及乳牙的萌出。

童大夫提醒

● 给宝宝初添辅食4大原则

案例

宝宝快满5个月了，从现在开始就需要准备辅食了，前几天给他添加了蛋黄、米粉、苹果泥、香蕉泥、南瓜玉米泥等，不知道是不是喂杂了，宝宝每天晚上睡觉都会醒，有时候突然嗷嗷直哭。感觉是肚子吃坏了，消化不好似的。不知道是不是把宝宝的小胃给吃坏了，还能不能接着添加这些辅食？

案例中妈妈的做法是不对的。给宝宝添加辅食一定要遵循一定的原则，切不可随心所欲，想添加多少就添加多少，想喂什么就喂什么。宝宝刚接触新鲜食物，身体和心理都需要一个适应的过程，切勿操之过急。

品种由一到多

刚开始给宝宝添加辅食时妈妈切忌贪多，务必一次只添加一种。每给宝宝新增加一种食物时，都应有三四天甚至一周的观察期，看看宝宝在第一次试吃以及逐渐加量后，是否会出现发烧、呕吐、腹泻、起皮疹、呼吸困难、食后哭闹明显且难安抚等不适症状。确定没有任何问题后，才能继续添加辅食。

食量由少到多

初试某种新食物时，最好由一勺尖那么少的量开始，观察宝宝是否出现不舒服的反应，然后才能慢慢加量。比如添加蛋黄时，先从1/4个甚至更少量的蛋黄开始，如果宝宝能耐受，1/4的量保持几天后再增加到1/3的量，然后逐步加量到1/2、3/4，直至整个蛋黄。

浓度由稀到稠

最初可用母乳、配方奶、米汤或水将米粉调成很稀的稀糊来喂宝宝，确认宝宝能够顺利吞咽、不吐不呕、不呛不噎后，再由含水分多的流质或半流质渐渐过渡到泥糊状食物。

质地由细到粗

千万不要在辅食添加的初期阶段尝试米粥或肉末，无论是宝宝的喉咙还是小肚子，都不能耐受这些颗粒粗大的食物，还会因吞咽困难而使宝宝对辅食产生恐惧心理。正确的顺序应当是汤汁–稀泥–稠泥–糜状–碎末–稍大的软颗粒–稍硬的颗粒状–块状等。比如从添了奶或汤汁的土豆泥，到纯土豆泥，到碎烂的小土豆块的过渡。

专家讲堂

宝宝吃米粉的学问

宝宝6个月就可以开始添加辅食了，米粉是宝宝可以添加的最佳辅食之一。可是妈妈面对市面上品种繁多的米粉，难免也会束手无策，不知道该如何选择。不仅如此，在如何给宝宝喂米粉的问题上也会有很多困惑，我们来一起看看该如何做。

● **添加米粉的必要性**

宝宝长到6个月以后，虽然母乳和配方奶粉可为宝宝提供所需的大部分营养，但宝宝体内的铁、锌和钙等矿物质以及多种维生素的摄入量就已开始出现不足。所以不论采用哪种喂养方式，都必须适时给宝宝添加辅食，以补充身体发育所需营养。

但宝宝的消化功能尚未发育成熟，所以质地细腻、容易消化吸收的米粉是宝宝胃肠能够接受的新食物。另外，泥糊状的食物本身就容易被宝宝接受，所以米粉是宝宝辅食的最佳选择。

● 选择米粉的要点

适合宝宝的月龄

应按宝宝的消化能力及营养需要逐渐增加，由稀到稠，由淡到浓，以免引起消化不良。

◎6个月以上的宝宝：此阶段是宝宝脑神经细胞和视网膜发育的重要时期，体重增长明显，但此时宝宝体内的酶系统发育还不完全，消化能力较弱。应该给宝宝尝试细腻、温和的单一种类，比如纯米粉。这种米粉是宝宝理想的第一种半固体食物，其中含有维生素以及铁、锌、钙等微量元素，能被宝宝快速吸收。

◎7个月以上的宝宝：此阶段是宝宝牙齿和骨骼发育的关键时期，饮食开始逐渐向半固体过渡，体内的酶系统也逐渐发育完善，能逐步适应更多口味的食物。这个时候可以开始给宝宝尝试一些混合口味的米粉，比如添加了海带、胡萝卜的米粉。

◎8个月以上的宝宝：此阶段的宝宝活动量增大，开始逐渐进入离乳准备期，饮食更接近成人，需要从外界摄入更多的营养，视网膜、视神经充分发育，对脂肪的需求减少，对蛋白质的需求增加。这个时候可以开始给宝宝添加一些含肉的米粉，比如牛肉米粉、鱼肉米粉。

选择易冲调的米粉

易冲调的米粉利于宝宝的消化吸收。目前有些米粉采用先进的水解工艺生产，能把大分子淀粉颗粒水解为小分子，使米粉更易吸水、更好冲调，宝宝也更易消化吸收。

选择口味淡的米粉

选择口味淡的米粉能帮助宝宝从小养成口味清淡的好习惯，日后更不宜对口味较重的食物偏食、挑食，还可有效预防因偏食过甜、过咸口味食物所导致的一些疾病，如龋齿、肥胖、糖尿病、高血压等，有利于宝宝的健康成长。

● 冲调米粉的注意事项

◎米粉一定要冲调均匀。没冲开的米粉宝宝吃了不消化，不但营养吸收不好，还会增加脏器负担。

◎冲调米粉时应朝同一方向搅动，这样更容易把米粉调匀。搅匀后放置两三分钟，等米粉吸水充分后再给宝宝吃，这样米粉更细腻，容易消化。

◎最好用小匙喂宝宝，将米粉送到宝宝唇边，让宝宝自己吃。

◎宝宝吃多少就调多少，切忌将喂剩的米粉保存后二次喂给宝宝吃。

◎冲调米粉的水温或奶温不宜超过50摄氏度，因为高温会导致米粉营养流失。

◎根据天气和宝宝身体的适应性，可适当用凉开水冲调米粉并且不加热，这样有利于提高宝宝肠胃对冷热的适应性。

◎尽量用自来水冲调米粉，如婴儿专用水。矿泉水含有较多矿物质，会破坏米粉的营养结构。

◎冲调米粉时可加入菜汁、肉泥等其他辅食，有助于宝宝适应新的食物。

5~6个月

从这个月开始，让宝宝尝尝奶水以外的滋味吧。

本阶段体格发育标准

	男宝宝	女宝宝
身高	平均68.6厘米（64.1~73.1厘米）	平均67.0厘米（62.4~71.6厘米）
体重	平均8.4千克（6.6~10.2千克）	平均7.8千克（6.1~9.5千克）
头围	平均44.1厘米（41.5~46.7厘米）	平均43.0厘米（40.4~45.6厘米）
胸围	平均43.9厘米（39.7~48.1厘米）	平均42.9厘米（38.9~46.9厘米）

宝宝的实际数据：

身高：____ 体重：____ 头围：____ 胸围：____

新妈妈喂养课堂

● 生病妈妈的喂养原则

案例 我的宝宝6个月了，一直坚持吃母乳。最近一个月我感觉全身无力，很虚弱，感觉自己就像个活死人。听说吃点保健食品对提高身体免疫力很有帮助，就吃了一些。看了一些育儿的书籍，都说吃药以后如果还进行母乳喂养会对宝宝产生不利影响，所以担心自身的情况会危及宝宝，现在也不敢进行母乳喂养了。

其实，任何一个妈妈进行母乳喂养都不可能是一帆风顺的，总会遇到各种问题。妈妈们也常常因为自己的身体原因，动摇继续母乳的决心。但我们从国际母乳协会了解的事实是：大多数病症只要妈妈恰当处理，都不会影响母乳喂养。

下面列举了一些较为常见的病症，让妈妈了解这些病症对母乳的影响，理性地选择合理的喂养方式。

感冒、流感

母乳中已经有免疫因子传输给婴儿，即使婴儿感染发病，也比母亲的症状轻。一般药物对母乳没有影响，因此不必停止母乳喂养。可以在吃药前哺乳，吃药后半小时以内不喂奶。注意多饮水，补充体液。

另外，妈妈要注意个人卫生，勤洗手。尽量少对着宝宝呼吸，可以戴口罩防止传染。

腹泻、呕吐

普通的肠道感染不会影响母乳质量，因此不必停止母乳喂养，妈妈要注意多饮水。需要注意的是，有一些特殊的病例中，引起腹泻的病菌已经进入妈妈的血液和母乳里，需要服用抗生素进行治疗，这时候就要暂时停喂母乳，病愈后可继续哺乳。

糖尿病

胰岛素和母乳喂养并不冲突，因为胰岛素的分子太大，无法渗透母乳，口服胰岛素则在消化道里就已经被破坏，不会进入母乳。所以糖尿病妈妈完全可以进行母乳喂养。母乳喂养对于患有糖尿病的妈妈还有以下好处：

◎缓解乳母压力，哺乳时分泌的激素会让妈妈更放松。

◎哺乳时分泌的激素以及分泌乳汁所消耗的额外热量会使妈妈所需要的胰岛素用量降低。

◎能够有效地缓解糖尿病的各种症状，许多患有妊娠糖尿病的妈妈在哺乳期间病情部分或者全部好转。

乳腺炎

一般建议妈妈患了乳腺炎就要停止哺乳。但许多妈妈反映，停止哺乳后乳房变得过于胀满，反而会影响乳腺炎的康复。所以妈妈可视具体情况看是否需要停止母乳喂养，即使暂时停止了母乳喂养，但如果病情得到控制并有所好转，应及时恢复母乳喂养。

● 帮助婴儿更好地接受新食物

让宝宝安心

刚开始给宝宝添加辅食时，大多数宝宝都会一见到喂食的小勺和小碗就拼命摇头不肯吃，有的宝宝即使吃进去了也会马上吐出来。其实这并不表示宝宝不喜欢食物，而是他对自己的一种保护反应，他们可能也会对这些从未吃过的东西产生担心和恐惧心理。

这个时候，让宝宝产生安全感是最重要的。

当婴儿吐出食物时，妈妈切不可表现得惊慌失措或者很不耐烦，这会使宝宝感到恐慌。可以在擦掉吐出的食物后对着宝宝微笑，并鼓励他再来尝一下。如果宝宝还是坚持不肯吃，妈妈可以津津有味地尝一下，让宝宝心里产生安全感。

不要轻易放弃

妈妈不要因为宝宝总是表现出恶心的样子或一吃就吐而放弃喂食。研究证实，当宝宝第一次开始拒绝某种食物时，重复给予对于宝宝是否能够接受非常重要。因此，妈妈只要耐心地坚持多喂几次，宝宝一定会慢慢接受新食物的。

● 给宝宝添加自制果蔬汁

妈妈可以尝试为宝宝自制新鲜的蔬果汁，这样既满足了宝宝对水分的需求，又能给宝宝补充营养。自制果汁主要具有以下几个优点：

◎最大限度地减少营养物质的损失。新鲜蔬果中含有丰富的维生素，但又极易溶于水，遇到碱性物质极不稳定，很容易被氧化。因此，市售果蔬汁在贮存和加工过程中容易造成维生素破坏。所以，最好的办法是给宝宝饮用自制的新鲜果蔬汁，可以最大限度地减少营养物质的损失。

◎不含有害物质。妈妈在制作果蔬汁的过程中，水果和蔬菜的有益成分从纤维素中分离出来，而农药等残留的有害物质仍留存于纤维中，这样自制的果蔬汁中不会含有农药等有害物质，对宝宝的身体健康十分有益。

◎帮助宝宝排出体内废物。果蔬汁会使血液呈碱性，溶解积存于细胞中的毒素，使宝宝体内堆积的毒素和废物排出体外。

● 给宝宝添加鱼肉辅食

鱼肉细嫩，富含锌、硒、蛋白质以及维生素

B₂等营养成分，其所含脂肪主要是不饱和脂肪酸，易消化，适合婴儿发育的营养需要，对婴儿骨骼生长、智力发育、视力维护等有很好的作用。

调查显示，我国的婴儿在8个月时仍未添加鱼肉辅食的比例高达42.6%，因此造成许多婴幼儿蛋白质和无机营养素的摄取量明显不足，影响正常的生长发育。如果妈妈能及时并科学地给宝宝添加鱼肉辅食，以上问题都可以避免。因此，适当给宝宝提供鱼肉辅食是十分必要的。

适合婴儿的鱼肉品种

鱼类	营养价值	
三文鱼	三文鱼的鱼油含量很高，而鱼油含量高的鱼就含有丰富的Ω−3脂肪酸，Ω−3脂肪酸对宝宝大脑发育起着非常关键的作用。多项研究发现，常吃鱼油含量高的鱼还能有效预防哮喘	
平鱼	平鱼含有丰富的不饱和脂肪酸，且含有丰富的微量元素硒和镁	
黄鱼	黄鱼含有丰富的蛋白质、微量元素和维生素，对宝宝的生长发育十分有益	

给宝宝添加鱼肉辅食的注意事项

首先要选择肉多、刺少的鱼类，这类鱼肉便于加工成肉末，适合婴儿食用。其次，在制作方法上也必须确保鱼刺已经全部取出，以保证宝宝进食安全。

另外，宝宝刚刚开始添加鱼肉辅食时一般吃得很少，因此妈妈也可以选择市售的鱼泥给宝宝食用，等宝宝逐渐适应且食量增大时再自己制作。

需要提醒妈妈的是，如果宝宝属于过敏体质或者家庭有既往过敏史的，要谨慎给宝宝添加鱼肉辅食，最好等宝宝的消化功能发育完全后再行添加。

美味辅食这样做

这个月的宝宝可以让他尝尝新鲜的味道了，比如喝一些新鲜的果蔬汁。然而，很多市售的果蔬汁中往往添加了防腐剂和人工色素，而且时间放置较长，不利于宝宝的健康。妈妈亲自给心爱的宝宝制作一些果蔬汁，既新鲜又可以保证卫生，还经济实惠，妈妈不妨试试！

● 自制鲜橙汁

步骤一：准备一个新鲜的橙子。

步骤二：将橙子洗净，切成两半。

步骤三：把切好的橙子放在挤果汁器上压出果汁。

步骤四：往果汁里加入2倍的温开水，调匀就可以给宝宝喝了。

健康提示：橙汁中含有丰富的维生素、铁、钙、磷、尼克酸等营养物质，有利于补充乳类的不足，可促进宝宝的消化力，增强抵抗力，帮助缓解便秘。

● 自制胡萝卜水

步骤一：准备一根胡萝卜，洗净。

步骤二：将胡萝卜去皮，然后切成薄片。

步骤三：锅内放适量水，放入胡萝卜片大火煮开后转小火。

步骤四：将胡萝卜片煮到能用筷子轻易戳透时转大火收汤汁。

步骤五：锅里的汤汁就是美味的胡萝卜水了，可以给宝宝直接饮用。

健康提示：胡萝卜含有大量的胡萝卜素，可以促进上皮组织生长，提高呼吸道抗病能力，并且增强视网膜的感光能力，促进视力发育。

● **喂养果蔬汁的注意事项**

◎给宝宝喂果蔬汁时，第一次喂1小匙，约10毫升，以后逐渐增加，每天最多不超过150毫升。

◎要选择新鲜的蔬菜和水果制作果蔬汁，而不一定非要买进口水果，反季节蔬菜更不宜选用。

◎果蔬汁要随制随饮，不宜久放。长期放置的果蔬汁亚硝酸盐含量会增高，可能导致中毒。即使放在冰箱内，也不能久存。

◎由于果汁含糖量较高，过量饮用会导致宝宝食欲下降，还可能出现头晕、呕吐等果汁综合征，所以果汁只能是给宝宝换口味少量饮之，决不能代替饮水。

到了这个月，大部分宝宝可以第一次尝试真正的辅食了，蛋黄泥无疑是首选。蛋黄中含有丰富的营养成分，并且含有优质的亚油酸，是宝宝脑细胞增长不可缺少的营养物质。所以妈妈们赶快自己动手，给心爱的宝宝准备蛋黄泥吧。

● **自制蛋黄泥**

◎煮鸡蛋。选择新鲜的鸡蛋，用温水洗干净后放入凉水锅中，这样鸡蛋不易煮坏。

◎等鸡蛋煮熟后取出，迅速放入凉水中浸泡一下，这样处理过后的鸡蛋好去壳。

◎剥掉蛋壳，去掉蛋白，取蛋黄备用。

◎将蛋黄切成均等的4份，将其中的一份放入小碗中，用小勺碾碎，然后加适量水调成稀糊状就可以喂给宝宝吃了。

● **蛋黄泥的添加要领**

◎第一次尽量调稀。第一次给宝宝添加蛋黄泥，妈妈不要奢望宝宝能吃多少，主要的意义是让宝宝感受一下蛋黄的味道。为了让宝宝顺利接受蛋黄，妈妈在第一次做蛋黄泥时应尽量调稀。这样蛋黄粒就不会太粗，宝宝较易接受。等宝宝完全接受蛋黄泥之后，妈妈就不用刻意将蛋黄泥调稀了。因为对于刚刚接触辅食的宝宝来说，尝试各种食物的口感、粗细和味道是十分重要的。

◎坚持就是胜利。刚开始添加辅食，宝宝可能还不太习惯陌生食物的味道，从而拒绝进食。不管宝宝是一次还是多次排斥蛋黄泥，妈妈都要坚持给宝宝继续添加蛋黄泥。让宝宝有一个慢慢适应的过程，相信他很快会爱上蛋黄泥的。

此阶段宝宝不宜吃蛋白

此阶段的宝宝消化道黏膜屏障发育尚不完全，而蛋清中的蛋白质分子较小，容易透过肠壁黏膜进入血液，引起过敏反应，如皮肤出现湿疹和荨麻疹等。所以给宝宝在此阶段只需要添加蛋黄即可，不能喂蛋白。

童大夫提醒

● 自制肝泥

做法1

步骤一：挑选新鲜的肝脏（猪肝、鸡肝、鸭肝均可）清洗干净。

步骤二：将肝切碎。

步骤三：将切碎的肝末盛入碗中用汤匙捣成泥状。

步骤四：在生肝泥里先放少许植物油，再放一些水搅拌均匀。

步骤五：放锅里蒸熟就可以了。

做法2

步骤一：挑选新鲜的肝脏（猪肝、鸡肝、鸭肝均可）清洗干净。

步骤二：将肝放入水中煮，除去血后再换水煮10分钟，取出晾凉。

步骤三：将煮熟的肝切碎，放入碗中捣成泥，加适量水调成糊状就可以了。

● 动物肝脏的营养价值

铁是人体制造血红蛋白的基本原料，而动物肝的含铁量较高，能保证宝宝摄取足够的铁并能有效预防宝宝发生缺铁性贫血。另外，所有的肝都富含维生素A，维生素A可保护黏膜及上皮组织，具有维持正常生长的作用，并可有效地防治夜盲症、眼干燥症及角膜软化症。除此之外，动物肝脏中还含有丰富的维生素B2以及微量元素硒，这些营养物质可以增强宝宝的免疫功能。

食用肝脏要适量

动物肝脏非常适合患有缺铁性贫血的宝宝食用，但切忌食用过量，动物肝脏胆固醇含量很高。虽然胆固醇是动物组织细胞所不可缺少的重要物质，适量食用对人体很有益，但胆固醇长期摄入过多可能会导致代谢紊乱，对机体产生不利影响，甚至可能导致宝宝将来患上高胆固醇血症、动脉硬化等疾病。

童大夫提醒

推荐宝宝营养食谱

营养白菜汁

材料：新鲜白菜200克

做法：1.锅置火上，加适量水烧开。

2.放入白菜略煮，取出后切成小块。

3.将白菜块放入榨汁机中榨汁即可。

健康提示 白菜汁中富有维生素A，可促进宝宝发育和预防夜盲症。另外，白菜汁中含的硒有助于预防宝宝弱视，还可以促进造血功能。

西红柿汁

材料：西红柿1个

做法：1.锅置火上，加适量水，放入西红柿煮2～3分钟后捞出。

2.熟西红柿剥去皮，用消毒纱布把汁挤出。

3.将挤出的汁用1倍温开水冲调即可。

健康提示 西红柿不仅含有丰富的维生素C、维生素P、钙、铁、铜、碘等营养物质，所含的番茄红素具有抗氧化作用，还含有柠檬酸和苹果酸，可以促进宝宝的胃液对油腻食物的消化。

蔬菜水

材料：新鲜蔬菜200克

做法：1.蔬菜择洗干净后切碎。

2.锅置火上，加入适量清水、碎菜烧开后稍煮。

3.将锅离火，捞出菜叶，用汤匙压菜取汁即成。

健康提示 蔬菜水可为宝宝补充维生素和钙、铁，有助于骨骼及牙齿发育，还可预防贫血。

雪梨汁

材料：雪梨1个

做法：1.将雪梨洗净，去皮、核，切成细丝。

2.锅内放水烧开，将雪梨丝放入煮至软烂，取汁即可。

健康提示 雪梨性微寒，汁甜味美，有生津润燥、清热化痰、润肠通便的功效。

山楂水

材料：新鲜山楂50克

做法：1.山楂洗净，去籽切片。

2.锅内放水烧开，将山楂片放进去煮至软烂。

3.将山楂水取出，晾凉后调入温开水稀释即可。

美味茄泥

材料：新鲜茄子1根

做法：1.茄子洗净去蒂，去皮后切条。

2.将茄条放入锅内蒸20分钟后取出。

3.将蒸好的茄条放入小碗里捣烂即可。

苹果汁

材料： 熟透的苹果1个

做法： 1.苹果洗净后切成两半，去掉皮、核。

2.将苹果切成小块，放入榨汁机榨汁。

3.将榨出的汁用1倍温开水冲调即可。

健康提示 苹果含有丰富的糖类、维生素C、蛋白质、胡萝卜素、果胶、单宁酸、有机酸以及钙、磷、铁、钾等营养物质，是6个月的宝宝首选的水果。

西瓜汁

材料： 西瓜瓤100克

做法： 1.西瓜瓤去籽。

2.将西瓜瓤放入碗内，用匙捣烂。

3.用纱布滤取西瓜汁，用温开水调匀即可。

健康提示 西瓜性凉，有清热利尿的作用，对发热的宝宝很有好处。喂宝宝西瓜汁的时候最好先用温开水稀释，每次不要喂得太多。

猕猴桃泥

材料： 新鲜猕猴桃半个

做法： 1.将猕猴桃用清水洗干净，去除表皮，再把里面有籽的部分也去掉。

2.将处理好的猕猴桃果肉压成泥状即可。

健康提示 猕猴桃含有丰富的维生素C，同时还富含维生素P及钙、铁、磷、钾等矿物质。对于身体快速发育的宝宝来说，这无疑是一款营养满分的辅食。

胡萝卜汁

材料：胡萝卜1根

做法：1.胡萝卜洗净，去皮后切块。

2.将胡萝卜块放入榨汁机中榨汁。

3.用细滤网过滤榨好的胡萝卜汁，将残渣滤去。

4.用适量的水将胡萝卜汁稀释，调匀后即可喂给宝宝。

健康提示 宝宝开始长牙时牙痒，常咬人咬物，把胡萝卜洗净切成大小合适的条，让他啃着玩，既可当辅食，又有助于长牙。

蔬菜米汤

材料：圆白菜30克，胡萝卜30克，米汤适量

做法：1.圆白菜和胡萝卜分别洗净后切丝。

2.锅中倒入适量水，将圆白菜和胡萝卜投入锅中，煮沸后再煮3分钟。

3.将蔬菜汁倒出半碗，加入半碗米汤，搅拌均匀即可。

健康提示 圆白菜富含多种人体必需的微量元素，能促进新陈代谢，有利于宝宝的成长发育。且其热量低，易有饱足感，口味微甜，宝宝容易接受。

米汤蛋黄浆

材料：米汤2汤匙，鸡蛋1个

做法：1.鸡蛋煮熟，取半个蛋黄碾碎。

2.将碎蛋黄放进米汤中充分搅拌成糊状即可。

牛肉汤米糊

材料： 牛肉三小块，宝宝米粉适量

做法： 1.牛肉洗净、切片，放入锅中熬汤；将牛肉挑出，留下肉汤备用。

2.等肉汤稍凉后倒入宝宝米粉中搅拌均匀即可。

健康 提 示 米糊是宝宝添加辅食的常用形式，在家中用牛肉汤调制米糊不仅能提高口感效果，更可使宝宝较早适应进食畜肉蛋白质、氨基酸，营养价值很高。

香蕉蛋黄泥

材料： 鸡蛋1个，香蕉1根

做法： 1.鸡蛋煮熟，取1/4蛋黄备用。

2.香蕉去皮，取适量果肉备用。

3.将蛋黄和香蕉放入碗内搅成泥糊，用温开水调匀即可。

健康 提 示 香蕉有丰富的蛋白质、碳水化合物、维生素A和维生素C以及宝宝生长发育所必需的各种矿物质，容易消化、吸收，且具有补铁功效。而且香蕉特殊的清香味道还可以遮盖蛋黄的腥味儿，让宝宝更容易接受。

添加辅食过晚的坏处

　　随着宝宝一天天地长大，仅靠母乳和奶粉喂养已经不能完全满足宝宝的营养需求，如果不及时给宝宝添加辅食，不仅会导致宝宝营养不良，甚至还会使宝宝在长大后容易患各种疾病。因此，一定要适时给宝宝添加辅食，让宝宝健康长大。

● 使宝宝缺乏营养

缺乏能量

　　食物是人体所需能量的来源，对于活动量不断增加的宝宝来说，需要的能量也会越来越多，而仅靠母乳供给能量已不能满足宝宝的需要，必须从辅食中得到补充。

　　碳水化合物是能量的主要来源，它进入宝宝的消化系统后，在消化酶的作用下会转化成葡萄糖被吸收利用，当葡萄糖不足时，会影响宝宝的大脑发育。

缺乏蛋白质

　　宝宝的身体需要大量的蛋白质：骨骼和牙齿需要胶原蛋白；指（趾）甲需要角蛋白；全身的细胞和细胞中的膜结构都需要蛋白质来建造，而蛋白质不足会严重影响宝宝的身体发育，使宝宝出现发育落后、体重和身高不达标、贫血、免疫力低下等症状。

缺乏维生素

宝宝常见的维生素缺乏症有以下几种：

◎缺乏维生素A：出现皮肤角化、视力障碍、角膜软化、免疫力低下等症。

◎缺乏B族维生素：容易发生口角溃烂、脂溢性皮炎、惊厥等症。

◎缺乏维生素C：容易出现皮肤黏膜出血症。

◎缺乏维生素D：会出现多汗、夜惊以及方颅、囟门闭合延迟、出牙晚等现象。

缺乏矿物质

　　钙、铁、锌、碘等矿物质对宝宝骨骼和牙齿的生长、肌肉神经活动、激素分泌等都有很大的影响，如果不能及时添加辅食，将可能导致宝宝出现以下症状：

◎缺钙：骨骼牙齿钙化不良，发生肌肉抽搐。

◎缺铁：贫血，智力发育缓慢。

◎缺锌：经常食欲低下，生长缓慢。

◎缺碘：甲状腺素合成分泌不足，生长发育落后、智力低下。

● **影响宝宝的咀嚼能力**

宝宝的消化腺已日益成熟，消化酶的分泌越来越适合宝宝吃固体食物。及时为宝宝添加辅食，对咀嚼、咬合等机能的训练具有重大意义。

6～9个月是培养宝宝咀嚼能力的黄金时期，妈妈一定要在这个时期及时为宝宝提供合理的辅食。一旦错过这个时期，宝宝的咀嚼功能不能得到及时有效的锻炼，很容易使他们养成不经咀嚼就吞咽的不良进食习惯，出现消化不良等症状。

● **导致宝宝偏食**

宝宝接触辅食的过程，也是慢慢开始对食物形态、质地、味道的认知过程。如果辅食添加过晚，等于剥夺了宝宝的学习机会，在应该添加辅食的时间里，宝宝却没有体验过某些食物的味道和质感，等他长大了也不愿接受这些食物，从而养成偏食的毛病，对宝宝的成长产生不良影响。

● **影响宝宝的心理发育**

如果辅食添加过晚，必定会造成宝宝离乳延迟，如果宝宝离乳太晚，很容易造成宝宝产生恋乳、恋母心理，这对宝宝的健康成长十分不利。

宝宝一旦产生恋乳心理，那么接受辅食对他来说就更加困难，这会对宝宝顺利过渡到成人饮食造成困难，最终导致宝宝出现消瘦、营养不良、体质差等症状。

恋母心理强的宝宝往往不能具备优良的性格，长大后容易出现胆小、孤僻、害羞、独立意识差、依赖性强等性格弱点。这样的宝宝不爱和同龄的小朋友玩，表现为不合群。这种心理会伴随宝宝很长时间，不利于宝宝的心理发育。

6～7个月

宝宝的乳牙开始渐渐萌出，可以接受
越来越丰富的辅食。

本阶段体格发育标准

	男宝宝	女宝宝
身高	平均70.1厘米（65.5～74.7厘米）	平均68.4厘米（63.6～73.2厘米）
体重	平均8.8千克（6.9～10.7千克）	平均8.2千克（6.4～10.0千克）
头围	平均45.0厘米（42.4～47.6厘米）	平均43.8厘米（42.2～45.4厘米）
胸围	平均44.9厘米（40.7～49.1厘米）	平均43.7厘米（39.7～47.7厘米）

宝宝的实际数据：

身高：＿＿＿ 体重：＿＿＿ 头围：＿＿＿ 胸围：＿＿＿

新妈妈喂养课堂

● 宝宝舌苔与饮食的关系

宝宝的舌头也是他健康状况的晴雨表，细心的妈妈应该留心观察宝宝的小舌头有什么变化，以根据宝宝的身体情况来决定喂养方案。

健康状况良好且发育正常的宝宝，其舌体淡红，柔软自如，舌面平滑，舌苔稀薄均匀，口中没有异味。如果宝宝患病了，舌苔在质和色上都会发生一些变化，妈妈要注意观察，以便及时给宝宝调理饮食。需要提醒妈妈的是，宝宝吃了某些食物或药品舌苔也可能会变色，这些都不是宝宝生病的症状，要注意分辨。

舌头发红、舌苔较少

如果宝宝的舌头出现发红、舌苔少的症状，很可能是由于热重虚火，伤耗津液导致的，宝宝此时可能已经感冒发烧了。妈妈可以给宝宝添加具有滋阴降火功效的辅食，如梨、西瓜等。同时要少添加一些偏温的食物，注意多给宝宝喂白开水。

舌苔黄腻、舌面黏厚

宝宝吃得过多、过饱，或者进食了过于油腻的食物，造成消化功能紊乱，肚子胀气、疼痛，严重时还发生呕吐，这时他的舌头就会出现黄白色污垢，口中还会有一股酸臭的味道。这时妈妈应给宝宝添加一些具有清热功效的辅食，如梨、山楂等，严重的话要带宝宝去看医生，食用可以消食导滞的药物。

舌体淡白、舌苔剥落

如果宝宝出现睡眠不稳、经常哭闹、面色黄暗无光等状况时，他的舌头很可能出现舌体淡白、舌苔剥落的情况。这时最适合宝宝的辅食就是一些新鲜水果或深色蔬菜，比如菠菜水、红枣汤等。

● 添加辅食的禁忌

忌用微波炉加热辅食

用微波炉加热辅食经常会出现加热不均匀的状况，很多时候表面已经很烫了，里面却还是冷的。另外，使用微波炉加热食物会导致蔬菜流失一些水分和养分，而且也影响食物原有的口感。

忌过量食用胡萝卜、南瓜

胡萝卜、南瓜是公认的营养食物，所以妈妈就觉得给宝宝吃得越多越好，其实并不然。如果宝宝持续进食大量胡萝卜和南瓜，会导致胡萝卜素、类胡萝卜素摄取过量，很可能出现皮肤黄染，这种黄染要过好几个月才会退去。

避免食致敏食物

妈妈要尽量避免选用容易引发过敏的食物作为宝宝辅食的原料，不是说完全不可以吃，而应该在给宝宝第一次食用时仔细观察，而且要先少量试吃，确保宝宝没有过敏反应后再继续添加。

忌重口味辅食

切忌给宝宝添加口味过重的辅食，因为宝宝的生理代谢功能尚未发育完全，摄入过多的盐分代谢不完，会滞留体内给肾脏带来负担。另外，宝宝辅食口味过重的话，长大后很可能拒食清淡的食物，形成不良的饮食习惯，影响身体健康。

忌食辛辣食物

宝宝的消化系统尚未发育完全，不管家人是不是习惯了辛辣饮食，对于小宝宝来说，辛辣食物是要禁止食用的。要知道，宝宝的身体器官还很娇嫩，不适宜吃辛辣食物。

谨防宝宝过敏

红枣中有大量抗过敏物质，如果宝宝出现过敏症状，妈妈不妨在辅食里给宝宝适量添加红枣。当宝宝吃一种食物过敏时，并不是说宝宝再也不能吃这种食物了。但是妈妈要注意，短时间内不要给宝宝添加此种食物，最好等宝宝1岁以后再尝试添加。如果宝宝依旧对该食物过敏的话，那就要等到他更大时再试试看。

童大夫提醒

● 不要让宝宝吃太多

淀粉摄入过多

如果宝宝过量摄入米糊、米粉等淀粉含量高的食物，会造成胃肠内淀粉酶相对不足，导致肠内淀粉异常分解而引起消化不良，会出现胀气、腹泻等不适症状。如果每天排便数超过十次且量多，便便呈泡沫糊状，有酸臭味，常有小白块和食物残渣，就说明宝宝的淀粉类食品吃多了，一定要注意调整宝宝的喂养方案。

蛋白质摄入过多

如果宝宝过量摄入含有高蛋白的食物，将会给宝宝的胃肠带来负担，使宝宝肠内蛋白质分解困难，进而发生消化不良。宝宝每日排便3~5次或更多，粪便呈黄褐色稀水状，有刺鼻的臭鸡蛋味则说明高蛋白食物摄入过多。

脂肪摄入过多

如果宝宝过量摄入脂肪（包括动物性脂肪和植物性脂肪），将会导致胃肠消化力不足，引起腹泻。宝宝摄入过多脂肪的表现为每日排便3~5次或更多，粪便外观似奶油糊状，便稀且呈灰白色，内含较多奶块或脂肪滴，有臭味。

宝宝的适量喂养非常关键，否则非常容易引起过食性腹泻。妈妈应该根据宝宝的实际情况给他补充身体所需的适量碳水化合物、脂肪和蛋白质，切不可贪多。

美味辅食这样做

● 自制南瓜洋葱泥

步骤一：将新鲜的洋葱洗净，取1/4切碎。

步骤二：锅里加水，放入洋葱碎煮15分钟，捞出。

步骤三：将煮好的洋葱碎放入碗里碾碎，最好再过一遍筛网，这样洋葱泥会更细，利于宝宝的消化。

步骤四：南瓜取一小片洗净，去皮、籽以及贴着籽的丝状物。

步骤五：用保鲜膜把南瓜包好，放入微波炉里加热40秒，翻面后再加热40秒。

步骤六：取出已经熟软的南瓜，放到小碗里碾成泥，如果南瓜泥太干，可用煮洋葱的水稀释一下。

步骤七：把洋葱泥和南瓜泥放在一起，搅拌均匀就大功告成了。这款泥略带甜香味，宝宝会很喜欢。

● 自制杂菜米糊

步骤一：将新鲜蔬菜择洗干净后切碎。

步骤二：锅置火上，加入适量清水和切好的碎菜烧开后稍煮。

步骤三：将煮好的碎菜取出，放到榨汁机中多搅打几次，打成泥状。

步骤四：如果怕宝宝不能消化颗粒状的菜泥，可将菜泥放在筛网上，用小勺碾压，取筛网下的菜泥使用。

步骤五：在菜泥中加入适量米粉，用煮菜的水稀释，搅拌均匀就可以给宝宝吃了。

● 自制新鲜果蔬汁

步骤一：准备1根胡萝卜、1根黄瓜和1个苹果，注意要选新鲜的。

步骤二：黄瓜和胡萝卜都洗干净，切成小段；苹果去掉皮、核，留下果肉。

步骤三：榨汁机里先加好少量水，然后把黄瓜段、胡萝卜段和苹果果肉放进去，搅打均匀，给宝宝喝时按1∶1的比例兑水稀释。

步骤四：为了调节口味，还可以加配方奶，做成鲜奶果蔬汁，宝宝也很爱喝。

健康提示：做这款蔬果汁所用的三种食材都富含纤维素，而且胡萝卜中还含有大量的胡萝卜素，黄瓜中含有丰富的维生素C，不仅可以预防宝宝因辅食添加造成的便秘，还有助于促进宝宝的视力发育，提高免疫力。

★ 菠菜

推荐宝宝营养食谱

海苔米糊

材料：海苔1小片，米粉适量

做法：1.海苔在筛网上细细磨成粉末。

2.用温开水将米粉冲成米糊。

3.将磨好的海苔粉倒进米糊里，搅拌均匀即可。

秋梨奶羹

材料：秋梨1个，牛奶200毫升，米粉10克

做法：1.秋梨去皮、核并切成小块，加少量清水煮软。

2.兑入温热牛奶、米粉中，混匀即可。

健康提示 煮着吃的秋梨性平和，制成奶羹对宝宝的脾胃刺激小。适合肺虚气喘、咳嗽体弱的宝宝吃。

香蕉南瓜蒸

材料：香蕉1个，南瓜1小块，蛋黄1个，配方奶半小碗

做法：1.南瓜去皮、籽，放到微波炉里两面各加热40秒。

2.将处理好的南瓜捣成泥，香蕉捣成泥，蛋黄搅碎后放在配方奶中搅匀。

3.将香蕉泥、南瓜泥放入蛋奶中，上锅蒸10分钟即可。

什锦豆腐糊

材料：嫩豆腐1/6块，胡萝卜1根，鸡蛋1个

调料：肉汤1大匙

做法：1.嫩豆腐放入开水中焯一下，去掉水分后切成碎块，放入碗中捣碎；胡萝卜洗净，煮熟后捣碎；鸡蛋煮熟，取蛋黄加水调成蛋黄泥。

2.豆腐泥放入锅内，加肉汤煮至收汤为止。放入调匀的鸡蛋泥，小火煮熟即可。

苹果奶昔

材料：苹果1个，婴儿配方奶粉适量

做法：1.苹果洗净，削皮并挖去果核中的籽后切成小块。

2.配方奶粉加适量水调匀。

3.将苹果块与冲好的奶粉一同放入榨汁机中搅打均匀即可。

健康提示 苹果富含各种维生素、果胶及纤维素，其中的纤维素能帮助纠正宝宝便秘；果胶能有效防止轻度腹泻。这款具有通便、止泻双重功效的苹果泥非常适合宝宝食用。

蔬菜泥

材料：油菜20克

做法：1.油菜洗净，放入开水中焯烫几秒钟。

2.捞出焯烫好的油菜，在碗中捣烂。如果担心宝宝消化不好，可以过一遍筛网。

3.把捣好的蔬菜泥搅拌均匀即可。

专家讲堂

市售成品辅食也可适量吃

宝宝的辅食妈妈既可以自己动手做，也可以适当选择质量好的市售成品辅食来喂养宝宝。成品辅食具有专业的配方和加工工艺，食用起来也更方便，能够满足宝宝不同时期的营养需求，适合宝宝的身体需要。但在购买时要注意产品适合添加的月龄、生产日期、保质期、食用方法、保存条件等。

● **选择成品辅食的理由**

◎原料新鲜，无菌真空包装，相对比较安全。

◎先进的生产工艺能够保存原料的天然营养，能有效防止营养物质的流失。

◎强化营养配方，可全面满足宝宝生长发育的需求。

◎方便、快捷、卫生，节省了选材、制作的时间，并且可以随时随地食用。

◎不受季节限制，品种丰富。

◎有适合宝宝不同年龄段的产品，能够适应宝宝各阶段的消化系统，满足宝宝不同的营养需求。

● 果汁可适量添加

此时的宝宝消化系统逐渐发育完善，可以开始少量与水以1：1的比例稀释后饮用，7个月后可以饮用纯果汁。果汁的口味要从单一逐渐过渡到多样，以满足宝宝对不同营养的需求。在给宝宝添加果汁时，妈妈要注意以下几点：

1.如果发现宝宝出现皮肤过敏或腹泻等异常情况，应暂停饮用。

2.果汁加热的时间不宜太长，温度也不宜太高，否则会破坏其所含的维生素C。

3.每次给宝宝喂完果汁后都应该再喂少量白开水，以起到清洁口腔的作用。

● 泥状辅食添加要诀

◎泥状辅食添加应遵从由稀到稠、由少到多、由一种到多种的原则。

◎给宝宝添加新的泥状食物最好选择在上午进行。

◎一种泥状辅食添加后应隔三五天再换另一种。

◎宝宝患病时应停止添加新食物。

● 成品辅食添加Q&A

Q 按什么顺序给宝宝添加成品辅食最好？

A：世界卫生组织推荐，谷类是宝宝理想的第一固体辅食，所以应该先给宝宝添加米粉，等宝宝能顺利进食米粉一个星期后就可以试着让宝宝尝尝蔬菜泥了。等宝宝长到6个月以后可陆续添加鱼泥、肉汁等辅食，8个月以后可以加各种含肉的米粉、肉泥以及细小的块状食物。

Q 成品辅食淡而无味，宝宝会爱吃吗？

A：婴幼儿的食品不宜添加盐、香精、防腐剂和过量的糖，以天然口味为宜。那些口味或香味很浓的市售成品辅食都添加了调味品或香精，不能给宝宝吃。

虽然有些食品的天然口味很淡，但对宝宝来说却很可口，宝宝平时吃清淡的食物可以保持味蕾对各种味觉的敏感性，提高对各种食物的接受程度，所以妈妈不能用大人的口味来作为衡量宝宝食品的标准。而且，经常吃口味重的食物会使宝宝养成不良饮食习惯，影响身体健康。

Q 如果宝宝不喜欢吃某种口味的成品辅食，是不是就要换掉？

A：不应该换掉，而应该让宝宝多次尝试。宝宝接受一种新食物一般要尝试多次，因此妈妈要有耐心。选择宝宝心情好而且不太饿的时候喂给他吃，并多多鼓励。坚持让宝宝尝试不同口味的新食物，是避免宝宝偏食的好方法。

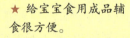
★ 给宝宝食用成品辅食很方便。

7～8个月

一般的宝宝都长出了小牙，软中带硬的
食物最受他的欢迎。

本阶段体格发育标准

	男宝宝	女宝宝
身高	平均71.5厘米（66.5～76.5厘米）	平均70.0厘米（65.4～74.6厘米）
体重	平均9.1千克（7.2～11.0千克）	平均8.5千克（6.7～10.3千克）
头围	平均45.1厘米（42.5～47.7厘米）	平均44.2厘米（41.5～46.9厘米）
胸围	平均45.2厘米（41.0～49.4厘米）	平均44.1厘米（40.1～48.1厘米）

宝宝的实际数据：

身高：＿＿＿ 体重：＿＿＿ 头围：＿＿＿ 胸围：＿＿＿

新妈妈喂养课堂

● 给宝宝自制辅食注意事项

市场上虽然有各种各样的宝宝食品，食用起来十分方便，但还是建议
妈妈自己动手，让宝宝丰衣足食。妈妈在自制辅食时，注意以下几点：

◎制作工具、容器应专具专用，不能和大人用具混合使用。要保持宝
宝用具的清洁卫生，在使用这些用具之前应清洗自己的双手，以保证宝宝
的胃肠健康。

◎选购蔬菜要谨慎。妈妈最好选购优质且有鉴定保证的绿色蔬菜，防止农药、杀虫剂对蔬菜的污
染。

◎制作辅食的过程中也要注意，烹饪时间不宜过长。如绿色蔬菜，烹制时间过长会导致其所含的
维生素丢失。可以先将菜切碎，以缩短烹制时间。

◎不要给宝宝吃剩下的辅食。妈妈最了解自己的宝宝，尽量他能吃多少就给他做多少，为了宝宝
的健康，妈妈一定不要怕麻烦。如果确实做得太多了，那剩下的辅食应放到冰箱里保存。

◎不要按大人的标准来给宝宝制作食物。对于宝宝来说，他们的消化吸收功能尚不成熟，各器官
的发育也不完善，因此宝宝本阶段的饮食宜清淡，不宜加过多的糖、盐。

● **如果妈妈准备给宝宝离乳，要注意调节饮食**

案例

我家猫猫快8个月了，我由于工作原因不得不给她断奶了。听其他妈妈说，断奶一定要果断，不能拖泥带水，否则对宝宝和妈妈来说都是一种折磨。于是狠下心来开始断奶，一口也不给她吃。可猫猫坚决不吃奶瓶，以绝食抗议，不停地哭，她哭我也哭，但为了断奶，一直忍着没喂。现在奶胀得厉害，也不敢喂给她吃，不知道什么时候才可以顺利完成啊，真让人揪心。

案例中妈妈的想法其实是不对的，即使迫于现实情况要给宝宝离乳，也不是一点都不能给宝宝吃。可每天适量减少喂奶次数，比如只夜间给她吃母乳，然后循序渐进，慢慢就能顺利离乳了。

如果妈妈准备给宝宝离乳，这段时间宝宝的饮食至关重要，要注意合理调整宝宝的喂养方案，以免离乳导致宝宝营养不良，甚至影响宝宝的正常身体发育。

离乳时宝宝可能出现的不适症状

◎爱哭、没有安全感。妈妈在准备给宝宝离乳时要注意，一定要提前做好足够的铺垫，不要硬性离乳。如果硬性离乳，宝宝会因为没有安全感而产生母子分离焦虑，具体表现为妈妈一离开他的视线就会紧张焦虑，哭着到处寻找。这个时候的宝宝情绪低落，更害怕见陌生人。

◎消瘦，体重减轻。离乳可能导致宝宝情绪受打击，加上还不适应只吃母乳之外的食物，这样就会引起宝宝的脾胃功能紊乱，食欲差，每天摄入的营养不能满足宝宝身体正常的需求，以致

出现消瘦、面色发黄、体重减轻的症状。

◎抵抗力差，易生病。如果妈妈在离乳之前没有做好充分的准备，未及时给宝宝添加品种丰富的辅食，很多宝宝会因此出现挑食的毛病，比如只喝牛奶、吃米粥等，造成食物种类单调，从而影响宝宝的生长发育，导致宝宝抵抗力下降，爱生病。

离乳准备期注意事项

◎离乳只是给宝宝断掉母乳，而不是脱离一切乳制品。配方奶粉仍需要一直喝下去，即使过渡到正常饮食，1岁半以内的婴儿每天也应该喝300～500毫升的配方奶粉。所以，即使是离乳期的宝宝，配方奶粉仍要坚持喂养。

◎给宝宝准备离乳时，可以让他每日三餐都和大人一起吃，每天给他添加两次配方奶，再配合其他辅食或者水果。还没有彻底脱离母乳的宝宝，可在早起后、午睡前、晚睡前、夜间醒来时喂母乳，尽量不要在三餐前后喂，以免影响宝宝的正常进餐，为彻底离乳做好准备。

◎适当给宝宝增加菜的种类。这个月的婴儿可以吃的蔬菜种类很多，除了刺激性较强的蔬菜，如辣椒等，一般的蔬菜基本上都可以做给宝宝吃，只要注意合理的制作方法即可。

在这个时期，即使妈妈没有给宝宝离乳的打算，但也不可将母乳作为宝宝的主食，需要增加丰富的辅食来满足宝宝的营养需求。有哺乳条件的妈妈还应坚持哺喂母乳，毕竟母乳才是宝宝最佳的营养食物。

● **给宝宝喂米汤好处多**

研究发现，一些腹泻脱水的婴幼儿在补水时，一般的补液无效，但喂米汤却效果显著。中医认为，米汤性味甘平，有益气、养阴、润燥的

功效。婴幼儿常因患了急性胃肠炎而导致腹泻失水，伤阴耗液，胃肠功能紊乱，食欲减退，口干舌燥。在这种情况下，可尝试给婴儿饮用米汤。

米汤富含碳水化合物和维生素B_1、维生素B_2及磷、铁等成分，既能补充营养和水分，又易消化吸收，有利于维持机体的正常生理活动，还具有调节胃肠功能、增强免疫力、促进宝宝康复的功效。

研究还表明，米汤的渗透性较低，因此没有增加肠道分泌的危险性。另外，当妈妈患有某种疾病而不能哺乳时，用米汤代替水来冲调配方奶，能使奶粉中的酪蛋白形成疏松而柔软的小凝块，易被婴儿吸收，而且米汤经过煮沸这道工序，符合无菌要求，可放心给宝宝饮用。

美味辅食这样做

自制磨牙棒通常味道不错，所以宝宝更乐于接受，而且拿着啃咬的时间也较长。现在正是宝宝长牙的关键时期，妈妈自己动手为宝宝制作一些磨牙棒吧，能有效锻炼宝宝的咀嚼能力，有利于牙齿的健康成长。

● 自制磨牙棒

美味苹果条

步骤一：准备新鲜的苹果，洗净后去皮和果核。

步骤二：将苹果切成小拇指粗细的长条，直接给宝宝拿食即可。苹果条清凉爽口，味道甘甜，不仅可以让宝宝磨牙，同时也是让他尝试新食物的好办法。

磨牙饼干

步骤一：将面粉、少量糖倒入盆中搅拌均匀。

步骤二：和好面，接着把揉好的面团揪成一个一个小块，并分别搓成细长条。

步骤三：在烤盘上抹上一层植物油，把做好的小饼干摆好，用刷子刷上鸡蛋液，再用微波炉烤10分钟左右就完成了。如果家里有饼干模具，也可以把饼干做成各种各样的形状，宝宝会更喜欢。

胡萝卜磨牙棒

步骤一：新鲜的胡萝卜洗净，去掉外皮。

步骤二：将胡萝卜切成小拇指粗细的条。

步骤三：将胡萝卜条放入锅中隔水蒸，硬度视宝宝的需要而定，最好是外软内硬，是不错的磨牙物。

烤馒头片

步骤一：把馒头切成1厘米厚的薄片。馒头可以买玉米面的、黑面的，多吃粗粮对宝宝也很有好处。

步骤二：将馒头片放在平底锅里烤一下，不要加油，烤至两面微微发黄、略有一点硬度就可以了。

步骤三：将烤好的馒头片切成适合宝宝抓握的条状。

推荐宝宝营养食谱

鸡肝胡萝卜粥

材料：鸡肝2块，胡萝卜20克，米饭2大勺

调料：高汤适量

做法：1.鸡肝清理干净，煮熟，捣成泥。

2.胡萝卜洗净，煮熟，捣成泥。

3.米饭倒入高汤，小火熬成粥。

4.将胡萝卜泥、鸡肝泥加入粥内，拌匀略煮即可。

蛋黄豆糊

材料：荷兰豆100克，蛋黄1个，大米50克

调料：高汤少许

做法：1.将荷兰豆去掉豆荚，放进搅拌机中打成泥。

2.蛋黄压成蛋黄泥。

3.大米洗净，在水中浸泡2小时后连水放入锅内，加入豆泥、高汤煲约1小时，煲成半糊状时放入蛋黄泥，再焖5分钟即可。

鱼肉菠菜粥

材料：大米250克，净鱼肉150克，菠菜100克

调料：高汤少许

做法：1.大米淘洗干净，放入锅内，倒入适量清水用旺火煮开，小火熬至黏稠。

2.菠菜入沸水中焯烫一下，捞出后切成碎末；鱼肉放锅内蒸熟，取出后捣烂。

3.将菠菜碎、鱼肉泥、高汤放入锅内，小火熬几分钟即可。

鱼肉胡萝卜泥

材料：鲢鱼1/2条，胡萝卜1根

调料：高汤少许

做法：1.鲢鱼处理干净后放锅内蒸熟，取肚子上的肉备用。

2.胡萝卜煮熟，用研磨器碾成泥。

3.将两种食物加少许高汤搅拌成泥即可。

草莓蜜桃泥

材料：草莓2颗，水蜜桃1/4个

做法：1.草莓洗净，摘去蒂后再清洗一次，沥干水分备用；水蜜桃去皮、核。

2.将草莓和水蜜桃放入碗内，捣成细泥即可。

健康提示 草莓营养丰富，富含多种营养成分，能为长身体的宝宝提供丰富的营养。水蜜桃含丰富的糖分和钾，可帮助稳定宝宝情绪，对促进宝宝的新陈代谢非常有益。

小米红薯粥

材料：红薯1个，小米50克

做法：1.小米洗净，放入清水中浸泡2小时。

2.红薯洗净，去皮后切小块。

3.将小米和红薯同放入锅内，加水煮成稀糊状即可。

美味银鱼粥

材料：糙米1/2杯，西红柿2个，土豆、胡萝卜各1/4个，银鱼15克

做法：1.银鱼入沸水中焯烫，捞出后沥干、剁碎。

2.糙米淘洗干净，泡水后煮粥。

3.土豆与胡萝卜分别去皮、洗净，蒸软；西红柿用沸水烫一下后去皮。

4.将土豆、胡萝卜与西红柿一起放入榨汁机内搅打均匀。

5.打好的蔬菜汁倒出，淋入糙米粥后放在火上，加剁碎的银鱼再一起熬煮5分钟，关火晾凉即可。

专家讲堂

超重宝宝巧添辅食

相关数据显示，目前我国婴幼儿肥胖发生率已超过10%，而研究表明，6个月左右的肥胖儿在成年后发生肥胖的概率为14%，7岁为41%，10～13岁为70%。由此可见，婴儿肥胖是成人期肥胖的"潜伏杀手"，并将成为罹患糖尿病、高血压、高脂血症及冠心病等疾病的"隐形炸弹"。研究显示，儿童肥胖的高峰就在12个月之内，因此，为了避免宝宝发生肥胖，从添加辅食时就要开始注意。

● **判断宝宝是否超重的方法**

6个月以前的宝宝平均每月增重600～700克，6个月以后平均每月增重250～300克，1岁时的体重约为出生时的3倍。

宝宝标准体重的常用计算公式为：1～6个月的婴儿体重（千克）= 出生体重 + 宝宝月龄×0.6；

7～12个月的婴儿体重（千克）＝出生体重＋3.6＋（宝宝月龄－6）×0.25。

需要提醒妈妈的是，每个宝宝的生长速度都各具特点，体重只是衡量宝宝是否肥胖的参考数据，而不是唯一标准。建议妈妈定期带宝宝去做保健检查，让医生用更为科学的综合指标来评判宝宝的肥胖度。

● 宝宝超重解决方案

如果宝宝已经超重，妈妈也不必忧心忡忡，只要现在掌握宝宝饮食的原则，正确地调整辅食的添加，就能轻松攻克宝宝的肥胖难关。

给宝宝设计个性的喂养方案

每个宝宝的消化吸收能力都不尽相同，而且他们都知道自己的胃口有多大，因此，不管是喂奶还是添加辅食，都应以宝宝自己吃饱为准。妈妈不要用其他同龄宝宝的食量为标准来衡量自己的宝宝，也不要将包装上的建议量作为宝宝的"硬性完成指标"，应根据宝宝自身的实际情况为宝宝量身定做一个适合他的喂养方案。如果宝宝紧闭小嘴、把奶嘴或勺子往外顶或用手推，就说明他已经吃饱了，切忌过度喂养导致宝宝肥胖。

恰到好处地喂水很重要

妈妈要在两次喂奶之间给宝宝喂水，这样宝宝就不会将"渴"的信号误认为是"饿"而进食太多，这样能有效避免宝宝频繁进食。需要注意的是，有的妈妈为了让宝宝多喝水，就经常用冰糖水、果汁等替代白开水，这种做法是很不科学的。所以应该培养宝宝喝白开水的习惯，不让他们过于依恋甜水，以免使身体摄入额外的热量，使体重增加更快。

缓解宝宝的饥饿感

胖宝宝一般食欲旺盛，妈妈可以适当增加他的饮水量以及蔬菜在辅食中的比例，可以有效增加饱腹感，还能帮助宝宝的肠道"做运动"，是排除身体多余毒素、消除多余脂肪、解决便秘问题、控制热量摄入过多的有效方法。

慎食糖分含量过高的水果

如果宝宝已经超重，那么糖分含量过高的水果对宝宝来说就不是十分适合了。妈妈再添加辅食的时候要注意选用一些糖分含量低的水果来喂宝宝，可有效避免宝宝因糖摄取过多而更加肥胖。

不要让汤加剧宝宝的肥胖

很多妈妈会经常用鸡汤、骨头汤、肉汤等为宝宝熬粥或煮蔬菜，认为既好吃又营养。殊不知，这些动物汤的脂肪含量很高，正是宝宝超重的"帮凶"。大量的脂肪不仅影响钙的正常吸收，也会影响宝宝的消化能力，使体内脂肪的含量增加，导致宝宝肥胖。其实，宝宝的辅食还是应该以原汁原味的粥、面、菜为主，而肉汤辅食只能偶尔给宝宝吃。

童大夫提醒

8～9个月

宝宝活动范围增加，多样的辅食才
能满足他的营养需求。

本阶段体格发育标准

	男宝宝	女宝宝
身高	平均72.7厘米（67.9～77.5厘米）	平均71.3厘米（66.5～76.1厘米）
体重	平均9.3千克（7.2～11.4千克）	平均8.7千克（6.7～10.7千克）
头围	平均45.5厘米（43.1～47.9厘米）	平均44.5厘米（42.1～46.9厘米）
胸围	平均45.6厘米（41.6～49.6厘米）	平均44.4厘米（40.4～48.4厘米）

宝宝的实际数据：

　　身高：＿＿＿　体重：＿＿＿　头围：＿＿＿　胸围：＿＿＿

新妈妈喂养课堂

● 为宝宝自己吃饭做准备

这段时间是宝宝成长的黄金时期，他的动手能力及协调性都有很大进步，因此这个时期的宝宝在进食时有了自主性，已经不会再乖乖地让大人喂饭了，而是喜欢自己能参与其中。宝宝对大人吃饭非常感兴趣，他会盯着你的嘴看上半天，还会偶尔伸出手抓拿碗筷。在大人给宝宝喂饭的时候，宝宝会试图把勺子夺过来自己试试。从这时候开始，妈妈就要注意做好让宝宝自己进食的准备了。

循循善诱

宝宝在吃饭时开始自己去伸手抢汤匙了，这是宝宝开始准备自己进食的表现。妈妈就应该开始训练宝宝自己握奶瓶喝水、喝奶了，可以为宝宝准备一套学习碗和汤匙，让他慢慢熟悉这些餐具。虽然他可能只是拿餐具来敲敲打打，但相信经过妈妈的循循善诱，宝宝很快就能掌握它们的正确用法。

因势利导

案例

豆豆9个月，手的抓握能力已经很好了，经常在喂他的时候抢勺子，这时候我就鼓励他用手接过去，然后握着他的手往嘴里放一口食物，结果可想而知，弄得哪儿都是！不过为了避免让他"饭来张口"，而养成"饭来动手"的好习惯，只能咬牙忍了！

案例中妈妈的做法是正确的。这个阶段可有意识地锻炼宝宝的手部协调能力，教宝宝用拇指和食指拿东西。

如果宝宝在餐桌上乱抓一气，妈妈切不可嫌脏就去制止宝宝的这种行为，或者打他的小手以示惩罚，这样会打击宝宝主动学习进食的积极性。要知道，这是宝宝成长的必经阶段，尽管他弄得满身都是，妈妈也要鼓励他这种行为，宝宝也会从中获得快乐。为了确保宝宝的饮食卫生，妈妈可在进食前仔细清洗宝宝的双手，这样就可以放心让他抓食了。

● 对宝宝进行味觉培养

这个阶段宝宝的感觉性较强，为了让宝宝的味觉发育良好，应该让宝宝充分体验不同食物的不同味道，这对宝宝的味觉发育以及养成不挑食的饮食习惯十分重要。

离乳期宝宝的味觉发育尚未成熟，更喜欢味道单一的食物，比如甜味、鲜味的食物。甜味食物是人体热能的主要来源，一般是指富含糖及淀粉的食物，如米、面及水果。鲜味食物一般指富含蛋白质的食物，如肉、鱼、蛋等。另外，大多数蔬菜和水果都具有甜味和鲜味，是人体补充维生素的主要来源。为了增加宝宝的味觉体验，妈妈可适量让宝宝多食用这些食物，以使宝宝获得良好营养补充的同时体验不同的味觉感受。

另外，对于这个阶段的宝宝来说，咸味也是他必须体验的味道。但这个阶段宝宝对于钠盐的需求量还很少，切忌添加过量。此时，可将略带咸味的高汤、肉汤添加到宝宝的辅食中，但一定不要单独加盐，因为食物中已含有天然的盐分，宝宝摄取过多盐分会影响身体健康，因此不必特意给宝宝加重咸味体验，清淡饮食对孩子的健康成长十分有益。

妈妈要注意给宝宝制定一个合理的食谱，在保证营养均衡的基础上，以清淡、易消化、丰富为原则。这既可以让宝宝品尝到各种食物的不同味道，提高宝宝进食兴趣，还能促进宝宝味觉的良好发育，使其健康成长。

● 奶粉喂养婴儿须防牛磺酸缺乏

很多宝宝由于母乳不足，一直都是以配方奶粉为主要食物，这很容易导致宝宝患上牛磺酸缺乏症，妈妈要特别注意了。

解读牛磺酸

牛磺酸又称牛胆素、牛磺胆碱，是人体生长发育必需的一种特殊氨基酸，以游离状态存在于人体中，分布广泛。

牛磺酸对宝宝的好处

牛磺酸对婴幼儿中枢神经系统发育有着举足轻重的影响。在宝宝神经细胞增殖过程中，牛磺酸具有促进神经细胞间突触形成和神经细胞增殖的作用，可提高神经细胞的蛋白质含量。另外，牛磺酸还能促进DNA的合成。

最新科学研究表明，牛磺酸能加强神经活动的传导，具有增强记忆的功能。对于婴儿来说，牛磺酸另外一个重要的作用就是能调节机体钙元素的吸收，尤其是调节脑组织对钙元素的吸收。如果婴幼儿缺乏牛磺酸，中枢神经系统发育就会十分缓慢，从而导致婴儿智力低下。

牛磺酸的主要来源

人体中的牛磺酸可通过自身合成和从膳食中摄取两种方式获得。肝功能正常的成年人都可以通过自身合成得到身体所需的牛磺酸，一般不需要专门补充。但酶类合成系统发育尚不成熟的婴幼儿，尤其是早产儿，由于自身不具备合成牛磺酸的能力，所以必须通过膳食摄取身体所需的牛磺酸。

动物性食物中牛磺酸的含量较丰富，尤其是母乳的含量最高。其他食物中每100克牛磺酸的平均含量为：牛奶4毫克、猪肉50毫克、牛肉36毫克、羊肉47毫克、鸡肉34毫克。

如果宝宝已经停止母乳喂养，就应注意添加富含牛磺酸的辅食，以满足身体需要。

美味辅食这样做

粥是用谷类制作的糊状食品，富含碳水化合物，可为宝宝提供能量。粥软烂易于消化，比较适合宝宝的消化特点，又可以根据宝宝不同的营养需要添加不同的食物，因此是宝宝辅食的首选。

● 自制米粥

宝宝从添加辅食开始，就可以慢慢添加米粥了。给宝宝做的米粥可以根据宝宝的月龄分为10倍粥、7倍粥和5倍粥，即米与水的比例分别为1∶10、1∶7、1∶5。妈妈可根据自家宝宝的月龄来确定做几倍粥。

步骤一：准备适量大米。

步骤二：把米淘洗干净，在水里浸泡1个小时。

步骤三：锅里加米量10倍（或7倍、5倍）的水，放入泡好的米大火煮开，然后调小火煮至米烂。如果是给较小宝宝做的10倍粥，就要再用勺子将米粒捣碎。如果是给稍大一点的宝宝做的7倍粥或5倍粥，将米煮烂就可以直接喂给宝宝吃了。

● 宝宝不肯吃粥的解决方法

◎将哺乳与喂粥交替进行，使宝宝慢慢接受母乳以外的食物并逐渐习惯用勺进食米粥。

◎把粥煮得软烂一些，放在奶瓶中给宝宝食用，或者在粥里加入适量的母乳或奶粉，使之带有奶的气味，宝宝更容易接受。

推荐宝宝营养食谱

菠菜猪肝汤

材料：菠菜4根，猪肝一小块，姜丝少许

调料：高汤少许

做法：1.猪肝洗净，切碎。

2.菠菜洗净，放入沸水中焯烫，捞出后切碎。

3.锅内加水烧开，加入姜丝和高汤，再放入猪肝和菠菜碎，煮至肝熟即可。

银耳蛋羹

材料：鹌鹑蛋2个，银耳半朵

调料：高汤适量

做法：1.银耳用开水泡发，除去根蒂，洗净撕成小瓣。

2.鹌鹑蛋煮熟去皮。

3.锅中加适量水，先放入银耳煮沸，然后倒入高汤，中火将银耳煮软烂，再放鹌鹑蛋煮片刻即可。

黑芝麻麦片糊

材料：黑芝麻少许，熟麦片适量

做法：1.熟麦片放入搅拌机中打成粉状，取出后放入碗内，加适量开水搅拌成糊状。

2.黑芝麻放平底锅中炒熟，也用搅拌机打成粉状。

3.将黑芝麻粉倒入调好的麦片糊中，搅拌均匀即可。

甜薯果泥

材料：苹果1/4个，橙子1/4个，红薯半块

调料：牛奶少许

做法：1.红薯去皮后上锅蒸熟，取出后捣成泥。

2.苹果去皮、核，捣成果泥；橙子去皮、籽，捣成果泥。

3.牛奶加热，晾凉后调入红薯泥及果泥即可。

青菜豆腐粥

材料：豆腐1/2块，青菜4棵，香米50克

做法：1.豆腐蒸熟，切丁。

2.青菜洗净，切末后煮熟。

3.将香米洗净，放锅内熬煮，至粥将熟时放入青菜末和豆腐丁搅拌均匀，续煮10分钟即可。

红薯小米蛋花粥

材料：小米1/3碗，鸡蛋1个，红薯半个

做法：1.红薯去皮切小丁；鸡蛋搅成蛋液。

2.锅内加水烧开，放入小米烧开，然后放入红薯丁，再次烧开后转小火煮20分钟。

3.待小米和红薯都已软烂时，浇入蛋液搅拌成蛋花即可。

西红柿鱼糊

材料：新鲜鱼肉100克，西红柿50克

调料：肉汤少许

做法：1.鱼肉去皮及刺，放在开水锅里煮片刻，捞出后切碎。

2.西红柿用开水烫一下，去皮后切碎。

3.将肉汤倒入锅里，下入鱼肉末稍煮一会儿，然后放入切碎的西红柿，用小火煮至糊状即可。

专家讲堂

宝宝四季饮食攻略

春生夏长，秋收冬藏，在宝宝生长发育的关键时期，妈妈一定要顺应自然规律，让宝宝按时令进食，尤其是蔬菜和水果，应季的才是最佳选择。

● 春季宝宝的饮食攻略

春天婴儿生长发育最快，消化吸收功能增强，进食量增加。但这个季节气温变化较大，宝宝容易患病。因此，合理的饮食对于增强宝宝的抵抗力十分重要。

加倍重视含钙饮食

此阶段宝宝的生长发育速度加快，导致宝宝需要的钙质也在增加，所以妈妈应注意给宝宝补充含钙丰富的辅食，如奶制品、豆制品、骨头汤、鱼、虾、芝麻等。

着重补充维生素

春季阳气上升，宝宝很容易上火，出现皮肤干燥、齿龈出血、口角炎等不适症状，因此需要及时给宝宝补充维生素。新鲜蔬菜是为宝宝补充维生素的首选，如芹菜、菠菜、西红柿、小白菜、胡萝卜、白萝卜、西兰花等。

● 让宝宝清爽度夏的饮食攻略

注意及时补水

夏季天气炎热，容易出汗，再加上宝宝的代谢又比成人旺盛，所以很容易缺水。妈妈一定要注意经常给宝宝喂水，以满足他身体代谢的需要。另外，妈妈一定要注意及时给宝宝补水，不要等他感到口渴而开始哭闹了再喂水，以免宝宝出现脱水现象。

让宝宝不"苦夏"的喂养方法

夏天炎热的气候会影响宝宝的消化能力，所以很多宝宝一到夏天就会出现食欲不振的现象，民间管这叫"苦夏"。为了增加宝宝的食欲，妈妈要注意给宝宝添加清淡、爽口的辅食。同时注意喂养的次数和量，不要过多，以免影响宝宝的消化吸收，从而更不愿意吃东西。

慎重对待饮食卫生问题

夏季是胃肠疾病的多发季节，妈妈应注意宝宝的饮食卫生，谨防病从口入。

◎在给宝宝喂食前仔细洗手，并做好宝宝辅食用具，奶瓶、碗、勺等的消毒工作。

◎用温开水冲调配方奶粉，即使用桶装饮用水也要煮沸后凉成温开水再使用。

◎宝宝的辅食吃多少做多少，即使剩下了也不要下次再喂给宝宝吃，以免因辅食被细菌污染而造成宝宝腹泻。

● 秋季让宝宝"润"起来的饮食攻略

添加滋阴润肺的食物

秋天气候干燥，宝宝容易出现上火现象，妈

妈要注意给宝宝添加具有清火解毒、润肺生津功效的辅食。可适当多食用冬瓜、银耳等食物，以起到滋阴润燥的作用。

补充维生素以防流感

秋天是流感的多发季节，妈妈要注意多给宝宝添加一些富含维生素A和维生素E的辅食，以增强免疫力，预防感冒的发生。

妈妈易犯的秋季饮食错误

◎大量补水。妈妈都知道秋天干燥，要给宝宝补充充足的水分。但需要提醒妈妈的是，宝宝固然需要补水，但如果一次就给他喝大量的水，反而可能会给宝宝身体带来不良影响。给宝宝正确的补水方法应该是少量多次，谨记过犹不及。

◎过量吃梨。梨具有滋阴润肺的功效，是宝宝秋天不可多得的好食物之一。但梨性寒，如果给宝宝食用过多，将会影响宝宝的脾胃功能，引发胃部不适、咳嗽等症状，因此给宝宝吃梨一定不要过量。

● 让宝宝安然过冬的饮食攻略

冬天容易患感冒，同时也是各种传染病的多发期。所以妈妈要掌握冬季宝宝的饮食方法，注意添加饱含热量的辅食，增强宝宝的身体抗寒和抗病能力。

注意补充维生素

冬天宝宝的户外活动减少，所以接受阳光照射的时间也变短了，很容易导致维生素D缺乏，要注意定期给宝宝补充维生素D。另外，维生素A具有增强人体耐寒力的功效，维生素C也具有提高人体对寒冷适应能力的作用，因此，在冬天要注意给宝宝添加富含维生素的食物。

合理摄取高蛋白、高脂肪食物

妈妈习惯性地认为，宝宝只有摄取更多的蛋白质和脂肪才能抵御寒冷的天气，这是错误的。因为人体在寒冷的气候下自身产生的热能也会增加。所以即使到了寒冬，宝宝所需的热量并没有增加，无需额外补充。

9～10个月

宝宝发育的关键期，丰富的辅食是宝宝
健康成长的有力保障。

本阶段体格发育标准

	男宝宝	女宝宝
身高	平均73.9厘米（68.9～78.9厘米）	平均72.5厘米（67.7～77.3厘米）
体重	平均9.5千克（7.5～11.5千克）	平均8.9千克（7.1～10.7千克）
头围	平均45.8厘米（43.2～48.4厘米）	平均44.8厘米（42.4～47.2厘米）
胸围	平均45.9厘米（41.9～49.9厘米）	平均44.7厘米（40.7～48.7厘米）

宝宝的实际数据：

身高：____ 体重：____ 头围：____ 胸围：____

新妈妈喂养课堂

● 呵护宝宝气管的饮食方案

据统计，国内宝宝支气管哮喘的患病率在0.5%～2.0%，因此，对宝宝的气管进行细致呵护不可小视。

坚持母乳喂养

母乳喂养的好处我们在前面已经讲得很仔细了。因为母乳含有特有的抗病毒成分，所以母乳喂养的宝宝得病少，即使得病也能较快痊愈。宝宝气管娇嫩，经不起发烧、咳嗽的反复折腾。为了保护宝宝的气管，妈妈应尽量坚持母乳喂养。

均衡摄取营养

为了减轻宝宝呼吸道感染症状，促进气管黏膜尽快修复，应给他添加营养、清淡、易消化的辅食，少添加辛燥食品及具有刺激性的饮料，如辣椒、生葱等不要给宝宝吃，多给他食用芝麻、糯米、大米、枇杷、甘蔗、乳品等滋润食物。

胡萝卜、西红柿、鸡蛋、猪肝、鱼肝油、菠菜、莴笋、大豆、青豌豆、橙子等富含维生素A的食物具有保护呼吸道黏膜的作用，可适量给宝宝食用。另外，也要注意给宝宝多添加新鲜的瓜果蔬菜，以确保身体摄入足够的维生素C。

谨防气管异物

此时的宝宝已经添加了一些较为大块的辅食，而他的喉部保护机制及吞咽功能不全，又不能将食物充分嚼烂，妈妈稍不注意就可能导致宝宝将大块食物吸入气管。特别是这个阶段宝宝的活动能力增强，他可能自己顺手就抓一些东西放进嘴里，容易造成危险。因此，妈妈要注意将宝宝食物做得稍微细碎一点，另外要将宝宝活动周围的细小食品或物品收好，以防万一。

合理的饮食方案

如果宝宝已经感染了呼吸系统疾病，如急性支气管炎等，妈妈更要加强护理，保护宝宝的气管，如多喝水，使体内有足够的水分；不给宝宝吃刺激性食物；少量多餐，给予营养均衡、清淡且易消化吸收的半流质或流质饮食，如稀饭、鸡蛋羹、新鲜蔬菜汁等。

● 保持宝宝食品营养的方法

很多妈妈都会有这样的疑惑，在给宝宝添加辅食时，已经非常注意营养的均衡了，可为什么宝宝还是会出现营养缺乏的现象呢？

其实这大多跟妈妈没有采用科学的烹调方法有关。许多食物确实营养丰富，但如果烹调方法不当，其中的营养素就会被破坏掉。所以，妈妈看似给宝宝添加了全面的营养辅食，但是，真正能让宝宝有效吸收的却并不多。在保持食品营养成分方面，妈妈要留心以下几点：

◎蔬菜现用现买，不宜久放。蔬菜中富含维生素，越新鲜的蔬菜含量越高，因此给宝宝做辅食的蔬菜应该现用现买，买回来应现时制作，一次吃完。在煮青菜时，应等水开后再放菜，能有效地保存菜里的维生素。

◎宝宝辅食的肉宜切成碎末、细丝或小薄片；鱼肉应放进冷水锅里用小火炖煮；用动物骨头熬汤时可把骨头拍碎，并在汤里加一点醋，可以促进钙质的吸收。

◎不宜给宝宝添加油炸辅食，因为油炸食品里的营养成分大部分已经被破坏掉，而且也不利于宝宝消化吸收。

● 关于给宝宝吃坚果的Q&A

Q 吃坚果对大脑和眼睛都有好处，对小宝宝也一样吗？

A：是的。坚果营养丰富，除了富含优质植物蛋白和各种微量元素外，更富含亚麻酸、亚油酸等不饱和脂肪酸。这些不饱和脂肪酸是DHA、ARA的前体，能有效促进宝宝的大脑和视网膜发育。此阶段的宝宝大脑和视力发育都十分迅速，所以适当吃些坚果对宝宝有好处。

Q 多大的宝宝可以吃坚果？

A：一般来说，添加辅食之后的宝宝就可以吃坚果了，具体要根据宝宝的消化和咀嚼能力来定。一般情况下在6个月后即可添加，消化咀嚼能力差的宝宝可在10个月后再行添加。需要注意的是，坚果类食物容易导致宝宝窒息，所以2周岁以内的宝宝不宜吃整粒的坚果，妈妈要将坚果用研磨器磨成粉，然后再添加到相应的辅食里给宝宝吃。这样不但可以增加辅食的口感，还可以使坚果的营养得到充分吸收。等宝宝满2周岁以后就可以给他吃整粒的坚果了，不过妈妈也要小心照看，以免发生意外。

Q 是不是所有的坚果都可以给宝宝吃？

A：坚果品种很多，不是所有的坚果都适合宝宝食用，所以给宝宝选择坚果时要慎重。比如有毒性的杏仁就不宜给宝宝食用，尤其是消化功能尚不健全的小宝宝。花生、芝麻、腰果、核桃、松子、榛子等营养又安全，均可放心给宝宝食用。需要提醒妈妈的是，如果宝宝是过敏体质，也不要过早食用坚果。

Q 宝宝一天可以吃多少坚果？

　　A：坚果类食物虽然营养丰富，但是大多含较高的油脂和蛋白质，吃太多会引起上火，也不是很容易消化。所以给宝宝添加坚果类食物时，要注意控制量，不能吃太多。一般来说，1周岁以内的宝宝，每天吃一小勺坚果磨成的粉即可；1~3周岁的宝宝每天可以吃20~30克的坚果。

美味辅食这样做

　　妈妈在给宝宝做泥状辅食的时候，可选用的食材有红薯、猪肝、南瓜、香蕉等，下面就介绍一下给宝宝做泥状辅食食材的基本处理方法，仅供参考。

● 红薯的处理方法

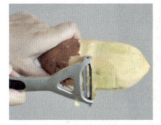   

步骤一：把红薯洗干净，用刨皮器刨去皮。

步骤二：将去皮红薯切成小块。

步骤三：将切好的红薯放入蒸锅中蒸熟。

步骤四：取出红薯，用汤匙将红薯压成泥状。

● 香蕉的处理方法

方法1

步骤一：将香蕉皮剥去一点。

步骤二：用小匙将香蕉刮成泥。如果担心香蕉氧化，可一边刮一边喂给宝宝吃。

方法2

步骤一：将香蕉皮剥去。

步骤二：将去皮香蕉切成段。

步骤三：将切好的香蕉段放入碗内，用汤匙压成泥状。

推荐宝宝营养食谱

芙蓉蒸蛋

材料：鸡蛋1个，豆腐1/5块，胡萝卜少许

做法：1.豆腐压碎与搅拌均匀的蛋汁混合后备用，胡萝卜研磨成泥。

2.将豆腐泥和胡萝卜泥放在一起搅拌均匀，放入锅内蒸熟即可。

健康提示 胡萝卜含有丰富的β-胡萝卜素，食用后在肠道中可转化成维生素A，是最佳的抗氧化食物。

肉末卷心菜

材料：卷心菜100克，猪肉末50克

调料：油、肉汤各适量

做法：1.卷心菜洗净，用开水烫一下后切小块。

2.油锅烧热，下入猪肉末煸炒至断生，然后加入卷心菜翻炒几下，倒入少许肉汤，稍煮，等猪肉末完全熟透即可。

银耳核桃糖水

材料：枸杞子50克，银耳30克，核桃肉100克

调料：冰糖少许

做法：1.枸杞子、核桃肉洗净；银耳用温水泡软，去蒂后切小片。

2.锅内加适量水烧开，放入银耳、枸杞子，改用小火煲30分钟，加入核桃肉再煲10分钟。

3.最后放入冰糖煮溶即可。

西红柿面包鸡蛋汤

材料：西红柿1/2个，面包1片，鸡蛋1个

做法：1.西红柿入沸水中烫一下，捞出后去皮，然后切成小三角形备用。

2.鸡蛋打入碗中备用。

3.锅内加水和西红柿烧开，然后将面包撕成小块放入锅中，煮两三分钟后将鸡蛋加入打出蛋花，煮至面包软烂即可。

青菜鸡肉羹

材料：鸡胸肉50克，大米适量，青菜2棵

调料：油适量

做法：1.大米洗净，鸡胸肉剁成泥，青菜切碎。

2.油锅烧热，下入鸡肉泥翻炒片刻，然后下入大米继续翻炒片刻后加水，慢火熬煮成烂粥后放入碎青菜，熬至黏稠即可。

西红柿肝末

材料：猪肝50克，西红柿100克

做法：1.猪肝洗净、切碎。

2.西红柿洗净，用开水烫一下，去皮后切碎。

3.把猪肝放入锅中，加水煮，快熟时放入西红柿末即可。

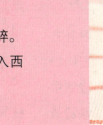

豆腐丸子烩青菜

材料：豆腐半块，胡萝卜、菠菜各适量

调料：清高汤适量，水淀粉少许

做法：1.豆腐捣成泥，然后用纱布挤干水分，与水淀粉拌匀，做成六个小圆球，放入高汤中煮熟，取出置于盘中。

2.胡萝卜煮熟后捣成泥。

3.菠菜入沸水中烫一下，取出后切碎捣成泥。

4.胡萝卜和菠菜泥用高汤煮软，以水淀粉勾薄芡，淋在豆腐丸子上即可。

专家讲堂

妈妈喂养宝宝易犯的错误一

妈妈在喂养宝宝的过程中，除了给宝宝提供生长发育所必需的营养素外，还应该掌握一些科学的喂养方法，这样才能保证宝宝健康成长。

● **错误1：为了瘦身，不食脂类食物**

有些妈妈生完宝宝后便迫不及待地想瘦下去，于是脂肪类食物成了避之唯恐不及的食物，试图能更快地恢复孕前的身材。

然而，脂肪是母乳中非常重要的营养成分之一。如果乳母不摄取脂肪类食物，将会使体内所储存

的脂肪发生分解，产生对宝宝身体健康不利的物质。因此，妈妈在喂奶期间不能为了瘦身就不吃脂类食物，这样会影响宝宝正常的生长发育。

● **错误2：经常把钙剂放在食物里**

一般来说，宝宝2岁或2岁半前都需要补充钙剂。有时候宝宝不愿意服用钙剂，于是妈妈就想了一个"聪明"的方法，即把钙剂放到牛奶、米汤或稀粥里让宝宝喝进去，这种做法是不科学的。把钙剂放到食物里，食物中的植酸可能会影响钙在肠道的吸收，导致钙在体内吸收下降，由此不能充分发挥补钙的作用，降低宝宝补钙的效果。

● **错误3：给宝宝盲目补锌**

妈妈一听说宝宝缺锌就开始盲目给宝宝补充，除了服用锌制剂外，还会给宝宝吃很多锌强化食品，并长期用这类食品代替富含锌的日常食物。虽然锌对宝宝的生长发育十分重要，但也不是多多益善，补充过多也会损害宝宝的健康。

补锌过量会抑制巨噬细胞的功能，使它的杀菌能力下降，导致宝宝免疫功能降低；体内锌过量也会影响铁在体内的吸收和利用，使血液、肝脏、肾脏等器官含铁量下降，导致宝宝患缺铁性贫血；过量的锌还会刺激消化道黏膜，使宝宝产生恶心、呕吐、消化不良及腹部疼痛等不适症状。

因此，妈妈在为宝宝补锌时不可盲目乱补，一定要在医生指导下正确补充。

● **错误4：给宝宝过量食用豆腐**

豆腐富含优质植物蛋白，口感鲜嫩，容易被宝宝消化吸收，是非常适宜宝宝的一种食物，特别是对牙齿还没有长全的小宝宝更是如此。因此，很多妈妈就认为给宝宝吃豆腐越多越好，这

是不对的。如果过量给宝宝食用豆腐，容易使他体内更多的铁和碘被排泄掉，引起体内缺铁、缺碘，从而影响宝宝的智力发育。另外，豆腐性寒，胃寒体质的宝宝过量食用后容易出现消化不良、腹泻等不适症状。

● **错误5：给宝宝过量食用水果**

妈妈都知道宝宝多吃水果对身体好，特别是一些具有食疗作用的柑橘、梨、苹果等。但并不是所有的水果都是吃得越多越好，如果过量食用与宝宝的体质不适宜的水果，反而会引起一些不适。

比如，炎热的夏天给宝宝吃西瓜既清凉解渴，又有助于消暑，但西瓜性寒，脾胃较弱的宝宝如果食用太多不仅会影响消化，而且还会引起腹痛、腹泻等不适症状。因此，给宝宝吃水果时一定要注意适量并适合宝宝的体质，不能一味地让宝宝大量进食。

● **错误6：很少给宝宝吃肉类和肝类食物**

有些妈妈认为，宝宝的消化系统还不健全，吃了肉类或肝类食物会不容易消化，所以常以鱼虾类好消化的食物来代替肉类食物，这是不科学的。鱼虾类食物中含铁较少，如果经常给宝宝吃这类食物，容易使宝宝缺铁，导致缺铁性贫血。因此，宝宝在7个月以后，要注意给他们逐渐添加肝泥、肉泥等辅食，以增加体内的血红素铁，防止宝宝出现贫血症状。

10~11个月

宝宝能颤颤巍巍地站立了，添加补钙的
辅食非常重要。

本阶段体格发育标准

	男宝宝	女宝宝
身高	平均75.3厘米（70.1~80.5厘米）	平均74.0厘米（68.8~79.2厘米）
体重	平均9.8千克（7.7~11.9千克）	平均9.2千克（7.2~11.2千克）
头围	平均46.3厘米（43.7~48.9厘米）	平均45.2厘米（42.6~47.8厘米）
胸围	平均46.2厘米（42.2~50.2厘米）	平均45.1厘米（41.1~49.1厘米）

宝宝的实际数据：

身高：____ 体重：____ 头围：____ 胸围：____

新妈妈喂养课堂

● 调理宝宝肠胃的饮食方案

这个月的宝宝每天可吃三次奶、两顿饭或两次奶、三顿饭。仍吃母乳的宝宝在早、晚各吃一次母乳，然后吃三顿饭。应注意给宝宝添加富含蛋白质的辅食以满足其身体所需，宝宝蛋白质的需要量约为每日每千克体重3.5克。

妈妈给宝宝添加富含蛋白质饮食时要注意丰富食物的种类。这是因为，多种食物搭配食用可为宝宝补充身体所需的不同种类氨基酸，从而为宝宝补充充足的营养，保证宝宝健康成长。

除了可以为宝宝做各种不同口味的粥外，还可以给宝宝添加软米饭、面条(片)、小馒头、面包、馄饨等，各种带馅的包子、饺子也是不错的选择，注意把馅剁得细碎一些即可。为了促进宝宝的食欲，辅食要经常变换花样，并且要做得软烂一些，以利消化。

这个时期的宝宝已具有进食的主动性，所以他不爱吃的食物可能吃两口就不肯再吃，而喜欢吃的东西吃完了还会再要。妈妈应注意控制宝宝的进食量，不要因为宝宝爱吃就不限量地喂食，这样会损伤宝宝的脾胃，导致消化不良。

另外，妈妈还可以将水果切成小片或小条让宝宝自己拿着吃，既可锻炼咀嚼能力又能促进宝宝牙齿发育。如果宝宝吃了西瓜或西红柿，大便会略带红色，妈妈不必紧张，这并不是宝宝消化不好。对于不爱吃水果或只吃很少水果、蔬菜的宝宝，每天可适量喂些果汁，以补充宝宝身体发育所需的维生素。

★ 丰富的辅食是保证宝宝健康成长的前提。

● "脑白金"就在你身边

近年来，"脑白金"受到很多家长的喜爱，它的主要保健成分是由色氨酸转化而成的褪黑素，对于宝宝来说，最方便的"脑白金"就是富含色氨酸的食物。

◎小米。所有谷类食物中，小米的色氨酸含量最高，而且不含抗血清的酪蛋白。它可以刺激肠道细胞分泌褪黑素，对宝宝的身体发育起到良好的作用。因此，妈妈可以给宝宝做一些以小米为原料的粥，以达到健脑的作用。

◎香菇。香菇营养丰富，人体必需的8种氨基酸中香菇就含有7种，而且多属 *l* 型色氨酸，活性高，容易被人体吸收。

另外，黄豆、黑芝麻、南瓜子、鸡胸肉、鸡蛋等也都富含色氨酸，妈妈要多给宝宝添加这些食物，有利于宝宝的脑发育。

● 喂养太精细，宝宝长牙晚

案例

我家宝宝快1岁了，别的同龄宝宝都长出了不少小牙，而我家宝宝却还是一颗牙都没长出来，全家人都急得不得了，老公怪我连宝宝都喂不好，可我也查阅了大量的资料，辅食都仔细地给宝宝做得很碎了才喂，辅食的种类也是变换很多花样，可宝宝就是不长牙，急死我了。

案例中宝宝迟迟不长牙，很可能跟妈妈的喂养方式有关。

宝宝的辅食添加是顺应宝宝的身体发育状况，从流食慢慢过渡到固体食物的，6~12个月正是宝宝接受各类食物的最佳时机。所以妈妈要根据宝宝的发育情况给他添加合适的辅食，切不可一直添加精细加工的泥糊状食物。

如果宝宝饮食过于细腻，就会使牙龈缺乏刺激，不仅导致牙齿发育迟缓，还容易造成牙齿排列不齐，咀嚼不足使眼肌发育不良。所以妈妈要给宝宝添加相对粗糙的食物以刺激牙龈，不要怕他咽不下去被卡住，在宝宝吃时注意看护即可。

● 避免宝宝患牛奶贫血症

牛奶贫血症是指婴幼儿由于过量饮用牛奶，忽视辅食添加导致的缺铁性贫血。宝宝长到6个月以后，从母体携带的铁基本已经消耗殆尽，这时候就要开始给宝宝添加辅食，以保证获得身体发育所需的足够铁元素。

这个阶段的宝宝每天所需的铁元素为6毫克，如果光靠喝奶来补充是远远不够的，因为每1000毫升奶中仅含有约2毫克的铁，吸收率仅为10%。而且奶中还含有钙、磷、钾等矿物质，这些微量元素都可能影响铁的吸收，从而导致宝宝易患缺铁性贫血。

要避免宝宝患牛奶贫血症，就应该注意调整宝宝的饮食。如果是不能进行母乳喂养的婴儿，应给宝宝添加配方奶粉喂养，婴儿配方奶粉的营养更接近母乳。

另外，等宝宝长大一点后适时地添加辅食仍是重中之重。宝宝从6个月开始就应该逐步添加菜水、米粉、蔬果泥、米粥、面条等辅食。为满足宝宝对铁的需求，还需特别添加蛋黄、肝等富含铁的食物。

美味辅食这样做

妈妈在给宝宝制作辅食时，最常用的食材就是豆腐、鸡肉等。下面就介绍一下这两种食材的处理方法，供妈妈们参考。

● 豆腐的处理方法

步骤一：将豆腐放入沸水锅中焯烫。

步骤二：取出豆腐放入碗中，用汤匙压碎。

步骤三：压碎的豆腐中加少许清汤调一下。

● 冷冻鸡胸肉的处理方法

步骤一：鸡胸肉烫熟后，沿着鸡肉纤维仔细撕碎。

步骤二：将鸡肉压成薄薄的扁平状，放入冷冻室保存。

步骤三：在冷冻的状态下剁碎即可。用这种方法处理的鸡肉会比肉馅还细，对于宝宝来说很容易入口。

推荐宝宝营养食谱

豆腐肉末软饭

材料： 嫩豆腐2块，软饭50克，新鲜猪肉少许

做法： 1.嫩豆腐蒸熟，切丁。

2.猪肉焯水，用高压锅焖至酥软，切成末。

3.将豆腐丁、肉末放入软饭中搅拌均匀，放锅内蒸10分钟即可。

苹果红薯团

材料： 红薯50克，苹果50克

做法： 1.红薯洗净，去皮，切碎。

2.苹果去皮、核，切碎。

3.锅中加适量水烧开，放入苹果块煮至软烂后捞出，放入红薯块煮软。

4.将红薯块与苹果块放入碗内捣烂，团成圆球，放入锅内蒸10分钟即可。

美味红豆泥

材料： 红小豆50克

调料： 红糖少量

做法： 1.红小豆拣去杂质洗净，放入开水锅内焖煮至烂成豆沙状。

2.关火后让豆沙沉淀，除去浮在水面上的豆皮，轻轻倒去多余的水。

3.将煮烂的红豆与少量红糖倒入搅拌机中搅打均匀即可。

绿豆粥

材料： 大米50克，绿豆30克，豌豆20克

调料： 白糖少许

做法： 1.锅中加适量的水，放入绿豆用小火煮至绿豆熟烂。

2.将大米、豌豆放入，加足量水，大火煮开后用小火再煮40分钟，待完全煮烂后关火。

3.加入少许白糖搅拌均匀，稍凉后即可食用。

山药稀饭

材料： 面包半片，山药30克，米粥120克

做法： 1.山药切成小细丁后蒸熟。

2.将熟山药丁放入米粥中煮5分钟，最后放入面包搅匀，略煮片刻即可。

健 康 提 示 山药营养丰富，含有淀粉、蛋白质、纤维等多种营养素。其中淀粉酶有水解淀粉的作用，直接为大脑提供热能，而胆碱和卵磷脂则有助于提高大脑的记忆力，对促进宝宝的大脑发育十分有益。

鱼菜米糊

材料： 三文鱼肉25克，青菜、米粉各适量

做法： 1.鱼肉和青菜洗净后分别剁成泥。

2.米粉加水调成糊状，再将米糊入锅，用旺火烧沸后再煮10分钟。

3.将鱼泥和菜泥一同放入锅里，继续煮至鱼肉熟透即可。

专家讲堂

妈妈喂养宝宝易犯的错误二

每个妈妈都希望自己的宝宝身强体壮，聪明伶俐，于是在喂养宝宝方面格外在意。可有的妈妈却并没有掌握喂养宝宝的正确方法，反而对宝宝的生长发育不利。

● **错误1：没有为宝宝进餐提供一个舒适的环境**

有些妈妈在给宝宝喂饭时，大人们或者在聊天，或者一边看电视一边喂宝宝，认为只要宝宝把食物吃进去就算完成了喂饭工作，宝宝就可以获得丰富的营养而健康长大，至于环境是否对宝宝产生影响根本就无所谓。

研究发现，为宝宝提供一个安静舒适的进餐环境对宝宝的生长发育也十分关键。如果环境很嘈杂或大人喂宝宝时精神不集中，那么宝宝进食的注意力也很容易分散。这既不利于宝宝与妈妈之间进行亲子交流，还会影响宝宝胃肠道的血液供应，从而影响消化能力，还可能导致宝宝对食物的味觉敏感性以及饥饱的感知力下降，不利于宝宝正常的生长发育。

● **错误2：宝宝不爱吃蔬菜水果，榨汁喂养也可以**

很多宝宝都不喜欢吃某些蔬菜和水果，于是，妈妈为了保证宝宝的营养全面，就给宝宝榨汁喝，认为这也等同于宝宝吃了蔬菜和水果。其实果蔬汁虽然具有同新鲜蔬果一样的营养，但把蔬果榨成汁会使其中的膳食纤维流失，不仅会影响肠蠕动，使宝宝容易发生便秘，还会使宝宝失去牙齿咀嚼的锻炼机会，影响口腔、下颚及牙齿的发育，导致牙齿排列不整齐或上下牙咬合发生错位。

如果宝宝不喜欢吃蔬果，妈妈可以把蔬菜做成宝宝爱吃的食物，如小包子、小馅饼等，把水果做成美味的果泥。

● **错误3：维生素A对宝宝十分重要，应多多补充**

维生素A是宝宝生长发育过程中的重要营养素，而人体又不能合成维生素A，只能通过食物来获得，所以宝宝很容易发生维生素A缺乏症。很多妈妈担心宝宝体内缺乏维生素A，就给宝宝大量补充富含维生素A的辅食，殊不知，维生素A摄取过量会引起中毒或胡萝卜血症。

动物性食品中维生素A的含量较高，如肝、蛋黄等，特别是鱼肝油中含量最为丰富。另外，一些红色、黄色水果或深绿色蔬菜中富含胡萝卜素，它在人体内可以转化为维生素A。当宝宝大量摄入这些食物后，就会使血液中的维生素A含量过高，从而引发中毒或胡萝卜素血症，反而不利于宝宝的正常生长发育。

妈妈一定要适量给宝宝添加富含维生素A的辅食，如食用柑橘等水果时不宜让宝宝大吃特吃，每天用一个榨汁即可；动物肝脏更不宜多吃，以每周1~2次为宜。

● **错误4：巧克力热量很高，不能给宝宝吃**

巧克力由于热量高而且对牙齿不好，所以妈妈都不会给宝宝吃。其实，巧克力并不是一无是处的。巧克力中含有的某些成分具有抗氧化作用，可以延长体内维生素E、维生素C等重要抗氧化剂的作用时间，具有降低血小板活性、防止血液凝集的作用，有益于心血管健康。

巧克力中所含的油酸和亚麻酸对血管有保护作用，可可脂也可以轻度降低血液中的胆固醇浓度，这些都十分有益于心血管健康。因此，适量给宝宝食用一点巧克力，可使宝宝从小就开始预防心血管疾病。

可以把巧克力磨成粉，在宝宝的辅食中添加一点作为调味剂，为宝宝补充热量的同时还能增加辅食的口感。

11～12个月

宝宝满一周岁后，妈妈应当准备开始断奶了。

本阶段体格发育标准

	男宝宝	女宝宝
身高	平均77.3厘米（71.9～82.7厘米）	平均75.9厘米（70.3～81.5厘米）
体重	平均10.1千克（8.0～12.2千克）	平均9.4千克（7.6～11.2千克）
头围	平均46.5厘米（43.9～49.1厘米）	平均45.4厘米（43.0～47.8厘米）
胸围	平均46.5厘米（42.5～50.5厘米）	平均45.4厘米（41.4～49.4厘米）

宝宝的实际数据

身高：＿＿＿　体重：＿＿＿　头围：＿＿＿　胸围：＿＿＿

新妈妈喂养课堂

● 宝宝食冷饮一定要适量

案例

这几天高温，家里人都在吃冷饮，可是我家宝宝呼吸道一直不健康，医生一再关照尽量不要给宝宝吃冷饮，否则很容易导致气管炎发作。可宝宝看着我们吃就眼巴巴地盯着看，还不停地吧嗒嘴，一下一下舔嘴唇，看得我那个心疼啊，觉得自己太狠心了。

案例中妈妈的做法是对的，呼吸道不健康宝宝如果食用过冷食物，会导致旧疾复发。即使是身体状况良好的宝宝，此阶段消化功能也尚不健全，不宜过量食用冷饮。

到了夏天，冷饮几乎是所有宝宝的最爱。但其实冷饮并不能起到为宝宝解暑的作用，过量食用反而对宝宝不利。

冷饮会使血管受冷收缩，非但不能起到为身体降温的作用，反而还会影响身体的散热。另外，冷饮中含有大量糖分，因此它们根本达不到为宝宝解渴的目的，反而可能越吃越渴。

冷饮不利于宝宝的另一个方面就是它会刺激胃肠壁，从而使胃肠的消化能力降低，如果餐前吃冷饮更会降低宝宝的食欲，从而影响宝宝的正常生长发育。另外，冷饮还会影响咽喉部位的血液循环，降低咽喉的抵抗力，容易使宝宝发生呼吸道感染。

因此不建议妈妈给宝宝喂食冷饮，如果吃也要限制数量，可在饭后1小时之后给宝宝吃一点。

● 高温的时候要给宝宝补充蛋白质和维生素

注意补充蛋白质

这个时候仍是宝宝身体快速发育的阶段，而且高温的环境使宝宝的身体非常容易出汗，排汗的过程也会损失大量蛋白质，同时体内蛋白质的分解也会增加。所以高温时候宝宝的蛋白质需要量相对较大，妈妈要给宝宝添加富含优质蛋白质的食物，以满足宝宝身体发育的需要。

给宝宝添加的食物以清爽、易消化、富含蛋白质为宜，豆类、奶类、蛋类和瘦肉都是不错的选择。

注意补充维生素

高温时候宝宝对水溶性维生素的需要量是平时的2倍以上，因此妈妈要注意给宝宝添加富含维生素的饮食。蔬菜和粗粮都含有丰富的维生素，是给宝宝补充维生素的上佳选择。所以妈妈可给宝宝做八宝粥、蔬菜粥，可有效为宝宝补充维生素。

蔬菜以深绿叶菜为佳。这是因为深绿叶菜中维生素和矿物质的含量都要高于浅绿叶菜，能为宝宝提供更为充足的养分。

● 科学吃零食为宝宝健康"加油"

恰当地为宝宝提供一些零食可以使宝宝摄取更丰富的营养，有益于宝宝的生长发育。此阶段的宝宝每天都在不停地活动，身体消耗大量的能量。如果在两餐之间补充一些食物，可以更好地满足宝宝生长发育的营养需求。研究表明，经常恰当吃一些小零食的宝宝所摄取的营养比不吃零食的宝宝更为全面。所以，妈妈可以给宝宝恰当地食用一些零食。

◎吃零食的时间要适宜。可在两餐之间给宝宝食用一些易消化的零食，如用谷类制成的各种小点心，可在每天上午的加餐中给宝宝吃，不要在餐前半小时至1小时的时间内给宝宝吃零食，否则会影响宝宝吃正餐。

◎吃零食的量要适度。用谷类制成的各种小点心可以为宝宝补充热能，但不能给得太多，否则会影响宝宝吃正餐的食欲。

◎宜选择清淡易消化的零食。给宝宝的零食宜清淡易消化，还应富有营养，如新鲜水果、坚果、纯果汁以及小包装奶制品等，不宜太甜或太油腻。

◎少给宝宝吃膨化食品。口感松软的各种派非常受宝宝的欢迎，但其中含有膨化剂、乳化剂和香精，过多食用会影响宝宝的生长发育，不宜给宝宝食用。

美味辅食这样做

烹调副食品时经常要用到的高汤，可一次多做一点，然后将高汤倒入制冰盒中，放入冰箱冷冻，要用时就很方便。高汤约可保存一周的时间，每次只取所需的分量，解冻使用即可。下面就介绍两种高汤的做法，供妈妈们参考。

● 鸡高汤的做法

步骤一：准备全鸡1只，水3500毫升，香料包1个，胡椒粒少许。

步骤二：鸡洗净，剁成大块，将鸡头与鸡脚去掉不用。

步骤三：鸡块用滚水焯烫一下，再与水、香料包、胡椒粒一起煮开，煮开后转小火，继续熬煮约4小时。在煮的过程中要随时将浮在汤上的浮沫捞除。

步骤四：熄火后用细网及布过滤，鸡高汤就做好了。

● 柴鱼高汤的做法

步骤一：高汤用海带约10厘米，柴鱼片一大把(约小袋装柴鱼片2袋分量)。

步骤二：在锅里放入约3杯水和海带，稍微浸泡一下。然后开中火加热，快煮开时捞出海带。

步骤三：在煮开的沸水中加入柴鱼片，边煮边用筷子挑散。

步骤四：再次煮开后熄火，待高汤变凉至柴鱼片都沉入锅底。

步骤五：在网筛上铺上干净的棉布，倒入煮好的高汤过滤即可。

推荐宝宝营养食谱

黄豆蛋糕

材料：黄豆粉1杯，鸡蛋3个，泡打粉3/5匙

调料：玉米油、白醋适量，白糖1/3匙

做法：1.把鸡蛋和白醋打匀，直到看不到蛋沫，再加入白糖搅打3分钟，调入少许玉米油。

2.把黄豆粉和泡打粉均匀混合，倒入蛋液搅拌均匀。

3.蛋糕糊用器皿装好，放入蒸锅里蒸熟即可。

健康提示 黄豆内含有能促进宝宝神经发育的亚油酸，蛋白质含量也很高。而且这些蛋白质所含的氨基酸比较接近人体所需要的氨基酸，是非常营养的食品。

苋菜面线

材料：新鲜苋菜20克，面线10克

调料：高汤适量

做法：1.苋菜洗净并沥干水分，切细备用；面线剪成长约2厘米的段。

2.锅内加水烧开，放入面线煮2分钟，即捞起。

3.将苋菜放入高汤中煮软，约3分钟后放入面线再煮1分钟即可。

健康提示 苋菜所含的钙质易吸收，能促进宝宝的牙齿和骨骼生长。它含有丰富的铁和维生素K，可以促进凝血，增加血红蛋白含量并提高携氧能力，对宝宝十分有益。

鸡肉蓉粥

材料：鸡肉20克，大米50克，青菜叶少许

做法：1.鸡肉洗净后剁成蓉，青菜叶洗净，切末。

2.大米洗净，放入清水锅里熬粥，至粥半熟时放入鸡肉蓉和青菜叶末，煮沸后转成小火继续煮至粥熟即可。

柠檬鲑鱼

材料：鲑鱼50克，柠檬汁10克

调料：高汤100克，橄榄油少许

做法：1.鲑鱼去皮、刺，剁成鱼泥，拌入柠檬汁。

2.用橄榄油热锅，放入鲑鱼泥略煎，加高汤煮开即可。

健康提示 鲑鱼富含DHA，DHA可刺激视网膜上的感光细胞，使信息快速传递到大脑，可以有效地促进宝宝的视觉发育。

鸡肉馄饨汤

材料：鸡肉末20克，菠菜叶15克，馄饨皮3片

调料：淀粉少许

做法：1.菠菜叶洗净焯烫后切细末，与鸡肉末混合，加少许淀粉拌匀，即为馅料。

2.取馄饨皮包入馅料，捏合。

3.清高汤煮沸，放入馄饨煮熟即可。

健康提示 菠菜整棵烫软再切碎可防止营养流失，在烫菠菜的水里加点盐能保持菜的绿色。

罗宋汤

材料：牛肉100克，圆白菜50克，芹菜半棵，胡萝卜半根，土豆、西红柿各半个，红肠20克

调料：西红柿酱少许

做法：1.牛肉洗净切小块；土豆、胡萝卜、西红柿均去皮切小块；圆白菜切碎；芹菜切丁；红肠切片。

2.锅内加适量水，放入牛肉块后加盖大火煮开，改小火煮至牛肉熟烂为止。

3.放入胡萝卜、土豆块煮烂，再加入红肠、芹菜、圆白菜煮开约10分钟，调入西红柿酱，最后加西红柿块略煮即可。

核桃腰果露

材料：核桃仁100克，腰果仁50克

调料：水淀粉、白糖各适量

做法：1.核桃仁放在沸水中浸泡后去皮，取出后与腰果仁一起炒热并研成末。

2.锅里加适量清水烧开，然后放入核桃仁末、腰果仁末和白糖，搅拌均匀。

3.再将水淀粉慢慢倒进锅里，搅拌一下即可。

0~12个月宝宝喂养方法总结

妈妈们都知道，0~12个月的喂养对于宝宝的成长是至关重要的。在这一年中，宝宝经历了"液体食物–泥糊状食物–半固体食物–固体食物"这样一个喂养过程，特别是出生6个月以后，对宝宝的成长尤为关键。

6个月时应该开始给宝宝添加辅食，这能使宝宝顺利地从流质食物过渡到固体食物，最重要的是辅食能满足宝宝身体快速生长发育的需要，防止发生佝偻病、贫血等疾病，而且还能锻炼宝宝的咀嚼和吞咽功能，促进乳牙萌出。另外，通过接触多种食物，让宝宝接受不同的味觉体验，对防止日后出现挑食或偏食的行为也十分有益。

● 0~5个月喂养方案

◎以母乳喂养为主。如果母乳不足就以配方奶粉喂养为主，以保证宝宝获得成长所需的足够营养。

◎补充维生素D。宝宝应从出生20天后开始补充维生素D。母乳喂养儿每天喂两次鱼肝油，每次1滴即可，3个月时每次可增至2滴。吃配方奶的宝宝可适量减少维生素D的补充量，因为配方奶中已添加了维生素D，妈妈应根据配方奶中所含维生素D的量及宝宝的奶量来计算还需给宝宝补充多少维生素D，谨防补充过量。

◎可视宝宝情况添加一些汁水类食物。从5个月开始，可以为宝宝添加蔬菜水或稀释后的淡果汁。这些流食具有促进肠道内铁吸收的功效，能有效预防宝宝发生贫血。需要提醒妈妈的是，一定不要过量，让宝宝尝尝除了奶以外的其他味道即可，每次以喂1小匙为宜。添加汁水类食物后要注意观察宝宝的身体状况，如果出现过敏或腹泻应停止喂食。

● 5~6个月喂养方案

这一阶段是给宝宝添加辅食的关键期，妈妈应尽可能让宝宝尝试各种不同口味的辅食，并注意食物的搭配，以满足宝宝口味的需要。

◎鱼肝油增至每天6滴，分2次喂食。

◎继续为宝宝添加不同味道的菜汁、果汁，喂养量可增至每天4小匙，分2次喂食。

◎开始给宝宝添加蛋黄。从1/4个开始，做成蛋黄泥喂给宝宝吃。

◎从5个半月起，可以给宝宝添加富含铁的纯米粉，刚开始添加时可以用小匙喂食。如果宝宝消化情况良好，6个月以后可以给宝宝添稀粥和菜泥。添加后，最好持续喂3～5天后再更换另一种食物。

● 7～10个月喂养方案

◎可以给宝宝喂蛋羹了，不必再只取蛋黄喂食。

◎这个时候可以给宝宝喂相对稠一点的粥，为了增加口感，还可以在粥里添加菜泥、肉末、鱼肉等来调节口味。

◎宝宝8个月后，可提供一些细小的块状食物强化咀嚼能力。

◎母乳或其他乳品每天喂两三次，应先喂辅食再喂奶。辅食可以给宝宝添加馒头片（1/2片）、饼干、苹果条等稍有硬度的食物，以锻炼宝宝的咀嚼能力，促进牙齿发育。

● 11～12个月喂养方案

◎快满周岁的宝宝可以吃一些接近成人的食物了，如软饭、燕麦片粥、煮烂的菜、面条、馄饨、小饺子、水果、小肉肠、碎肉、蔬菜饼等。注意给宝宝添加品种多样的蔬菜，让宝宝习惯并爱上这些普通饮食，使辅食逐步取代母乳或配方奶成为宝宝的主食。

◎如果正处于春天或秋天，可以考虑给宝宝离乳。

◎小肉肠等手指样食物可让宝宝自己抓着吃，增添进食乐趣的同时还能促进宝宝手部协调能力的发展。

◎如果宝宝开始主动进食，妈妈不要阻止，要适时鼓励宝宝的这种行为，为宝宝成功过渡到成人饮食打下良好的基础。

★ 给宝宝吃点有硬度的食物有助于牙齿发育。

1岁~1岁零3个月

已经能够在餐桌上"抢夺"食物，要给他学习自主进餐的机会。

本阶段体格发育标准

	男宝宝	女宝宝
身高	平均79.7厘米（74.2~85.2厘米）	平均78.6厘米（73.1~84.1厘米）
体重	平均10.6千克（8.1~13.1千克）	平均9.5千克（7.4~11.6千克）
头围	平均46.7厘米（44.2~49.2厘米）	平均45.6厘米（43.2~48.0厘米）
胸围	平均46.8厘米（42.9~50.7厘米）	平均45.7厘米（41.7~49.7厘米）

宝宝的实际数据：

身高：____ 体重：____ 头围：____ 胸围：____

新妈妈喂养课堂

● 呕吐宝宝的喂养方案

如果宝宝出现了呕吐症状，妈妈一定不要马上给宝宝吃东西或喝东西，可按以下方法喂养宝宝。

◎喂白开水或婴儿用离子饮料。在宝宝吐过半个小时后，用勺子喂宝宝喝10~30毫升，半个小时左右，如果宝宝没有任何异常反应，可以将量增加到100毫升。

◎喂配方奶或母乳。如果宝宝喝100毫升水半个小时以后没有出现呕吐现象，可以给宝宝喝20~50毫升配方奶或少许母乳。

◎喂米粥。如果宝宝喝母乳后半个小时以后仍然没有出现呕吐现象，可以给宝宝喝2~3勺米粥，如果半个小时以后仍没有再次呕吐的话，可以将米粥的量增至5~6勺。

◎添加正常辅食。如果宝宝吃米粥半个小时以后仍然没有出现呕吐现象，就可以重新开始给宝宝添加辅食了。刚开始恢复辅食时，要注意选择一些易消化的食物，最后慢慢恢复到生病前的正常饮食即可。

● 宝宝养肺饮食攻略

秋天气候十分干燥，尤其是北方更为严重。宝宝的小手经常摸上去很热，却没有发烧。小嘴唇也出现了小裂口，甚至小鼻子还会偶尔出现流血现象，这就是秋燥耗损了宝宝体内津液造成的。妈妈必须掌握科学的饮食之道，注意为宝宝添加具有润肺功效的食品，才能避免秋燥对宝宝的身体造成伤害。

喝水养肺

秋燥会引起宝宝体内缺水。我国传统医学认为，养肺可以驱走燥邪。为了防止燥邪侵扰宝宝的身体，妈妈一定要注意给宝宝补水。

◎秋季妈妈更要注意让宝宝多喝水，以保持呼吸道的湿润，防止燥邪侵害宝宝身体。

◎给宝宝的呼吸道"蒸桑拿"。妈妈可以把热水倒入杯子里，让宝宝的鼻孔对着杯子吸入水蒸气，这就相当于直接从呼吸道"摄"入水分，使呼吸道黏膜不再干燥。每次进行10分钟，早晚各1次。操作过程中要特别注意水温和距离，避免烫伤。

◎勤给宝宝洗澡。传统医学认为，皮毛是肺的屏障，伤肺先伤皮毛。因此多洗澡有利于皮肤的血液循环，使全身气血通畅，使肺得到滋润。

吃蔬菜和水果养肺

以下蔬果都具有滋阴养肺的功用，妈妈适量让宝宝多吃一点。

◎梨。梨具有生津止渴、润燥化痰的功效，秋燥之时适量给宝宝吃梨很有益处。

◎大枣。大枣具有益气生津、滋润心肺的功效，是宝宝在秋天里的滋补佳品。

◎柑橘。柑橘有生津止咳、润肺化痰等功效，对于津液不足、咳嗽的宝宝有很大的好处。

◎百合。百合味道鲜美，有润肺止咳的功效。把鲜百合蒸熟给宝宝吃，可有效预防肺热咳嗽。

◎菜花。秋天是呼吸道感染的多发季节，具有养肺功效的菜花确实是宝宝适时的保健佳蔬。

◎银耳。银耳具有润肺养阴、化痰凉血的功效，与冰糖一起炖食，可治疗秋燥引起的咳嗽、痰多。

美味辅食这样做

海带是给宝宝制作辅食经常用到的食材，在烹调前需要先简单处理一下，不知道如何处理的妈妈可以参考下面的方法。

● 海带的处理方法

步骤一：将海带浸泡在水中直至浸软。

步骤二：用水将干海带轻轻洗净。

步骤三：锅中加水煮滚，放入海带用中小火煮至黏糊状。

推荐宝宝营养食谱

洋葱鸡蓉炒饭

材料：西红柿1/2个，洋葱若干片，鸡蓉20克，软饭50克

调料：油适量

做法：1.将西红柿洗净，去皮、籽，切丁。

2.油锅烧热，下入洋葱片煸炒熟。

3.鸡蓉略微煸炒。

4.将西红柿片、洋葱片、鸡蓉和软饭一起翻炒片刻即可。

土豆蛋卷

材料：鸡蛋1个，土豆半个，牛奶1小匙，香菜末少许

调料：黄油、盐各少许

做法：1.土豆煮熟之后捣碎，并用牛奶、黄油拌匀。

2.鸡蛋打散，倒入平底锅中煎成鸡蛋饼。

3.把捣碎的土豆泥放在鸡蛋饼上卷好，撒上香菜末即可。

虾皮紫菜汤

材料：紫菜、虾皮各适量，鸡蛋1个，香菜、姜末、葱花各少许

调料：油、盐、香油各适量

做法：1.虾皮洗净，紫菜撕成小块，香菜择洗干净切小段，鸡蛋打散。

2.油锅烧热，下入姜末炝锅，下入虾皮略炒，加适量水烧开后淋入鸡蛋液。随即放入紫菜、香菜，并加香油、盐和葱花调味即可。

蛋黄南瓜饭

材料：南瓜、蛋黄、大米各适量

调料：油、盐各适量

做法：1.南瓜去皮、籽后切成小块；大米清洗干净。

2.油锅烧热，倒入南瓜块翻炒1分钟。

3.倒入洗净的大米与南瓜同炒片刻，然后加入适量清水大火烧开，盖上锅盖后转为中火焖10分钟，然后调入盐翻炒均匀，再次盖上锅盖焖至饭熟，加入熟蛋黄翻炒均匀即可。

疙瘩汤

材料：面粉50克，鸡蛋1个，菠菜叶25克，虾仁、香菜各少许

调料：高汤适量，盐、香油各少许

做法：1.鸡蛋清与面粉和成稍硬的面团揉匀，擀成薄片，切成黄豆粒大小的丁，撒入少许面粉，搓成小球。

2.虾仁洗净，切成小片；香菜洗净，切末；菠菜叶洗净，焯烫后切末。

3.高汤倒入锅内，放入虾仁片、盐，烧开后放面疙瘩煮熟，淋入鸡蛋黄，加入香菜末、菠菜末，滴几滴香油即可出锅。

专家讲堂

1岁以后可给宝宝吃酸奶

宝宝1岁以后，可以适量食用酸奶，能有效改善营养不良状况，对宝宝的健康成长十分有益。

● 给宝宝食用酸奶的益处

众所周知，牛奶中所含的糖分大部分都是乳糖，而宝宝的消化液中缺乏能够消化牛奶的乳糖酶，就会造成喝了牛奶后出现腹泻等不适症状，即"乳糖不耐受症"，这也是不建议给消化功能尚不完善的宝宝喝牛奶的原因。而经过发酵做成的酸奶，已经将牛奶中的乳糖转化成了乳酸，宝宝食用后不易出现腹泻、腹痛等不适症状。

另外，酸奶中含有的乳酸菌具有提高宝宝免疫力的功效，它可在肠道中繁殖，起到抑制腐败菌繁殖、调整肠道菌群的作用，能有效防止腐败胺类对宝宝身体产生不利影响。所以酸奶非常适合宝宝食用。

● 给宝宝选购酸奶两大要点

仔细查看标识

在选择给宝宝食用的酸奶时，要仔细查看产品上的配料表、产品成分表和生产日期，以确保酸奶的营养价值及安全性。根据国家标准，酸奶的配料中蛋白质含量不应低于2.9%。

选择适合宝宝的口味

酸奶从工艺上分为搅拌型、凝固型两种，在口味上略有差异，一般来说凝固型酸奶的味道更酸一点，但营养价值没有区别，妈妈只需要选择适合宝宝的口味即可。

酸奶从原料上还可以分为纯酸奶、调味酸奶和果粒酸奶三种。以牛奶做原料发酵而成的是纯酸奶，在牛奶中加糖、调味剂或天然果料等发酵而成的是调味酸奶，在酸奶中加入各种水果的即为果粒酸奶。建议妈妈给宝宝选择纯酸奶。

● 宝宝吃酸奶的注意事项

案例

琪琪已经断奶了，现在主要吃配方奶粉和辅食，也开始给她吃一些酸奶了。我担心酸奶太凉，琪琪吃了会肚子疼，所以每次给她吃之前都会放在微波炉里加热一下，然后再给她吃。

案例中妈妈的做法是不科学的。酸奶对宝宝的身体大有益处，但如果喂养不当，不但起不到作用，反而会对宝宝的身体健康不利。

酸奶不宜加热

加热会使酸奶中所含的大量活性乳酸菌被杀死，不仅使酸奶的营养价值丧失，同时也会使酸奶产生沉淀，口味变坏。因此，给宝宝饮用酸奶不能加热。

酸奶需冷藏保存

酸奶需在4摄氏度以下的温度中保存，酸度会在保存时不断提高，如果保管得好，酸奶不会变坏。如果保存不好，酸奶中的生长菌、酵母或芽孢杆菌会使酸奶变质，这样的酸奶千万不要给宝宝食用，否则会引起宝宝肠胃不适。在天气炎热的夏天购买酸奶时，一定要确保奶是在冰柜中保存的，而且是刚刚生产的，否则很难保证酸奶的质量和口感。如果酸奶出现沉淀，说明已经不新鲜，不要给宝宝饮用。

不要空腹给宝宝喝酸奶

空腹时人体胃内的酸度很大（pH为2），乳酸菌进入胃部后容易被胃酸杀死，使酸奶的保健功效受损。最好在宝宝吃过饭后2小时左右再给他喝酸奶，这时候胃酸已经被饭稀释，胃内的环境最适合乳酸菌生长。因此，这个时候是给宝宝喝酸奶的最佳时间。

喝酸奶后再给宝宝喝适量水

宝宝喝过酸奶后要再给宝宝喝点水，大一点的宝宝要让他漱口，以起到清洁口腔的作用。因为酸奶中的乳酸会对牙齿产生腐蚀，所以，为了避免酸奶对宝宝的牙齿造成伤害或形成龋齿，应该在宝宝喝完酸奶后让他用水清洁口腔。

★ 宝宝呕吐时可少量喂食米粥。

1岁零4个月~1岁零6个月

进入宝宝语言发展突发期，给他最充足的
营养，让他快快长大。

本阶段体格发育标准

	男宝宝	女宝宝
身高	平均82.4厘米（76.1~88.6厘米）	平均81.7厘米（76.2~87.3厘米）
体重	平均12.3千克（10.65~13.41千克）	平均10.15千克（8.01~12.32千克）
头围	平均47.4厘米（44.5~49.8厘米）	平均45.9厘米（43.6~48.4厘米）
胸围	平均47.2厘米（43.3~51.2厘米）	平均46.1厘米（42.1~50.2厘米）

宝宝的实际数据：

　　身高：＿＿＿　体重：＿＿＿　头围：＿＿＿　胸围：＿＿＿

新妈妈喂养课堂

● 瘦宝宝的"增肥"计划

案例　　我家欣欣快1岁半了，跟小区里其他同月龄的孩子比要瘦很多。可我平时也给她吃很多品种的食物，而且她也不挑食、不偏食，我以为是她吃得少。可问了其他宝宝妈，她们的宝宝还不如欣欣吃得多呢。我总担心她是不是营养不良或者吸收不好，老公说闺女像他，就是"干吃不长肉"的人，一样很健康，不用担心。

欣欣爸的说法不科学，欣欣妈的担心是有必要的。宝宝过瘦会对其身体的正常生长发育产生不良影响，妈妈应首先了解宝宝偏瘦的原因，然后调整饮食以帮助宝宝长胖。

了解宝宝偏瘦的原因

◎食量大还偏瘦的情况。一般来说，食物的营养功能是通过它所含有的营养素来实现的，孩子吃的食物越多，按理他所摄入的营养素也就应该越多，就能长胖。如果宝宝食量很大却很瘦，那很可能是因为宝宝的消化道功能很差，导致营养素未被吸收、利用，而是直接排出体外。

还有一种可能就是宝宝的能量消耗大于能量摄入，摄入的营养素不能满足他生长所需，这样的宝宝当然不会胖。如果宝宝总是处于饥饿状态，有可能是消化道寄生虫病；若宝宝表现为吃得多、体重下降、体质虚弱，很可能患有某种内分泌系统疾病，应带孩子去医院进行体检与治疗。

◎宝宝厌食。如果宝宝一见妈妈端着饭来就跑开或表现出不爱进食的现象，那很可能是患了厌食症。宝宝体内缺锌、铁、钙或有贫血、胃病、消化不良等症状都会导致厌食症。此时妈妈要注意了，看是不是由于平时给宝宝准备的食物太单调，或者给宝宝吃了太多零食而导致宝宝厌食。

制定科学的"增肥"计划

如果宝宝偏瘦，首先应该带他去做全面的身体检查，然后再通过调整膳食结构、改善喂养方法，纠正宝宝的不良饮食习惯来改善宝宝偏瘦的情况。

身体检查可以了解宝宝的消化系统、脾、胃等的健康状况，出现病症应进行药物治疗，如果宝宝只是缺锌、铁、钙等营养元素，严重的要遵医嘱进行药补，轻微的就要给宝宝进行食补。这时候妈妈就要及时调整宝宝的饮食计划，每天的食物尽量多样，谷类、肉类、豆类和蔬菜应合理搭配，让宝宝能充分摄取全面的营养，从而改变偏瘦体型。

推荐宝宝营养食谱

白玉肝膏汤

材料：猪肝250克，鸡蛋2个，嫩豆腐150克，青豌豆50克，胡萝卜50克，鲜花菇50克，葱花、姜末各适量

调料：油、鲜汤、料酒、盐、水淀粉各适量

做法：1.猪肝去筋，剁碎，放入盛器中加鲜汤搅拌后用纱布滤去肝渣，留下肝蓉备用。

2.姜末用少许水浸半小时，用纱布滤出姜汁。

3.鸡蛋取蛋清加在肝蓉内，加盐、料酒及姜汁调匀后倒入涂过油的盆中，用中火隔水蒸15分钟，至结膏时出锅，稍凉后用刀切开。

4.嫩豆腐切丁；鲜花菇和胡萝卜切成小丁，用油锅煸炒一下备用。

5.青豌豆加少量水炒熟，加上煸炒过的花菇和胡萝卜丁，与豆腐丁、切成块的肝膏和适量鲜汤烧开，将蛋黄打匀后散入汤内，加盐、葱花，用水淀粉勾芡即可。

五仁包子

材料：面粉250克，核桃仁、莲子、瓜子仁、黑芝麻、红枣丝各适量

调料：白糖适量

做法：1.面粉发酵后调好碱，搓成一个一个剂子擀成圆皮备用。

2.将核桃仁、莲子、瓜子仁切碎，加炒好的黑芝麻及红枣丝、白糖拌匀调成馅。

3.面皮包上馅后，把口捏紧，然后上笼用急火蒸15分钟即可。

豆豉牛肉

材料：牛肉末150克，碎豆豉20克，肉汤100毫升

调料：油、酱油各适量

做法：1.油锅置火上，放入牛肉末煸炒片刻。

2.放入碎豆豉、肉汤和酱油搅拌均匀即可。

金枪鱼土豆沙拉

材料：金枪鱼、土豆、洋葱各适量

调料：沙拉酱、盐、白胡椒粉各少许

做法：1.罐头的金枪鱼去掉水分，洋葱切碎，和金枪鱼肉一起放入大碗中。

2.土豆蒸熟后去皮，也放入大碗。把土豆用勺子压成泥，和金枪鱼肉充分混合。

3.倒入沙拉酱，加适量盐和少许白胡椒粉拌匀入味即可。

蔬菜鳕鱼面线

材料：鳕鱼肉、青菜、面线、姜片各适量

调料：香油、醋各少许

做法：1.鳕鱼解冻后去掉鱼骨及带皮的部分，洗净、剁成肉泥。

2.青菜取菜叶，洗净后切成碎末。

3.面线剪成小段备用。

4.在小锅内放入清水、姜片，冷水时下入鳕鱼泥，用勺子搅拌,水开后放入青菜末。

5.水再次沸腾后放入面线，煮烂后关火，滴几滴香油和醋调味即可。

给宝宝吃蔬菜9要点

蔬菜营养丰富，是宝宝生长发育不可缺少的食物。但如果吃法不当，就会使其中的营养物质流失或遭到破坏，甚至还会影响宝宝的健康。

● 要点1：洗后再切

有些妈妈习惯将蔬菜切成小块后再清洗，觉得这样小部分清洗会洗得更干净、更彻底，殊不知这种做法已经破坏了蔬菜的营养。蔬菜中很多营养素都是水溶性的，被切细再经水洗涤后会使营养物质大量流失。所以给宝宝做蔬菜时，应该先洗干净了再切。

● 要点2：烧煮时间不能太长

蔬菜富含维生素，但经过高温都会流失，尤其是维生素C遇热更容易氧化，如果烧煮时间太长，维生素C会损失60%左右。妈妈给宝宝做蔬菜时尽量用大火快炒的烹调方法，这样不仅色美味鲜，而且能最大限度地保留蔬菜中的营养。做菜时少放点醋，也有利于维生素的保存。

● 要点3：不要给宝宝吃隔夜菜

有时给宝宝做的菜一次吃不完，妈妈就会把菜留到第二天再给宝宝吃。殊不知隔夜菜里维生素C、B族维生素已经大量流失，即使放在冰箱内也很容易被细菌污染，引起变质，甚至会发生食物中毒。妈妈每次给宝宝烧的菜量不宜太多，

应该现做现吃，既卫生又营养。

● 要点4：菜的汤汁不要丢弃

很多妈妈都会给宝宝做蔬菜粥或者用菜做馅给宝宝做饺子、包子吃，而在做的时候往往会把菜馅汁水挤掉，这种做法是错误的。菜中70%的维生素及矿物质都在汁水里，应该在做馅时把蔬菜和肉放在一起剁碎，让菜汁充分渗透在馅中。如果做其他的菜，最好让宝宝吃菜的时候喝点汤。

● 要点5：冷藏方法要得当

多数蔬菜应放在冰箱里保存，最适宜的温度是3～10摄氏度。但黄瓜最好不要放在冰箱里保存，因为黄瓜的适宜温度不能低于10摄氏度，否则很容易变软，并会渗出透明的液体，使黄瓜具有的清香味荡然无存。

● 要点6：不要经常生食蔬菜

虽然蔬菜经过煮、炒等烹调加工后会或多或少地损失营养，但宝宝的胃肠功能还较弱，所以还不能给他生吃太多的蔬菜，否则会影响胃肠功能。为了避免胡萝卜、南瓜、青椒等维生素C含量高的蔬菜营养被破坏，烹调之前可以蘸点面粉过一下油，这样可以降低维生素C的流失量，还易被肠道吸收。

● **要点7：菠菜不可食用过量**

菠菜中富含多种维生素和矿物质，是很有营养的蔬菜，还具有补铁的功效，但妈妈一定不要给宝宝大量吃菠菜。菠菜的草酸含量很高，食用后易与胃肠道内的钙相结合，形成不易被肠道吸收的草酸钙。宝宝正处于生长发育的阶段，身体需要大量的钙。如果经常过多地食用菠菜，很容易导致体内缺钙。

● **要点8：吃豆角要炒熟**

在给宝宝做豆角时应充分炒熟，否则宝宝吃了没有炒熟、煮透的豆角很容易出现上腹部不适、胃部烧灼感、腹胀、恶心、呕吐等中毒现象，时间长达半小时至3小时，最长甚至可达十几个小时。

豆角中所含的皂素在温度100摄氏度，经30分钟以上加热时才能去除其毒性，所以烹调加工豆角时必须煮熟、炒透。建议妈妈多采取炖煮的方法，如果炒食必须先用开水充分焯煮。炒时不能急火快炒，不要贪图口感脆嫩就节省烹调的时间。

● **要点9：黄花菜食用有讲究**

黄花菜也称金针菜，鲜黄花菜如果食用不当会导致宝宝中毒，一般在食用半个小时至8个小时会出现恶心、呕吐、腹痛等中毒现象，严重的还会导致死亡。所以妈妈如果给宝宝做鲜黄花菜，一定要注意烹调方法要科学。

鲜黄花菜的烹调去毒过程比较复杂，所以还是建议妈妈给宝宝食用干黄花菜，不要食用鲜黄花菜。在烹调鲜黄花菜时注意不能直接炒，必须在开水中充分煮透，煮软后挤出水分，然后用清水反复漂洗几次才可以炒食。

1岁零7个月~1岁零9个月

到了宝宝长个的关键期，富含钙的饮食是
宝宝的最佳选择。

本阶段体格发育标准

	男宝宝	女宝宝
身高	平均84.9厘米（78.6~91.5厘米）	平均84.5厘米（78.9~90.3厘米）
体重	平均12.8千克（11.14~14.01千克）	平均10.64千克（8.51~12.91千克）
头围	平均47.8厘米（44.8~50.1厘米）	平均46.3厘米（43.9~48.8厘米）
胸围	平均47.9厘米（43.9~51.8厘米）	平均46.7厘米（42.7~50.8厘米）

宝宝的实际数据：

身高：____ 体重：____ 头围：____ 胸围：____

新妈妈喂养课堂

● **特别时刻如何喂养宝宝**

生病宝宝如何喂养

生病的宝宝大都有食欲下降的情况，所以如果宝宝这时候进食量很小，妈妈也不用担心。可以给宝宝做一些清淡可口、易消化的食物，量不要太多。

贫血宝宝如何喂养

案例 前几天带兜兜去做身体检测，查出来有点贫血，大夫说要注意给宝宝补铁。当时就从医院买了生血口服液，谁知道回来之后怎么也灌不下去。后来邻居乐乐妈说可以食补，多吃菠菜和蛋黄就行了。于是就开始给他吃蛋黄和菠菜，可这几天他有点吃厌了，吃得很少，还没精打采的。

　　案例中妈妈的喂养方法是不科学的。虽然蛋黄、菠菜能为宝宝补充铁元素，但是长期喂养品种单一的食物会影响宝宝的进食欲望，影响宝宝的消化吸收，容易出现营养不良症状。

如果宝宝贫血，可多给宝宝吃桃子、香蕉、红枣等富含维生素C的水果，另外也要多吃动物肝脏、黄豆、绿叶蔬菜、蘑菇、木耳、瘦肉、鱼等食物，千万不要只给宝宝吃蛋黄和菠菜。

另外，妈妈可将肉类与蔬菜搭配着给宝宝做菜吃，这样可明显提高铁的吸收率，对宝宝的贫血有很好的食疗作用。

腹泻宝宝如何喂养

腹泻会使宝宝体内的水分和营养素迅速丢失，出现口渴、烦躁、尿量减少等脱水症状。有的妈妈看到宝宝拉肚子了，就给宝宝禁食以缓解不适症状，这是不科学的。喂养腹泻宝宝应该遵循少量多餐的饮食原则，少食用脂肪含量高的食物。一般给他吃稀粥、烂面条、蔬菜等易消化又营养丰富的食物。在宝宝康复以后的半个月内，可每天给宝宝适量加餐，以补充生病期间流失的营养。

● 看电视喂食影响宝宝的语言能力

宝宝在进餐时需要一个安静的环境，尤其是还不能自主进餐、需要妈妈喂食的宝宝。

妈妈在给宝宝喂食时一定要专心，不要边看电视边喂，让宝宝觉得他吃不吃完全与你无关。

妈妈要在给宝宝喂食的时候与他进行交流，比如今天的菜宝宝喜不喜欢吃啊、为什么喜欢吃等，这种交流对宝宝语言能力的发展十分有益，对建立良好的母子关系也能起到促进作用。

美味辅食这样做

● 适合宝宝的菠菜处理方法

菠菜营养丰富，可补充铁质，十分适合婴幼儿食用。但在宝宝成长的不同阶段，菠菜也应处理成不同的形态。

步骤一：菠菜洗净，放入沸水锅中焯烫，捞出备用。

步骤二：宝宝4～6个月时，要将菠菜处理得碎一些。先将菠菜切成小块，再放入研钵中研碎。

步骤三：宝宝1岁左右时不必再将菠菜研碎，将菠菜切成小段即可。

步骤四：宝宝1岁以后乳牙逐渐长出，因此菠菜不宜处理得过于精细，只需将焯烫好的菠菜切成大段即可。

推荐宝宝营养食谱

肉末土豆拌饭

材料：猪肉50克，洋葱两片，土豆半个

调料：油、酱油各适量

做法：1.洋葱、土豆分别洗净，切丁；猪肉洗净后切碎。

2.油锅烧热，放入洋葱丁翻炒，炒出香味后放入土豆丁再炒一会儿，加入一小碗水煮开，然后转中火盖上盖子焖煮。

3.待土豆焖至软烂时放入肉碎翻炒均匀，放入酱油烧到汤汁收干即可出锅。浇到软饭上即可给宝宝食用。

菠菜蛋片汤

材料：菠菜3棵，鸡蛋1个

调料：核桃油、盐各适量

做法：1.蛋黄和蛋清分开打散；菠菜用开水烫一下，捞出后切成小段。

2.蛋黄和蛋清分别摊成饼，然后切成菱形片。

3.锅内加水烧开，放入菠菜煮2分钟，再放入蛋片，煮开后放几滴核桃油及少量盐即可。

西红柿蛋花汤

材料：西红柿50克，鸡蛋2个，葱花少许

调料：油适量，盐、鸡精各3克，水淀粉、香油各少许

做法：1.把西红柿洗净去皮，切成小块；把鸡蛋磕入碗内，搅拌均匀。

2.油锅烧热，下入西红柿煸炒，再加水250毫升，煮沸5分钟。

3.将鸡蛋液打入锅中搅成散花状，用水淀粉勾芡，下入盐、鸡精，淋上香油，撒入葱花即可。

优酪乳大拌菜

材料：小西红柿10颗，嫩黄瓜1根，胡萝卜半根，原味优酪乳1杯，绿豆芽少许

做法：1.所有蔬菜清洗干净，小西红柿、嫩黄瓜、胡萝卜分别切小片；绿豆芽切小段。

2.胡萝卜片、绿豆芽段用开水焯熟，捞出沥干水分。

3.将所有蔬菜放在一个盘子里，倒入原味优酪乳拌匀即可。

芙蓉鱼羹

材料：鸡蛋2个，去刺鱼肉1份，核桃仁适量

调料：盐少许

做法：1.鸡蛋取蛋清打散，加入少许盐搅匀；核桃仁碾碎。

2.鱼肉用刀背剁成泥，倒入蛋清搅匀，放蒸锅内蒸20分钟，出锅后撒上核桃仁末即可。

宝宝吃奶酪有讲究

奶酪是一种发酵的牛奶制品，说简单点就是浓缩的牛奶，有"乳品中的黄金"之美誉。大约10千克牛奶可制成1千克较硬的奶酪，所以奶酪几乎是奶制品中最贵的一类。奶酪含有乳酸菌、蛋白质、钙、脂肪、磷和维生素等营养成分，是非常营养的乳类食品。

● **给宝宝吃奶酪的理由**

为宝宝提供充足的能量

宝宝和成年人的饮食需要存在很大差异。首先，宝宝的胃容量很小，所以决定了宝宝每餐所能进食的东西体积不会太大。其次，宝宝好动活泼，他的活动量远远大于成人，因此能量消耗就更大。而且，宝宝身体的快速生长也需要大量的营养物质。为了使宝宝的进食量与所需能量达到平衡，他就需要吃营养素密度更高的食物，而且食物中脂肪的比例应高于成年人。那么，体积小、能量高、营养高度浓缩的奶酪就非常适合宝宝的需要。

营养高度浓缩

奶酪浓缩了牛奶当中的营养成分。一般来说，牛奶的营养成分比例是水分87%、蛋白质约3%、脂肪约3%。奶酪的营养成分比例是蛋白质20%、脂肪约30%。另外，奶酪中的钙、磷等矿物质也大都被浓缩，它的含钙量比鲜牛奶高

5倍左右。单就含钙量来对比，40克奶酪就相当于250克牛奶。所以说奶酪是营养高度浓缩的食物，食用之后很容易产生饱腹感，适合食量小但能量需求高的宝宝食用。

促进宝宝胃肠功能

婴幼儿的消化能力尚不及成人，而且免疫系统尚未发育成熟，所以需要从食物当中得到更多具有促进消化和提高抵抗力功效的营养成分。奶酪经过微生物发酵这道工序，使部分牛奶蛋白质被分解成了多种生物活性肽，在人体肠道中直接被吸收，而且具有促进钙吸收、促进消化、预防腹泻、预防龋齿、提高免疫力等保健作用，很适合婴幼儿用来补充营养。

● **给宝宝食用奶酪的原则**

未满周岁的宝宝不宜食用

奶酪虽然营养丰富，但是它的饱和脂肪酸含量较高。这些饱和脂肪酸在肠道中的消化速度也比较慢。未满周岁的宝宝消化功能还不健全，所以妈妈最好不要给未满周岁的宝宝添加奶酪。最好等到宝宝1岁以后再循序渐进地添加，让宝宝有个适应的过程。

选购时注意奶酪的脂肪含量

妈妈在选购奶酪时要注意查看营养成分表，如果奶酪的脂肪含量偏高，在给宝宝食用时就要

相应降低奶酪的使用量；如果蛋白质含量高一些，就可以多给宝宝吃点。奶酪买回来之后妈妈要先尝一尝，然后再给宝宝食用。如果宝宝已经属于偏胖型的，就要给他食用脂肪含量低的奶酪，而且切忌吃太多。

食用量不可过多

奶酪的营养价值很高，但不是吃越多越好，要科学地给宝宝添加，才有利于他的健康成长。

◎硬奶酪。1～3岁的宝宝每天可以吃20～30克硬奶酪，由于硬奶酪的营养价值最高，所以一定要少吃，这个量的奶酪就可以为宝宝提供150～200毫克的钙，这已经是宝宝每天钙需要量的三分之一了。

◎软奶酪。软奶酪相对于硬奶酪，没有那么高的营养含量，其所含水分比较多，宝宝每天可以食用50～100克。需要提醒妈妈的是，如果宝宝在吃奶酪时表现出反感或出现消化不良的迹象就要停止喂食，或者换另一品种的奶酪试试。

● 给宝宝吃奶酪的科学方法

◎巧妙搭配。奶酪具有独特的香气，这种香气非常适合与马铃薯、发酵面食进行搭配。

◎早餐食用最佳。奶酪所能产生的能量很高，最适合做早餐食用，可为宝宝的一天提供足够的能量。

★ 宝宝生病期间要注意调整喂养方案。

1岁零10个月～2岁

宝宝已经算是小大人了，这个时候一定要离乳了。

本阶段体格发育标准

	男宝宝	女宝宝
身高	平均87.6厘米（81.1～94.1厘米）	平均86.1厘米（80.5～91.9厘米）
体重	平均13.1千克（11.1～14.1千克）	平均11.1千克（8.9～13.3千克）
头围	平均48.1厘米（45.1～50.5厘米）	平均47.3厘米（44.6～49.9厘米）
胸围	平均48.9厘米（44.7～52.5厘米）	平均47.7厘米（43.3～51.4厘米）

宝宝的实际数据：

身高：＿＿＿　体重：＿＿＿　头围：＿＿＿　胸围：＿＿＿

新妈妈喂养课堂

● 给宝宝吃杂粮好处多

杂粮指谷类中的小米、玉米、燕麦、小麦、高粱、荞麦、麦麸等，豆类中的黄豆、绿豆、青豆、红小豆等。杂粮营养丰富，能为宝宝提供更均衡的营养，使宝宝更加聪明、强壮，杂粮对宝宝的好处主要有以下几个方面。

有益于宝宝的成长

杂粮营养丰富，而且其所含的营养素各有所长，如全麦粉富含钙质，可为宝宝补钙；小米富含铁和维生素B_2，能预防脚气病。其他一些杂粮纤维素、胡萝卜素及多种矿物质等营养成分的含量也要高于细粮。

预防宝宝糖尿病

杂粮富含膳食纤维，可有效减慢糖在肠内的吸收速度，从而避免出现餐后高血糖现象，同时能增强人体的耐糖能力，有利于血糖稳定。另外，膳食纤维还具有抑制胰高血糖素分泌的作用，能有效促进胰岛素发挥作用。

减少宝宝肥胖症

杂粮富含膳食纤维，在肠道内能吸收高于自身重量十倍的水分，宝宝容易产生饱腹感，从而就会减少进食，有利于预防宝宝由于过量进食而患肥胖症。

可以预防便秘

杂粮含有大量的膳食纤维，有促进肠道消化吸收和排泄的功能，起到肠道"清道夫"的作用。此外，膳食纤维能促进肠蠕动、缩短食物在肠道中的停留时间，加速排便，预防宝宝发生便秘。

● 喂养宝宝的3个不智之举

经常给宝宝吃洋快餐

洋快餐很受宝宝的欢迎，但却不可给宝宝多吃。洋快餐多半采用炸、煎、烤的烹饪方式制作而成，使食物中的营养素大量流失，还是导致宝宝患肥胖、高血压、糖尿病、肥胖的潜在杀手。

妈妈应尽量控制宝宝吃洋快餐的次数，尤其是晚餐更不宜食用。在平时，薯条、香肠等高热量食物也应少给宝宝吃，多给宝宝吃新鲜的蔬菜、水果。

宝宝饱餐后给他喝汽水

宝宝的胃肠功能较弱，如果在饱餐后马上喝汽水，特别是喝得很多时，轻者会引起胃胀、胃痛，重者还可能引发胃破裂。因为宝宝进食后胃黏膜分泌出较多胃酸，此时如果马上喝汽水，汽水中所含的碳酸氢钠就会与胃酸发生中和反应，产生大量的二氧化碳。这时胃已被食物完全装满，导致二氧化碳不能排出而积聚在胃里引起胀痛，超过胃所能承受的限度时就有可能胃破裂。

所以，妈妈在宝宝刚刚吃完饭时不要让他喝汽水，特别是饱餐后，一般来说，含有气体的饮料只适宜在空腹或半空腹的情况下饮用。

经常给宝宝吃方便面

方便面食用方便而且味道比一般的面条好，妈妈为了图方便就经常做给宝宝吃，这对宝宝的健康十分不利。方便面缺乏宝宝发育所需的蛋白质、脂肪、维生素以及微量元素等营养成分，不宜经常作为宝宝的主食食用，否则会导致宝宝营养不良，从而影响宝宝的生长发育。

美味辅食这样做

● 木耳的处理方法

步骤一：将木耳放在温水中泡发。

步骤二：将泡好的木耳洗净，放入锅中加适量水煮至黏稠。

步骤三：捞出木耳糊放在碗中，妈妈可以根据宝宝的口味喜好将木耳糊添加到其他食物中。

推荐宝宝营养食谱

什锦糙米片

材料：糙米片1杯，胡萝卜半根，肉丝50克，香菇丁、扁豆、白豆各适量

调料：盐适量

做法：1.扁豆、白豆洗净泡水3～4小时；胡萝卜切丁。

2.锅内放胡萝卜丁、扁豆、白豆和适量水煮熟。

3.再放香菇丁和肉丝一起煮开，最后加糙米片煮烂，起锅前加盐调味即可。

白果丝瓜

材料：丝瓜350克，白果30粒

调料：油、盐、鸡精各适量

做法：1.白果用清水浸泡2小时，取出沥水；丝瓜去皮，切滚刀块。

2.油锅烧热，加入丝瓜翻炒至熟。

3.再加入白果、盐、少许清水，加盖煮3分钟，最后放入鸡精翻炒均匀即可。

腰果西兰花

材料：西兰花30克，腰果15克，胡萝卜少许

调料：油、盐各适量

做法：1.西兰花、胡萝卜洗净，放入开水中稍煮，然后切成小朵，胡萝卜切片。

2.油锅烧热，放入西兰花、胡萝卜快速翻炒。

3.加入腰果炒熟，然后放入盐炒匀即可。

三丝炒银芽

材料：胡萝卜90克，绿豆芽30克，猪肉50克，葱丝、姜末各少许

调料：油、盐、香油各适量

做法：1.胡萝卜、猪肉洗净，切细丝。

2.锅内加水烧开，下胡萝卜丝、绿豆芽焯烫一下，捞出控水。

3.油锅烧热，放葱丝、姜末炒出香味，下肉丝炒匀，然后放入胡萝卜丝、豆芽炒匀，最后加盐翻炒至熟，淋香油即可出锅。

蔬菜牛肉饭

材料：牛肉50克，白菜、胡萝卜各25克，大米50克

做法：1.牛肉剁蓉，白菜、胡萝卜分别洗净切碎，将牛肉蓉与碎菜搅拌均匀。

2.大米淘洗干净，上火焖。

3.待水开后将准备好的牛肉蔬菜倒入米饭中，搅拌均匀，焖熟即可。

健康提示　牛肉含丰富的铁和锌，对发育中的宝宝是非常重要的营养来源。而牛肉中的蛋白质和锌、铁，对脑部神经和智力发展非常有益。另外，牛肉还含有丰富的蛋白质，能提高机体抗病能力，对处于快速生长阶段的宝宝特别适合。

甜食给宝宝带来的6大伤害

案例　我家宝宝现在有1岁半了，超喜欢吃甜的，吃什么都要放糖。奶奶又总是宠着宝宝，吃饭也一定要给他拌糖，说即使有了龋齿反正也会换牙的嘛。可我总担心这样宝宝会生病。

案例中妈妈的担心是对的，宝宝过多吃甜食，不仅仅只是损害牙齿，同时也会对宝宝的身体健康产生诸多不利影响。

● 免疫力下降

饮食对人体免疫力能产生很大的影响，因为有些食物的营养成分具有调节免疫系统的功效，能增强人体免疫力。如果宝宝贪吃甜食，就会失去适量食用其他食物的机会，长期如此将会导致一些有益的营养成分无法摄取，严重影响宝宝的免疫机能。

另外，过多食用甜食还会直接导致免疫力下降。因此，妈妈应少给宝宝吃甜食以及糖分含量较高的零食，多给宝宝吃西红柿、橘子、橙子、胡萝卜、蘑菇、大蒜、菠菜等具有提高免疫力效果的食物。值得注意的是，有的水果含糖量也较高，所以也不宜过多食用。

● 营养不良

糖分含量较高的零食一般含有木糖醇、果糖、甜蜜素、糖精等，但含量最高的就是蔗糖。蔗糖是一种简单的碳水化合物，营养学上称之为"空能量食物"。蔗糖只能产生热量，尤其是空腹状态下给宝宝食用这些零食，蔗糖会很快被宝宝吸收而使血糖升高，导致宝宝失去饥饿感，影响进食正餐。

只有正餐的饭菜才能为人体提供均衡的营养，如果让甜食破坏了宝宝的正常饮食，就会导致宝宝缺乏各种营养，产生营养不良，时间久了会阻碍宝宝的正常成长发育。

● 导致骨质疏松

宝宝摄入过量糖分就会使身体呈酸性，为了维持酸碱平衡，体内的钙、镁、钠等碱性物质就会参加中和作用，导致宝宝体内缺钙，从而影响宝宝的骨骼发育，甚至引发骨质疏松。

● 容易成为肥胖儿

糖类能被人体迅速吸收，如果不能被消耗掉，就很容易转化成脂肪贮存在体内。尤其是婴幼儿更是如此，如果宝宝很喜欢吃甜食而活动量又不大的话，可能很快就吃成了小胖子。

妈妈应该控制宝宝糖的摄入量，少给宝宝吃糖果、甜点等食物，同时多让宝宝活动，可预防宝宝患肥胖症。

● 影响视觉发育

宝宝如果过量食用甜食会诱发近视。体内过多的糖分会使体内微量元素铬的含量减少，导致眼内组织的弹性降低，眼轴容易变长。如果体内血糖过高，会影响眼房水及晶体内的渗透压改变，眼房水就会通过晶体内，导致晶状体变形，眼屈光度增加，形成近视眼。另外，体内糖分过多会导致钙的含量减少，而宝宝如果缺钙就会使正在发育的眼球外壁巩膜弹力降低，眼球就比较容易被拉长，形成轴性近视眼。

★ 过量吃甜食对宝宝的生长发育不利。

应该让宝宝多食用奶制品、动物肝、蛋黄、紫菜、芹菜、胡萝卜、香菇、橘子等富含维生素B_1的食物，可以有效预防视力下降。

● 引发内分泌疾病

如果宝宝过量食用甜食，就会导致体内糖分过多，血糖浓度升高，从而加重胰岛的负担，如果这种情况持续下去就有可能导致宝宝患糖尿病。

另外，宝宝大量食用甜食会导致消化系统功能紊乱，从而引发消化道炎症及水肿，这时如果十二指肠压力增高就会引发胰液排除受阻，导致急性胰腺炎。

要定期给宝宝检测消化系统功能和血糖并注意调整饮食，不要让宝宝过多摄入高热量的甜食，增加瘦肉、水果、蔬菜、鱼类和杂粮的摄入量。

2岁~2岁半

宝宝是全能型"运动员"了，足够的
营养补充必不可少。

本阶段体格发育标准

	男宝宝	女宝宝
身高	平均92.7厘米（84.7~98.9厘米）	平均90.5厘米（84.1~96.9厘米）
体重	平均14.9千克（11.3~15.3千克）	平均12.1千克（10.06~14.3千克）
头围	平均48.4厘米（45.3~50.8厘米）	平均47.5厘米（44.9~50.1厘米）
胸围	平均49.1厘米（45.2~53.1厘米）	平均48.1厘米（43.9~52.1厘米）

宝宝的实际数据：

身高：_____ 体重：_____ 头围：_____ 胸围：_____

新妈妈喂养课堂

● 多给宝宝吃蒸制食物

一般情况下，食物在加热的过程中或多或少都会导致营养流失，如果烹调方式不合理还可能改变食物的结构，使其产生大量的有毒物质，对宝宝的健康不利。而蒸制食物最大限度地保持了食物本身的营养，并且制作过程中避免了高温造成的成分变化所带来的毒素侵袭。在蒸制食物的过程中，如果食材富含油脂，蒸汽还会加速油脂的释放，降低食物的油腻度。

大米、面粉、玉米面等用蒸的方法来做给宝宝吃，其营养成分可保存95%以上。如果用油炸的方法，其维生素B_2将会损失约50%，维生素B_1则几乎损失殆尽。

鸡蛋是常见的营养食品，妈妈也会经常做给宝宝吃。由于烹调方法不同，鸡蛋营养的保存和消化率也不同。煮鸡蛋的营养和消化率为100%，蒸鸡蛋的营养和消化率为98.5%，而煎鸡蛋的消化率只有81%。所以，给宝宝吃鸡蛋以蒸煮的方式最佳，既有营养又易消化。

花生营养丰富，特别是花生仁外层的红衣，具有抑制纤维蛋白溶解、促进骨髓制造血小板的功能，具有很好的止血作用。但花生只有煮着吃才能保持营养成分及功效，如果是炸着吃，虽然味道香脆，但营养成分几乎会损失一半。所以妈妈给宝宝吃花生时尽量不要用油炸，可以放在米里煮成粥，既营养又易消化，十分适合宝宝食用。

● 宝宝节日饮食有讲究

要让宝宝多吃素菜

每逢节假日，家庭餐桌上最常见的就是大鱼大肉，这些都是以动物蛋白和脂肪为主的荤菜，过多食用会增加宝宝的胃肠及肾脏负担，对宝宝的健康不利。因此，妈妈在节日里应多给宝宝准备蔬菜，如油菜、菠菜、甘蓝、芹菜、菜花、西红柿、南瓜、黄瓜等，这些食物富含维生素、纤维素及矿物质，对宝宝的生长发育大有益处。

合理安排宝宝的主食和副食

节日里菜品比平时丰富，宝宝很可能吃一些菜就饱了，从而不吃主食。有些妈妈索性就让宝宝以副食代替主食，她们还以为这样更有营养。殊不知如果妈妈不注意合理安排宝宝主食和副食的进食量，会导致宝宝肠胃消化吸收功能减弱，造成宝宝营养摄取不均衡，影响正常的生长发育。因此，妈妈要合理安排宝宝的主食与副食，注意荤素搭配，保证宝宝合理摄取营养素。

注意宝宝饮食安全

节日里大人们沉浸在跟亲戚朋友小聚的欢乐氛围中，很容易忽略对宝宝的照顾，而宝宝生性好动，一疏忽宝宝就可能发生危险，如在玩闹时候吃豆状零食呛入气管等。因此，妈妈不要给宝宝吃果冻，宝宝吃花生等豆状食物时，妈妈要在旁边注意观察，以防呛入气管威胁宝宝的安全。另外，给宝宝吃带刺或骨头的食物时，一定要小心将刺或小骨头择干净，以免扎伤喉咙。

美味辅食这样做

● 让鱼更美味的方法

步骤一：选择略带脂肪的深海鱼肉。

步骤二：锅置火上，加热后在热水中加少许醋，再放入鱼肉煮，以去除腥味。

步骤三：鱼肉煮滚后，用玉米粉或淀粉勾芡淋在鱼肉上即可，这样可以使鱼肉变得滑嫩、味美，宝宝更喜欢吃。

推荐宝宝营养食谱

南瓜煎

材料：南瓜500克，面粉40克

调料：油、盐各适量，芝麻少许

做法：1.南瓜去皮，切成长片，用盐腌一下，挤出水并撒匀面粉，用盐调味。

2.平底锅放油烧热，下入南瓜片煎至两面金黄，撒上芝麻装盘即可。

菠菜豆腐汤

材料：菠菜、嫩豆腐各50克，葱丝、姜丝各少许

调料：油、盐、鸡精、料酒、香油各适量

做法：1.菠菜洗净，切成小段，在沸水中略烫，捞出后用冷水过凉。

2.嫩豆腐切成1厘米左右见方的块。

3.油锅烧热，下葱丝、姜丝炝锅，烹入料酒，加适量清汤烧开，然后放菠菜、豆腐煮开，再放盐、鸡精，等汤煮沸后撇去浮沫，滴几滴香油即可。

专家讲堂

宝宝零食的分类及疑问

零食是宝宝的最爱，可妈妈难免会担心宝宝吃零食过多而影响正餐摄入或导致营养失衡。为了宝宝的健康成长，妈妈要掌握给宝宝科学吃零食的方法。

● 食用的级别分类

Ⅰ级零食——宝宝可放心食用

这类零食具有低脂、低盐、低糖、低添加剂的共同特点，是最适合宝宝进食的零食，可以让宝宝放心食用。

◎酸奶、奶酪。酸奶和奶酪营养丰富，而且其所含的益生菌还能帮助调理宝宝的肠道，为宝宝首选零食。

◎新鲜水果和蔬菜。这类食物如果切成小块或小片给宝宝吃，在补充营养的同时还能锻炼宝宝的牙齿及手部动作的发育，可谓一举多得。

◎部分干果。2岁以上的宝宝可以适当吃一些核桃、花生、瓜子等坚果。

Ⅱ级零食——宝宝可少量食用

这类零食糖、盐、脂肪及添加剂的含量较高，主要包括牛肉干、火腿肠、肉松、鱼片、卤豆腐干、加工过的干果和饼干、果蔬干、海苔片等，妈妈应控制宝宝的食用量。

Ⅲ级零食——宝宝可偶尔食用

此类零食高糖、高盐、高脂肪，主要包括各种糖果、冰激凌和含糖饮料、奶油糕点和油炸食品、熏制的肉制品等，不宜给宝宝当零食，可偶尔给宝宝尝鲜食用。

● 宝宝吃零食Q&A

Q 宝宝多大可以吃零食？

A：宝宝能够正常进食三餐的时候就可以适当吃零食了。一般来说，1岁以上较为适宜，如果宝宝的辅食添加顺利，一些安全又营养的零食可以从10个月开始尝试。

Q 怎样给宝宝吃零食更科学？

A：◎适宜的时间。两餐之间给宝宝吃零食最好，如上午9:30～10:00之间、下午午睡后、晚餐前2小时左右。

◎限制进食次数及数量。不要给宝宝频繁、大量吃零食，以免宝宝养成不良饮食习惯。

◎养成认真吃零食的习惯。宝宝吃零食也应该像吃正餐一样，培养他形成正确的进食技巧和进食习惯。

2岁半～3岁

宝宝已经不知不觉长大，可以完全按大人的餐单来进食了。

本阶段体格发育标准

	男宝宝	女宝宝
身高	平均95.2厘米（86.9～100.07厘米）	平均92.7厘米（86.3～99.7厘米）
体重	平均15.8千克（12.15～16.18千克）	平均13.0千克（11.37～15.21千克）
头围	平均48.6厘米（45.5～51.7厘米）	平均47.7厘米（45.1～50.4厘米）
胸围	平均49.4厘米（45.5～53.7厘米）	平均48.4厘米（44.2～52.5厘米）

宝宝的实际数据：

身高：＿＿ 体重：＿＿ 头围：＿＿ 胸围：＿＿

新妈妈喂养课堂

● **给宝宝饮用豆浆的注意事项**

豆浆是公认的营养饮品，长期饮用可促进身体的健康发育。但给宝宝喝豆浆也不是百无禁忌的，要注意以下几点：

◎豆浆性寒，消化不良的宝宝要少喝。

◎忌不彻底煮开。因为生豆浆里含有皂素、胰蛋白酶抑制物等有害物质，所以要彻底煮开后再给宝宝喝，否则会使宝宝出现恶心、呕吐、腹泻等症状。

◎给宝宝喝豆浆时不要在里面加鸡蛋。蛋清中的黏性蛋白会与豆浆里的胰蛋白酶结合，产生不易被人体吸收的物质，使豆浆失去原有的营养价值，也不利于宝宝的消化吸收。

◎给宝宝喝豆浆时不要加红糖。红糖里含有有机酸，它们能与豆浆里的蛋白质和钙质结合，产生醋酸钙、乳酸钙等块状物，这不仅使豆浆失去原有的营养价值，也会影响宝宝的吸收。

◎不要用保温瓶储存豆浆。豆浆如果装在保温瓶内保存，很容易使细菌大量繁殖，3～4小时后豆浆就会变质，如果宝宝饮用了变质豆浆，会出现呕吐、腹泻等不适症状。

◎不要用豆浆服药。有些抗生素类药物如红霉素会破坏豆浆里的营养成分，宝宝如果用豆浆来服用这类药物甚至还会产生副作用，危害宝宝的身体健康。

● **科学喂养预防宝宝长龅牙**

颌骨的异常发育会使宝宝出现龅牙，除此之外，不正确的喂养方法也是导致宝宝长出龅牙的罪魁祸首。例如，很多2岁以上的宝宝还在用奶瓶喝水，使宝宝产生奶瓶依赖，慢慢养成咬手指、咬筷子等不良习惯，这些习惯最终都会导致宝宝出现龅牙等牙齿畸形。

另外，宝宝的食物过于精细也是导致宝宝出现龅牙的原因之一。食物过于精细使宝宝牙齿和口腔内外的肌肉得不到有效的锻炼，其颌骨就不能得到良好的发育，从而影响宝宝的牙齿发育。

要想预防宝宝长龅牙，应该在宝宝很小的时候就教会他使用勺和杯并逐渐脱离奶瓶，学会用杯子喝奶和喝水。妈妈也要注意多给宝宝吃玉米、甘蔗、红薯干、牛肉干、苹果等富含纤维的食物，以达到锻炼宝宝咀嚼能力的目的，能有效刺激颌骨的生长发育，避免宝宝牙齿畸形。

美味辅食这样做

● 面食的处理法

熟面食

步骤一：煮熟的面条隔着保鲜膜，用擀面杖由上而下不断地压滚。

步骤二：将面压烂后揭开保鲜膜即可。

干面食

步骤一：将干面条折断。

步骤二：将折好的面条放入锅内煮熟即可。

推荐宝宝营养食谱

鱼肉鸡蛋饼

材料：洋葱10克，鱼肉20克，鸡蛋半个，黄油、奶酪各适量

做法：1.将洋葱洗净，切碎；鱼肉煮熟，放入碗内研碎。

2.将鸡蛋磕入碗中，搅成蛋液，取一半加入鱼泥、洋葱末搅拌均匀，成馅。

3.平底锅置火上，放入黄油，烧至熔化，将馅团成小圆饼，放入油锅内煎炸，煎好后浇上奶酪即可。

健康提示 此饼含维生素C和胡萝卜素以及卵磷脂和固醇类物质，补充生长发育所需营养素。

红嘴绿鹦哥面

材料： 西红柿半个，菠菜叶几棵，豆腐一小块，排骨汤半碗，细面条一把

做法： 1.将西红柿用开水烫一下，去皮，切成碎块；菠菜叶洗净，切碎；豆腐切碎。

2.将排骨汤倒入锅中，烧沸。

3.将西红柿和菠菜叶倒入锅内，略开一会儿。

4.再加入面条，面条软烂即可出锅。

海苔肉松饭团

材料： 海苔、鸡蛋、白芝麻、萝卜干丁、鸡肉松、米饭各适量

调料： 油、盐、白糖各适量

做法： 1.油锅烧热，放入鸡肉松、萝卜干丁炒散，再倒入鸡蛋炒散，加盐、糖调好味后取出备用。

2.海苔剪碎，和白芝麻拌匀，用米饭做成皮，将炒好的馅包入，再粘上海苔即可。

健康提示 海苔口味独特，营养丰富，含有人体必需的营养成分，维生素含量极其丰富，有"维生素宝库"之美誉，非常适合给宝宝食用。

宝宝可多吃素食

给宝宝吃素食是他一生健康的好开始。素食一般分两种：一种是全素食，即不吃任何含动物成分的食物，包括奶和蛋；另一种是蛋奶素食。

● 给宝宝吃素食的好处

肉类食物由于纤维含量少，不易被消化，如果在肠中停留时间过久还会产生毒素，甚至引发便秘。而素食能起到清洁肠胃的作用，使人的体液呈碱性。研究表明，婴幼儿体液呈碱性时智商较高，所以，素食会对宝宝的智力产生良好的影响。另外，素食蛋白质含量较高，对正处于生长发育阶段的宝宝十分有益。

● 宝宝素食推荐

含钙素食

钙含量较高的素食有黄豆、豆浆、玉米、菜花、卷心菜、奶制品等。妈妈在给宝宝制作含钙素食时要注意，甜食会影响钙的吸收，不宜一起食用。另外，食醋具有促进钙吸收的功效，在烹调时可以加点陈醋或柠檬汁，既能增强宝宝的食欲又营养健康。

含铁素食

铁含量较高的食物有菠菜、鸡蛋、芝麻、黑木耳、黑米等。妈妈需要注意的是，茶中的鞣酸会影响铁质的吸收，而且茶叶中含有咖啡因，对宝宝的脑部发育不利，所以一定不要给素食宝宝喝茶。

高蛋白素食

众所周知，蛋白质在肉类食品中的含量较高，但搭配好的素食也能为宝宝提供足够的优质蛋白。蛋白质含量较高的食物有蛋类、奶制品、黄豆及其制品，如豆腐、豆浆、豆干等。

● 宝宝素食注意事项

◎素食比较适合肥胖、不喜欢吃蔬菜水果的宝宝。

◎素食的搭配要注意营养均衡，保证宝宝能摄取全面的充足营养。

◎烹调素食时要色香味俱全，以增进宝宝的食欲。

宝宝成长必备的
优势营养及**黄金食物**

钙：强健骨骼

> 钙对宝宝的骨骼发育非常重要，同时对牙齿的发育，还有细胞的新陈代谢也起着至关重要的作用。

另外钙还和许多生理反应有关，比如肌肉收缩、神经冲动的传导、血液凝固机制等。钙主要的作用是，促进牙齿和骨骼的健康发育，但是也能缓解神经的紧张和兴奋，以此来安定情绪。另外，还能确保心脏的正常跳动，还能促进肌肉的正常活动。这是大脑神经传达所需的营养素。

为宝宝安全补钙

案例　我的乳量一直不大，我家安安从出生后一直是母乳和配方奶一起喂养的。在朋友的建议下，从他20天的时候就开始服用鱼肝油，到了2个月开始服用钙剂。等他长到4个月的时候，我发现他的胃口有些不好，吃奶量也减少了，偶尔还会便秘。我特别担心，不知道是不是因为乳汁不够而影响了安安的生长？

安安这种情况很可能是补钙不当导致的，建议安安妈先停止给他服用钙剂，观察一下变化。

婴儿的肠胃尚未发育完全，尤其是月龄偏小的宝宝，胃酸分泌较少，容易对一些化学合成类的钙剂吸收不良，如果不恰当地为他补钙，很容易引起便秘，影响营养摄取和他的正常生长发育。所以，在给宝宝服用钙剂时要特别注意产品的安全性和适应性。其实，2岁以下的宝宝，妈妈应该通过让宝宝多进食富含钙质的食物来给他补钙。

钙含量最丰富的3种食物

● 牛奶

对于宝宝来说，乳类无疑是其所需钙质的最佳来源，1岁以上不再吃母乳的宝宝只要每天坚持喝奶，就能为宝宝提供充足的钙质。

牛奶是人类最好的钙源之一，富含活性钙，而且还含有维生素D，非常适合宝宝食用。需要注意的是，太小的宝宝不能喝牛奶，小宝宝体内乳糖酶不足，喝了牛奶很容易产生乳糖不耐受状况，出现腹胀、腹泻等现象，妈妈要等宝宝长大一点再给他喝牛奶。

喝奶补钙的正确方法

◎早晚饮用。给宝宝早餐时喝一杯牛奶，可为他提供一整天的能量。而临睡前给宝宝喝一杯牛奶能达到更好的补钙效果，而且还能促进睡眠，让宝宝安然入睡。

◎奶加热喝。把牛奶放在锅内煮能有效保存牛奶中的营养成分，还能杀灭牛奶中的病原微生物。在煮的时候要注意方法，当牛奶体积膨胀时立刻离火，稍等片刻再放火上煮，如此反复三四次效果最佳，但煮的时间不能太长。

◎喝全脂奶。宝宝正处在生长发育的阶段，所以给宝宝喝的奶最好选择全脂牛奶，而不是脱脂牛奶。

◎不和巧克力一起食用。牛奶和巧克力一起食用时会导致牛奶中的钙与巧克力中的草酸结合，形成不容易溶解的草酸钙，不但不利于钙质吸收，长期如此还会使宝宝出现腹泻、缺钙等现象。所以给宝宝喝牛奶时就不要给他吃巧克力。

喝奶补钙的错误方法

◎煮很长时间。牛奶不能煮太长时间，否则就会导致牛奶中呈胶体状态的蛋白微粒脱水而呈现凝胶状态，奶中的磷酸钙也会由酸性转变为中性而出现沉淀，不利于钙的吸收。另外，将牛奶煮沸时还会使其发生复杂的化学变化，不但会损失牛奶原有的香味，还会产生其他有害物质，使牛奶的营养价值降低。

◎牛奶中加糖。食糖在体内分解后会形成酸，与牛奶中的钙反应，影响人体对钙的吸收。

◎喝完牛奶就给宝宝喝果汁或吃水果。如果牛奶与含果酸较高的果汁或水果同食，会导致奶中的蛋白质与果酸及维生素C发生反应而凝结成块，这样会影响奶中蛋白质以及水果中维生素C的吸收，还可能引起宝宝腹胀、腹泻。所以给宝宝喝牛奶的时候不要再给他喝果汁或吃水果，至少应该间隔1个小时左右。

◎给宝宝喝高钙奶。牛奶富含的钙是容易吸收的乳钙质，而且牛奶中的乳糖、氨基酸、维生素D等都能促进钙的吸收，所以不需要再加钙。另外，牛奶中的酪蛋白对钙的浓度十分敏感，如果钙过多还会导致牛奶在加热过程中出现沉淀，不利于营养吸收。

● 虾

宝宝正处在生长发育最迅速的时候，尤其是骨骼，此时的发育速度很快，这时就需要给宝宝补充足够的钙质以促进骨骼生长。

虾富含钙，而且肉质细嫩，容易被消化，同时虾也富含维生素D，能促进钙质的有效吸收。另外，虾的镁、磷含量也很高，而且钙磷比例和钙镁比例适宜，这都能促进虾中钙质的吸收，宝宝经常吃虾肉有利于骨骼增长。需要提醒妈妈的是，小宝宝吃海鲜很容易出现过敏反应，所以应在宝宝较大时候再给他吃虾。

● 豆腐

科学证明，豆腐的营养可以和牛奶媲美，豆腐的主要优势就是能为人体提供大量的钙。如果宝宝不喜欢喝牛奶，那么豆腐就是最佳补钙食品。而且，豆腐中镁、钙的含量高且酸性较低，非常有利于宝宝的骨骼生长。豆腐口感绵软，非常适合小宝宝食用。

其他含钙较多的食物

奶酪、芝麻、黄花菜、蕨菜、黑木耳、南瓜子、虾皮、海带、紫菜、白菜、油菜、菜花、牛肉、鸡肉、坚果、禽类的蛋等。

推荐宝宝营养食谱

豆腐香菇汤（适合10个月以上的宝宝）

材料：鸡丁15克，香菇丝10克，豆腐20克，鸡蛋1个，清汤小半碗

调料：盐少许

做法：1. 鸡蛋磕入碗中，搅成蛋液；豆腐切丁。

2. 锅置火上，放入清汤，煮开后，倒入鸡丁、香菇丝煮至熟，放入豆腐，加入盐调味。

3. 将汤煮开，淋上鸡蛋汁，熄火，盖上锅盖焖至蛋熟即可。

鲜虾豆腐羹（适合1岁以上的宝宝）

材料：嫩豆腐1小块，胡萝卜、黄瓜各1小段，西红柿半个，虾仁、葱、姜各少许

调料：油、盐、鸡精、鸡汤、水淀粉各适量

做法：1.嫩豆腐切小块；胡萝卜、黄瓜、西红柿分别切丁；葱、姜切末。

2.油锅烧热，放入姜末、葱末爆香，然后放胡萝卜翻炒片刻，再加黄瓜、西红柿一起翻炒。

3.加盐、鸡精、清水，烧开后放入嫩豆腐，再烧开时放入虾仁。

4.等虾变色后淋入水淀粉勾芡即可。

鸡蛋豆腐羹（适合10个月以上的宝宝）

材料：鸡蛋1个，豆腐半块，骨汤150克，葱末适量

调料：香油少许

做法：1.鸡蛋打散，豆腐捣成泥。

2.骨汤倒入锅内煮沸，加入豆腐以小火煮，并撒入蛋花。

3.最后撒上葱末、滴几滴香油即可。

铁：补血防病

铁是制造血红蛋白的成分，如果宝宝身体缺铁，就会导致缺铁性贫血。缺铁性贫血是6～36个月宝宝最容易患的疾病之一。贫血会降低婴幼儿的免疫力，使宝宝容易患病，影响正常的生长发育。

别让宝宝缺铁

案例

我家牛牛9个月了，一直是坚持母乳喂养，长得白白胖胖的。由于我奶水很好，所以没急着给他添加辅食。最近发现他的小脸有点白，赶紧带他去体检，结果竟然患了轻度贫血，医生说是缺铁引起的。我奶水一直挺好的，不知道牛牛怎么会缺铁呢？

牛牛妈奶水很好就没有给牛牛适时添加辅食的做法是不对的，虽然母乳是宝宝最好的营养食品，但是宝宝长大一点的时候完全靠母乳已经不能满足他的营养需求了，尤其是一些身体发育时需求量很大的钙、铁等。因此，妈妈应及时给宝宝添加辅食，以免宝宝发生贫血。

宝宝缺铁的症状

宝宝缺铁会引发贫血，轻度贫血一般没有明显症状，不容易被发现，有时仅是去做体检才偶然发现血红蛋白低。然而，我国婴幼儿缺铁的发生率很高，1岁以下的婴儿患病率可达22%～31%。

最初，宝宝可能只是脸色略显苍白，大一点的宝宝在活动时会表现出易疲劳的现象。随着病情发展，宝宝会出现不活泼的现象，还有爱哭闹、注意力不集中、记忆力减退、反应慢、消化不良、食欲不好、腹泻等症状。当宝宝严重缺铁时，脸色会更加苍白，嘴唇、指甲、手掌等也会缺少血色，并因免疫力下降而导致呼吸道、消化道感染。如果宝宝长时间缺铁，将会导致身体发育缓慢，智力发育也会受影响。更严重的是宝宝还会出现"异食癖"现象。

正确给宝宝补铁

如果是吃母乳的宝宝，妈妈就要注意多吃含铁高的食物，如动物肝脏、精肉、鸡蛋、豆制品、新鲜蔬菜和水果，饭后吃一些新鲜水果，并要经常测查血红蛋白，发现贫血时尽早治疗，以免体内缺铁导致宝宝不能摄取到足够的铁。

人工喂养的宝宝，到了6个月以后就要逐步添加蛋黄、菜泥、肝泥、肉泥、鱼肉、豆腐等辅食。需要注意的是，在给宝宝吃含铁食物时，最好让他同时吃一些富含维生素C和果酸的食物，如橙子、柑橘、西红柿、黄瓜等，这样会提高铁的吸收率。

妈妈为宝宝做辅食时尽量使用铁锅，这种传统的炊具在烹制食物时会形成可溶性铁盐，易于肠道吸收。

给宝宝补铁的误区

◎蛋黄能为宝宝补铁，吃得越多越好。蛋黄虽然能给宝宝补铁，但如果过量食用也会导致其所含的蛋白质抑制铁的吸收，所以要适量给宝宝进食。尤其是刚刚添加辅食的小宝宝，更要注意蛋黄的添加切不可过量。

◎肉类不易消化，会影响铁的吸收。不要担心肉类会影响宝宝对铁的吸收，反而缺少了肉类的宝宝更容易患缺铁性贫血。给宝宝吃肉的时候只要注意烹调方式即可，可以给宝宝吃肉泥等易消化的肉类食品。

◎菠菜能补铁，给宝宝多吃。科学研究证明，菠菜中的铁为非血红素铁，而且菠菜中的草酸会与铁结合，影响宝宝对铁的吸收，所以不宜给宝宝多食。

铁含量最丰富的两种食物

● 蛋黄

铁是制造血红蛋白的原料，人体缺铁会导致贫血。正常足月儿体内所贮存的铁在出生5个月内已足够用于血红蛋白的合成，无需补铁。但5个月以后的婴儿应开始补充铁质。

蛋黄营养丰富，含有胆碱、卵磷脂、维生素以及铁、钾、钠、镁、磷等多种微量元素，特别是蛋黄中铁的含量较高，达7毫克/100克。蛋黄易消化，其所含的铁以及其他营养元素也较易被人体吸收，是婴儿理想的补铁食物。

需要注意的是，蛋黄虽然对于宝宝如此有益，但是也要注意给宝宝吃蛋黄的时间和量，应该在宝宝6个月以后再添加蛋黄，而且添加量应由少到多，以免引起宝宝厌食。

● 猪肝

动物性食物中含铁量最高的就是猪肝，每100克含铁量为25毫克，有助于婴幼儿血液生成。猪肝也含有大量其他营养物质，尤其是维生素的含量很高，素有"维生素A的天然宝库"之称。另外，猪肝所含的氨基酸与人体接近，较易被宝宝吸收。因此，猪肝是宝宝补铁首选食材。

铁剂不可盲目服用

对于轻度贫血的宝宝，只要科学调整饮食结构，即可纠正贫血现象。贫血较重的宝宝，在食疗以外还必须服亚铁类药物及维生素C片和胃酶片来纠正贫血。但铁剂的补充量要根据宝宝体重、贫血情况和生长速度来综合衡量，在医生的指导下进行补充，切不可盲目服用。

童大夫提醒

一般新鲜的猪肝呈褐色或紫色，肝面平滑有光泽，表面没有水泡，用手触摸有弹性。另外，内脏类食物容易变质，因此不要一次性购买太多。

在给宝宝做猪肝辅食前一定要将猪肝冲洗干净，并且煮久一些。给小宝宝制作肝类辅食最好做成较细的泥，等宝宝长大一点，可以在肝里加盐等调味料，以增加食物的口感，宝宝更容易接受。

其他含铁较多的食物

鱼子酱、土豆、黄豆粉、黑木耳、大枣、麦糠、麦胚、黄豆、牛肉、红糖、蛤肉、干果、芦笋、羊肉、扁豆、花生、豌豆等。

推荐宝宝营养食谱

蛋黄羹 (适合8个月以上的宝宝)

材料：鸡蛋1个，肉汤150克

做法：1.鸡蛋煮熟，取蛋黄放入碗内研碎，并加少许肉汤调成蛋黄糊。

2.蛋黄糊放汤锅内小火煮开，边煮边搅混合均匀即可。

枣泥肝羹 (适合1岁以上的宝宝)

材料：红枣6枚，猪肝50克，西红柿半个

调料：盐适量

做法：1.红枣用清水浸泡1个小时后去皮、核，将枣肉剁碎。

2.西红柿用开水烫过，去皮后剁成泥。

3.将猪肝去掉筋皮，用榨汁机打碎。

4.将加工好的红枣、西红柿、猪肝混合拌在一起，加盐和适量的水，上锅蒸熟即可。

蔬菜炖猪肝 (适合10个月以上的宝宝)

材料：猪肝20克，胡萝卜半根，豌豆10克

做法：1.猪肝放入水中煮，除去血水后换水煮10分钟，然后切小块。

2.胡萝卜洗净，切小块。

3.豌豆煮熟，切小丁。

4.锅中放入水煮开，再加入肝脏、胡萝卜微炖。

5.把豌豆倒入锅中，煮熟后盛出即可。

锌：提升智力

锌是人体中不可缺少的微量元素之一，对宝宝的健康成长发挥着极其重要的作用。妈妈应该重视宝宝身体是否缺锌，不要忽视宝宝在生长发育过程中锌的补充。如果确定宝宝缺锌，就要通过科学、安全的方法来补锌，以保证宝宝健康长大。

锌对宝宝的好处

人体内脂肪、蛋白质和碳水化合物这三大基础营养的代谢都离不开一种特殊的蛋白质——酶的参与，而人体内近300种酶的活性都与锌有关，可见锌对人体的重要作用。锌对宝宝的好处主要有以下几方面。

● 加速宝宝生长发育

锌广泛参与核糖核酸和蛋白质的代谢，因此也影响到各种细胞的正常生长与再生，锌还具有加快细胞分裂的作用，使细胞的新陈代谢水平较高，所以锌对于处在生长发育期的宝宝来说十分重要。

● 促进宝宝智力发育

锌能促进脑细胞的分裂和发育，对宝宝智力发育十分有益。锌还对维持海马功能有着十分重要的作用，海马是大脑中控制记忆的重要核团，而海马内锌的含量最高。此外，锌还参与神经发育活动，具有增强记忆力和反应能力的功能。

● 提高宝宝免疫力

锌是对免疫功能产生影响最为明显的微量元素。锌有促进免疫细胞增殖的功效，同时还能提高胸腺嘧啶的活性，加速DNA的合成，对增强身体免疫机制、提高身体抵抗力、防止细菌感染有很好的功效。

● 增进宝宝食欲

锌能参与唾液蛋白的合成，唾液中味觉素的分子中含有两个锌离子，为味蕾及口腔黏膜提供营养。同时，锌对维持口腔黏膜细胞的功能也起着重要作用。锌能促进口腔黏膜细胞的发育，使味蕾细胞能充分接受来自食物的刺激，使味觉敏感度提高，增强食欲。另外，锌还能增强消化系统中羧基肽酶的活性，具有促进消化、增强食欲的功效。

哪类宝宝易缺锌

◎妈妈在孕期缺锌的宝宝。如果女性在孕期不注意进食富含锌的食物，使身体的血锌水平长期低于894毫克/升的话，就会直接影响胎儿对锌的利用率，使体内锌储备不足，导致宝宝出生后出现缺锌症状。

◎早产宝宝。宝宝提前出生导致他失去了在母体内贮备锌元素的黄金时间(一般是在孕期的最后1个月)，造成锌元素先天摄取不足。

◎人工喂养或混合喂养的宝宝。众所周知，

母乳的营养十分丰富，其含锌量大大超过配方奶粉及其他食物，而且母乳中锌元素的吸收率高达42%，这是任何其他食品都不能比的。

◎偏食宝宝。不爱吃肉类、蛋类、奶类及其制品等食物的宝宝，很容易出现缺锌的症状。

◎过于好动的宝宝。爱动的宝宝出汗多，汗液除了会排出氯化钠外，还会排出一定量的锌。所以好动、出汗多的宝宝很容易出现缺锌症状。

◎患佝偻病的宝宝。治佝偻病需要服用钙制剂，而体内钙水平过高就会抑制肠道对锌的吸收。同时，患佝偻病的宝宝食欲也较差，不能从食物中获得足够的锌，很容易发生缺锌。

宝宝缺锌的9个预警信号

◎经常口腔溃疡，或者舌苔上出现类似地图状的舌黏膜脱落物。

◎乱吃奇奇怪怪的东西。宝宝经常咬指甲、衣物、玩具等硬物，可能还会吃头发、纸屑、泥土等奇怪的东西。

◎指甲出现白斑，手指长倒刺。

◎视力下降。

◎多动且爱出虚汗、反应慢、注意力不集中、学习能力差。

◎出现外伤时伤口愈合慢，易患皮炎、顽固性湿疹等皮肤病。

◎消化功能减退，宝宝食欲不振，甚至厌食。

◎生长发育较慢，身高、体重都低于同龄宝宝。

◎免疫功能降低，经常感冒发烧，易患扁桃体炎、支气管炎、肺炎等感染性疾病。

预防宝宝缺锌的原则

◎原则1：坚持进行母乳喂养，母乳中有能满足婴儿生长发育所需的锌。

◎原则2：等宝宝6个月以后要逐渐为宝宝添加辅食，鸡蛋、动物肝脏是首选，牡蛎、花生米、核桃仁等锌的含量也较高，可为宝宝适量添加。

◎原则3：注意科学调理宝宝的膳食结构，让宝宝全面摄取营养，并养成不挑食、不偏食的习惯。

◎原则4：不要给宝宝添加过多含糖辅食，尽量让宝宝少吃糖、甜点、巧克力等糖分含量高的零食，以免糖分摄取过多而影响锌的吸收。

◎原则5：如果发现宝宝出现上文中提到的缺锌症状应及时到医院检查血液的锌含量，并根据身体的需要进行补锌。

给宝宝安全补锌

案例

宁宁最近总是不爱吃饭，带他去医院检查，发现他的体内血锌水平较低，医生说是体内缺锌导致的，要给他补锌。医生给开了葡萄糖酸锌制剂，同时让我注意给他补充富含锌的辅食。吃了一段时间，宁宁身体有所好转了。我总担心他再缺锌，于是并没有停止给他服用锌制剂，还买了很多强化锌食品给他吃。可最近又出问题了，宁宁时不时地就说肚子疼，去医院检查了说补锌又补多了！真是愁人，多了也不行，少了也不行，很难把握啊。

锌固然对宝宝的成长十分重要，但宁宁妈的做法是不可取的，并不是说对宝宝身体好就要无限量地补充，给宝宝过度补锌也会伤害宝宝的健康，一定要掌握科学的进补方法，才能保证宝宝

健康成长。在给宝宝补锌的时候，应遵循以下几个原则。

● 原则1：食补是最科学的方法

　　妈妈通过添加富含锌的食物给宝宝补锌是最安全、最科学的补锌方法。人体可自行调节过多的锌，也不会导致锌中毒。另外，妈妈要注意培养宝宝养成不偏食、不挑食的饮食习惯，保证他能够全面摄入均衡的营养。给宝宝制定的食谱也要多样化，富含锌的食物可略多一些，这样就会避免宝宝缺锌。

● 原则2：慎重选择锌强化食品

　　如果妈妈觉得宝宝已经缺锌了，那么平时就应注意多给宝宝吃富含锌的食物，也可以选择给宝宝吃锌强化食品，但一定要先去咨询医生或专业的儿童营养师，对宝宝是否缺锌以及该如果补充做一个全面的了解，然后根据医生或营养师的建议给宝宝合理补锌，切不可发现宝宝出现缺锌端倪就自行给宝宝添加锌强化食品，这很容易导致宝宝身体摄入过多的锌，影响其他营养素的吸收，并对身体健康产生不利影响。

● 原则3：锌强化食品不能替代日常食物

　　宝宝被检测出缺锌以后，有的妈妈非常紧张，在按医生的建议给宝宝服用锌制剂以及加强饮食调养以外，还是会担心宝宝再度缺锌，于是经常以大量的锌强化食品代替日常食物给宝宝吃，这是不科学的。对宝宝的生长发育而言，最佳的营养都是来源于各种食物，绝不能以强化食品来替代日常食物。

● 原则4：遵医嘱服用锌制剂

　　缺锌严重的宝宝除了要加强含锌食物的摄取量，还需要补充锌制剂。但妈妈一定要记住，要在医生的指导和监测下进行，症状消失后则不需再继续服用，避免摄入过量引发腹痛、呕吐等不适症状，严重的还会导致宝宝患贫血。

锌含量最丰富的两种食物

● 牡蛎

牡蛎的营养价值

　　牡蛎营养丰富，有"海底牛奶"之美称。牡蛎中含有多种活性物质及氨基酸，其中所含的牛磺酸具有增强机体免疫力、促进婴儿大脑发育、增进智力的作用。而且每100克牡蛎中就含有100毫克锌，是宝宝补锌健脑不可多得的食物。

给宝宝吃牡蛎的方法

◎配以适当调料清蒸，可保持牡蛎的原汁原味儿。

◎如果软炸牡蛎，可将蚝肉先用料酒腌一下，然后将蚝肉蘸上面糊，放油锅里煎至金黄色，以酱油、醋蘸食。因为是油炸食品，所以宝宝应该适量食用。

◎还可以在吃火锅时涮食，但因为宝宝胃肠功能较弱，最好吃清汤火锅，而且这种吃法要少用。

◎可以和肉一起煮汤，放一点姜块，煮出的汤白似奶，鲜美可口，十分适合宝宝食用。

● 核桃

　　核桃的营养结构与人脑的需求极为吻合，并且容易被人体吸收，是非常适合宝宝的补锌健脑食物。核桃中含有大量容易被宝宝吸收的脂肪和蛋白质，核桃所含的氨基酸中有一种对人体极为有益的物质——赖氨酸，它是人体必需的8种氨基酸之一，也是健脑的重要物质，对提高宝宝智力、增强宝宝记忆力十分有益。

核桃还含有丰富的B族维生素和维生素E，B族维生素能参与蛋白质、脂肪、碳水化合物在体内的代谢，使脑细胞的兴奋和抑制处于平衡状态。维生素E可以增强记忆力、强健大脑。核桃中的卵磷脂可加快脑部神经细胞之间的信息传递，提高大脑活力，增强记忆。

其他含锌较多的食物

动物肝脏、花生、瘦肉、猪肝、鱼、蛋、奶、黄豆、玉米、小米、糙米、大白菜、白萝卜、扁豆、土豆、南瓜、茄子、蘑菇、紫菜、橙子等。

推荐宝宝营养食谱

肉蛋羹（适合10个月以上的宝宝）

材料：猪里脊肉1小片，鸡蛋1个

调料：香油少许

做法：1.猪里脊肉剁成泥，鸡蛋打入碗中，加入和鸡蛋液一样多的凉开水搅匀。

2.将猪肉泥倒入蛋液中，朝一个方向搅匀，然后上锅蒸15分钟。

3.出锅后滴几滴香油即可。

牡蛎鲫鱼汤（适合2岁以上的宝宝）

材料：牡蛎粉、鲫鱼、豆腐各适量，葱、姜、青菜各少许

调料：鸡汤、酱油、盐、料酒各适量

做法：1.鲫鱼去鳞、鳃、内脏，洗净。

2.豆腐切4厘米长、3厘米宽的块。

3.姜切片，葱切花，青菜叶洗净。

4.把酱油、盐、料酒抹在鱼身上，将鲫鱼放入炖锅内，加入鸡汤，放入姜片、葱花和牡蛎粉，烧沸。

5.加入豆腐，用温火煮30分钟后，下入青菜叶即成。

果仁粥（适合1岁以上的宝宝）

材料：大米、花生、核桃仁各适量

调料：白糖少许

做法：1.核桃仁、花生剁碎。

2.大米洗净后放锅内加水煮粥，煮至八成熟时放入核桃碎和花生碎，待粥熟时加白糖调味即可。

什锦蛋丝（适合1岁以上的宝宝）

材料：鸡蛋2个，青椒50克，干香菇5克，胡萝卜50克

调料：油、盐、鸡精、水淀粉、香油各适量

做法：1.蛋清、蛋黄分别打入两个碗内，打散后加入少许水淀粉打至不起泡。

2.方盘底部涂点油，倒入蛋液，入锅中火隔水蒸熟，取出后分别切丝。

3.干香菇用温水浸泡变软，青椒洗净去籽，胡萝卜洗净，分别切丝。

4.油锅烧热，放入香菇丝、青椒丝、胡萝卜丝煸炒至熟，加盐、鸡精翻炒均匀，淋香油即可。

硒：维持人体健康

> 硒是人体内不可缺少的微量元素之一，它是红细胞中抗氧化剂的重要成分，还能参与氨基酸的合成，对人体非常重要。

硒的好处

● 提高宝宝免疫力

硒具有刺激免疫功能的作用，使淋巴细胞和中性细胞的生成量大量增加，从而提高人体的免疫力。另外，硒还能与维生素E协同作用，保护机体组织免受砷、镉、汞等有毒物质的侵害，对宝宝的健康成长十分有益。

● 预防宝宝患糖尿病

硒是构成谷胱甘肽过氧化物酶的活性成分，能有效防止胰岛 β 细胞被氧化破坏，使其功能正常，从而起到促进糖代谢、降低血糖和尿糖、改善糖尿病症状的作用。

● 提高宝宝视力水平

硒可增强玻璃体的光洁度，并对视网膜起到保护作用，从而具有提高视力的作用。

● 预防宝宝患心脑血管疾病

硒能维持心脏的正常功能，对心脏有保护和修复的作用。如果宝宝的血硒水平偏低，就会导致体内清除自由基的功能减退，造成有害物质沉积增多，慢慢就会出现血流速度变慢、血液送氧功能下降、血压升高、血管壁变厚、血管弹性降低的现象，诱发心脑血管疾病。从小就注意给宝宝科学补硒，对预防宝宝将来患心脑血管疾病有较好的作用。

给宝宝科学补硒的方法

给宝宝补硒最安全可靠的方法就是食补，在宝宝的日常饮食中注意添加含硒的食物，通过一段时间的饮食纠正就能使宝宝获得身体所需的硒。如果是严重硒缺乏的宝宝，要在医生指导下服用亚硒酸盐或酵母菌片，每日的用量一定要严格按照医生的规定执行，否则很容易导致补硒过量，引起宝宝硒中毒。

硒含量最丰富的两种食物

● 金针菇

金针菇含有人体必需的多种氨基酸，其中赖氨酸和精氨酸的含量尤其丰富，且硒、锌量较高，对增强智力发育有良好的作用，有"增智菇"的美誉，是十分适合宝宝的营养食物之一。

金针菇的营养价值

◎金针菇中含有一种叫朴菇素的物质，这种营养物质具有增强机体对癌细胞的抗御能力的功效，常食金针菇还能降低胆固醇，能预防宝宝患肝脏以及胃肠道疾病，对增强宝宝体质十分有益。

◎金针菇具有增强机体生物活性的功效，能促进人体新陈代谢，有利于营养素的吸收和利用，对宝宝的生长发育大有益处。

◎金针菇具有抑制血脂升高、降低胆固醇的功效，能有效预防宝宝将来患心脑血管疾病。

金针菇的选购

妈妈在购买金针菇时应注意，优质的金针菇颜色应该是淡黄或黄褐色，菌盖中央的颜色较边缘稍深，菌柄上浅下深。还有一种色泽白嫩的金针菇，以乳白色为佳。不管什么颜色，都应均匀、鲜亮。如果金针菇有异味，很可能是经过熏、漂、染或用添加剂处理过，要慎重选择。

● 芝麻

芝麻营养丰富，可为人体提供所需的卵磷脂、脂肪、蛋白质、维生素E、维生素B1、钙、铁、镁、硒等营养物质，特别是它所含的亚油酸，具有调节胆固醇的作用。芝麻富含维生素E，能防止过氧化脂质对皮肤的危害，抵制细胞内有害物质的积聚，可使皮肤白皙润泽，还能预防各种皮肤炎症。另外，芝麻还具有养血的功效，是十分适合宝宝的营养食品。在给宝宝吃芝麻时要注意，最好不要整粒食用，因为芝麻外面有一层硬膜，只有把它碾碎其所含的营养素才能被吸收。

其他含硒较多的食物

猪肉、鸡蛋、鸭蛋、花生、芝麻、麦芽、虾、龙虾、金枪鱼、沙丁鱼、肝、大蒜、蘑菇、蛋黄、海带、香菇、木耳、芦笋、西兰花、荠菜、胡萝卜等。

推荐宝宝营养食谱

西兰花胡萝卜泥 (适合6个月以上的宝宝)

材料：西兰花1小块，胡萝卜1根

做法：1.胡萝卜洗净，去皮；西兰花洗净，掰小朵。

2.西兰花和胡萝卜都放入锅内蒸熟。

3.将蒸熟的西兰花和胡萝卜分别捣成泥。

4.西兰花泥和胡萝卜泥放在一起，搅拌后加适量水调匀即可。

健康提示 西兰花虽然营养丰富，但常有残留的农药，因此清洗西兰花时可以放在盐水里浸泡几分钟，有助于去除残留农药。

金针菇炒虾仁 (适合2岁以上的宝宝)

材料：金针菇150克，虾仁200克，青豆50克，鸡蛋1个，葱花少许

调料：油、水淀粉、料酒、盐、酱油、鸡精各适量

做法：1.金针菇切成段；虾仁洗净后放入碗里，加蛋清、水淀粉、料酒、盐拌匀。

2.油锅烧热，放入葱花炒香，放入虾仁，加适量料酒煸炒。

3.煸炒3分钟后加入金针菇、青豆，放盐、酱油、鸡精，炒熟后出锅即可。

珍珠白玉汤 (适合1岁以上的宝宝)

材料：金针菇100克，豆腐50克，白菜嫩帮50克，姜、葱各少许

调料：鸡汤、盐、料酒、香油、鸡精各适量

做法：1.金针菇洗净，将菇盖与柄切开；豆腐切成2厘米见方的块；白菜嫩帮洗净，切成2厘米见方的块；姜切片，放入适量水泡成姜汁；葱切段。

2.锅置火上，加入鸡汤，放入豆腐、盐、料酒、姜汁、葱段，烧沸至豆腐入味，加入白菜嫩帮、菇盖和柄，烧沸片刻后淋香油，放鸡精调味即可。

木耳炒鸡蛋 (适合2岁以上的宝宝)

材料：木耳30克，鸡蛋2个，胡萝卜适量，葱花、姜末各少许

调料：油、盐、鸡精、香油各适量

做法：1.木耳用温水泡发，切小朵；鸡蛋打散；胡萝卜洗净切片。

2.油锅烧热，倒入鸡蛋炒熟后盛出。

3.锅里再放少量的油烧热，放入葱花、姜末炒香，放入胡萝卜片煸炒片刻，倒入木耳继续翻炒。

4.待木耳炒软时放入鸡蛋，加盐、鸡精翻炒均匀，淋几滴香油即可。

蘑菇丝瓜炒肉片（适合3岁以上的宝宝）

材料：蘑菇100克，猪瘦肉50克，蒜苗20克，姜块、葱段各少许

调料：油、鸡汤、盐、鸡精、料酒、水淀粉各适量

做法：1.猪瘦肉洗净，切片；蘑菇洗净，切成小块；蒜苗洗净，切段。

2.油锅烧热，下葱段、姜块煸炒，放蘑菇、猪肉片再煸炒，加盐、鸡精、料酒、鸡汤、蒜苗段炒匀，用水淀粉勾薄芡，即可出锅。

海带冬瓜汤（适合2岁以上的宝宝）

材料：海带、冬瓜各适量

调料：油、盐、香油各适量

做法：1.冬瓜去皮切块后洗净；海带用水泡40分钟后切小块。

2.油锅烧热，倒入冬瓜和海带翻炒2分钟。

3.锅内加适量水烧开，煮10分钟后加盐调味，淋香油即可出锅。

蚝油菜花（适合2岁以上的宝宝）

材料：菜花1小块，蒜蓉、葱花各适量

调料：油、盐、蚝油、生抽、白糖、淀粉各适量

做法：1.将菜花切小块、洗净。

2.锅内放水烧开，放入菜花焯水，加点油、盐，煮到六成熟（煮时要搅动一下，不要盖锅盖）。

3.用漏勺捞起焯好的菜花，放入凉开水中过冷。

4.将蚝油、白糖、生抽、盐、淀粉、蒜蓉、葱花调成汁。

5.油锅置火上，放入调好的汁煮开，倒入焯好的菜花，翻炒片刻，装盘。

钾：调节体液酸碱平衡

> 钾是维持生命不可或缺的营养物质，具有调节体内水分平衡的作用。

钾还能对细胞内的化学反应产生影响，能调节细胞内适宜的渗透压并能维持体液的酸碱平衡，参与细胞内糖和蛋白质的代谢，对协助维持血压稳定以及神经活动的传导起着非常重要的作用。

宝宝缺钾会使肌肉的收缩和放松无法顺利进行，容易出现倦怠。另外，缺钾还会妨碍肠的蠕动，引起宝宝便秘。另外，当宝宝体内钾缺乏时，钠就会带着许多水分进入细胞中，使细胞破裂引发水肿。如果宝宝爱出汗，或者经常有腹泻症状就容易导致体内缺钾，妈妈要注意观察宝宝的表现，以免影响宝宝的正常生长发育。

钾含量最丰富的食物

● 香蕉

香蕉营养丰富，热量低、富含碳水化合物，是钾和维生素A的最佳来源，尤其钾的含量为同等水果之冠。香蕉还是色氨酸和维生素B_6的丰富来源，多吃香蕉能使神经肌肉保持正常，对宝宝健脑益智非常有利。

香蕉含有大量的糖类物质及人体所需的营养成分，具有为宝宝补充能量、消除疲劳的作用。另外，香蕉性寒味甘，具有清肠热、润肠道的功效。给爱动的宝宝在睡前吃一根香蕉，还具有镇静安眠的作用。

其他含钾较多的食物

草莓、柑橘、葡萄、柚子、西瓜、菠菜、山药、毛豆、苋菜、大葱、黄豆、绿豆、蚕豆、海带、紫菜、黄鱼、鸡肉、牛奶、玉米面等。

推荐宝宝营养食谱

牛奶香蕉糊 （适合6个月以上的宝宝）

材料： 香蕉1根，玉米面5克，配方奶粉适量

做法： 1.香蕉去皮，用勺子研碎。

2.配方奶粉倒入适量水，放锅内烧开，加入玉米面边煮边搅匀，把玉米面煮熟。

3.煮好后倒入研碎的香蕉泥中调匀即可。

健康提示 牛奶香蕉糊含有丰富的碳水化合物、蛋白质、钾、磷、维生素C等多种营养成分，常给宝宝食用有利于他的大脑发育和骨骼生长。

美味三丝 （适合2岁以上的宝宝）

材料： 鸡肉20克，胡萝卜半根，木耳适量

调料： 酱油少许

做法： 1.将鸡肉放入锅内煮熟，捞出后撕成细丝。

2.胡萝卜和木耳煮熟，分别切丝。

3.把材料拌在一起，加酱油调味即可。

香菇牛肉粥 （适合1岁以上的宝宝）

材料： 干香菇10克，牛肉40克，大米50克

做法： 1.干香菇泡发后洗净，切小丁；牛肉切丁，用清水泡去血水。

2.大米淘洗干净放入砂锅煮开，放入香菇丁转小火熬至米开花。

3.放入牛肉丁煮至粥熟即可。

碘：预防甲状腺疾病

碘对宝宝来说是非常重要的一种微量元素，对促进宝宝的智力发育有着十分重要的作用，缺碘会导致宝宝智力比正常水平低10%～12%。

缺碘对宝宝生长发育的影响

如果宝宝缺碘，将会导致体内的甲状腺激素合成减少，从而出现长骨发育迟缓、身材矮小等一系列缺碘症状。更重要的是，缺碘会损害宝宝的中枢神经系统，影响大脑机能，导致语言、听觉和智力发育迟缓。严重的还会使宝宝患呆小病，表现为生长缓慢、反应迟钝，出现头大、鼻梁塌陷、舌外伸流涎等症状。如果宝宝不能获得足够的碘，还会影响宝宝的生殖器官发育，导致性器官发育成熟时间推迟。

导致宝宝缺碘的原因

◎妈妈孕期缺碘。如果妈妈在孕期未注意摄取含碘食物，特别是生活在缺碘地区的孕妇，就会导致宝宝出生后缺碘。

◎喂养不当。妈妈不注意给小儿补碘，如食用未加碘的盐、烹调方法不科学，都容易使宝宝不能获得足够的碘。

给宝宝科学补碘的方法

◎妈妈在孕期和哺乳期注意补碘。在胎儿期和婴幼儿期给宝宝补充足够的碘，可促进宝宝的智力发育。因此，妈妈应该在孕期和哺乳期就注意补碘。

◎注意给宝宝食用富含碘的食物。研究表明，2岁之前补碘效果最佳，妈妈应注意科学合理地为宝宝安排富含碘的饮食，让宝宝从食物中获得足够的碘。需要注意的是，太小的宝宝肾脏还未发育成熟，不宜食用碘盐，等宝宝过了1岁才可以适当食用碘盐。

碘含量最丰富的食物

● 海带

海带的含碘量高达5%～8%，海带中还含有大量的甘露醇，甘露醇与钾等协同作用，对预防肾功能衰竭、水肿、慢性支气管炎、贫血、水肿等疾病有较好的效果。

另外，海带中含有大量的不饱和脂肪酸和食物纤维，能清除附着在血管壁上的胆固醇，调理肠胃，对宝宝的身体非常有益。

需要注意的是，由于海水污染的问题，海带中砷的含量也很高。砷与砷的化合物都有毒，所以为了保证宝宝的安全，在给宝宝做海带之前一定要用足够的水浸泡24小时以上，并在浸泡的过程中不停地换水，以防宝宝砷中毒。

其他含碘较多的食物

　　紫菜、海蜇、海虾、鲜带鱼、干贝、海参等。

推荐宝宝营养食谱

紫菜豆腐羹（适合1岁以上的宝宝）

材料：紫菜40克，豆腐300克，西红柿100克，小米面10克

调料：油、盐各适量

做法：1.豆腐切成小方粒；西红柿切成小块；紫菜洗净，用清水浸开，再用沸水煮一会儿，拭干水分，剪成粗条。

2.油锅烧热，放入西红柿略炒，加入清水，待沸后，再加入豆腐粒与紫菜条同煮。

3.以1汤匙小米面混合半碗水，加入煮沸的紫菜汤内，加盐调味即可。

橘味海带丝（适合2岁以上的宝宝）

材料：泡好的海带150克，新鲜大白菜150克，干橘皮15克，香菜段少许

调料：白糖、鸡精、香醋、酱油、香油各适量

做法：1.海带和大白菜均冲洗干净，切成细丝放在盘里。

2.干橘皮用水泡软，捞出后剁成碎末，放入碗里加醋搅拌。

3.将酱油、白糖、鸡精、香油倒入海带丝里调匀，撒上香菜段，再把橘皮液倒入盘中拌匀即可。

维生素A：维持视力健康

维生素A对宝宝的生长发育有着很重要的作用，尤其是对宝宝的视觉发育非常关键。如果宝宝体内缺乏维生素A，不但影响视力发育，还会导致皮肤变干燥而且容易受伤，很容易受细菌或病毒的侵害，引起感染症。另外，还有可能引起宝宝成长障碍。

维生素A对宝宝的好处

● 促进生长发育

维生素A含有视黄醇，对宝宝的作用相当于类固醇激素，可促进糖蛋白的合成，从而促进宝宝生长发育，强壮骨骼，维护头发、牙齿的健康。

● 提高免疫力

维生素A具有维持免疫系统功能正常的作用，能增强宝宝对传染病特别是呼吸道感染及寄生虫感染的抵抗力。

● 维持正常的视觉反应

维生素A可促进视觉细胞内感光色素的形成，刺激视神经的发育。维生素A还具有调节眼睛适应外界光线强弱的能力，有效降低夜盲症的发生和视力的减退，能维持正常的视觉反应，有助于预防眼疾的发生。

● 维持上皮结构的完整与健全

维生素A含有的视黄醇和视黄酸具有减弱上皮细胞鳞片状分化的功能，能增加上皮生长因子的数量，因此起到调节上皮组织细胞生长、维持上皮组织正常形态与功能的作用，能防止皮肤黏膜干燥角质化，保持皮肤湿润并保护皮肤不受细菌伤害，使皮肤组织或器官表层更健康。

缺乏维生素A的症状

维生素A缺乏症是小儿很常见的病症，对宝宝的生长发育影响很大，妈妈一定要多加注意，及早发现宝宝缺乏某种维生素的症状。

◎眼睛干燥不适，宝宝经常眨眼或者患角膜溃疡。

◎眼睛对暗的环境适应差并出现视力减退的现象，黄昏时视物不清，严重的还可能患夜盲症。

★ 胡萝卜是给宝宝补充维生素A的最佳食物。

◎皮肤干燥、脱屑，严重的皮肤还会发生角化增生，摸起来很粗糙。

◎指甲脆薄而易断，牙釉质发育不良。

妈妈如果发现宝宝有以上症状，一定要带宝宝去医院检查，以确定宝宝是不是患了维生素A缺乏症，确诊后视宝宝的情况进行合理的调整，情况严重的要通过服药进行纠正，症状较轻的通过食疗就可以纠正宝宝维生素A缺乏症状，注意多给宝宝吃富含维生素A的食物。

影响维生素A吸收的因素

◎促进维生素A吸收的因素：小肠中的胆汁是维生素A乳化所必需的物质；摄取足量的脂肪可促进维生素A的吸收；维生素E、卵磷脂等抗氧化剂有利于维生素A吸收。

◎不利于维生素A吸收的因素：服用矿物油；肠道有寄生虫；大量服用维生素C会对维生素A有破坏作用。

童大夫提醒

鱼肝油服用过量会导致维生素A中毒

给宝宝过量服用鱼肝油会引发维生素A中毒。鱼肝油的主要成分是维生素D和维生素A，这两种维生素对正处于生长发育期的宝宝来说十分重要。但有一个问题常常被人们忽略，即鱼肝油中维生素A的含量要比维生素D的含量高，如长期给宝宝服用鱼肝油，很容易造成大量的维生素A在体内蓄积而使宝宝中毒。

宝宝如果发生维生素A急性中毒，会出现食欲减退、烦躁、嗜睡、呕吐等现象。如果是慢性中毒，往往表现为贫血、体重减轻、毛发枯干、脱发、皮肤干燥、四肢肿痛等。为了避免宝宝发生维生素A中毒症，一定要合理给宝宝服用鱼肝油。给宝宝服用鱼肝油时应遵照以下几点：

◎严格遵照医嘱给宝宝服用鱼肝油制剂，不可多用。一般1岁以内的宝宝每天服用鱼肝油的量不应超过6滴。

◎如遇特殊情况需要给宝宝补充大剂量维生素A，则应由医生制定具体的服用时间及服用量。

◎如果宝宝出现维生素A中毒可疑症状应立即停服，并及时带宝宝去医院。

区别鱼肝油与鱼油

鱼肝油是从无毒海鱼的肝脏中提出的一种脂肪油，在0摄氏度左右的环境下脱去部分固体脂肪，用精炼食用植物油、维生素A与维生素D制成，主要功效是用来促进宝宝对钙的吸收。而鱼油是鱼体内的全部油类物质的总称，它包括体油、肝油和脑油。鱼油是鱼肉及其内脏经蒸、压榨和分离而得到的，主要成分是不饱和脂肪酸，是加工鱼粉的副产品。鱼油的主要功效是预防动脉硬化、中风和心脏病。二者功效差别很大。

妈妈在给宝宝选购鱼肝油时，如果成分列表里有"不饱和脂肪酸"，很有可能是夸大功效或者是后期添加的，不宜购买。

童大夫提醒

维生素A含量最丰富的两种食物

● 胡萝卜

胡萝卜素有"小人参"之称，富含胡萝卜素、维生素B₁、维生素B₂、脂肪、挥发油、钙、铁等营养成分。最值得一提的是，胡萝卜含有丰富的胡萝卜素，胡萝卜素的分子结构相当于2个分子的维生素A，在人体内经过肝脏及小肠黏膜内酶的作用会合成维生素A，是给宝宝补充维生素A的最佳食物。

吃胡萝卜有讲究

胡萝卜是营养丰富的家常蔬菜，要想让宝宝充分吸收其中的胡萝卜素，妈妈必须掌握科学的食用方法，能使胡萝卜保持营养的最佳烹调方法有两种：一是直接用油炒，一是将胡萝卜与猪肉、牛肉、羊肉等一起炖。

由于胡萝卜有特殊的味道，所以宝宝并不是很容易接受，妈妈可尝试第二种做法，将胡萝卜与肉类或蛋、猪肝等搭配在一起给宝宝食用，或者将胡萝卜当馅料，做饺子、包子或者馅饼给宝宝吃，既营养又美味。

胡萝卜不可吃太多

宝宝如果在短时间内吃了大量的胡萝卜，就很容易导致体内摄入胡萝卜素过量，肝脏来不及将其转化成维生素A，多余的胡萝卜素就会蓄积在体内并随着血液流到全身，使宝宝患高胡萝卜素血症，表现为皮肤发黄，严重的还会出现恶心、呕吐、食欲不振等症状。

● 南瓜

南瓜富含胡萝卜素，是宝宝摄取维生素A的不错食物。另外，南瓜还含有丰富的维生素C和钾，它们会与胡萝卜素联合作用，具有预防高血压和眼疾的功效。

其他含维生素A较多的食物

鳕鱼、鸡肉、韭菜、西兰花、西红柿、菠菜、海带、海藻、鲑鱼、秋刀鱼、豌豆苗、红薯、青椒、羽衣甘蓝、山药、豌豆、芹菜、莴笋、芦笋等。

推荐宝宝营养食谱

芹菜水 （适合4个月以上的宝宝）

材料： 芹菜50克

做法： 1.芹菜洗净，切成小段。

2.把芹菜段放入开水锅中煮熟。

3.挑出芹菜段，将芹菜水稀释一下即可喂食。

- - - - - - - - - -

健康提示 芹菜水中含丰富的维生素及钙、磷、铁等营养物质，能增强食欲，对小儿软骨症有辅助的治疗作用。

- - - - - - - - - -

菠菜蛋黄粥 （适合8个月以上的宝宝）

材料： 熟蛋黄1个，菠菜1棵，大米适量

做法： 1.菠菜洗净，入沸水锅中烫一下，捞出切碎；熟蛋黄捣成泥。

2.大米洗净后加入适量水浸泡1小时，然后用小火熬煮成粥。

3.放入菠菜和蛋黄泥再煮10分钟即可。

蛋皮肝泥卷 <small>(适合1岁以上的宝宝)</small>

材料：鸡蛋50克，猪肝20克，菠菜25克，葱、姜、蒜各少许

调料：油、盐、水淀粉各适量

做法：1.鸡蛋打散；猪肝切片，放入开水锅内煮一下，捞出后剁成泥；菠菜用开水烫一下，剁成菜泥；葱、姜、蒜均切末；水淀粉加适量水调成芡汁。

2.油锅烧热，倒入蛋液摊成蛋片。

3.把肝泥与菠菜泥加葱末、蒜末、姜末、盐搅匀，均匀地抹在蛋皮上卷起，收边处抹匀淀粉汁。

4.将蛋皮卷放入锅内蒸熟即可。

南瓜饭 <small>(适合3岁以上的宝宝)</small>

材料：南瓜、大米各适量

做法：1.大米淘洗干净。

2.南瓜去皮，切块。

3.将大米与南瓜块一起放入电饭锅中，加入适量水蒸熟即可。

胡萝卜炒肉丝 <small>(适合2岁以上的宝宝)</small>

材料：胡萝卜100克，猪肉50克，葱花、姜末各适量

调料：油、酱油、盐、水淀粉、料酒各适量

做法：1.猪肉洗净切丝，用葱花、姜末、水淀粉、酱油和料酒调味，腌10分钟。

2.胡萝卜洗净去皮，切丝。

3.油锅烧热，将腌好的猪肉丝放入锅内迅速翻炒，熟后将猪肉丝集中在炒锅的一角，沥出油来炒胡萝卜丝，然后和猪肉丝一起翻炒均匀。

4.胡萝卜丝熟后调入盐即可。

维生素C：提高免疫力

> 维生素C是宝宝成长过程中需要最多的维生素，由于人体内缺乏一种将体内葡萄糖转变为维生素C的酶，所以需要通过从食物中获得维生素C来维持身体的正常运转。妈妈一定要了解维生素C对宝宝的好处，合理利用维生素C来促进宝宝的身体健康。

维生素C对宝宝的好处

● 促进宝宝身体发育

人体是由细胞组成的，细胞靠细胞间质把它们联系起来，而细胞间质的重要成分就是胶原蛋白。维生素C能促进体内胶原蛋白的合成，胶原蛋白是血管和肌肉的重要组成成分，还能强化皮肤和骨骼发育，从而具有使皮肤更有弹性、促进宝宝大脑及身体发育的功效。

● 提高宝宝智力

维生素C虽不直接构成脑组织，但它是脑功能极为重要的营养素，有健脑强身的功效。实验证明，脑细胞（神经元）中有细胞管状结构，能为大脑输送营养物质，但脑细胞的管状结构很容易堵塞或者变细，而充足的维生素C有防止它变形的作用，从而保证大脑顺利地得到所需的营养，使大脑活动更为敏捷灵活，提高宝宝的智力。

● 防止宝宝患坏血病

维生素C能影响血管壁的强度。微血管是所有血管中最细小的，其管壁可能只有一个细胞那么厚，而胶原蛋白是决定其强度和弹性的重要因素。为宝宝补充足够的维生素C，能避免微血管出现破裂，有效预防宝宝患坏血病。

● 提高宝宝免疫力

维生素C参与免疫球蛋白的合成，提高酶的活性，从而产生抑制病毒增生的效果。人体白细胞内含有丰富的维生素C，它可增强中性粒细胞的趋化性和变形能力，从而提高机体抗病杀菌的能力。另外，维生素C还具有促进重要免疫因子——干扰素的释放，在抵抗病毒入侵的过程中发挥着重要的作用，从而增强身体的免疫力。

● 保持宝宝牙龈健康

维生素C能保持宝宝的牙龈健康，预防宝宝出现牙龈萎缩、出血等症状，还能有效控制口腔感染。

● 强健宝宝的身体

维生素C是一种水溶性抗氧化剂，有保护维生素A、维生素E、不饱和脂肪酸等抗氧化剂的作用，能有效防止自由基对人体的伤害，起到保护肝脏解毒能力和细胞正常代谢的作用。

宝宝需要多少维生素C

● 宝宝对维生素C的正常需要量

由于人无法靠自身合成维生素C，因此只能通过食物来获得身体所需的维生素C。再加上人体无法储存维生素C，所以如果不注意合理饮食，宝宝很容易缺乏维生素C。一般来说，1岁以内的宝宝主要依靠母乳或配方奶来获得维生素C，但妈妈需要注意的是，宝宝6个月以后，营养的摄入开始慢慢倾向于依赖辅食，这时候就要注意给宝宝添加富含维生素C的食物，以保证宝宝均衡、定期地摄入维生素C，这对宝宝的生长发育十分重要。宝宝各个阶段需要的维生素摄入量可参考以下数据：0~6个月宝宝，每日摄取30毫克左右；7~12个月宝宝，每日摄取40毫克左右；1~3岁宝宝，每日摄取50毫克左右。

● 一般不需要额外补充维生素C

母乳富含维生素C，大约每100毫升母乳中就含有6毫克维生素C，所以母乳量充足的宝宝一般不会缺乏维生素C。如果是人工喂养的宝宝，一般配方奶粉中也添加了宝宝身体所需的维生素C，也能满足宝宝的需要。

到宝宝添加辅食以后，妈妈只要为宝宝准备营养均衡的饮食即可满足他对维生素C的需求。

● 谨防维生素C补充过量

维生素C摄入过多会对宝宝的身体健康不利。如果妈妈给宝宝服用维生素C制剂，就很可能导致宝宝摄入过多的维生素C，长期服用还会在宝宝体内形成草酸，诱发结石等疾病。另外，维生素C过多会妨碍白细胞杀灭病菌，从而削弱人体的免疫能力。

宝宝缺乏维生素C的症状

◎皮肤出现瘀点或瘀斑，牙龈容易出血或口腔溃疡，或鼻子出血。

◎面色苍白，食欲不振，烦躁并常腹泻。

◎宝宝抵抗力下降，常常患感冒、肺炎等呼吸道疾病。

◎宝宝伤口愈合不良，感染率增加。

◎宝宝身体发育不良，骨骼钙化不全，软骨脆弱。严重的还会两条小腿向里弯曲，大腿向外拐，感到全身疼痛，尤其是下肢不能移动。

宝宝如何科学摄取维生素C

◎人工喂养的宝宝从6个月起就要及时添加富含维生素C的橘汁、西红柿汁等，注意刚开始给宝宝添加果汁时一定要稀释，而且量不可过多。

◎宝宝患病时维生素C的需要量增加，应注意及时补充。

◎选购已经熟透的水果，因为成熟的水果维生素C的含量较高。

◎富含维生素C的蔬菜应先洗再切，不要浸泡或煮得过久，这样可以减少维生素C溶于水中的量。

◎宝宝吃的水果或蔬菜最好不要削皮，因为大多数营养都储存在果皮里或果皮下。不过为了避免农药残留危害宝宝的健康，在给宝宝吃之前一定要认真清洗。

◎蒸的烹调方式比煮的方式更好，因为蒸可以有效降低维生素C的流失量。

◎绿色蔬菜在烹饪的时候时间要尽可能短，并盖紧锅盖，以减少高温和氧对维生素C的破坏。

预防宝宝患维生素C缺乏症

预防维生素C缺乏应从新生儿做起，坚持母乳喂养以保证宝宝能摄取足够的维生素C，因此乳母要注意多吃富含维生素C的新鲜蔬菜和水果。随着宝宝的长大，要为他及时添加富含维生素C的辅食。此外，还要根据需要适当补充其他维生素，特别是维生素D。

童大夫提醒

维生素C含量最丰富的3种食物

● 西红柿

西红柿中含有大量的维生素C，多吃可使宝宝摄取到丰富的维生素C，从而提高宝宝的抗病防病能力，减少呼吸道感染的发病率。尤其是炎热的夏天，当宝宝的皮肤受到日晒或紫外线灼伤时，多吃一些熟西红柿可有效帮助皮肤组织快速修复。另外，西红柿还富含大脑发育需要的维生素B1，宝宝多吃可促进脑发育。

妈妈在给宝宝吃西红柿时要注意以下几点：

◎服用肝素、双香豆素等抗凝血药物时不宜食用西红柿。

◎不宜给宝宝空腹食用西红柿。

◎未成熟的西红柿不宜食用，否则会使宝宝出现中毒症状。

◎西红柿不宜长久加热后给宝宝食用。

● 猕猴桃

猕猴桃营养丰富，其所含的丰富的维生素C可以提高宝宝的抵抗力，增进对糖的吸收，让宝宝获得更充足的营养；猕猴桃富含胡萝卜素，有助于宝宝眼睛的发育；猕猴桃所含的酚类、糖类以及矿物质对人体细胞膜的修护、增强免疫细胞的活性都有重要作用。所以，宝宝常食猕猴桃好处非常多。

另外，猕猴桃还含有人体所需的17种氨基酸及果胶、鞣酸、柠檬酸和类黄酮等营养物质，具有降低胆固醇、促进心脏健康、助消化、防便秘的功效。需要注意的是，猕猴桃性寒，脾胃功能较弱的宝宝不宜多食。另外，食用猕猴桃后不要马上给宝宝喝牛奶或食用乳制品。

● 苹果

苹果营养丰富，能为宝宝补充足够的维生素C，提高宝宝的抗病能力。苹果内富含能促进生长发育的锌，还含有核酸等影响宝宝记忆力发育的重要营养素，是宝宝抗病强身、健脑益智的有益食品。

推荐宝宝营养食谱

西红柿面包糊 （适合6个月以上的宝宝）

材料： 西红柿1个，面包1片

做法： 1.西红柿洗净，表皮划十字，放入开水中烫一下，将皮剥掉，取1/4捣成泥。

2.面包去硬边，切小块。

3.将面包块与西红柿泥放入煮西红柿的水里煮成糊状即可。

蔬菜水果沙拉 （适合1岁以上的宝宝）

材料： 黄瓜、胡萝卜、橘子、苹果、草莓、菠萝各少许

调料： 沙拉酱少许

做法： 1.把以上材料洗净，切成小块。

2.将沙拉酱拌入切好的蔬菜水果中调匀即可。

牛奶浸白菜 （适合2岁以上的宝宝）

材料： 鲜牛奶250毫升，白菜心300克，奶油20克

调料： 油、盐、鸡精各适量

做法： 1.白菜心洗净修剪好。

2.锅内加水烧开，滴入少许油，放入白菜心，将其焯至软熟，把牛奶倒进有底油的锅内，加入盐、鸡精。

3.牛奶烧开后放进沥干水的熟白菜心，略浸后加入奶油即可。

奶香蔬果沙拉 （适合2岁以上的宝宝）

材料： 生菜叶2片，小黄瓜1根，草莓4个，西兰花60克，嫩玉米30克，牛奶10毫升

调料： 盐适量

做法： 1.生菜叶洗净后铺在盘底，将小黄瓜切成段与草莓一起放在生菜叶上。

2.西兰花洗净，掰成小朵，用保鲜膜裹起来，放入微波炉中用中火加热1分钟。

3.将西兰花和嫩玉米加入牛奶、盐搅拌均匀，放入微波炉中加热1分钟，取出后搅拌一下，继续加热30秒，取出冷却即可。

海蜇皮拌黄瓜 （适合3岁以上的宝宝）

材料： 黄瓜300克，水发海蜇200克，蒜末、姜末各适量

调料： 油、胡椒粉、花椒粒、鸡精、盐、醋、香油各适量

做法： 1.海蜇切成丝，黄瓜去皮、切片，加盐腌制5分钟。

2.放入蒜末、姜末、胡椒粉、鸡精、少许醋和香油，先不要拌。

3.油锅烧热，关火后放入3粒花椒略煎，将油倒在准备好的材料里，加少许盐拌匀即可。

南瓜排骨汤 （适合3岁以上的宝宝）

材料： 南瓜100克，猪排骨50克，红枣50克，干贝5克，姜少许

调料： 盐少许

做法： 1.南瓜去皮、籽，洗净切厚块；红枣洗净，去核；干贝洗净，用清水浸泡1小时；姜切片。

2.猪排骨放入滚水中煮5分钟，捞起洗净。

3.煲内加适量水煮开，放入猪排骨、南瓜、红枣、姜片煮开，慢火煲3小时，下盐调味即可。

青椒炒西兰花 （适合1岁以上的宝宝）

材料： 青椒50克，西兰花50克

调料： 油、盐、水淀粉各适量

做法： 1.青椒洗净，去籽后切成小块。

2.西兰花洗净，掰成小朵。

3.油锅烧热，加入青椒、西兰花翻炒，加水将蔬菜煮软，再加盐略煮片刻，用水淀粉勾芡即可。

猕猴桃香蕉饮 （适合8个月以上的宝宝）

材料： 猕猴桃2个，香蕉1根

做法： 1.猕猴桃和香蕉去皮，切块。

2.把猕猴桃和香蕉放入榨汁机中，加入开水搅打均匀，倒出即可。

★ 富含维生素C的食物对宝宝的牙齿有好处。

维生素B₁：增强胃肠活力

维生素B₁能作为辅酶参与碳水化合物的代谢，有增进食欲与维护消化功能、神经系统的作用，对宝宝的生长发育非常有益。

宝宝缺乏维生素B₁的症状

◎食欲不振，腹胀呕吐，腹泻或排绿色稀便，脾气暴躁。

◎嗜睡，眼睑下垂，吸吮无力，头向后仰，严重时出现昏迷、抽搐等症状。

◎面色苍白，甚至发生心力衰竭。

预防宝宝缺乏维生素B₁的方法

◎给宝宝多吃富含维生素B₁的食物。

◎烹饪过久会导致食物中的维生素流失，所以要尽量缩短食物的烹饪时间。

◎适当给宝宝吃杂粮、粗粮和豆类，不要长期吃精米和细面。在不影响宝宝食欲的前提下，要做到粗细搭配，还应适当增加膳食中肉类的比例。

◎做饭时不要加碱，否则会破坏维生素B₁。

维生素B₁含量最丰富的两种食物

● 猪肉

猪肉营养丰富，不但能为宝宝提供身体所需的维生素B₁，还能为宝宝提供优质蛋白质和必需的脂肪酸，对宝宝的身体发育十分有好处。另外，猪肉还具有促进铁吸收的功效，能有效预防宝宝患缺铁性贫血。

● 小米

小米的营养价值很高，含有一定量的维生素B₁及胡萝卜素、蛋白质、脂肪、钙、磷、铁等营养成分，易被人体消化吸收，宝宝常食具有促进身体发育、增进食欲、调节机体代谢的功能。

妈妈在给宝宝食用小米时应注意以下几点：

◎小米所含的氨基酸中缺乏赖氨酸，因此宜

与富含赖氨酸的大豆等食物混合食用，可提高其营养价值。

◎小米的淘洗时间不宜太长，用小米煮粥时也不宜太稀。

◎小米可蒸饭、煮粥，或者磨成粉后与其他面粉混合做饼、窝头、发糕等，能提高宝宝的进食兴趣，营养又美味。

其他含维生素B₁较多的食物

麦麸、豆粉、鲑鱼、牛肉、鲷鱼、毛豆、豌豆、菠菜、土豆、芋头、大豆、坚果、动物肝脏等。

推荐宝宝营养食谱

五谷杂粮粥 （适合1岁以上的宝宝）

材料：糙米、小米、燕麦、糯米、荞麦各50克，枸杞子适量

调料：白糖适量

做法：1.将杂粮分别洗净，糙米、小米、燕麦浸泡30分钟，糯米浸泡2小时，荞麦浸泡4小时。

2.锅内放入准备好的米，加适量水大火煮开，改小火煮至米松软，加入枸杞子煮至粥熟。

3.食用时加入适量白糖调味即可。

肉炒宽面 （适合2岁以上的宝宝）

材料：宽面100克，猪肉50克，木耳10克，葱1根，鸡蛋1个，洋葱半个，胡萝卜20克

调料：油、酱油、盐、米酒、香油、高汤、水淀粉各适量

做法：1.木耳洗净，洋葱去皮，胡萝卜洗净，去皮，均切丝；葱洗净，切末；鸡蛋打散；猪肉洗净，切丝，放入碗中，加入酱油、盐腌10分钟。

2.锅中加水烧开，放入宽面煮熟，捞出。

3.油锅烧热，放入猪肉丝快炒，盛出；另起油锅烧热，爆香葱末，倒入蛋汁炒成散蛋，加入炒过的猪肉丝、剩余材料及米酒、盐、香油拌炒至材料全熟，放入宽面拌炒，用水淀粉勾芡，至汤汁收干时即可盛出。

维生素B₂：预防口腔溃疡

维生素B₂是宝宝成长过程中不可缺少的营养成分，有促进发育和细胞再生的功效，能分解氧化脂质的有害物质，帮助宝宝消除口腔内、唇、舌的炎症。

另外，维生素B₂还具有保护细胞黏膜的作用，能促进皮肤、头发、肌肉、指甲的正常发育，减轻视疲劳。如果宝宝体内缺乏维生素B₂，首先出现的症状就是口腔炎症。由于维生素B₂是水溶性维生素，不能积存在体内，所以妈妈要注意给宝宝补充富含维生素B₂的食物，以满足宝宝生长发育所需。

维生素B₂含量最丰富的两种食物

● 带鱼

带鱼是给宝宝补充维生素B₂的不错食物，其营养丰富，还含有较多的不饱和脂肪酸，具有降低胆固醇的作用。带鱼还含有丰富的镁，对宝宝心血管系统有很好的保护作用，常吃带鱼还有养肝补血、润肤养发的功效。

妈妈注意给宝宝做带鱼时一定要选择新鲜的带鱼，新鲜的带鱼应为银灰色，且有光泽，如果带鱼的银白光泽上附有黄色物质则不宜选购，说明带鱼的存放时间过长，已经发生了氧化作用，不利于身体健康。

另外，带鱼刺多，妈妈在给宝宝食用时一定要将刺挑除干净，避免鱼刺扎到宝宝。

● 大米

大米是主食中维生素B₂含量较高的食品，适合宝宝食用。大米中营养素的含量虽然都不是很高，但因其经常被食用，所以也是给宝宝补充营养的基础食物。大米能为宝宝提供B族维生素，是预防脚气病、消除口腔炎症的重要食物。大米煮粥食用，具有补脾、和胃、清肺的功效，易于消化，并具有促进脂肪吸收的功能。

推荐宝宝营养食谱

双色蛋羹（适合1岁以上的宝宝）

材料：鸡蛋1个

调料：胡萝卜酱1小匙，白糖、盐各少许

做法：1.将鸡蛋煮熟，剥去壳，把蛋白与蛋黄分别研碎，用白糖和盐分别拌匀。

2.将蛋白放入小盘内，蛋黄放在蛋白上面。

3.放入笼内，用中火蒸6~8分钟，淋上胡萝卜酱即可。

油菜猪肝汤（适合2岁以上的宝宝）

材料：猪肝100克，油菜50克

调料：盐、鸡精各适量

做法：1.猪肝用水略焯烫后洗净，切成薄片。

2.油菜洗净，切段。

3.锅中放水烧开，加入猪肝片、油菜段共煮至猪肝熟。

4.加入盐、鸡精调味即可。

健康提示 新鲜猪肝，颜色呈褐色或紫色，有光泽，手摸坚实无黏液，闻无异味。

微波带鱼（适合3岁以上的宝宝）

材料：带鱼500克，葱末、蒜末各少许

调料：油、盐、料酒、老抽各适量

做法：1.带鱼去头、尾、鳞、内脏后洗净，切成段，用盐、料酒、老抽腌2小时。

2.将腌好的带鱼放进微波炉，用高火转3分钟。

3.油锅烧热，放入葱末、蒜末煸香，浇到带鱼上，把带鱼再次放进微波炉，高火转5分钟即可。

维生素B₆：预防神经及皮肤疾病

维生素B₆是宝宝生长发育所需的重要营养素之一，对神经传达物质的合成起着十分重要的作用，能促进宝宝的皮肤健康和头发生长。

如果宝宝体内缺乏维生素B₆，可能会引起痉挛、嗜睡、皮肤炎或口腔炎症、贫血等多种不良症状，妈妈要注意给宝宝补充维生素B₆，以促进宝宝的神经系统发育，保证宝宝健康长大。

维生素B₆含量最丰富的两种食物

● 糙米

糙米是指除了外壳之外都保留的全谷粒，对宝宝的生长发育主要有以下几点好处：

◎为宝宝的身体提供B族维生素，有预防口腔炎、促进宝宝神经发育的功效。

◎能有效调节人体的新陈代谢，对肥胖和胃肠功能障碍的宝宝有很好的辅助食疗作用。

◎糙米能改善宝宝贫血、便秘等症状，还能净化血液，增强宝宝的体质。

◎胚芽中富含维生素E，能促进血液循环，有效维护全身机能。

◎糙米具有分解农药中有害物质的功效，从而避免有害物质对宝宝身体造成伤害。

◎糙米含有大量膳食纤维，可促进肠道有益菌的增殖，加速肠道蠕动，能有效预防宝宝便秘。

妈妈在给宝宝吃糙米时要注意，糙米由于保留了一些外层组织，如皮层、糊粉层和胚芽，所以吃起来口感较粗，煮起来也比较费时，可在煮前将它淘洗后用冷水浸泡过夜，然后连浸泡水一起入锅小火熬煮。

● 燕麦

燕麦含有对宝宝生长发育非常有益的B族维生素和丰富的亚油酸，经常给宝宝食用可起到改善血液循环、预防便秘、防止贫血、补钙健脑的功效。同时燕麦还具有高蛋白、低碳水化合物的特点，还能大量吸收人体内的胆固醇，是有益于宝宝生长发育的营养食物。

其他含维生素B₆较多的食物

鲭鱼、鲔鱼、香蕉、蛋黄、红薯、秋刀鱼、鲑鱼、猪肉、鸡肉、牛奶、肝脏、花生等。

推荐宝宝营养食谱

燕麦南瓜汤 （适合1岁以上的宝宝）

材料： 燕麦150克，红小豆50克，南瓜150克

调料： 冰糖少许

做法： 1.燕麦、红小豆洗净，泡水4小时；南瓜洗净，切小块。

2.燕麦与红小豆先加适量水煮至熟烂，后加南瓜、冰糖煮熟即可。

南瓜绿豆糙米饭 （适合2岁以上的宝宝）

材料： 糙米150克，南瓜100克，绿豆50克

做法： 1.将糙米与绿豆分别洗净，放入清水中浸泡1小时；南瓜洗净，切丁。

2.将全部材料放入锅中煮成饭即可。

鲜炒红薯泥 （适合1岁以上的宝宝）

材料： 红薯2个，荸荠、熟花生仁、什锦果脯各20克

调料： 油、白糖各适量

做法： 1.荸荠去皮洗净，切小丁；什锦果脯切同样大小的丁；熟花生仁略捣一下，去皮。

2.红薯去皮，放入沸水锅中隔水蒸软，拿出捣成细泥。

3.油锅烧热，加入红薯泥炒至翻沙。

4.再加入荸荠丁、什锦果脯丁、熟花生仁、白糖炒匀即可。

维生素B12：健全神经系统功能

> 维生素B12是维生素中比较特别的一种，是唯一含金属元素的维生素，是宝宝生长发育不可或缺的营养素。

维生素B12对宝宝的好处

◎以辅酶的形式存在，促进碳水化合物、脂肪、蛋白质的合成，保证婴幼儿的正常生长发育。

◎促进红细胞的发育和成熟，使机体造血机能处于正常状态，预防宝宝贫血。

◎活化氨基酸，促进核酸的生物合成，对婴幼儿的生长发育有着重要作用。

◎参与神经组织中一种脂蛋白的合成，维护神经髓鞘的代谢，具有促进神经系统发育、增强宝宝记忆力的功效。

◎与叶酸一起合成胆碱，能提高叶酸的利用率。

◎参与DNA的合成，促进宝宝智力发育。

宝宝缺乏维生素B12的症状

◎眼睛及皮肤发黄，皮肤出现局部红肿并伴有脱皮现象。

◎食欲不振，体重减轻。

◎唇、舌及牙龈发白，牙龈出血，出现消化道或口腔炎症。

◎体内红细胞不足，导致贫血。

◎精神情绪异常，表情呆滞，反应迟钝，嗜睡，记忆力减退。

维生素B12含量最丰富的食物

● 牛肉

牛肉含有维生素B12、维生素B6、蛋白质、锌、钾等多种营养素，可增强宝宝的免疫力，促进蛋白质的合成，非常适合身体处于快速生长阶段的宝宝食用。

其他含维生素B12较多的食物

动物肝脏、猪肉、鸡肉、鱼类、蛤类、蛋、牛奶、奶酪、乳制品、海藻、紫菜等。

维生素B12过量的危害

维生素B12是宝宝生长发育必需的维生素之一，但是它的需要量很小，如果给宝宝补充过量将会产生毒副作用。维生素B12过量会导致宝宝出现哮喘、荨麻疹、湿疹、浮肿等症状，而且还会影响叶酸的吸收，对宝宝的健康不利。

童大夫提醒

推荐宝宝营养食谱

南瓜牛奶鸡肉粥 （适合1岁以上的宝宝）

材料：南瓜80克，大米3大匙，洋葱30克，鸡肉40克，牛奶2杯

调料：盐、奶油各少许

做法：1.南瓜去皮，洗净，切丁；洋葱、鸡肉洗净，切丁；大米淘洗干净。

2.锅中放奶油，将洋葱丁、鸡肉丁略炒，放入大米加适量水，用小火煮20分钟。

3.加入南瓜丁、牛奶再煮10分钟，最后用盐调味即可。

蛋黄肉末 （适合2岁以上的宝宝）

材料：肉末150克，生蛋黄2个，菠菜50克，葱末、姜末各适量

调料：淀粉、生抽、盐各适量

做法：1.肉末放入碗内，用生抽、葱末、淀粉搅拌均匀；菠菜焯烫至熟，装盘。

2.将蛋黄倒在搅拌好的肉末上，用筷子将蛋黄戳破，加少量水，放入微波炉，用高火加热4分钟，再转小火加热6分钟，取出倒在铺有菠菜的盘中即可。

美味牛肉汤 （适合1岁以上的宝宝）

材料：牛肉300克

调料：姜适量，酱油、西红柿酱各1小匙，盐、白糖各少许

做法：1.姜去皮洗净，剁成蓉后用适量水泡取姜汁。

2.牛肉洗净，剁成粒，用白糖、酱油、盐、姜汁腌10分钟。

3.将腌好的牛肉片加水、西红柿酱炖熟即可。

叶酸：辅助预防贫血

> **叶酸是一种水溶性B族维生素，具有促进宝宝脑细胞生长、提高智力的作用。**

如果宝宝缺乏叶酸会导致细胞内DNA合成减少，细胞的分裂发生障碍，引起巨幼红细胞性贫血。关于叶酸对宝宝的影响，在胎儿期尤其重要，因此妈妈在怀孕时就应注意摄取足够的叶酸，以保证胎儿健康发育，确保宝宝出生后的健康。

叶酸补充始于孕前

叶酸对于孕育的重要性想必不用赘述妈妈都了解了，但是需要注意的是，不要等到确定怀孕了再补叶酸，叶酸应该在孕前就要补，这对孕育健康聪明的宝宝十分重要。

● 叶酸对宝宝的重要性

在孕早期，胎宝宝虽然很小，但其实他在妈妈体内安家4周左右，他的神经系统发育已经完成，此时宝宝的神经管已经闭合，如果妈妈体内缺乏叶酸，就很可能导致宝宝出现脊柱裂、脑膨出、无脑儿等神经管畸形症状。

● 补充叶酸的最佳时间

叶酸补充的最佳时间应该从怀孕前3个月至整个孕早期。孕早期是胎儿神经系统发育、胎盘形成的关键时期，此时细胞生长、分裂都很旺盛，叶酸的补充必不可少。

到了孕中期、孕晚期，胎盘、母体组织和红细胞的增加都需要更多的叶酸，否则会导致孕妇出现巨幼红细胞性贫血、先兆子痫、妊娠高血压综合征、胎盘早剥等现象的发生。宝宝也会因此而出现发育迟缓现象，这将会影响胎儿出生后的身体和智力发育。所以，孕妇在整个孕期都不能忽略对叶酸的摄取。

科学给宝宝补充叶酸

虽然含叶酸的食物有很多，但叶酸遇光、热后极不稳定，容易失去活性，人体真正能从食物中获得的叶酸并不多。所以，给宝宝补叶酸要按照医生的要求补充。

● 补充叶酸的注意事项

注意不良反应

给宝宝补充叶酸的时候一定要注意是否出现不良反应或者中毒症状，一般肾功能正常的宝宝很少发生中毒反应。个别宝宝服用叶酸可能会出现厌食、恶心、腹胀等不适症状。叶酸服用量很大时，会出现黄色尿。

注意营养素之间的相互作用

叶酸与维生素C同服时，维生素C会抑制叶酸在胃肠中的吸收，同时会加速叶酸的排出，所以，如果宝宝同时在服用维生素C的话，应增加叶酸的补充量。另外，宝宝在服用抗生素类药物时所测定的叶酸浓度偏低，应遵医嘱酌情增减叶酸的服用量。

不可过量补充

虽然叶酸对宝宝的发育如此重要，但也不是多多益善。如果叶酸摄取过量，会影响锌的吸收而使体内锌缺乏，进而导致宝宝发育迟缓。此外，过量服用叶酸还会导致体内维生素B12的缺乏，从而影响宝宝的神经系统发育。

其他注意事项

◎要在医生的指导下服用叶酸制剂，且不可自行购买后随意服用。目前市场上得到国家卫生部门批准的叶酸增补剂是斯利安片，每片叶酸含量400微克。

◎为了避免宝宝患神经管缺陷，一定要去医院给宝宝做详细的检查并遵医嘱来确定每日的叶酸服用量。

◎如果宝宝服用抗惊厥药等可能会干扰叶酸的代谢，所以给宝宝服叶酸时应停止服药。

叶酸含量最丰富的两种食物

● 油菜

油菜富含多种营养素，其叶酸、膳食纤维等的含量比同类蔬菜都要高，是非常适合孕妇、幼儿食用的蔬菜。油菜中还含有植物激素，能够促进酶的形成，对进入人体的有害物质起到排斥作用，能增强宝宝抗病能力。另外，油菜还含有大量的植物纤维素，能促进肠道蠕动，可预防宝宝发生便秘。

妈妈在烹调油菜时要注意，油菜要现做现切，并最好用旺火快炒，这样既可保持油菜鲜脆的口感，又可降低营养成分的破坏程度。另外，吃剩的油菜过夜后不要再给宝宝吃，否则会导致亚硝酸盐沉积在体内，对宝宝的身体不利。

● 西兰花

西兰花营养成分位居同类蔬菜之首，不仅含量高，而且十分全面，尤其是蛋白质、脂肪、维生素C、叶酸等的含量明显高于同类蔬菜，有"蔬菜皇冠"的美誉。孕妇多吃西兰花，可补充自身及胎儿发育所需的叶酸，可有效预防宝宝发生唇腭裂等先天畸形。

常给宝宝吃西兰花还能增强宝宝的抵抗力。因为西兰花含有丰富的抗坏血酸，具有增强肝脏解毒能力的功效，从而提高宝宝的免疫力。西兰花还富含膳食纤维，能有效降低身体对糖的吸收，进而起到降血糖的作用。

妈妈在做西兰花时要注意，西兰花常有残留的农药，还容易生虫，所以在吃之前一定要清洗干净，可将西兰花放在盐水里浸泡几分钟，能有效去除菜虫和残留的农药。另外，在烹调西兰花时烫煮的时间不宜太长，否则会失去原有的口感，也会使其中的部分营养素流失。

其他含叶酸较多的食物

莴笋、菠菜、西红柿、胡萝卜、小白菜、扁豆、蘑菇、橘子、草莓、樱桃、香蕉、柠檬、桃子、李、杏、杨梅、海棠、酸枣、山楂、石榴、葡萄、猕猴桃、猪肝、鸡肉、牛肉、黄豆、核桃、腰果、栗子、杏仁、松子、大麦、米糠、小麦胚芽、糙米等。

推荐宝宝营养食谱

蔬菜米糊 （适合6个月以上的宝宝）

材料： 胡萝卜、小白菜、油菜各适量，婴儿米粉适量

做法： 1.所有菜洗净，切成末。

2.将菜末放入沸水中煮2分钟。

3.待水稍凉后，将青菜末滤出，取菜汤。

4.用蔬菜汤冲调婴儿米粉即可。

凉拌西兰花 （适合2岁以上的宝宝）

材料： 西兰花半棵，青椒半个

调料： 盐适量，水豆豉1大匙，鸡精1小匙，香油2小匙

做法： 1.西兰花掰成小朵，洗净，放入沸水锅中焯烫至断生，捞出沥水，放入盘中。

2.青椒洗净，切小粒。

3.将所有调料调匀，浇在西兰花上，撒上青椒粒即可。

香菇扒菜心 （适合2岁以上的宝宝）

材料： 水发香菇100克，油菜心200克

调料： 油、盐、高汤各适量，蚝油、酱油各1大匙，白糖1小匙，水淀粉、香油各少许

做法： 1.油菜心洗净沥干，放入加了少量盐的开水中焯烫至熟，捞出过凉，沥干摆盘中；水发香菇洗净，挤干水分。

2.油锅烧热，香菇煎香，加盐、蚝油、酱油、白糖、高汤，小火烧15分钟。

3.待汤汁快收干时用水淀粉勾芡，淋香油炒匀，盛油菜心上即可。

DHA、ARA：健脑益智

DHA和ARA是宝宝大脑及身体发育的重要物质。DHA是大脑和视网膜的重要构成成分，具有促进神经细胞发育、提高记忆力的作用。ARA是宝宝身体发育的必需营养素，对于处在生长黄金阶段的宝宝来说，妈妈要为宝宝补充一定量的DHA和ARA，对宝宝的身体和智力发育十分重要。

DHA、ARA的重要性及补充方法

DHA是大脑营养必不可少的高度不饱和脂肪酸，占大脑脂肪的10%，能优化大脑锥体细胞的构成成分，对脑神经传导和突触的生长发育极为有利。另外，DHA对视网膜光感细胞的成熟也有着十分重要的作用。ARA学名二十碳四烯酸，在体内可以由必需脂肪酸——亚油酸转化而成，对宝宝的体格发育十分有利。如果宝宝体内缺乏ARA，会影响组织器官的发育，尤其是对大脑和神经系统发育可能产生严重不良影响。

人体无法自行合成DHA、ARA，因此必须从食物中获得。妈妈应注意给宝宝添加富含DHA、ARA的食物，比如深海鱼类、坚果类以及添加了DHA、ARA的配方奶粉。

婴幼儿慎吃深海鱼油

深海鱼油虽然含有丰富的DHA，但同时也含有EPA（二十碳五烯酸），EPA摄取过多会对宝宝的血管发育造成损害。另外，过量服用深海鱼油会导致血液不易凝结，增加出血的风险，还可能出现流鼻血、胃灼热、恶心、口臭、皮疹等不良反应。因此，婴幼儿应慎吃深海鱼油，应食用从藻类提取的鱼油。相对于深海鱼油，藻类鱼油的DHA含量高、EPA含量非常低，具有安全性高、抗氧化能力强的特点，而且利于宝宝吸收。

DHA、ARA含量最丰富的食物

● 三文鱼

三文鱼中含有丰富的不饱和脂肪酸，是非常适合宝宝食用的一类深海鱼，对宝宝大脑及神经系统发育十分重要。妈妈在给宝宝做三文鱼的时候切勿烧得过烂，否则三文鱼口感不鲜嫩，使宝宝不容易接受。

其他含DHA、ARA较多的食物

黄花鱼、秋刀鱼、鳝鱼、沙丁鱼、鱼卵、带鱼、青鱼、竹荚鱼、鲣鱼、花鲫鱼、干果、海带、紫菜、豆腐、豆粉、豆奶等。

推荐宝宝营养食谱

虾仁豆腐 （适合1岁以上的宝宝）

材料： 豆腐200克，虾仁50克

调料： 骨头汤、鸡精、盐各适量

做法： 1.虾仁洗净，剁碎，与盐、鸡精一起调成馅料。

2.豆腐洗净，切菱形块，部分去瓤，切开小口，将配好的馅料塞入小口中。

3.将骨头汤烧开，把做好的豆腐块慢慢放入，用小火煮沸后放盐调味即可。

鳕鱼豆腐汤 （适合2岁以上的宝宝）

材料： 新鲜鳕鱼300克，嫩豆腐半盒，干海带丝少许，葱花1大匙

调料： 味噌2汤匙

做法： 1.鱼洗净，切块；嫩豆腐洗净，切小块。

2.锅内加水烧开，放入鳕鱼块和豆腐块，煮滚后改小火，煮约4分钟，放入干海带丝。

3.将味噌放在小筛网中，再将筛网放入汤内，用汤匙磨压味噌，使其溶解到汤内，煮至再沸滚时就立刻关火，撒葱花即可。

三文鱼沙拉 （适合2岁以上的宝宝）

材料： 三文鱼100克，文蛤、墨鱼仔、鳕鱼、大虾各30克，柿子椒、洋葱各半个，黑橄榄末少许

调料： 醋、橄榄油、柠檬汁、盐、胡椒粉各适量

做法： 1.洋葱洗净切圈；柿子椒洗净，去籽，切圈。

2.三文鱼、墨鱼仔、鳕鱼、大虾洗净切丁；文蛤洗净备用。

3.锅内放水，加少许醋、盐和洋葱煮沸，放入处理好的海鲜丁焯烫一下，捞出沥干水分。

4.将焯烫好的海鲜与柿子椒圈、洋葱圈、黑橄榄末、盐、橄榄油、柠檬汁、胡椒粉拌匀即可。

茄丝炒鳝鱼 （适合3岁以上的宝宝）

材料： 鳝鱼200克，西芹50克，茄干20克，青椒1个，葱、姜各适量

调料： 油适量，料酒2大匙，酱油1大匙，盐适量

做法： 1.鳝鱼洗净，切成粗丝；西芹洗净切段；青椒洗净，切粗丝；茄干泡涨，洗净，切粗丝；葱切段；姜切丝。

2.油锅烧热，放入鳝丝煸干水分，加姜丝、料酒、酱油炒上色。

3.最后放入茄干炒干水分，加青椒、西芹、盐炒入味，加葱丝炒匀即可。

维生素D：预防佝偻病

维生素D是脂溶性维生素的一种，对宝宝最重要的作用就是调节体内钙、磷代谢，维持血钙和血磷的水平，促进钙的吸收，从而维持宝宝牙齿和骨骼的正常生长发育。

多带宝宝晒太阳是补充维生素D的最佳方法。皮肤经阳光中的紫外线照射后会将皮肤中的一种胆固醇转化为维生素D。保证宝宝摄入足够的维生素D，还能降低他们成年后患骨质疏松症的风险。如果宝宝体内缺乏维生素D，会影响钙在骨骼内的沉积，进而影响骨骼以及身体的发育。大量缺乏维生素D还会导致宝宝患佝偻病，出现方头、鸡胸、漏斗胸、O形腿、X形腿等畸形。

案例

童童从小就很爱哭，几个月的时候都是我通宵抱着才能入睡，而且睡眠很浅，睡一会儿就醒，睡觉时还特别爱出汗。睡觉时只要周围稍微有一点动静就会一激灵醒了，弄得全家人在他睡觉的时候连大气都不敢出。现在快1岁了，虽然长得挺胖，可是好像一点劲都没有，也还没有长牙。

童童妈要注意了，宝宝出现这种现象很可能是得了维生素D缺乏性佝偻病，应尽快带宝宝去医院检查。如果确诊是患了佝偻病，要遵医嘱服用维生素D制剂，同时要增加宝宝户外活动的时间，经常带宝宝出去晒晒太阳，相信过不了多久，童童就会长成一个健康结实的孩子。

维生素D含量最丰富的食物

● 香菇

香菇含有丰富的维生素D、维生素及矿物质等多种营养成分，对促进新陈代谢，提高机体适应力有很大的作用。另外，香菇所含的多糖能提高免疫细胞的活力，从而起到增强人体免疫力的作用。

其他含维生素D较多的食物

鱼肝油、干鱿鱼丝、鲑鱼、蛋黄、秋刀鱼、鲣鱼、鲔鱼、动物肝、黄油等。

★ 多晒太阳能为宝宝补充维生素D。

推荐宝宝营养食谱

猪肝绿豆粥 <small>(适合1岁以上的宝宝)</small>

材料：猪肝、大米各100克，绿豆50克，葱花适量

调料：盐适量

做法：1.猪肝洗净，切片；绿豆洗净，加适量水煮至熟烂。

2.大米洗净，放入绿豆中，待粥煮至黏稠时放入猪肝片，见猪肝片变颜色后放入少许盐和葱花即可。

蛋黄鲜肉包 <small>(适合1岁以上的宝宝)</small>

材料：发面面团300克，蛋黄6个，肉末200克

调料：米酒、盐、酱油、香油各适量

做法：1.蛋黄研碎备用。

2.肉末加盐、酱油、香油和适量水搅拌黏稠，再加入蛋黄碎，放入冰箱冷藏。

3.发面面团擀成若干圆面皮，再取适量肉馅包入圆皮中。

4.将做好的包子放入锅内蒸熟即可。

甜味香菇 <small>(适合2岁以上的宝宝)</small>

材料：香菇300克，鸡蛋2个，油菜2棵，面包渣、面粉各100克

调料：油适量，甜酱2大匙

做法：1.香菇去蒂洗净，焯烫后沥干水分；鸡蛋打散；油菜洗净，入盐水中焯烫，放盘中。

2.香菇拍面粉，蘸蛋液和面包渣，入油锅内炸至金黄色，捞出放油菜上。

3.将甜酱淋在香菇上即可。

蛋白质：强身健体

蛋白质是宝宝生长发育、维持正常代谢、生成抗体的必需营养元素，对于处在身体发育关键时期的宝宝而言，充足的蛋白质是保证宝宝大脑、骨骼、肌肉等组织形成必不可少的营养物质。妈妈要注意给宝宝补充优质、适量的蛋白质，才能保证宝宝健康成长。

宝宝对蛋白质的需求

◎新生足月宝宝。每天每千克体重大约需要2克蛋白质，如果宝宝出生时体重为3千克，那么宝宝每天的蛋白质需要量就是6克。一般情况下，每100毫升的母乳约含1克蛋白质，所以母乳喂养的宝宝，每天保证摄入600毫升的母乳就能满足对蛋白质的需要。如果母乳不足就需要通过配方奶粉来给宝宝补充蛋白质，现在的婴儿配方奶粉的蛋白质含量大约是母乳的两倍，妈妈据此调整宝宝的奶粉摄入量即可。

◎早产儿。早产儿相对于足月儿来说蛋白质的需要量要更多一些，通常每千克体重需要3～4克蛋白质。当宝宝的体重增加至3千克以上时，蛋白质的需求就和其他宝宝一样了。

◎1岁以内的宝宝。这个阶段是宝宝生长速度最快的时期，宝宝对蛋白质的需求量大概是成人的3倍。这个阶段获得蛋白质的主要途径就是母乳或配方奶粉。一般来说，1岁以内的宝宝，每天吃700～800毫升母乳或配方奶粉，就能获得身体发育所需的足够蛋白质。

◎1～3岁的宝宝每日蛋白质的需要量为35～40克，这个阶段宝宝已经开始添加辅食，获得蛋白质的途径就不仅仅是母乳和配方奶粉了，妈妈可以通过给宝宝添加富含蛋白质的食物来满足宝宝每日所需。

蛋白质摄入过量的危害

蛋白质确实对宝宝的成长十分重要，他的肌肉、骨骼、大脑、神经、指甲、血液、激素以及五脏六腑的组织几乎都是蛋白质构成的。但是，蛋白质的摄入不是越多越好，摄入过多反而对宝宝的生长发育不利。

● 引起肠胃功能紊乱

　　人体的胃肠道中有益生菌，益生菌对能量的种类有所要求，由蛋白质分解产生的能量不是益生菌所需要的，长期的高蛋白饮食会导致益生菌食物缺乏，无法存活，最终引起肠道紊乱，消化、吸收能力减弱，引起腹胀、腹泻等肠胃疾病。

　　如果宝宝由于摄入过多蛋白质而出现腹泻症状，母乳喂养的宝宝应适当减少喂奶量，缩短喂奶时间或者延长喂奶间隔，使宝宝的胃肠得到足够的休息。已经添加辅食的宝宝要停止添加一切辅食，随着病情的好转，先逐渐恢复一天应喂的奶量，宝宝胃肠道恢复后，再逐一将已经食用过的辅食小心恢复。如是母乳喂养，妈妈哺乳前应饮一大杯水，以稀释母乳，减轻宝宝的腹泻症状。

● 加重肾脏负担

　　宝宝的胃肠道尚未发育完全，消化器官也没有完全发育成熟，消化能力有限。而蛋白质在体内代谢会生成尿酸、氨、酮体等物质，这些都是要经过肾脏排泄的，如果宝宝体内摄入过多的蛋白质就会加重肾脏负担，对宝宝的健康不利。蛋白质过量，同时也可使钙等微量元素的排出增加，长此下去会引起肾脏损害或引起骨质疏松症等副作用。

● 增加宝宝患病的可能

　　宝宝长大以后，如果摄取过多的肉类，就会导致体内蛋白质过量，不仅使宝宝有患肥胖的可能，而且还会使宝宝罹患其他疾病。肉类食物饱和脂肪酸和胆固醇的含量都很高，不利于动脉的健康，会导致宝宝成年后易患高血压、动脉硬化等"富贵病"。

★ 宝宝缺乏蛋白质会导致活动减少，情绪不佳。

● 导致宝宝精神状态不好

　　人体细胞在弱碱性环境下最活跃，如果宝宝肉类食品吃得太多，粮食、蔬菜吃得太少，就会导致宝宝摄入过多的动物性蛋白质，容易使宝宝形成酸性体质，从而出现易疲乏、精神状态欠佳的情况。

蛋白质含量最丰富的两种食物

● 牛肉

　　牛肉富含蛋白质，其所含的氨基酸更适合人体的需要，能提高机体抗病能力，对处在生长发育关键时期的宝宝尤为重要。

　　妈妈需要注意的是，牛肉虽然营养价值很高，但其肌肉纤维较粗糙且不易消化，而且含有较多的胆固醇和脂肪，所以消化力相对较弱的宝宝不宜多吃。妈妈还应掌握下面的烹调牛肉的技巧，以利于宝宝吸收其营养。

◎牛肉宜采取清炖的方式烹调，能较好地保存其营养成分。炖时可放一点山楂、橘皮或茶叶，牛肉更易烂。

◎可以给宝宝煮牛肉浓汤，对治疗宝宝慢性腹泻有很好的作用。

◎如果牛肉有点老，可以在做牛肉的前一天在牛肉上涂一层芥末，第二天做之前用冷水冲洗干净后下锅煮，这样牛肉更容易煮烂，而且肉质鲜嫩，色艳汤浓，能增加宝宝的食欲。

◎牛肉的纤维组织较粗，所以应横切将长纤维切断，这样牛肉更容易熟烂。

● 鸡肉

鸡肉营养丰富，可以说是蛋白质含量较高的肉类之一，是属于高蛋白、低脂肪的营养食品。鸡肉中的蛋白质易被人体吸收利用，有增强体力、强壮身体的作用，是非常适合宝宝食用的肉类之一。

妈妈在给宝宝做鸡肉时可给宝宝熬汤，鸡汤内含有胶质蛋白、氨基酸等营养素，不但味道鲜美，而且易于宝宝消化吸收，尤其是营养不良和患消化性溃疡的宝宝更加适合食用。

鸡肉含有谷氨酸钠，本身就具有鲜味，所以妈妈在给宝宝做鸡肉时不要放入花椒、大料等味道过重的调料，否则会影响鸡肉的鲜味。

其他含蛋白质较多的食物

羊肉、猪肉、鸭肉、鸡蛋、鸭蛋、鹌鹑蛋、鱼、虾、黄豆、青豆、黑豆、芝麻、瓜籽、核桃、杏仁、松子等。

推荐宝宝营养食谱

豆香甜浆粥 (适合1岁以上的宝宝)

材料： 新鲜豆浆适量，大米100克，熟芝麻少许

做法： 1.大米洗净，加适量豆浆、少许水同煮。

2.煮至粥熟撒上熟芝麻即可。

健康提示 豆浆含有丰富的植物蛋白和磷脂，还含有维生素B_1、维生素B_2和烟酸。此外，豆浆还含有铁、钙等矿物质，非常适合给幼儿食用。

鸡肝肉饼 (适合2岁以上的宝宝)

材料： 豆腐20克，猪肉75克，鸡肝1副，鸡蛋1个

调料： 盐、香油各少许

做法： 1.豆腐放入滚水中煮2分钟，捞起滴干水，片去外层不要，豆腐搓成蓉。

2.鸡肝洗净，抹干水剁细；猪肉洗净，抹干水剁细。

3.猪肉、鸡肝、豆腐同盛大碗内，加入滤出的鸡蛋白拌匀，加入调味拌匀，放在碟上，做成圆饼形，蒸7分钟至熟。

牛磺酸：促进发育

> 牛磺酸对于宝宝来说其最重要的生理功能就是促进脑组织和智力发育。

牛磺酸广泛存在于人脑中，能促进神经系统的发育和细胞的增殖，在宝宝脑神经细胞发育的过程中起重要作用。另外，牛磺酸还具有促进垂体激素分泌、活化胰腺功能的作用，可以结合白细胞中的次氯酸并生成无毒性物质，从而能调节机体内分泌系统的代谢，提高人体免疫力。另外，牛磺酸对人体还有以下几点好处：

◎提高宝宝记忆力。牛磺酸可以提高记忆能力，对于较大的宝宝还能有效提高其记忆的准确性。另外，牛磺酸对于抵抗神经系统衰老也有一定的积极作用。

◎提高宝宝的视觉机能。牛磺酸能促进宝宝的视网膜发育，如果长期缺乏牛磺酸，就可能导致宝宝出现视网膜功能紊乱症状。

◎保护宝宝的心血管。牛磺酸具有抑制血小板凝集、降低血脂、保持血压正常和防止动脉硬化的功效，对心肌细胞也有保护作用，能有效维护宝宝血液循环系统的正常功能。

◎促进脂类的吸收。牛磺酸能与胆汁酸结合形成牛磺胆酸，牛磺胆酸是消化道中脂类吸收的必需物质。牛磺胆酸具有增加脂质溶解性、降低胆汁酸毒性、抑制胆固醇结石的功效，对促进宝宝对脂类的吸收有很好的作用。

牛磺酸含量最丰富的食物

● 沙丁鱼

沙丁鱼含有牛磺酸、DHA等对宝宝生长发育十分有利的营养成分，对提高宝宝智力、增强记忆力十分重要，可以使宝宝更聪明。

其他含牛磺酸较多的食物

猪肝、墨鱼、章鱼、虾、牡蛎、海螺、蛤蜊、青花鱼、竹荚鱼等。

★ 牛磺酸对提高宝宝记忆力十分有益。

推荐宝宝营养食谱

碎肝炒青椒 （适合1岁以上的宝宝）

材料： 鲜猪肝50克，青椒25克，葱、姜少许

调料： 油、盐各适量

做法： 1.猪肝切小丁加入调料拌匀，青椒切小丁备用。

2.热锅放油，加猪肝小丁煸炒，待八成熟后放入青椒丁再炒片刻。

菠萝虾球 （适合2岁以上的宝宝）

材料： 虾仁200克，菠萝罐头1罐，黄椒片适量

调料： 油、盐、面粉、水淀粉、蛋清、沙拉酱各适量

做法： 1.将菠萝罐头打开，取出菠萝片，切块；虾仁处理干净，加盐、面粉搓揉后备用。

2.虾仁及蛋清、水淀粉放碗内拌匀，入油锅炸至金黄色，捞出。

3.加入菠萝块、黄椒片及沙拉酱拌匀即可。

丝瓜蛤蜊面 （适合2岁以上的宝宝）

材料： 面条200克，丝瓜半根，蛤蜊150克，姜2片，葱1根，鸡蛋1个

调料： 油适量，盐1小匙，香油半小匙，鸡高汤2碗

做法： 1.丝瓜去皮，切长段；蛤蜊泡水吐沙；葱洗净，切末；姜洗净，切丝。

2.汤锅中放入半锅水煮开，放入面条煮熟，捞出盛碗中。

3.油锅烧热，放入姜丝爆香，下丝瓜略炒，加入蛤蜊及调料，打入鸡蛋煮至全熟，全部盛入碗中，撒上葱末即可。

乳酸菌：维持
肠道健康

乳酸菌是葡萄糖或乳糖发酵产生的细菌，共有200多种，绝大部分是人体内必不可少的益生菌，广泛存在于人体的肠道中，直接影响着人体的健康，具有帮助消化、维持肠健康、增强宝宝免疫力等功效，对宝宝的生长发育大有益处。

乳酸菌对宝宝的好处

◎为宝宝提供营养。乳酸菌在体内发生代谢，能产生必需氨基酸和各种维生素（B族维生素和维生素K等），同时还能提高矿物质的活性，有利于营养素的消化吸收，进而起到为宝宝提供营养物质、增强代谢功能、促进生长发育的作用。

◎维护宝宝肠道健康。乳酸菌能使肠道菌群的构成发生有益变化，使肠内处于健康的酸性环境中，抑制痢疾杆菌、伤寒杆菌、葡萄球菌等病原菌的繁殖，使肠道细菌生态正常并形成抗菌生物屏障，维护宝宝身体健康。

◎提高宝宝免疫力。乳酸菌具有阻止细菌繁殖、激活巨噬细胞吞噬作用、产生抗体及促进细胞免疫的功能，能有效抵御细菌和病毒侵入人体，提高宝宝的抗病能力。

乳酸菌含量最丰富的食物

● 酸奶

酸奶是乳酸菌的最佳来源。酸奶有凝固型、

搅拌型以及加入果汁或果粒等果味型，不管是哪种酸奶，其共同的特点都是含有对宝宝十分有益的乳酸菌。

妈妈在给宝宝选购酸奶时要注意保质期，过期的酸奶一定不要给宝宝喝，否则会引起腹泻等不适症状。妈妈在给宝宝喝酸奶之前应打开酸奶观察一下，如果是凝固型酸奶，它的凝块应均匀细密，无气泡，无杂质，有少量乳清析出也是正常的。如果是搅拌型酸奶，应呈现均匀一致的流体状，无杂质，无分层现象。

推荐宝宝营养食谱

猕猴桃酸奶 （适合1岁以上的宝宝）

材料：猕猴桃1个，酸奶1杯

做法：1.猕猴桃清洗干净，切成两半，用勺子挖出中间的果肉。

2.将准备好的猕猴桃果肉放入酸奶杯中即可。

酸奶红薯泥 （适合1岁以上的宝宝）

材料：红薯1个，酸奶适量

做法：1.红薯洗净，放入锅内蒸熟后捣成泥。

2.将酸奶倒在红薯泥上搅匀即可。

酸奶香蕉 （适合1岁以上的宝宝）

材料：香蕉1根，柠檬10克，酸奶120克，鲜奶60克，胡萝卜1根

做法：1.香蕉剥皮，切段；柠檬洗净，去皮、籽；胡萝卜洗净。

2.所有材料放在榨汁机内榨汁饮用即可。

酸奶水果盅 （适合1岁以上的宝宝）

材料：橙子1个，酸奶1杯，猕猴桃1个，草莓5颗

做法：1.橙子对切，用小刀沿橙皮划开，小心挖出果肉。

2.猕猴桃去皮，切小粒；草莓洗净，去蒂，切小粒；橙肉切小粒。

3.将所有果粒装碗内，倒入酸奶拌匀，放冰箱里冷藏10分钟。

4.取出后装入橙盅内即可。

卵磷脂：增强记忆力

> 卵磷脂主要由胆碱、脂肪酸等成分构成，是维持新陈代谢、促进大脑和神经系统发育不可或缺的营养物质。

卵磷脂对宝宝的好处

◎健脑益智。卵磷脂是重要的磷脂之一，而大脑是含磷脂最多的器官，所以卵磷脂是大脑细胞和神经系统发育不可缺少的营养物质。卵磷脂能维持脑细胞正常功能，为神经细胞的生长提供充足的原料，促进脑容积的增长，对于处在大脑发育关键期的宝宝来说，卵磷脂十分重要。

◎净化血液。卵磷脂具有分解油脂的作用，能将附着在血管壁上的胆固醇、脂肪乳化成微粒子而溶于血液中并通过肝脏排泄掉。另外，卵磷脂还可以降低血液黏稠度，进而起到促进血液循环、为大脑提供含氧充足血液的作用。

◎保护肝脏。卵磷脂中所含的胆碱对脂肪代谢有着重要作用。卵磷脂能促进肝细胞的活化和再生，使脂肪降解排出，减少脂肪在肝细胞内的沉积量，从而有效预防肝脏疾病。另外，卵磷脂还能增强人体的解毒功能，消除有害物质对人体的危害。

◎降低血糖水平。卵磷脂能修复损伤细胞膜及内膜系统，从而增强胰脏细胞的功能，提高人体内的胰岛素水平，进而起到降血糖的作用。

卵磷脂含量最丰富的两种食物

● 蛋黄

蛋黄中富含的卵磷脂又被称为蛋黄磷脂，含有大量人体不可缺少的营养物质和微量元素。蛋黄卵磷脂可将胆固醇乳化为极细的颗粒，这种微细的乳化颗粒可透过血管壁被组织利用，但不会使血浆中的胆固醇增加。由此可见，蛋黄中的卵磷脂是卵磷脂食品中营养价值最高的。

● 豆腐

大豆中含有丰富的卵磷脂，但并不好消化、吸收，而用大豆做成的豆腐含有大豆的营养，吸收率也很高，非常适合消化能力相对较弱的宝宝食用。另外，豆腐还含有铁、钙、磷、蛋白质、

卵磷脂的合理补充法

人体的肝脏可以分泌卵磷脂，但宝宝肝脏功能尚不健全，为了保持宝宝的活力，需通过膳食适量摄入卵磷脂。另外，为了提高宝宝的智力，建议从膳食中为宝宝补充适量的卵磷脂。鸡蛋的蛋黄中含有丰富的卵磷脂，建议每日给宝宝食用1～2个鸡蛋。

童大夫提醒

糖类等人体必需的营养素，具有增进食欲、帮助消化、促进机体代谢、增加免疫力的功能，同时对宝宝的骨骼及牙齿发育也大有益处。

如何选购豆腐

优质豆腐具有豆制品特有的香味且块型完整，软硬适度，质地细嫩，有弹性，无杂质，内无水纹，颜色微黄。如果色泽泛白，有可能添加了漂白剂等化学物质，不宜选购。另外，豆腐这种高蛋白质的食品很容易腐败，妈妈在选购时应多加留意。

豆腐的焯水技巧

由于豆腐有豆腥味，很多宝宝刚接触豆腐时可能并不爱吃，为了让宝宝顺利接受这种营养好吸收的食物，妈妈要掌握烹调豆腐的诀窍——焯水。将豆腐切成小块，然后与冷水一同放入锅中加热，待水温上升到90摄氏度左右时调小火，慢慢见豆腐漂上来时捞出，放冷水里浸一下。这样不但能有效去除豆腥味，还能保持豆腐的块型完整，不会出现碎裂或有孔洞的现象。

其他含卵磷脂较多的食物

牛奶、动物肝脏、鱼头、芝麻、蘑菇、山药、黑木耳、谷类、鳗鱼、玉米油、核桃、葵花籽等。

推荐宝宝营养食谱

牛奶蘑菇汤 （适合1岁以上的宝宝）

材料： 口蘑、面粉、猪肉各200克，牛奶1杯，炸面包丁少许

调料： 油、盐、鸡精、料酒、高汤各适量

做法： 1.口蘑洗净，切片；猪肉洗净，切小块，加适量清水煮开，撇去浮沫，加料酒，再改小火炖至熟。

2.油锅烧热，再加面粉炒至黄色，将煮过的猪肉、肉汤及牛奶分三次倒入锅中，不断搅拌至糊状，然后加高汤搅拌成稠的汤汁。

3.口蘑片放入奶油汤中煮开，加盐、鸡精调味，最后撒上炸面包丁即可。

黄豆煲鱼头 （适合3岁以上的宝宝）

材料： 海带50克，鱼头1个，泡黄豆适量，枸杞子少许，葱1根，姜1块

调料： 油、高汤、盐各适量，胡椒粉、料酒各少许

做法： 1.海带洗净；鱼头去鳃；葱切花；姜切片。

2.油锅烧热，放入鱼头用中火煎至稍黄取出备用。

3.把鱼头、海带、泡黄豆、枸杞子、姜、葱放入砂锅内，注入高汤、料酒、胡椒粉，加盖用小火煲50分钟后，去掉葱，调入盐再煲10分钟即可。

虾仁炒蛋 （适合2岁以上的宝宝）

材料： 新鲜鸡蛋1个，新鲜虾仁20克

调料： 橄榄油10克，盐、料酒各少许

做法： 1.将鸡蛋打入碗中，用筷子搅散。

2.将虾仁洗干净，拍碎，剁成细末。

3.在蛋液中加入虾仁和盐，调匀。

4.将橄榄油加入锅中烧热，倒入蛋液，炒散即可。

木耳什锦菜 （适合2岁以上的宝宝）

材料： 黑木耳、白菜各100克，平菇30克，胡萝卜、青椒各10克，葱丝、姜丝、蒜片各少许

调料： 油、盐、鸡精各适量

做法： 1.白菜、胡萝卜、青椒分别切片；黑木耳用水泡开后洗净，与平菇分别撕成小块。

2.油锅烧热，放入葱丝、姜丝、蒜片炒香，加入白菜片、平菇、黑木耳、胡萝卜片、青椒片炒熟，加盐、鸡精调味即可。

奶香熘鸡蛋 （适合2岁以上的宝宝）

材料： 鸡蛋3个，奶油2～3大匙，洋葱少许

调料： 黑胡椒牛排酱少许

做法： 1.鸡蛋打散；洋葱洗净，切丝。

2.奶油放入锅中融化并烧热，倒入蛋汁炒成蛋花。

3.锅内加奶油烧热，放洋葱炒至香软，淋上黑胡椒牛排酱，再加入炒蛋拌匀即可。

牛肉焖黄豆 （适合3岁以上的宝宝）

材料： 黄豆250克，牛肉200克，姜、葱各适量

调料： 油、盐、鸡精、西红柿汁、料酒、水淀粉、香油、胡椒粉各适量

做法： 1.黄豆清水浸透，放砂锅内煮烂；牛肉切片，用盐、鸡精、西红柿汁腌制；姜切末；葱切花。

2.油锅烧热，下入姜末、葱花爆香，放牛肉、料酒，加黄豆和砂锅中的黄豆汤，加盐、鸡精、西红柿汁、胡椒粉将牛肉焖至刚熟，用水淀粉勾芡，最后淋香油即可。

04 添加辅食，这些食物要小心

蜂　蜜

蜂蜜含有葡萄糖、蛋白质、酶、果糖、维生素等营养素，具有解毒、抗菌、消炎、润肠通便、促进细胞再生等功能。蜂蜜虽然具有以上诸多好处，但是给宝宝食用还是有讲究的，妈妈一定要慎重给宝宝添加蜂蜜，以保证宝宝身体健康。

蜂蜜的好处

◎蜂蜜营养丰富，其葡萄糖和果糖的含量分别为35％、40％，这两种糖都可以直接被人体吸收利用。蜂蜜是一种含酶较多的食物，主要有淀粉酶、脂肪酶、转化酶等，酶具有助消化、促进代谢的功效，对人体健康十分有利。

◎蜂蜜含有的无机盐与人体血清浓度相近，能改善血液的成分，促进心脑血管功能，对预防心血管病很有好处。

◎蜂蜜具有促进宝宝生长发育的作用，食用蜂蜜的宝宝身高、体重、胸围都较其他宝宝发育快，而且少患支气管炎、结膜炎、口腔炎、痢疾等疾病。

◎蜂蜜具有补充体力、消除疲劳的功效，还能增强人体的抗病能力。

◎蜂蜜对肝脏有保护作用，能促使肝细胞的再生，能有效预防脂肪肝的形成。

◎蜂蜜还有杀菌的作用，蜂蜜中的抗菌物质过氧化氢，能在口腔内起到杀菌消毒的作用。

◎蜂蜜含有锰等无机盐，具有促进消化的作用，能有效减轻胃肠负担，还具有缓解便秘的功效。

◎蜂蜜还具有安眠的功效，蜂蜜中的葡萄糖、维生素、镁、磷等可以调节神经系统功能，缓解神经紧张，失眠的人在每天睡前喝一杯蜂蜜水能有效缓解失眠症状。

1岁以内的宝宝忌食蜂蜜

虽然蜂蜜对人体有这么多的好处，但对于小宝宝来说却不利。蜂蜜性凉，具有增强肠蠕动的功效，对于肠胃功能尚未发育完全的宝宝来说，食用蜂蜜很容易引起腹泻、腹胀等不适症状。

另外，蜜蜂在采花酿蜜的过程中会采到带有细菌的花粉，使蜂蜜受到肉毒杆菌的污染。宝宝的肠道抗病能力差，肉毒杆菌在肠道中极易被大量繁殖并产生毒素，而宝宝的肝脏解毒能力相对较弱，食用蜂蜜极易引起肉毒杆菌性食物中毒，出现头晕、头痛、全身无力、哭声微弱、呼吸困难等症状。因此，为了保证宝宝能够健康成长，最好等宝宝满1周岁以后再食用蜂蜜。

给宝宝科学食用蜂蜜的方法

宝宝过了1岁就可以食用蜂蜜了。妈妈要掌握给宝宝食用蜂蜜的科学方法，以利于营养吸收。

● **最佳食用时间**

宝宝食用蜂蜜的最佳时间是饭前1小时或饭后2小时。这个时间给宝宝食用蜂蜜既不会影响正常饮食，又能增进食欲，促进消化吸收。

● **合理的食用量**

宝宝服用蜂蜜的方法以分多次温水冲服最佳。妈妈也要根据宝宝的身体情况灵活掌握，如宝宝服用后出现腹泻等症状应减少食用量或停止服用。

● **科学的食用法**

食用蜂蜜的最佳方法是用水冲调成水溶液，更易被吸收。但要注意要用40摄氏度以下的温开水或凉开水冲调，不能用开水。因为蜂蜜加热后其营养物质和活性酶会被破坏掉，使蜂蜜颜色变深、香味挥发，失去原有的口感和营养。

给宝宝食用蜂蜜时还可以和牛奶一起食用，营养价值更高。蜂蜜与牛奶搭配食用，不但能为宝宝提供足够的热能，还能提供丰富的氨基酸、维生素、矿物质等营养。二者结合还能提高血红蛋白的数目，起到活化细胞、增强免疫力的作用。

另外，给宝宝吃蜂蜜时注意不要与豆腐、韭菜一起食用，否则容易导致腹泻。

盐

盐是百味之首，成人饮食如果不加盐就会觉得索然无味。很多妈妈也会认为宝宝的饮食里不加些盐也会寡淡无味，于是就给宝宝的饮食加盐调味，以增加宝宝的食欲。

殊不知，盐给宝宝的健康成长带来了危害。盐虽然是宝宝生长发育不可缺少的营养成分之一，但1岁以内的宝宝不宜吃盐。即使是大一点的宝宝也要控制辅食中的盐分，不可加得太多。

案例 晨晨快6个月了，出生后一直是吃母乳的，我的奶水也特别好，晨晨长得白白胖胖。马上晨晨就快6个月了，也该给他喂辅食了。可不知道宝宝的辅食里能不能加盐。婆婆说能加，老公又说不能加，我也拿不定主意。可总觉得辅食如果不加盐，淡而无味，宝宝应该不会爱吃吧，不会耽误他的成长吗？

晨晨妈的担心是不必的，6个月的宝宝添加辅食时没有必要加盐。1岁以内的婴儿辅食都不需要额外加盐， 1~3岁的宝宝每天做菜时也少放盐，每天以不超过2克为宜。

盐对人体的重要性

◎盐具有为食物增加味道、解腻提鲜、祛除腥膻的作用。

◎盐水具有杀菌、保鲜防腐的功效。

◎盐对食物可以起到短期保鲜的作用，用来腌制食物还能防变质。

◎盐具有促进新陈代谢的作用，能预防一些疾病的发生。

宝宝对盐更为敏感

人对食盐的敏感度是随着年龄的增长而逐渐降低的，所以宝宝对盐是十分敏感的，妈妈感觉咸淡适中对宝宝来说已经咸了，如果长时间给宝宝进食过咸食物，就会导致宝宝对咸淡度产生耐受并接受这个咸淡度。如果妈妈不注意控制宝宝的食盐量，会导致宝宝长大以后饮食偏咸，对身体发育不利。

高盐饮食对宝宝的危害

● **加重宝宝心、肾负担**

宝宝的肾脏发育尚不健全，功能也不完善，排出钠离子的功能还较低。如果辅食中加盐过多，就会使血液中的溶质含量增加，而肾脏为了排出多余的溶质，就需要大量排尿，从而使宝宝肾脏的负担加重，还可能导致脱水。另外，宝宝摄盐太多还会导致大量的钾离子从尿液中排出，对心脏功能造成伤害，容易引发心肌衰弱、水肿和充血性心力衰竭等疾病。

● 影响宝宝智力发育

宝宝摄盐过多会影响体内锌的吸收，导致宝宝缺锌，影响智力发育。另外，宝宝食用过多的盐还会导致免疫力下降，降低宝宝的抗病能力。

● 引发上呼吸道疾病

高盐饮食会使口腔的唾液分泌量减少，溶菌酶也相应减少，从而抑制了口腔黏膜上皮细胞的繁殖，使其丧失抗病能力，而相反的，细菌、病毒在呼吸道的繁殖力就会增强，对宝宝的健康不利。另外，盐的渗透作用能杀死上呼吸道的正常寄生菌群，导致菌群失调。以上这些因素都会使上呼吸道黏膜的抗病作用减弱，容易患上呼吸道疾病。

宝宝少吃盐相当于补钙

宝宝饮食中如果加盐过量，会导致体内流失更多的钙，而且还会影响钙的正常吸收。所以对宝宝来说，少吃盐就等于补钙。

婴幼儿肾功能未发育成熟，导致其身体的排钠能力较低，如果长期吃太咸的食物，就会影响骨骼的生长。因为钠与钙同时经过肾脏，钠会比钙优先被身体吸收，所以如果宝宝摄取过多的盐，就会间接增加钙的流失量，影响骨骼发育，甚至导致宝宝患骨质疏松症。

所以妈妈控制宝宝的摄盐量，就能增加体内钙的吸收，从而起到间接补钙的作用。

给宝宝恰当吃盐

◎周岁以内的宝宝通过母乳和配方奶粉就能获得身体所需的盐分，不需在辅食中额外添加。

◎1岁以后的宝宝可以适当食用加碘盐，在给宝宝做辅食时妈妈要注意盐的正确用法，要在快熟或出锅时再放盐，这样效果更好。

◎夏季宝宝排汗较多，可适量增加盐的摄取。另外，如果宝宝有腹泻、呕吐症状时，也可适当增加盐的摄入量。

◎南北方的饮食习惯不同，应注意区别。北方人饮食多为咸香味，在给宝宝制作食物时可用甜、酸来代替咸味，增加食物的口感。既能预防宝宝摄盐过量，又能增加宝宝的食欲。而南方人的饮食中经常会有梅干菜、咸鱼和腊肉等食物，这些食物含钠量较高，应尽量少给宝宝食用。

◎如果宝宝患有心脏、肾脏以及呼吸道感染等疾病时，要严格控制他的摄盐量。

◎辣酱、豆瓣酱、榨菜、泡菜、酱黄瓜、黄酱、豆腐乳、腊肠、咸鸭蛋、罐头、肉松、油条和方便面等含盐量较高，不宜给宝宝食用。

◎家人的口味也会影响宝宝，在宝宝可以跟家人一起用餐时全家都应清淡饮食，这样可有效避免宝宝饮食中摄入过多的盐。

要食用加碘盐

我国是碘缺乏病较严重的国家，所以要食用加碘盐，让宝宝摄取足够的碘。碘缺乏不但会导致甲状腺疾病，导致宝宝身体发育缓慢，严重的还会导致宝宝智力低下。另外，妈妈在购买盐时一定要买加了碘的食盐，而且最好是买小包装的，随吃随买。

童大夫提醒

油炸食品

炸薯条、炸土豆片、炸鸡翅等食品几乎是所有宝宝的最爱，但是妈妈一定要慎重给宝宝吃油炸食品。

油炸食品不易消化

油炸食品油脂含量过高，宝宝食用后往往会在胃里停留很长时间都消化不了，是造成宝宝便秘的潜在杀手。油炸食品还会导致血液超量流入并滞留在胃肠道里，使体液酸性化。宝宝的胃肠道功能还没有发育成熟，油炸食品进入胃后会损伤胃黏膜，容易使宝宝出现胸口发闷、恶心、呕吐、消化不良等不适症状，甚至导致宝宝患胃肠道疾病。

油炸食品含有害物质

油炸食品中含有明矾或明矾钾，这些物质都含有铝，而铝的化合物很容易被宝宝吸收，进入宝宝体内后会导致宝宝出现食欲降低、消化不良等症状，还会影响肠道对磷的吸收，使骨骼中的磷代谢受到影响，从而影响宝宝的骨骼发育，严重时还会导致宝宝患佝偻病。如果铝的化合物摄入过多就会滞留在体内，如果沉积在骨骼中会导致骨质疏松；如果沉积在大脑中会使脑组织发生器质性改变，损害宝宝正在发育的神经通道，影响宝宝的智力发育；如果沉积在皮肤中，会使皮肤弹性降低。

油炸食品导致宝宝肥胖

常吃油炸食品会使宝宝摄入过多的脂肪，容易使宝宝身体肥胖，而肥胖将会严重影响胰岛素的代谢，如果胰岛素分泌过少会抑制蛋白质的合成，对宝宝的生长发育极为不利。

综上所述，油炸食品不利于宝宝的健康，不管是小宝宝还是大宝宝，都不宜食用。

罐头食品

罐头添加色素对宝宝不利

罐头食品在生产时为了保持原料的颜色和食品的味道，尤其是水果类罐头，经常会添加胭脂红、柠檬黄、苋菜红、靛蓝等人工色素以及甜橙油、香兰素等香精和糖醇、甘草酸二钠等甜味剂。为了延长罐头的保存期限，还会添加苯甲酸钠、山梨酸钾等防腐剂。这些食物添加剂往往会增加宝宝肝脏的负担，对宝宝的健康产生不利影响。

罐头添加硝酸盐危害宝宝健康

肉类罐头在制作时为了保持肉色鲜艳，还会添加一定量的亚硝酸盐和硝酸盐，以使肌红蛋白转变成亮红色的亚硝基肌红蛋白。而亚硝酸盐进入人体后会与蛋白质发生反应，分解生成具有强烈致癌作用的亚硝胺，对宝宝的健康不利。而不添加亚硝酸盐的罐头也对宝宝不利，因为亚硝酸盐能起到抑制肉毒杆菌的作用，不添加亚硝酸盐的罐头，宝宝食用后很容易导致肉毒杆菌中毒。

罐头的加工方法会导致宝宝中毒

罐头食品大多采用焊锡封口，焊条中的铅含量颇高，在储存过程中很可能会污染食品。宝宝消化道的通透性较大，这些添加剂和重金属均可被宝宝吸收，影响他的健康。

罐头食品一般是经过煮熟、装罐、排气、密封、超高温消毒灭菌的制作工序完成的，而经过20分钟100摄氏度以上的强烈高温处理，会导致食物中的维生素大量流失，使食物失去本身的营养价值。

宝宝常吃罐头食品不仅对身体健康不利，而且罐头中添加的防腐剂还会损伤大脑，导致宝宝智力发育迟缓，严重的还可能引起慢性中毒。因此，不宜给宝宝食用罐头。

现在温室育种技术已被广泛应用，水果、蔬菜的供应已没有季节性可言，我国大部分地区几乎都能随时买到新鲜的蔬菜和水果。因此妈妈还是应该给宝宝多吃新鲜食物，少吃罐头食品。

皮　蛋

很多妈妈认为皮蛋是鸭蛋做的，营养很高，而且皮蛋味道特殊，给宝宝吃还会调剂餐单。但殊不知皮蛋含铅，并不适合给宝宝食用。宝宝常食甚至还会导致铅中毒，损害宝宝的健康，对宝宝的生长发育不利。

皮蛋食用过多会导致宝宝铅中毒

皮蛋含有氧化铅或盐铅，铅进入宝宝体内后会对骨骼、血液以及神经等系统产生不利的影响，引起宝宝厌食、偏食、偏瘦、多动、易冲动、腹胀、腹痛、贫血、记忆力下降、骨骼发育不良等症状。铅对人体的神经系统、造血系统以及消化系统都会产生毒害作用，宝宝对铅又比成人敏感，吸收率也更高，而且宝宝的脑组织和神经系统尚未发育成熟，更容易受到铅的损害，从而影响智力发育。

生活中易导致宝宝铅中毒的因素

进食高铅食品，如皮蛋、爆米花等。宝宝正处在生长发育的关键时期，代谢也较旺盛，这是宝宝易受铅危害的重要因素。

汽车尾气污染。汽油中的抗爆剂含有四乙基铅，所以汽车排放的尾气中含有铅。汽车尾气铅尘多停留在地面以上1米的范围，这正是宝宝活动的范围，是引起宝宝铅中毒的主要原因之一。

某些生活用品含铅。铅笔、毛绒玩具的眼睛等都含有铅，是导致宝宝铅中毒的另一因素。

童大夫提醒

咖啡饮料

咖啡具有提神功能，有的妈妈以为咖啡有利于提神醒脑，对宝宝的大脑也是有好处的，其实恰恰相反。

咖啡含的咖啡因是一种生物碱，对人的大脑有刺激作用，会引起大脑兴奋。宝宝长期饮用含咖啡因的饮料会导致向大脑输送的血液减少，会严重影响宝宝的智力发育。

咖啡饮料影响宝宝睡眠

咖啡因是一种兴奋剂，会刺激人体的中枢神经系统，导致心脏肌肉收缩，心跳加速。宝宝如果经常饮用含咖啡因的饮料会出现头晕、头疼、入睡慢、睡眠浅、注意力不容易集中、烦躁、心率加快、呼吸急促等症状，会影响宝宝的睡眠，严重的还会导致肌肉震颤。

咖啡饮料影响宝宝胃肠功能

咖啡因还会刺激胃肠蠕动并加速胃酸分泌，引起肠痉挛，常喝咖啡饮料的宝宝容易发生腹痛，长期过量摄入咖啡因还会导致慢性胃炎。咖啡因还能导致胃肠壁上的毛细血管扩张，刺激肾脏机能，导致宝宝多尿。同时，咖啡因还会破坏儿童体内的维生素B_1，引起维生素B_1缺乏症。

咖啡饮料影响宝宝骨骼发育

宝宝长期饮用咖啡饮料还会影响骨骼发育，使宝宝身高增长过慢。宝宝的成长过程需要大量的钙，而咖啡因会增加钙的流失量。另外，咖啡因还具有阻挠血钙沉积的作用，导致宝宝出现脱钙现象，造成骨密度偏低，时间长了还会导致宝宝骨头变脆，易发生骨折，严重影响宝宝的骨骼发育及身高增长。

一般来说，可乐、茶饮料、咖啡中都含有大量咖啡因，这些饮料都不适宜给宝宝饮用。一罐350毫升的可乐约含咖啡因65毫克，一罐350毫升的乌龙茶约含咖啡因80～120毫克，一杯速溶咖啡含咖啡因85～200毫克。所以为了宝宝的健康发育，不要给宝宝喝这些饮料。

★ 宝宝不宜喝含咖啡因的饮料。

味　精

味精中含有谷氨酸钠，进入宝宝体内后会与血液中的锌发生反应，产生不能被机体吸收的谷氨酸锌，从而导致宝宝缺锌，使宝宝出现厌食、食欲降低、智力减退、生长发育缓慢等症状。

★ 味精

宝宝食用味精可能会使骨髓中的红细胞和白细胞数量减少，导致具有促进钙吸收功能的甲状腺素和甲状旁腺素分泌减少，从而影响宝宝的骨骼组织发育。所以周岁以内的小宝宝不宜食用味精。

处于哺乳期的妈妈也不宜过量食用味精，否则谷氨酸钠会随母乳进入婴儿体内，同样危害宝宝的健康。

味精并不是不能食用，等宝宝过了周岁以后，妈妈如果想给宝宝的菜提鲜，可在菜中适量添加，可令菜品味道鲜美，从而能增加宝宝的食欲。另外，味精中所含的谷氨酸钠进入人体后，经过肠道的分解可产生对大脑发育十分有益的谷氨酸，能促进宝宝大脑发育，提高宝宝大脑功能。

科学给宝宝食用味精

◎甜味食品不宜放味精。味精的鲜味只能在咸味的菜肴和羹汤中才会显示出来，所以甜味食品中不要放味精，否则不但起不到提鲜的效果，还会产生异味，让宝宝吃起来不舒服。

◎鲜味食物不宜放味精。鸡肉、鱼肉及海鲜等食物本身就具有鲜味，在烹调时就不要再放味精了，起不到作用还会影响食物的口感。

◎临出锅时再放。味精加在温度80～100摄氏度时易溶解，从而发挥其提鲜的作用，而超过150摄氏度时会形成焦谷氨酸钠，不但效果不佳，还会产生一定的毒性，对宝宝的健康不利。

◎要少量使用。味精就是谷氨酸钠，在体内分解形成谷氨酸和钠离子，而体内谷氨酸的含量过高会影响人体对钙、镁的利用，宝宝的辅食中如果味精过多会影响血液中锌的利用，所以每天给宝宝做菜时使用的味精不要太多。

05 挑食、偏食，应对有方

纠正宝宝挑食、偏食的妙计

案例　我家思思就喜欢吃甜的、软的，像猪肝、蔬菜、主食都不爱吃！最近她有点变本加厉，有时候嚼了两口就吐出来。每次吃饭都跟唱戏一样，又得哄，又得吓唬，每次吃饭没有一个小时根本吃不完。这样下去真担心她营养不良。

大部分家长都会有跟思思妈一样的困扰。调查显示，我国目前有近一半的儿童都有不同程度的偏食现象。虽然每个宝宝的饮食习惯和口味各不相同，但如果宝宝严重偏食，将会影响他的健康成长，妈妈一定要格外小心了。要了解宝宝偏食的原因并予以及时纠正，这才能保证宝宝健康长大。

导致宝宝偏食的原因

◎妈妈在孕期或哺乳期有偏食现象，会影响宝宝对食物的接受度，导致宝宝接触食物后出现偏食现象。

◎妈妈没有及时为宝宝添加辅食，错过了宝宝味觉发育的最佳时机。

◎家人就有偏食的现象，在吃饭时挑挑拣拣，在宝宝面前说这个菜好吃、那个菜不好吃，这很容易导致宝宝也产生这样的错误认识，从而形成偏食。

◎心理因素导致偏食。有的宝宝可能出现过吃某些食物遇到意外的情况，比如吃鱼被鱼刺刺伤过、吃菜被菜叶卡到过等，所以导致宝宝下次吃同类食物时会产生恐惧心理，从而拒绝吃这类食物。妈妈给宝宝添加辅食时应注意将食物处理得适合宝宝食用，慢慢让宝宝习惯进食，切不可强行喂食，否则会适得其反，加深宝宝的恐惧感，从而更加不爱吃此类食物。

◎特殊味道的食物宝宝不易接受。有的食物具有特殊气味，比如茴香、鱼、芹菜等，宝宝刚刚开始接触成人食物，对这些气味独特的食物很难适应，所以导致偏食情况。妈妈在烹调食物时应注意掌握一些窍门，使鱼、虾等海鲜的腥味去除掉，这样宝宝就能慢慢接受了。

◎有的宝宝爱吃肉，不爱吃蔬菜，这是饮食习惯决定的。妈妈可尝试把菜切碎和肉一起做馅，给宝宝做馅饼、饺子、包子等食物，然后慢慢减少馅料中肉的比例，使宝宝逐渐过渡到爱吃蔬菜。

◎家庭菜单过于单调。现代人生活总是忙忙碌碌，以至于回到家里常常每餐只做一种菜，长此以往宝宝就熟悉这几种味道，对其他味道的食物就很难接受。妈妈要注意给宝宝增加全面的食物，以避免宝宝偏食。另外，家长的纵容也是导致宝宝偏食的重要原因。如果宝宝爱吃肉，妈妈就总是给他做肉类食品，而且在食用量上不予限制，任由宝宝想吃多少就吃多少，慢慢就会导致宝宝偏食现象更为严重，而且难以纠正。

◎妈妈在给宝宝做辅食时添加了刺激性强、味道特殊的食物，如葱、蒜、辣椒、姜、臭豆腐等，有的孩子不能接受。这种情况不能视为偏食，刺激性食物对宝宝来说较难接受，尤其是味觉尚未发育完全的小宝宝不宜进食。

宝宝偏食的危害

● 营养不良

全面而丰富的营养是保证宝宝健康成长的前提，如果宝宝偏食某几种食物就会导致体内营养失衡，甚至引发营养不良。蛋、奶、鱼、肉、蔬菜、水果、谷类中的营养各有侧重，宝宝只有全面摄取这些食物才能保障身体所需的营养，如果宝宝偏食其中的几类，就会导致营养失衡，影响宝宝的生长发育。

● 易患皮肤疾病

如果宝宝偏食，很可能导致体内维生素摄取不足，如果体内缺乏维生素A，就会引起皮脂腺和汗腺萎缩，出现毛发干枯、皮肤无光泽、毛囊丘疹、指甲脆而易断等现象；如果体内缺乏维生素B_6，会引起皮肤发红、油脂和皮屑增多等皮炎症状；如果体内缺乏维生素B_2，容易引发口角炎、舌炎和唇炎。

● 影响宝宝发育

偏食的宝宝会导致碳水化合物、蛋白质和脂肪等营养素摄入失衡，从而影响他的身体发育，出现体重偏轻、身高增长较慢等现象。研究显示，偏食宝宝的低体重发生率是饮食正常宝宝的2倍。另外，偏食还会影响宝宝的智力发育，宝宝容易出现注意力不集中、智力发育缓慢等现象。

● 抵抗力差，易生病

偏食宝宝由于饮食不均衡，所以不能很好地从食物中获取营养来提高自身的免疫力，因而更容易生病，经常会出现感冒发烧、腹痛腹泻等症状。另外，偏食宝宝也容易患贫血、佝偻病等营养缺乏的相关疾病。

● 影响宝宝性格发育

很多食物对宝宝的性格发展能起到重要的作用，如果宝宝偏食，营养不平衡很可能导致宝宝形成极端性格。研究表明，幼儿时期营养不良的宝宝与营养状况良好的宝宝相比，更容易出现攻击性行为。此外，妈妈经常用强制手段吓唬、逼迫宝宝吃东西的行为，不但不能纠正宝宝偏食，还会导致宝宝出现逆反心理，长此以往也将影响宝宝的性格发育。

纠正宝宝偏食的方法

● 家人在用餐时不要有饮食偏好

如果想纠正宝宝偏食，妈妈首先要放弃自己的饮食偏好，不要自己喜欢吃的食物经常做、自己不爱吃的就很少做或不做。在选择食物时要尽量丰富，肉鱼蛋奶类、豆类、五谷根茎类、蔬果类及油脂类都要食用。而且在用餐时即使有自己不爱吃的食物，也不要表现出来。要知道，宝宝很会察言观色，家人的饮食习惯很可能会直接影响宝宝的喜好，不要让宝宝从你那里"遗传"偏食。

● 制造良好的用餐氛围

很多家长都有这样的困惑，宝宝在吃饭的时候总是跑来跑去，一会儿去看下电视，一会儿去拿个玩具，总是不能专心吃饭。这种情况破坏了进餐气氛，而且容易导致宝宝吃不饱。妈妈应该注意将用餐时间和地点固定，并在吃饭时候不要开电视或者做其他事情，以免分散宝宝的注意力，导致宝宝不专心吃饭。

宝宝和家人一起用餐的过程就是他习惯养成的过程，家长一定要以身作则，在吃饭时候不要去做别的事情，并注意教宝宝正确的用餐礼仪。另外，在宝宝吃饭的时候不要给予零食，也不要为了让宝宝吃某种他不爱吃的食物就拿零食"诱惑"宝宝，比如，宝宝吃一口胡萝卜就许诺奖励他一颗糖果，这样会使宝宝产生胡萝卜不如糖果好吃的印象，从而导致偏食现象更严重。而且宝宝由于总是惦记着零食，也容易忽略正餐，对宝宝的健康不利。

● 利用宝宝的好奇心

如果餐桌上出现宝宝不喜欢吃的食物，那么妈妈不要急于强迫宝宝进食，以免使宝宝对食物

★ 和谐的用餐氛围能促进宝宝食欲。

产生抗拒心理。家人可以示范给宝宝看，吃一口并表现出很美味的样子，和家人交流一下吃起来多么好吃，以此来勾起宝宝的好奇心。发现宝宝对食物产生兴趣之后，鼓励宝宝也尝试一下。几次之后，宝宝就能慢慢习惯这种食物了，从而达到纠正偏食的目的。

● 每餐的菜品不要太多

妈妈在准备饭菜的时候要注意，每餐的菜品不宜过多。如果菜品过多，很容易导致宝宝只选择自己喜欢的菜吃，而宝宝的胃口又很小，吃一点就容易饱，如果妈妈每餐都提供很多菜品，就更容易使宝宝拒绝吃不喜欢的食物。妈妈每餐准备两三道菜即可，最好是一道宝宝以前很喜欢的菜配合一道宝宝不喜欢的菜，再尝试着给宝宝添加一种他还没有尝过的菜。这样既能给宝宝选择的机会，又能有效避免宝宝偏食。

● **控制宝宝点心和零食的食用量**

许多宝宝经常吃点心或零食，等到了正餐时候往往已经吃饱了，影响正餐的进食。妈妈要控制宝宝点心和零食的进食量，因为它们其实是为了弥补正餐营养的不足而给宝宝添加的，而不是代替正餐。所以妈妈要控制宝宝点心和零食的食用量，尤其是在进餐前一个小时之内最好不要给宝宝吃，否则会严重影响宝宝正餐时的进食欲望，导致宝宝偏食现象更为严重。

● **给单调的菜品来点新花样**

妈妈在做菜时候不妨来点巧妙构思，把菜做得更有创意，试着打破常规的搭配方法及烹调手法，注意颜色搭配，这样可以勾起宝宝的好奇心及探索欲望，有增强宝宝食欲的功效。

改变食物的外观

如果之前宝宝吃了胡萝卜炖羊肉，他不喜欢吃里面的胡萝卜，妈妈可尝试将胡萝卜切碎做馅或者与其他水果榨汁给宝宝喝。妈妈还可以用可爱的模型将胡萝卜切割成不同的形状，然后再跟其他食物一起烹调，这样宝宝就会爱上"千变万化"的食物了。

变换食物的做法

如果宝宝不爱吃菜，妈妈可尝试将宝宝不爱吃的菜换一种做法。比如，宝宝不爱吃炒菠菜，但是很喜欢吃炒鸡蛋，那么妈妈不妨做个菠菜炒蛋，同样的食材运用不同的组合方式来增加宝宝对食物的新鲜感，并且在菜品的颜色和口味上稍作调整，这样可以提高食物对宝宝的吸引力，使宝宝更容易接受。

给食物来点创意

给菜品来点装饰，或者选用一些带有宝宝喜欢的图案的餐具，都能吸引宝宝的注意，使他喜欢做新的尝试。比如，在传统的蛋炒饭里加点西红柿酱和绿色蔬菜碎，红红绿绿的看上去就很有食欲；还可以将面包片用模具切割成可爱的动物形状，并用小西红柿或胡萝卜做眼睛来点缀。这些方法都能使宝宝的进餐过程变得更加有趣，从而也能增强宝宝的食欲，避免宝宝偏食。

● **让宝宝参与到做饭中来**

妈妈可以让宝宝参与到做饭中来，让他成为你的厨房小帮手。比如带宝宝去买菜，回来后让宝宝参与洗菜、择菜或者做完后让宝宝按自己的想法来摆盘，还可以在做菜时选择一些不影响菜品味道的步骤让宝宝参与进来，比如倒好调料的蔬菜沙拉，可以让宝宝搅拌均匀。这样，宝宝在参与做饭的过程中产生很大的成就感，为了给大人们展示自己的劳动成果，即使是他平时不爱吃的菜往往也会吃得很开心。这时候家长要给予适时的鼓励，以增加宝宝的进餐乐趣，从而有效纠正宝宝偏食。

● **寓"吃"于乐**

宝宝都喜欢做游戏或者听故事，妈妈可以利用宝宝的这一特性寓"吃"于乐。比如在进餐前给宝宝听儿歌："小白兔，白又白，爱吃萝卜和青菜……"通过儿歌引导宝宝吃青菜。这样可以增加宝宝的进食乐趣，慢慢就可以纠正宝宝的偏食现象。

宝宝大多都会出现偏食现象，妈妈不必过于担心，只要按着上面所讲的方法予以调整和纠正，相信宝宝很快就会适应全面而丰富的饮食健康长大了。

宝宝5种挑食、偏食情况巧应对

不爱吃蔬菜时

蔬菜对宝宝的生长发育十分重要，妈妈一定要培养宝宝养成爱吃蔬菜的习惯。

● 蔬菜对宝宝的好处

◎蔬菜中含有丰富的钙、铁、锌等矿物质，钙是宝宝骨骼和牙齿发育的主要物质，还可预防佝偻病；铁能促进血红蛋白的合成，能刺激体内红细胞的发育，防止宝宝食欲不振、贫血。另外，蔬菜多为碱性食物，可与酸性食物中和，具有调整体液酸碱平衡的作用。

◎蔬菜中含有丰富的维生素C和胡萝卜素，还含有维生素B_1、维生素B_2及烟酸、维生素P等营养物质。维生素C能预防坏血病，尤其是绿叶蔬菜；维生素A可促进宝宝视觉发育，防止宝宝患夜盲症。

◎蔬菜中含有丰富的纤维素，能刺激胃肠蠕动，增加食物的消化，有助于宝宝吸收食物，促进身体代谢，防止宝宝发生便秘。

● 烹调蔬菜的注意事项

选购时令、无污染的蔬菜

给宝宝做蔬菜时要选择新鲜时令的蔬菜，不宜选择反季节蔬菜。反季节蔬菜是温室栽培的，其营养价值不如新鲜时令蔬菜高，口味也差一些。

还可适当给宝宝食用一些野外生长或人工培育的蔬菜，这些都没有被农药污染，非常安全。另外，块茎状蔬菜如土豆、芋头、胡萝卜、藕、冬笋等都很少用农药，可放心给宝宝食用。

注意蔬菜的清洗

很多蔬菜都会有残留农药，为了避免给宝宝带来伤害，妈妈应重视蔬菜的清洗。能去皮的就尽量去皮，不能去皮的蔬菜仔细清洗，在清洗时把蔬菜先放在清水里浸泡30分钟，让农药充分溶解在水里，然后再用流动的水反复冲洗，可有效去除残留农药。

多吃深颜色的蔬菜

一般而言，颜色较深的蔬菜营养价值更高，绿色蔬菜优于黄色蔬菜、黄色蔬菜优于红色蔬菜。深绿色的新鲜蔬菜其维生素C、胡萝卜素及无机盐含量都较高，胡萝卜素在橙黄色、黄色的蔬菜中含量较高。但不同颜色的蔬菜所含的营养成分也不同，并不是说一种蔬菜所有的营养成分都高于另一种蔬菜。所以妈妈在给宝宝准备蔬菜时，适当选择颜色较深的更好，但也要注意多种蔬菜合理搭配，使宝宝能全面吸收不同的营养，这样才能健康成长。

● 让宝宝爱上蔬菜的妙招

培养宝宝对蔬菜的兴趣

妈妈应注意培养宝宝对蔬菜的兴趣，可让宝宝参与到择菜、洗菜、做菜的过程中来，让宝宝对做出来的菜有成就感，宝宝就会对菜更有兴趣尝一尝。

宝宝表现好时给予鼓励

对宝宝不爱吃或从未吃过的蔬菜，只要宝宝吃了一点就要给予及时的鼓励，这样会增加宝宝进食蔬菜的信心。然后慢慢鼓励宝宝增加进食量，由此让他彻底喜欢上蔬菜。

发挥"饮食榜样"的作用

宝宝有很强的模仿欲和表现欲，尤其是对他感兴趣的人所做的事情，他都想亲自试一试。如果宝宝特别喜欢邻居家的小哥哥，不妨把他请到家里来做客。宝宝看到自己喜欢的小哥哥很爱吃蔬菜，为了讨人欢心即使自己不是很喜欢吃也会表现得比平时爱吃，如果得到他人的表扬，他还会吃得更加津津有味。

找到替代蔬菜

如果宝宝短时间内无法接受某种蔬菜，哪怕是营养很高的蔬菜，妈妈也不必过分担心，可以用其他营养成分类似的蔬菜来保证宝宝的营养需要。比如，不肯吃胡萝卜的宝宝可以给他吃富含胡萝卜素的菜花、豌豆苗、油麦菜等。要让宝宝在吃蔬菜时保持愉快的心情，这对培养他们热爱蔬菜的感情十分重要。

推荐宝宝营养食谱

牛肉蔬菜燕麦粥（适合1岁以上的宝宝）

材料： 牛肉50克，西红柿60克，大米50克，快煮燕麦片30克，油菜1棵

调料： 盐少许

做法： 1.将大米淘洗干净，先用冷水泡2个小时左右；将燕麦片与半杯冷水混合，泡3小时左右。

2.将牛肉洗干净，用刀剁成极细的蓉，加入盐腌15分钟左右。

3.将油菜洗干净，放入开水锅中汆烫一下，捞出来沥干水，切成碎末备用；西红柿洗干净，用开水烫一下，去掉皮和籽，切成碎末备用。

4.锅内加水，加入泡好的大米、燕麦片和牛肉，先煮30分钟。加入油菜和西红柿，边煮边搅拌，再煮5分钟左右即可。

鲜奶胡萝卜条 (适合1岁以上的宝宝)

材料：胡萝卜3根，青豆50克

调料：油、盐、面粉、牛奶、胡椒粉各适量

做法：1.胡萝卜去皮洗净，切长条。

2.胡萝卜条放入加了盐的水中煮软；青豆用沸水焯烫至熟。

3.油锅烧热，放入面粉炒出香味，加牛奶搅拌均匀，放入盐、胡椒粉煮成白汁。

4.将胡萝卜条、青豆放入味汁中，翻炒入味即可。

珍珠南瓜 (适合2岁以上的宝宝)

材料：熟鹌鹑蛋10个，南瓜200克，姜片适量

调料：油、盐、鸡精、白糖、水淀粉、香油各适量

做法：1.熟鹌鹑蛋去壳；南瓜去皮、籽，洗净切块。

2.油锅烧热，放入姜片煸香，下熟鹌鹑蛋、南瓜块，加盐翻炒至南瓜块熟。

3.加鸡精、白糖调味，用水淀粉勾芡，淋上香油即可。

上汤娃娃菜 (适合2岁以上的宝宝)

材料：娃娃菜250克，葱丝、姜丝、红椒丝各少许

调料：油、鸡高汤、盐、水淀粉、鸡精各适量

做法：1.娃娃菜改刀，每棵从根部向叶部纵切成6条，根部不要切断。

2.油锅烧热，加葱丝、姜丝炒香，加入鸡高汤烧开，放入娃娃菜煮至菜软，加盐调味。

3.娃娃菜捞出装盘。红椒丝放入汤中煮1分钟，加鸡精调味，用水淀粉勾芡，然后浇在娃娃菜上即可。

小黄瓜胡萝卜柠檬汁 (适合1岁以上的宝宝)

材料：小黄瓜1根，柠檬30克，橙子半个，胡萝卜250克

调料：蜂蜜适量

做法：1.小黄瓜洗净，去掉头尾，切成细条；柠檬洗净切片；橙子洗净切碎；胡萝卜洗净切片。

2.将小黄瓜、胡萝卜片、柠檬片、橙子碎一同放入榨汁机中，待汁液完全榨出时，注入准备好的玻璃杯中。

3.用适量的蜂蜜调味即可。

不爱吃水果时

水果口味酸甜，富含营养，是非常适合宝宝食用的营养食物，妈妈一定要注意给宝宝多吃水果，对宝宝的健康成长十分有好处。

● 最适合宝宝食用的4种水果

苹果

◎营养功效：苹果具有生津解渴、开胃、润肺止咳的功效。因此，在宝宝出现消化不良、口干舌燥、食欲不振等状况时给宝宝吃一些苹果，可起到健身、防病、缓解不适的作用。苹果富含锌及蛋白质，宝宝常吃可以增强记忆力，提高智力。另外，苹果富含纤维物质，对宝宝便秘有非常好的辅助治疗作用。

◎食用方法：宝宝消化不良时给他吃熟苹果泥，其中含具有收敛作用的鞣酸、果胶等物质，能够吸收肠毒素，从而达到止泻作用。在宝宝排便不通畅时可生食苹果，有促进通便的功效。当宝宝咳嗽时给宝宝喝现榨的苹果汁，有润肺止咳的功效。

香蕉

◎营养功效：香蕉中钾的含量很高，对心脏和肌肉功能都有益。另外，香蕉润肠通便的功效十分显著，是妈妈经常给便秘宝宝吃的水果。需要提醒妈妈的是，不要短时间内让宝宝吃太多香蕉，尤其是脾胃虚弱的宝宝，否则会引起恶心、呕吐、腹泻等不适症状。

◎食用方法：可以将香蕉做成泥糊给小宝宝吃，1岁以上的宝宝可以让他自行拿食，每天两次，一次一根即可。

哈密瓜

◎营养功效：哈密瓜含有苹果酸、果胶、维生素、钙等营养物质，其铁含量较高，对预防宝宝贫血很有效。

◎食用方法：哈密瓜果肉稍硬，牙齿发育成形的宝宝可以用勺挖取果肉喂食，还能有效锻炼宝宝的咀嚼能力，促进牙齿发育。

梨

◎营养功效：梨味道鲜美，富含糖、蛋白质、脂肪、碳水化合物及多种维生素，具有助消化、润肺止咳、退热解毒、利尿通便的功效，十分适合热性体质的宝宝食用。

◎食用方法：月龄较小的宝宝可以煮梨水给他喝，稍大一点就可以取干净的果肉给宝宝自己拿食。2岁以上的宝宝就可以直接食用了，注意要把梨核去掉，以免卡住宝宝。

● 给宝宝食用水果的注意事项

注意食用时间

水果含糖量较高，因此在宝宝刚刚进食完食物后不宜食用，否则很容易导致宝宝胀气，引发便秘。另外，餐前也不宜给宝宝食用水果，因为宝宝胃容量很小，如果餐前食用就会占据胃的空间，导致宝宝正餐进食很少，影响营养的摄取。给宝宝食用水果的最佳时间是两餐之间，或是中午午睡醒来后。

根据宝宝体质选择适合的水果

妈妈要根据宝宝的体质与身体状况选择适合宝宝的水果。热性体质的宝宝有舌苔厚、便秘等症状，适宜食用寒凉性水果，如梨、西瓜、香蕉、猕猴桃等，具有去火的功效；秋冬季节天气干燥，宝宝易患咳嗽、感冒等呼吸系统疾病，吃些具有疏通经络、消除痰积功效的水果十分有效，如梨、柑橘等。

食用水果要适量

水果虽然对宝宝身体好处多多，但也不是食用得越多越好，应控制宝宝的食用量。

◎西瓜。宝宝要适量食用西瓜，尤其是脾胃虚弱、经常腹泻的宝宝。西瓜性寒，食用太多会使脾胃的消化能力减弱，还会引起腹痛、腹泻等不良症状。

◎荔枝。宝宝如果吃太多荔枝不仅会影响宝宝正餐进食量，还使宝宝易出现头晕目眩、面色苍白、四肢无力等现象。

◎柿子。宝宝过量食用柿子，尤其是和红薯、螃蟹一起食用时，会使柿子里的柿酚、单宁和胶质在胃内形成不能溶解的硬块，引发宝宝便秘。如果硬块不能及时排出体外，还会使宝宝出现胃部胀痛、呕吐及消化不良等症状。

忌用菜刀切水果

菜刀经常接触肉、鱼、蔬菜等食材，上面很可能带有寄生虫或寄生虫卵，如果用来切水果便会将它们带到水果上，使宝宝感染寄生虫病。

宜选择熟透的水果

为宝宝选择水果时应选择完全成熟的，未成熟的水果比较坚硬，成熟的就比较柔软。未成熟的水果含酸及粗纤维较多，既没有成熟水果所具有的香味，还会刺激胃黏膜，影响宝宝的消化，对宝宝的健康不利。还有一些水果在未成熟时含有对人体不利的成分，如柿子在未脱涩前含有大量单宁，吃了会影响蛋白质的消化吸收，还会引起胃肠不适症状。因此，给宝宝选择水果要选择完全熟透的，未成熟的水果不宜给宝宝食用。

● 宝宝不爱吃水果的解决方案

◎把水果做出花样。妈妈可以开动脑筋，把水果切成各种不同图形，如心形、花形、三角形、正方形等，这样会使宝宝对水果更感兴趣。

◎混合搭配。可将酸、甜不同口味的水果搭配在一起给宝宝食用，这样可有效改变不同水果的特定口感，使宝宝更易接受。

◎做成沙拉。可将水果与胡萝卜、紫甘蓝、土豆（要煮熟）等蔬菜搭配在一起做成美味的沙拉，并变换沙拉酱的口味，宝宝会更喜欢吃。

★ 大一点的宝宝可以直接自己拿着香蕉吃。

不同月龄宝宝水果添加方案

4～6个月：每天喂少量稀释的果汁。

7～9个月：除了继续给宝宝喂稀释的果汁外，可适量给宝宝喂食果泥。

10～12个月：果汁、果泥、水果均可喂给宝宝吃。

1岁以上的宝宝：直接吃水果即可。

童大夫提醒

推荐宝宝营养食谱

猕猴桃蛋饼 <small>(适合1岁以上的宝宝)</small>

材料： 鸡蛋1个，牛奶50克，猕猴桃半个，酸奶半杯

调料： 油、白糖、盐各适量

做法： 1.鸡蛋磕入碗中，搅成蛋液，加入牛奶和盐搅匀；猕猴桃去皮，切成小块放入碗中，加入酸奶、白糖拌好。

2.将平底锅置火上，放油烧热，倒入蛋液，煎成饼，将鸡蛋饼折三折成长条状。

3.将鸡蛋饼摆入盘中，把拌好的猕猴桃放在上面即可。

糯米川贝梨 <small>(适合2岁以上的宝宝)</small>

材料： 水梨2个，川贝5克，糯米100克

调料： 油、白糖各适量

做法： 1.水梨洗净，去皮、核，切成小块，与川贝一起放碗内。

2.糯米洗净，放入碗内加适量清水，入蒸锅中蒸熟，加白糖与油拌匀。

3.蒸好的糯米倒入装水梨的碗内，加少许清水与白糖拌匀。

不爱吃米饭时

　　大米是我们大多数家庭的主食，也是宝宝离乳后的主要食品之一。对于宝宝来说，米饭不仅松软易咀嚼，更能为他们的成长提供丰富的糖类、植物性蛋白质、维生素等营养物质，是宝宝成长过程中重要的营养食物之一。

● **食用米饭对宝宝的好处**

易消化

　　大米在各种谷物当中是淀粉颗粒最小的，因此米饭吃起来柔软细腻，而且非常适合宝宝的肠胃，容易消化。很多宝宝刚添加辅食时对其他食物都不适应，但吃米粉却不会出现不良反应就是这个原因。

热量低

　　大米不管是做成米饭还是煮粥食用，按体积或重量来衡量，都是各种粮食中热量最低的。做普通的米饭时，米与水的比例是1:1.5，所以米饭的

含水量高达60%以上；如果是给宝宝做软饭，米与水的比例是1∶3；而做粥时米与水的比例是1∶8。同时，用大米做饭时不需要加入任何油脂，也不用加糖和盐，不会额外增加主食的热量。因此，大米既能为宝宝提供所需营养，又不会导致宝宝摄入过多热量，从而有效预防宝宝肥胖。

● **给宝宝选购大米有讲究**

按种类选米

◎有色大米。有颜色的大米中含有抗氧化物质——花青素，能提高宝宝的抗病能力。同时，有色大米中的微量元素含量明显高于白米，维生素也更加丰富。这些大米的颜色都在表皮部分，营养物质也大部分存在于表皮中，一般来说，米的颜色越深其营养价值就越高。

◎糙米。稻谷是由谷壳、果皮、种皮、胚乳和胚等部分构成，糙米就是只脱去谷壳的大米，表面粗糙且略带一点淡黄色。糙米带有米胚，米胚是米的营养精华部分，含有较多的维生素、锌、蛋白质、脂肪等营养元素，糙米的营养价值明显优于精制大米。

◎强化米。强化米是指在普通大米中添加营养素而制成的米。目前市场上的强化米主要是普通大米里添加维生素、矿物质及氨基酸制成的。强化米营养丰富，能弥补大米在加工过程中使营养流失的不足，能满足宝宝身体发育的需要，能有效预防宝宝患各种营养缺乏症，非常适合处于生长发育关键时期的宝宝食用。

按宝宝年龄选米

◎6～12个月宝宝。宝宝的消化系统尚未发育完全，消化能力很低，在给宝宝添加大米辅食的时候要以粥、米粉和膨化米食为主，注意要将辅食做得柔软、细腻，要充分加热煮透。可优先选择强化米。

◎1～2岁宝宝。此阶段宝宝的牙齿咀嚼能力增强，可以吃软饭，也可以吃添加部分糙米的米粥了。注意糙米较难煮烂，给宝宝煮粥时应先用高压锅煮烂，然后再熬成粥给宝宝食用。

◎2～3岁宝宝。这个阶段的宝宝牙齿已经十分有力，咀嚼能力更强，可以吃米饭了，优先选择黑米、紫米、红米等有色米。这些米富含膳食纤维，对促进宝宝的牙齿发育很有好处，还能有效预防宝宝便秘。

● **宝宝米食烹调要点**

少淘米

妈妈在做米饭前一般都是先用水淘米，而B族维生素易溶于水，又分布在米的表面部位，所以淘米很容易导致营养成分流失。现在市面上有一种免淘米，妈妈可为宝宝选择此类大米，直接下锅，不需要淘洗。

先将米泡一下

像糙米等没有精磨过的大米都很硬，煮起来很慢。妈妈在给宝宝做此类米食时可以先将米浸泡，再煮米就容易烂。需要提醒妈妈注意的是，泡米的水不能扔掉，要下锅跟米一起煮，保证营养成分不流失。

咸粥宜少食

宝宝肾脏功能尚不健全，不能排出身体多余的钠。如果常给宝宝喝皮蛋粥、瘦肉粥等咸粥，会使宝宝摄入过多的盐分，从而很容易导致宝宝养成重口味的不良饮食习惯，还会给宝宝的肾脏造成负担，不利于宝宝的身体健康。

● 让宝宝爱上米饭的巧妙搭配法

　　妈妈给宝宝做粥或米饭时，可将大米与小米、红豆、绿豆以及一些蔬菜等一起食用，可以有效提高其营养价值，而且还会丰富食物的口味，宝宝就会更爱吃。还可以在做米类食品时加一些坚果，不仅使营养升级，而且粥的香气更浓，能有效增加宝宝的食欲，让宝宝爱上吃米饭。下面就给妈妈推荐几种常用搭配，不妨做给宝宝试试。

　　◎大米+绿豆。做成绿豆粥或绿豆饭，非常适合在夏天给宝宝食用，具有清热解暑的功效。绿豆性凉，具有清热解暑、润喉止渴、利水消肿等作用，可以有效预防和治疗宝宝中暑或发热、口渴、烦躁等症。

　　◎大米+燕麦。做粥食用。燕麦的粗纤维及不饱和脂肪酸含量很高，可以强健宝宝的心脑血管，还能有效预防宝宝便秘。

　　◎大米+薏米。熬粥或做饭。薏米的蛋白质含量高达18.7%，所含的淀粉易溶于水，容易被宝宝消化吸收。非常适合脾胃虚弱、食欲不振、经常腹泻的宝宝食用。

　　◎大米+红薯。做成米饭或粥给宝宝食用。红薯具有补虚乏、健脾胃、强肾虚的功效。红薯中含有较多的淀粉和纤维素，进入宝宝体内后能在肠内大量吸收水分，能有效预防宝宝便秘，还有助于防止血液中胆固醇的形成，有利于宝宝的心脏健康。

　　◎大米+芋头。做成芋头饭给宝宝食用。芋头质地细软，易消化，具有通便、益胃、解毒的作用，非常适合胃肠功能不佳、大便秘结的宝宝食用。不过，芋头的淀粉含量较高，过量食用会使宝宝出现胀气，应注意适量。

推荐宝宝营养食谱

木耳红枣粥（适合1岁以上的宝宝）

材料：大米、红枣各100克，黑木耳50克

调料：冰糖适量

做法：1.大米淘洗干净，浸泡30分钟。
2.黑木耳放入温水中泡发，择去蒂，除去杂质，撕成瓣状；红枣洗净去核。
3.将所有材料放入锅内，加水适量用大火烧开，然后转小火炖至黑木耳软烂、大米成粥后，按宝宝口味加适量白糖即可。

茯苓香菇饭（适合3岁以上的宝宝）

材料：茯苓15克，香菇15克，油豆腐50克，大米300克

调料：料酒、盐、酱油各适量

做法：1.茯苓研末；香菇泡发切丝；油豆腐切丁。
2.大米洗净放锅中，加适量水、料酒、盐、酱油，再放入香菇丝、油豆腐丁、茯苓粉，与米混合。
3.用大火煮沸至水将收干，改为小火焖煮至饭熟，搅匀即可。

鳕鱼香菇菜粥 _{（适合1岁以上的宝宝）}

材料：鳕鱼1小块，香菇1朵，油菜少许，大米粥半碗

调料：油、盐各适量

做法：1.将鱼洗净，切碎，加入少许盐和油拌匀，放入微波炉加热1分钟即熟。

2.将香菇和油菜分别洗净，放入碗里，加入适量水，在微波炉里加热2分钟，至鲜软，切碎。

3.将鱼泥和菜泥一起放到粥里搅拌均匀，微波炉加热2分钟至滚熟即可。

不爱吃肉时

肉类能为人体提供优质蛋白质和必需的脂肪酸，有增强体力的作用。不过大部分肉类都不太好咀嚼，所以导致很多宝宝不爱吃肉。妈妈可通过以下几种方法来让宝宝慢慢爱上肉类食物，以保证宝宝获得充足的营养，健康长大。

● 肉要适合宝宝的年龄

给宝宝做肉类食物应选择质地较嫩的肉，如里脊肉、鸡翅肉、鱼腩肉等。另外，妈妈要根据宝宝不同年龄把肉做成适宜宝宝食用的性状。1岁以下的宝宝可少量给予肉汤、肉末和肉泥；1岁以上到2岁的宝宝多半已经长牙，咀嚼能力增强，就不必再弄成肉泥了，可适量给予碎肉，不但能补充营养，还能锻炼宝宝的咀嚼能力；2岁以上到3岁的宝宝咀嚼能力更强，可以给予肉丝、肉片。宝宝过了3岁，就可以和大人一起进餐了。

● 注意荤素搭配

要让宝宝喜欢吃肉，注意荤素搭配是让宝宝爱上肉食的一个好方法。单调的肉，配上色彩鲜艳的蔬菜或水果，既可改善菜的外观，又可使营养更全面。如将白色的鸡肉和红色的胡萝卜都切成丝一起炒，红白相间，宝宝看着就有食欲；比如将甜椒掏空，里面装上肉馅，做成美味又营养的酿甜椒，能勾起宝宝进食的欲望。

另外，妈妈要经常变换肉的种类，不要总是用猪肉给宝宝炒菜，还应适当添加猪肝、鱼肉、鸡肉等，而且要尽量减少猪肉在肉食中的比例，对于小宝宝来说，鲜嫩易消化的鱼肉才是最佳选择。

● 改善烹调方法

现在家庭食肉的方法以炒为主，对于小宝宝来说，肉食最佳的烹调方法是蒸和炖。妈妈可适当调整烹调方法，多采用蒸、炖的方式给宝宝做肉吃，偶尔为了改善口味，可给宝宝做烤、炸的肉食，但切记不要太频繁，只是偶尔勾勾宝宝的食欲即可。

推荐宝宝营养食谱

菠萝炒鸡片 (适合2岁以上的宝宝)

材料：鸡胸肉100克，菠萝、豆苗各50克，黄瓜、红甜椒各10克

调料：油、白糖、西红柿酱、料酒、醋、盐、水淀粉、香油各适量

做法：1.鸡胸肉、菠萝、黄瓜、红甜椒分别洗净切片，鸡胸肉加少许料酒、水淀粉腌10分钟。

2.油锅烧热，放入黄瓜片、红甜椒片、菠萝片炒香，调入白糖、西红柿酱、醋、盐炒至金红色。

3.加入腌好的鸡片、豆苗翻炒均匀，用水淀粉勾芡后翻炒至熟，淋上香油即可。

豆苗鸡蓉片 (适合2岁以上的宝宝)

材料：鸡胸肉250克，豆苗50克，蛋清2个，葱段、姜片各适量

调料：油、料酒、高汤、盐、香油、水淀粉、白糖各适量

做法：1.豆苗洗净；鸡胸肉剁成蓉，加料酒、高汤拌匀，再加蛋清搅拌成糊，加少许盐和水淀粉拌匀。

2.油锅烧热，慢慢倒入鸡蓉糊，拖成片状，待鸡蓉片凝白浮起时，捞出控油。

3.锅内留余油烧热，加葱、姜煸香，拣除葱、姜，加高汤、盐、白糖、豆苗、鸡蓉片烧开，撇去浮沫，勾薄芡，淋上香油即可。

香芹牛肉丝 (适合3岁以上的宝宝)

材料：牛肉200克，芹菜100克，红甜椒50克，姜丝适量

调料：油、豆瓣酱、酱油、料酒、鸡精、白糖、醋、盐各适量

做法：1.牛肉、芹菜、红甜椒分别洗净，切丝。

2.油锅烧热，放入牛肉丝炒至变色，加入豆瓣酱、酱油用小火翻炒入味。

3.待牛肉快熟时放入芹菜丝、红甜椒丝、姜丝翻炒均匀，加入料酒、酱油、白糖、盐、鸡精、醋翻炒入味即可。

不爱吃鱼时

鱼肉营养丰富，所含的蛋白质易被人体吸收，对于正处于生长发育阶段的宝宝来说十分有益。妈妈如果想要宝宝爱上鱼肉，就要注意选择适合宝宝的鱼类，并注意掌握科学的烹调方法，这样才能使宝宝顺利接受鱼肉。

● 选择适合宝宝食用的鱼类

海水鱼和淡水鱼都可以给宝宝食用，海水鱼含有丰富的DHA，对提高宝宝的记忆力和思考能力非常重要，但其油脂含量较高，宝宝消化功能尚未发育完全，有些宝宝食用后容易出现腹泻等消化不良症状。淡水鱼富含优质蛋白，油脂含量较少，易消化吸收。但是淡水鱼大多刺小且细，难以剔除干净，容易伤着宝宝，妈妈在选购时应注意。推荐妈妈给宝宝食用带鱼、黄花鱼和三文鱼，鲈鱼、鳗鱼也是不错的选择。

◎三文鱼。三文鱼富含不饱和脂肪酸、维生素以及钙、铁、锌等营养物质，肉质细嫩，口感爽滑，非常适合宝宝食用。

◎带鱼。带鱼DHA和EPA的含量高于淡水鱼，还含有丰富的卵磷脂，补脑效果更佳。而且，带鱼味道鲜美，小刺少，可有效降低宝宝被鱼刺卡喉的危险。

◎黄花鱼。黄花鱼营养丰富，富含蛋白质、钙、磷、铁等多种营养成分，而且鱼肉组织柔软，更易于宝宝消化吸收。而且黄花鱼肉没有碎刺，更适合宝宝食用。

● 烹调方法有讲究

很多宝宝不爱吃鱼可能开始是因为他还不习惯鱼的味道，但等添加几次之后还不喜欢，妈妈就要从自身找原因了。为了让宝宝爱上吃鱼，妈妈要掌握鱼的不同烹调方法，最好能蒸、煮、炖样样都会，偶尔可采用油炸、煎、烤等方法来给宝宝调剂一下口味。还可以将鱼做成鲜嫩的鱼丸，吃起来比较安全且味道鲜美。另外，给宝宝做鱼时可添加蔬菜作为配菜，既能增加菜的营养还能丰富口味。炖鱼时，可以搭配冬瓜、香菇、萝卜、豆腐等。这些方法都能有效促进宝宝的食欲，使他爱上吃鱼。

推荐宝宝营养食谱

黄鱼小馅饼 (适合1岁以上的宝宝)

材料：黄鱼肉泥100克，牛奶50克，鸡蛋1个，葱末少许

调料：油适量，淀粉、葱末、盐各少许

做法：1.以上各料放入盆中搅拌成有黏性的鱼馅。
2.平底锅烧至温热时，放入少量油，把鱼馅制成小圆饼入锅煎至两面熟透。

清蒸三文鱼 (适合2岁以上的宝宝)

材料：挪威净三文鱼250克，青椒50克，葱、姜各适量

调料：料酒、西红柿酱、盐各少许

做法：1.将三文鱼去骨，切块，用刀剞十字花刀，花刀的深度为鱼肉的2/3；青椒洗净，切丝。
2.将三文鱼放入锅中，加入青椒、葱、姜、料酒、盐和适量水，清蒸至熟透，端出淋上西红柿酱即可。

06 宝宝健康成长的 **4个关键**营养方案

提升脑力

宝宝越吃越聪明的健脑益智方案

宝宝出生后大脑的发育非常迅速，为了促使宝宝的大脑发育，妈妈应该注意给宝宝多吃健脑食品，并注意饮食误区，使宝宝更聪明。

9大类健脑食材，让宝宝健康又聪明

● **鸡蛋**

鸡蛋是最家常的宝宝益智食品。鸡蛋富含优质蛋白，而且维生素B_1、维生素B_6、维生素B_{12}和叶酸的含量都很高，这些都是宝宝大脑和神经系统发育的重要营养成分。每天给孩子吃1~2个鸡蛋，能促进宝宝神经系统发育。

● **坚果**

常给宝宝食用核桃、芝麻、开心果、瓜子等坚果，可起到健脑益智的作用。坚果的不饱和脂肪酸含量很高，也含有B族维生素、铁等营养成分，十分适合宝宝身体发育的需要。其中核桃含有$\omega-3$不饱和脂肪酸，能为大脑提供充足的亚油酸、亚麻酸等小分子营养成分，具有净化血液、提高脑功能的功效，健脑作用也更为明显。需要注意的是，坚果的热量很高，每天不要给宝

宝吃太多，只要坚持吃就会有成效。

● **鱼**

鱼是优质蛋白、$\omega-3$长链不饱和脂肪酸的主要来源，其所含的DHA对大脑发育具有非常好的促进作用，并具有提高脑细胞活性和增强宝宝记忆力的功效。鱼还含有牛磺酸，具有促进宝宝神经系统和视觉发育的功效。要注意的是，有些被污染的鱼类宝宝食用后容易引起过敏，所以要给宝宝选择新鲜、安全的鱼食用。

● **瘦肉**

瘦肉能为宝宝提供身体发育所需的优质蛋白、B族维生素和铁，也含有少量磷脂，对提高宝宝的记忆力很有好处。

● **豆及豆制品**

豆类是蛋白质和B族维生素的良好来源，是宝宝所需的优质蛋白和8种必需氨基酸的重要来

源，这些物质都具有增强脑血管机能的功效。另外，豆类也含有卵磷脂、丰富的维生素及矿物质，特别适合大脑快速发育的宝宝食用。尤其是含有不饱和脂肪酸的大豆，健脑作用尤其明显。

● 奶及奶制品

奶类食品能为宝宝提供优质蛋白、丰富的B族维生素，还能为宝宝补充大量的钙。不但具有促进宝宝大脑发育的功效，还能为宝宝补钙，可谓一举两得。

● 深色绿叶菜

深色绿叶菜富含维生素，尤其是维生素B_6和维生素B_{12}的含量最高。蛋白质食物进入人体后经过新陈代谢会产生一种名为类半胱氨酸的物质，这种物质如果含量过高就会引起认知障碍，而且类半胱氨酸一旦氧化，就会对人体动脉血管壁产生毒副作用，而维生素B_6和维生素B_{12}可以有效预防类半胱氨酸氧化，对促进宝宝的认知发育十分有益。

● 水果

有些水果具有提升宝宝智力的作用，如，香蕉能帮助大脑制造血清素，刺激神经系统的发育；苹果富含锌，能增强记忆力，使大脑更灵活。

● 大蒜

葡萄糖是大脑活动所需能量的主要来源，如果要使葡萄糖发挥应有的作用，就需要摄入丰富的维生素B_1。大蒜可以和维生素B_1产生一种叫"蒜胺"的物质，而蒜胺的作用要远比维生素B_1强得多。因此，适当吃些大蒜可促进葡萄糖发挥功能，从而为宝宝的大脑补充足够的能量。

让宝宝更聪明的饮食方案

● 让宝宝"吃软不怕硬"

妈妈经常给宝宝吃较软食物的坏处不仅仅是影响宝宝的牙齿发育，更严重的还会影响宝宝的智力发育。宝宝咀嚼食物时会对大脑产生刺激，对促进宝宝的大脑发育十分有好处。咀嚼的动作还能使脑部血液量增加，从而促进大脑的发育。对于1岁以上的宝宝，不宜只是吃较软的食物，妈妈应该适量给宝宝一些有点硬度的食物，让宝宝"吃软不怕硬"，变得更加聪明。

● 少吃精米细面

精米和细面是人们生活中常食用的食品，然而其有益成分已经在加工过程中被破坏掉，剩下的大部分只是碳水化合物，而碳水化合物在体内只能起到"燃料"的作用。因此，宝宝应少吃精米细面，否则不利于大脑发育。

● 培养宝宝良好的饮食习惯

良好的饮食习惯能使宝宝加快熟练运用进食工具，也能有效锻炼宝宝的运动协调能力，对促进宝宝的脑部发育也有促进作用。

◎让宝宝自己用手拿着饼干、馒头片、瓜果条等吃，有锻炼宝宝手的灵活度、提高咀嚼能力、促进牙齿发育、刺激大脑发育的作用。

◎让宝宝练习自己用杯子喝水，用小碗喝汤。开始时妈妈可在一边辅助宝宝完成，逐渐过渡到宝宝独立喝水或喝汤。

◎给宝宝专用的吃饭位置和进餐工具，引导宝宝自己拿勺吃饭。在训练的过程中妈妈要有耐心，不可操之过急，也不要担心宝宝弄脏衣服，要尽可能鼓励宝宝。

◎少吃膨化食品。膨化食品中含有较多铅、

铝等有害金属物质，铝元素摄入过多会损害大脑功能，会影响思维、意识与记忆功能，引起神经系统病变，表现为记忆减退、视觉与运动协调失灵、脑损伤、智力下降。如果宝宝长期食用这类食品会严重影响他的大脑和身体发育。

● **影响宝宝脑发育的饮食误区**

豆腐吃得越多越好

众所周知，豆腐含优质植物蛋白，口感嫩软，既能促进宝宝大脑发育，又能补钙，所以妈妈认为给宝宝吃豆腐多多益善。其实这是错误的。豆制品虽然富含优质的植物蛋白，也很适合宝宝的胃口，但过量食用会使身体排泄过多的铁和碘，引起宝宝缺铁、缺碘，而这两种营养素的缺乏都会影响宝宝的智力发育。另外，豆腐缺少一种必需氨基酸，单独食用时蛋白质利用率不高，应与蛋类、肉类混合搭配食用才有利于蛋白质的吸收。

宝宝多吃饭就能健康又聪明

生活中很多妈妈都有这样的想法，那就是宝宝吃得多就是好事，吃得越多身体越好，也会长得更快，利于身体发育。殊不知，过于饱食会使大量的血液留存在胃肠道里，从而造成大脑相对缺血、缺氧，久而久之就会影响宝宝的大脑发育。而且，过于饱食还容易使血管壁增厚、血管腔变小，造成大脑供血减少，加剧大脑缺血、缺氧症状，使脑组织逐渐退化，对宝宝的大脑发育十分不利。

宝宝正是长身体的时候，需要大量吃肉、蛋类食物

各种肉、蛋类食物固然富含优质蛋白，是宝宝生长发育的必需营养，但也不能只给宝宝吃这类食物，否则会影响宝宝的智力发育。

另外，过多食用肉、蛋类食物自然会导致蔬菜、水果的摄入量减少，从而影响宝宝脑和神经功能，使宝宝出现爱哭闹、易烦躁、记忆力和思维能力较差的现象，严重的还会导致精神孤僻症。所以，给宝宝的饮食安排应将各种食物合理搭配，使宝宝均衡摄取多种营养素，避免影响宝宝的智力发育。

肥胖会影响宝宝的智力发育

宝宝肥胖会导致大量脂肪进入脑组织，挤压大脑沟回，并妨碍神经纤维增生和大脑沟回的形成。由此导致大脑皮质平滑，神经网络建立也较简单，形成"肥胖脑"。妈妈应给这类宝宝调整饮食结构，积极做有氧运动，减掉多余的体重。

童大夫提醒

推荐宝宝营养食谱

黄豆炖排骨（适合3岁以上的宝宝）

材料：黄豆250克，猪排骨500克，葱、姜各适量

调料：料酒、酱油、盐各适量

做法：1.将黄豆去杂，洗净，放入锅中煮熟；猪排骨洗净，砍成小块。

2.锅置火上，放入适量清水，加入猪排骨、葱、姜、料酒、酱油，大火烧沸后，加入盐、黄豆，改用小火炖至肉熟烂入味，盛大汤碗内即可。

金针小油菜片汤 （适合1岁以上的宝宝）

材料： 金针菇20克，猪心1个，小油菜50克

调料： 盐适量

做法： 1.猪心洗净对剖、小油菜洗净、金针菇去根，洗净备用。

2.将猪心放入沸水中焯烫，撇去血水，捞出洗净。

3.将焯好的猪心放入水中，先用大火后转小火煮约25分钟，取出切成薄片。

4.锅中加水，放入猪心片、金针菇、小油菜煮沸，加盐调味即可。

牛奶芝士花菜 （适合2岁以上的宝宝）

材料： 花菜200克，牛奶300毫升，乳酪100克，面包屑20克，香菜1棵

调料： 牛油、盐各少许

做法： 1.将花菜洗净，掰成小朵，用沸水焯一下，撒上盐，放进微波炉用高火加热6分钟。

2.将香菜和乳酪分别切末。

3.将烹好的花菜放入盘内，倒入牛奶，加面包屑、乳酪末、香菜末、牛油，放进微波炉用高火加热5分钟，冷却后即可。

滑蛋银鱼 （适合2岁以上的宝宝）

材料： 鸡蛋4个，小银鱼200克，韭菜薹、红甜椒末、姜片各适量

调料： 油、盐、酱油各适量

做法： 1.小银鱼焯烫、过油；韭菜薹洗净，切末；鸡蛋打散。

2.小银鱼、韭菜薹末、红甜椒末放碗中，加盐、姜片、酱油调味，搅拌均匀。

3.另起油锅烧热，倒入蛋液，加入做法2中的材料炒熟即可。

核桃炒鸡丁 （适合2岁以上的宝宝）

材料： 鸡胸肉100克，核桃50克，蛋清1个，姜、葱各少许

调料： 油、盐、淀粉各适量

做法： 1.鸡胸肉切成小丁，加入盐、蛋清拌匀后，再加上淀粉拌匀上浆待用。

2.姜去皮洗净，切成末；葱洗净，切成葱花；核桃肉装在碗里，加滚水浸泡5分钟，用牙签剔去外膜待用。

3.油锅置火上，烧至三成热，放入核桃肉，炸至呈浅黄色时，即捞出沥干油。

4.油锅重置火上，烧至五成热，下入姜末、葱花煸炒出香味，然后放入鸡丁，用勺滑散，鸡丁由血红变成玉白色即倒入核桃仁翻炒，最后加入盐调味即可。

眼部保健

让宝宝拥有好视力的营养方案

> 大脑83%的信息来自于视觉，因此良好的视觉可提高宝宝的注意力、记忆力及综合能力。因此，视觉发育良好的宝宝才能更聪明。妈妈一定要重视宝宝的视觉发育，在生活中注意安排能促进宝宝视觉发育的饮食，使宝宝更聪明。

7大类食物促进宝宝视力发育

● 富含DHA的食物

视网膜和大脑皮质内含有很多DHA，这说明DHA在视网膜和脑部发育上扮演着十分重要的角色。3岁以前是宝宝视力发育的最重要阶段，在这个时候给宝宝适量补充富含DHA的食物对他的视力发育很重要。可常给宝宝吃鲔鱼、鲭鱼、秋刀鱼等深海鱼类，尤其是眼窝部分，DHA含量更为丰富。

● 富含维生素A的食物

宝宝的眼睛正在发育中，妈妈在饮食上要注意给宝宝提供富含维生素A的食物。维生素A具有帮助视力形成、预防结膜和角膜干燥和退变的功效，对宝宝的视力发育很有好处。妈妈可多给宝宝吃猪肝、蛋黄、胡萝卜、菠菜、韭菜、青椒、橘子等食物，可有效保证宝宝摄入足够的维生素A，从而促进视觉发育。

● 富含维生素C、维生素E的食物

视觉是人类最重要最复杂的感觉，对宝宝的视觉保护应从婴幼儿开始，年龄越小，视觉发育越敏感。眼睛如果对光敏感，则易产生氧化的问题，而维生素C、维生素E具有防止氧化的作用，从而保护宝宝的视力，妈妈给宝宝补充富含维生素C、维生素E的蔬菜、水果、豆类等食品。需要注意的是，维生素C在热、碱环境下极易流失，所以在烹调蔬菜时最好用不锈钢锅来减少维生素C的流失。

● 富含钙的食物

钙具有促进神经肌肉兴奋的作用，如果宝宝缺钙，就会导致眼肌处于高度紧张状态，由此增加眼球的压力，从而影响视力发育。所以，妈妈在宝宝饮食上应多提供豆类、奶类、瘦肉、蛋类、鱼虾等富含钙的食物。

● 富含维生素B_2的食物

维生素B_2与糖类热量的新陈代谢有关，如果宝宝摄取过多糖分，很容易导致体内维生素B_2不足，引发眼睛畏光、眼膜发痒等症状。所以妈妈应控制宝宝摄取糖分的量，适量增加富含维生素B_2的食物，对视力保健十分有益。可给宝宝多食用牛奶、奶酪、蛋类、肝脏等食物。

● 富含铬的食物

宝宝体内的铬含量下降时，会使胰岛素的作

用降低，血浆的渗透压上升，导致眼部晶状体和眼房内渗透压发生变化，引发晶状体变凸、屈光度增加等眼部问题。妈妈应注意给宝宝添加糙米、玉米、红糖等含铬食物，对宝宝的视觉发育很有好处。

● 富含叶黄素的食物

叶黄素是类胡萝卜素的一种，它会聚积在视网膜上的黄斑部，而视网膜及黄斑部负责感受影像、精细视觉与清晰度、辨别色彩、阅读识字等工作，对宝宝的视觉发育十分关键。如果视网膜及黄斑部缺乏叶黄素就会影响视力发育，严重的甚至会导致失明。妈妈要注意让宝宝摄取蔬果、深绿色蔬菜等食物来补充叶黄素，才能让宝宝眼睛更加明亮，有效预防近视。

呵护宝宝视力的饮食方案

◎ 各种食物均衡摄取。妈妈要为宝宝提供丰富而全面的食物，以避免宝宝偏食而导致眼睛睫状肌的调节能力降低，影响视力发育。妈妈要合理安排宝宝的饮食，注意各种食物均衡摄取，才有利于宝宝的视力发育。

◎ 少吃甜食及高脂肪食物。高脂肪的食品有损宝宝的视力，过量吃甜食也会导致宝宝视力发育不良。人体的糖类代谢需要维生素B_1来辅助，糖分摄取过多就会造成体内缺乏维生素B_1，影响视神经的健康。因此妈妈要控制宝宝高脂肪食物及甜食的进食量。

推荐宝宝营养食谱

苹果色拉 （适合1岁以上的宝宝）

材料：苹果1/4个，橘子数瓣，葡萄干适量

调料：酸奶酪、蜂蜜各适量

做法：1.把洗净的苹果去皮后切碎；橘子瓣去皮、核后切碎；用温开水把葡萄干泡软后切碎。

2.将苹果末、橘子末和葡萄干末一同放入小碗内，加入酸奶酪和蜂蜜，搅拌均匀后即可食用。

香芋豆皮卷 （适合2岁以上的宝宝）

材料：香芋250克，豆腐皮2张，海米30克

调料：西红柿酱、醋、盐、鸡精各适量

做法：1.香芋洗净煮熟；豆腐皮洗净，切成长10厘米、宽4厘米的长方形。

2.香芋揉成泥，加盐调味，用豆腐皮包卷好，码放入盘。

3.将海米用温水洗净，与西红柿酱、醋、盐、鸡精搅匀，做成调味汁淋在包好的香芋豆皮卷上。

椰汁四蔬 (适合2岁以上的宝宝)

材料： 西兰花、菜花、玉米笋、茄子各50克

调料： 油、盐、白糖、椰汁、淡奶、面粉、素高汤各适量

做法： 1.将水烧开，放入适量油、部分盐再次煮滚；西兰花、菜花均掰成小朵，与玉米笋一起放入滚水中焯烫至熟，捞出过冷水，沥干水分。

2.茄子洗净切片蒸熟。

3.热油炒面粉，加入素高汤慢火搅匀，再加入盐、白糖、椰汁、淡奶，煮滚即离火，淋在鲜蔬上，放入烤箱烤至表面呈金黄色即可。

炒全素 (适合3岁以上的宝宝)

材料： 香菇、黄瓜、胡萝卜、西红柿、西兰花各30克，姜片适量

调料： 油、盐、鸡精、水淀粉、鸡汤各适量

做法： 1.香菇去蒂洗净，切片；黄瓜、胡萝卜洗净，切小段；西红柿洗净，放沸水中烫一下，捞出后去皮，切菱形片；西兰花掰成小朵，洗净。

2.锅内加水烧开，放入所有材料和姜片焯烫一下，沥水装盘，挑出姜片。

3.油锅烧热，将焯烫好的材料全部放入锅内翻炒，倒入鸡汤，加盐、鸡精翻炒入味，用水淀粉勾芡即可。

芝麻豆腐饼 (适合1岁以上的宝宝)

材料： 豆腐100克，芝麻2大匙

调料： 豆酱、淀粉各2匙

做法： 1.豆腐切块，放入开水锅中余烫后，捞出，沥干水，研碎。

2.锅置火上，放入芝麻炒熟。

3.豆腐加入芝麻、豆酱、淀粉，混合均匀后做成饼状，再放入容器中用锅蒸15分钟即可。

香菇黑木耳炒猪肝 (适合3岁以上的宝宝)

材料： 香菇30克，黑木耳20克，新鲜猪肝200克，葱花、姜末各适量

调料： 油、料酒、鸡汤、盐、香油、水淀粉各适量

做法： 1.香菇、黑木耳洗净，放入温水中泡发，浸泡水留用；再将香菇洗净后切成片，黑木耳撕成小朵。

2.猪肝洗净，切片，放入碗中，加部分葱花、部分姜末、部分水淀粉、料酒拌匀。

3.炒锅置火上，加油烧至六成热，投入剩余葱花、姜末，炒出香味后即投入猪肝片，急火翻炒，加入香菇片及木耳，继续翻炒片刻，加适量鸡汤，倒入香菇和黑木耳的浸泡水，加盐，小火煮沸，拌匀，用剩余水淀粉勾薄芡，淋入香油即可。

拒绝肥胖

不做胖娃娃，将富贵病挡在门外

近年来，儿童肥胖成了一个关乎婴幼儿健康的热点问题。妈妈应注意宝宝的饮食结构，否则很容易导致宝宝肥胖，对他的生长发育不利。

肥胖对宝宝的害处

肥胖程度越重对宝宝的健康危害就越大，会导致宝宝消化、呼吸、循环、内分泌、免疫等多个系统发生损害，影响宝宝的智力发育、行为发育、心理发育及性发育。肥胖对宝宝健康的危害主要有以下几点：

◎肥胖会限制宝宝的活动能力，从而使他们的运动量相对减少，不利于骨骼的生长，严重的还会导致下肢负荷过重而弯曲变形。另外，肥胖宝宝由于行动迟缓，所以与外界的交往就会变少，时间长了会出现孤独、自闭等心理疾病。

◎肥胖会导致呼吸困难、肺泡换气不足、红细胞增多，甚至引发心脏增大或充血性心力衰竭等疾病。

◎重度肥胖的宝宝智力发育缓慢，相比同龄非肥胖儿智商要低8～15分。

◎婴儿期肥胖是导致成年肥胖症的一个危险因素。研究发现，婴幼儿期肥胖的宝宝成年后有40%的人仍然肥胖。而成年后的肥胖症会引发一系列慢性病，如糖尿病、高血压、冠心病、脂肪肝、胆石症以及骨关节炎等运动系统疾病等。

判断宝宝是否肥胖的方法

● **体重测量法**

以宝宝的实际月龄或年龄为基础，运用下面的公式计算得出宝宝的体重数据：

宝宝体重增长规律	
0～3个月	每周增加180～200克
3～6个月	每周增加150～180克
6～9个月	每周增加90～120克
9～12个月	每周增加60～90克
第2年	平均增加2500～3000克
2岁以后	每年增加2000克左右

宝宝标准体重计算公式

1～6个月的宝宝：标准体重（千克）＝出生体重（千克）+月龄×0.7

7～12个月的宝宝：标准体重（千克）＝出生体重（千克）+月龄×0.25

2岁以上的宝宝：标准体重（千克）＝年龄×2+7或8

根据公式得出的就是标准体重，然后用（实测体重／标准体重−1）×100％公式计算，得出的数值如果超过标准体重10％，可以看作超重；如超过20％就属于肥胖。

● BMI计算法

不同月龄的宝宝发育速度都不一样，所以体重也会有很大的差别，如果只用年龄体重测量法就会有局限性。妈妈还可以通过下面的计算方法来判断宝宝是否超重。具体公式是：

体重指数(BMI)=体重（千克）/〔身高（米）的平方〕

年龄	BMI体重指数参照表				
	BMI值				
	正常	超重	轻度肥胖	中度肥胖	重度肥胖
低于6岁	15～18	18～20	20～22	22～25	25以上
6～11岁	16～19	19～21	21～23	23～27	27以上

宝宝肥胖的解决方案

● 妈妈避免走入喂养误区

误区1：孕妈妈多吃使宝宝更健康

女性在孕期一般都会补充大量的营养物质，而且认为自己吃得越多，胎儿就会更健康，因此盲目进补。有的孕妈妈生怕伤到胎儿，不进行适当的锻炼，导致营养吸收与消耗失去平衡，增加了妊娠期肥胖和巨大儿的发生率。

正确做法：孕期营养应科学、合理且适量，而且应该在孕期进行适度的运动，才能有效避免出现巨大儿。

误区2：月子妈妈大量进补

月子期间是妈妈身体最虚弱的时候，但还要给宝宝喂奶，所以很多妈妈经常会在月子期间大量进补一些补益身体、催奶下奶的汤，如猪蹄汤、鸡汤等。这些汤的脂肪含量普遍较高，而蛋白质、维生素等其他营养物质则相对较少，使乳汁中的营养成分不均衡，导致宝宝摄入过多的脂肪，引发"虚胖"。

正确做法：液体摄入量是保证乳汁分泌的重要条件，妈妈只要保证液体的摄入量就能有足够的乳汁，不要喝过多脂肪含量高的催奶汤，多喝一些牛奶、豆浆和水等，避免摄入过多脂肪。在均衡饮食的同时又能保证乳汁的分泌量，还能促进宝宝健康。

误区3：宝宝一哭妈妈就喂奶

很多妈妈都会犯这样的错误，就是宝宝一哭就马上喂奶。其实宝宝哭不一定是饿，他也可能是热了，或者尿布湿了，也或者仅仅是为了吸引你的注意。如果宝宝一哭，妈妈就喂奶，会使宝宝过食，影响他的消化功能发育。

正确做法：妈妈要了解清楚宝宝到底为什么哭，是饿了还是其他原因。不要宝宝一哭就马上去喂奶，避免宝宝摄入过多的热量。

误区4：宝宝吃得越多越好

妈妈们坐在一起，总喜欢聊自家宝宝，比如宝宝现在多重、每天喝多少奶、吃多少饭等。如果妈妈看到别家同龄宝宝吃得比自家宝宝多，就会觉得自己的宝宝吃得太少了，会营养不够、发育不良，所以要增加喂养量。

正确做法：每个宝宝对食物的需求量都是不同的，这跟宝宝的身高、体重、胃容量、胃肠功能、活动量等很多因素都有关系。宝宝在吃饱的时候会给妈妈一个信号，所以妈妈千万不要强迫宝宝摄入过量的食物，否则会影响宝宝的胃肠功能，还会因体重增长过快而引发肥胖。

● 帮胖宝宝"瘦身"的方案

饮食均衡、合理

妈妈应根据宝宝生长发育的实际情况，控制能量摄入，饮食均衡，防止能量过剩加重肥胖。饮食均衡是指让宝宝吃到丰富的食物，包括瘦肉、鱼、虾、禽、蛋、蔬菜、水果和奶制品等，而且要注意调节主要营养素如蛋白质、脂肪、碳水化合物的比例。避免让宝宝吃过多的饮料、零食，尤其是高热量的油炸食品或高糖食物。

养成良好的习惯

◎从小培养宝宝定时进餐、吃饭时间不要过长、吃饭速度不要过快等良好的饮食习惯。

◎不要让宝宝有饥饿感，以免因饥饿而摄入更多的食物。

◎不要让宝宝养成爱吃零食的习惯，鼓励他按时吃正餐。另外一定要让宝宝吃早餐，不吃早餐是造成肥胖的主要原因之一。

◎不要让宝宝餐后立刻就去睡觉，最好先让宝宝玩一会儿，然后再去睡觉。

◎不偏食、不挑食。如果宝宝不爱吃青菜、豆腐等清淡食物，偏爱甜食、油多味厚的食物就很容易导致宝宝肥胖，所以要让宝宝养成不挑食、不偏食的饮食习惯，能有效预防宝宝肥胖。

补品不要乱服

有些妈妈认为滋补保健品有利于宝宝的生长发育，其实不然。人参、蜂王浆等滋补品具有促进性腺激素分泌的作用，正是造成宝宝性早熟的原因，不可乱给宝宝服用。不科学的进补会引发肥胖，还会导致出现性早熟等现象。

增加宝宝的活动量

宝宝1周岁前妈妈可以坚持每天给宝宝做被动操，等宝宝能自己活动后就可通过游戏来引导宝宝进行主动活动了。宝宝不愿意活动时，家长要积极和宝宝一起锻炼，这样会调动起他们的积极性，并养成爱锻炼的好习惯。另外，注意要给宝宝玩耍的时间和空间，有条件的还可带宝宝经常去户外活动一下，能有效改善宝宝肥胖。

推荐宝宝营养食谱

西红柿汤 （适合6个月以上的宝宝）

材料：西红柿1个

做法：1.西红柿洗净，去皮，切成大块。

2.把西红柿块放入开水中，果肉与水的比例约为1：3，煮5分钟。

3.滤去西红柿渣，倒出汤水即可食用。

营养果蔬汁 _{（适合11个月以上的宝宝）}

材料：橙子、西红柿（或其他水分多的水果）各适量

做法：1.先将水果外皮洗净，备用。

2.橙子切成两半，取干净容器，将果汁挤入容器内，再加入等量的温水。

3.西红柿选择外皮完整而且熟透的，用沸水浸泡2分钟后，去皮，再用干净纱布包起，用汤匙挤压出汁。

4.将所有的汁兑在一起即可。

蒜香蒸茄 _{（适合1岁以上的宝宝）}

材料：茄子1个，蒜10克

调料：香油、盐各适量

做法：1.茄子洗净，切块；大蒜去皮洗净后剁成泥。

2.将茄子块放入碗中，上面撒上蒜泥，再淋上香油，加盐调味。

3.待水开后，将碗放入蒸锅蒸30分钟即可。

鱼肉松粥 _{（适合2岁以上的宝宝）}

材料：大米25克，鱼肉松15克，菠菜10克

调料：盐少许

做法：1. 将大米淘洗干净，放入锅内，加入清水用大火煮开，转小火熬至黏稠待用。

2. 将菠菜用开水氽烫，切成碎末。

3. 将碎菠菜放入粥内，加入鱼肉松，放少许盐调好口味，用小火熬几分钟即可。

麦片水果粥 _{（适合2岁以上的宝宝）}

材料：麦片100克，牛奶50克，苹果50克

调料：白糖少许

做法：1.麦片用清水泡软；苹果洗净，切碎。

2.将泡好的麦片连水倒入锅内，置火上，烧开，煮2~3分钟后，加入牛奶，再煮5~6分钟。

3.等麦片熟烂，稀稠适度，加入切碎的苹果稍煮一会儿，再加入白糖调味即可。

金针菇糯米粥 _{（适合1岁以上的宝宝）}

材料：金针菇、糯米各适量，葱花少许

调料：盐适量

做法：1.金针菇洗净，放入开水锅中焯烫至熟；糯米淘洗干净。

2.将糯米与适量水放入锅中煮粥，将熟时放入葱花、盐搅拌均匀，最后放入金针菇，再焖一会儿即可。

增强免疫力

让宝宝具备抵抗所有疾病的制胜法宝

> 免疫力是人体自身的防御机制，就如同是保护身体的一支部队，与一切有害的病毒和细菌做斗争，从而维护人体健康。

可是对于宝宝来说，他的免疫系统尚未发育成熟，抵抗外来致病性微生物的能力较弱，比成人更容易受到病菌的侵害。因此，妈妈应该重视增强宝宝免疫力的问题，才能保证宝宝健康成长。

如何判断宝宝免疫力是否低下

● **宝宝免疫力低的5大信号**

◎容易患感冒、腹泻、皮肤感染等由细菌或病毒引起的疾病，早晚经常打喷嚏，动不动就出汗，面色苍白。

◎食欲不振，舌苔白腻，体力虚弱。

◎体弱多病，四肢冰凉。

◎得病后治疗效果不佳，疾病治愈周期较长。

◎正常预防接种后容易出现感染。

● **宝宝免疫力的简单测试法**

1.经常带宝宝出去散步吗？

2.气候变化时宝宝是否很容易生病？

3.经常对宝宝进行"三浴锻炼"吗？

4.宝宝是否经常患流行性感冒？

5.宝宝的饮食是否能基本做到营养均衡？

6.宝宝是否经常患呼吸道疾病，甚至一年好几次？

7.宝宝出生后是否母乳喂养？

8.是否宝宝稍有不适就马上给他吃药？

9.宝宝是否性格开朗，有很多小伙伴？

10.是否经常让宝宝在家玩，很少带他去外面活动？

11.是否给宝宝勤洗手、勤换衣服？

12.宝宝是否有睡眠不规律现象，比如白天睡觉、晚上玩到很晚？

记分办法：

如果1、3、5、7、9、11题的回答为"是"，得1分。

如果2、4、6、8、10、12题的回答是"否"，也得1分。

结果分析：

1～4分：宝宝免疫力较差，经常得病，需要向医生咨询。可以通过血液和细胞检查来判断宝宝的免疫力水平。需要医生据临床检验结果，对宝宝提供如何增强免疫力的建议。

5～8分：宝宝免疫系统有些问题，应该在饮食安排上下点工夫，合理补充所需营养，还要常带他到户外活动。

9～12分：宝宝的免疫力很强，是个十分健康的宝宝。

★ 为宝宝提供丰富的食物是提高宝宝免疫力的基本方法。

增强免疫力的4大营养素

● 维生素A

维生素A的重要作用之一就是帮助上皮组织正常分化，如果宝宝体内缺乏维生素A，就会导致呼吸道和消化细胞发育不良，抵抗力低下。病菌就会乘虚而入，引发感染。缺乏维生素A的宝宝易患肺炎、腹泻、麻疹、水痘等疾病，如果合理为宝宝补充维生素A，就能有效避免宝宝生病。

● 维生素C

维生素C有很多作用，它能保护细胞，增强白细胞的活性，更能直接与病毒结合而使病毒失去致病能力。如果宝宝体内缺乏维生素C，就会使病原体有了可乘之机，其侵袭成功的概率也会提高，导致宝宝更易患感冒等病毒感染性疾病。

● 锌

锌是免疫系统功能中一些酶的重要激活物质，所以缺锌也会导致宝宝的免疫力下降。缺锌的宝宝会出现食欲不振、生长较慢、容易生病、病后恢复很慢等现象。

● 铁

铁是制造红细胞的主要成分，如果宝宝体内缺铁，就会导致患缺铁性贫血。贫血会影响免疫因子的形成，降低宝宝的免疫力，使疾病恢复时间变长。

提升免疫力的6大食物

◎猕猴桃。富含维生素C，大一点的宝宝可直接食用，小宝宝可榨汁稀释后喂食。

◎西红柿。西红柿内含有可产生维生素A的类胡萝卜素，主要是α–胡萝卜素和β–胡萝卜素，这些物质能渗透到机体的细胞核中，激发基因的积极活动，从而具有抵抗细菌和病毒的作用。因此食用西红柿可补充维生素A，能提高宝宝免疫力。

◎鸡蛋。富含B族维生素、维生素E、锌等营养素，是提高宝宝免疫力非常好的食物之一。但鸡蛋不宜大量摄取，因为蛋黄的胆固醇含量很高，以每天吃一个为宜。给宝宝吃的鸡蛋最好选购超市里清洗过的干净鸡蛋，避免在市场购买，因为鸡蛋的外壳上有带着细菌的鸡屎，容易导致宝宝感染沙门氏菌。

◎胚芽米。全谷类食物皆含有丰富的维生素E，例如糙米。此类食物皆为高纤维食物，能够促进肠胃蠕动，能有效缩短有害物质在体内的停留时间。身体最大的免疫器官就是胃肠道，因此胃肠健康、通畅能提升免疫力。

◎金针菇。含矿物质硒以及维生素E，二者协同作用具有加倍提升免疫力的效果。另外，香菇、草菇等菌类也具有提升免疫力的作用，可给宝宝食用。

◎西兰花。富含维生素A、维生素C、维生素E等营养素，对提高宝宝的免疫力有益。

★ 妈妈应少给宝宝吃甜食。

增强宝宝免疫力的6大妙招

● **均衡饮食很重要**

宝宝处于生长发育的关键时期，对营养素的需要量相对较多。但由于宝宝消化功能尚未完全发育，所以食谱往往比较单调，容易发生营养缺乏，如果宝宝营养不足很容易导致宝宝抵抗力差。所以营养均衡是增强宝宝免疫力的第一要素，妈妈给宝宝提供的饮食尽量包括肉、蛋、新鲜蔬果等，少给宝宝吃各种油炸、熏烤、过甜的食品。

● **注意预防接种**

为宝宝预防接种是抵御传染性疾病所采取的积极措施，如接种卡介苗预防结核、口服脊髓灰质炎疫苗以预防脊髓灰质炎（俗称小儿麻痹症）、乙肝疫苗预防乙肝等。妈妈一定要按时为宝宝接种疫苗。

● **适当进行运动**

适量运动是增强宝宝体质的重要手段，锻炼要从小开始，月龄较小的宝宝，妈妈可以给他做主被动操或者抚触按摩。较大的宝宝可带他多去户外活动，呼吸新鲜的空气并培养宝宝适应较冷环境的能力，当气候发生变化时就不容易患感冒等疾病。户外活动不仅能够促进皮肤合成维生素D，促进钙的吸收，而且对宝宝肌肉、骨骼的发育及全身的新陈代谢都有良好的作用，能增强宝宝的免疫力。

● **养成良好的生活习惯**

◎规律的睡眠。宝宝每天需要充足的睡眠，如果他晚上睡得不够，可以让他白天小睡一下，保证宝宝有足够的睡眠，对提高宝宝的免疫力大有好处。

◎养成多喝白开水的习惯。多喝白开水可以保持黏膜湿润，使黏膜成为抵挡细菌的重要防线。

◎养成良好的卫生习惯。让宝宝养成饭前便后洗手的习惯，谨防病从口入。另外，也要让宝宝养成不随地吐痰、不随地大小便的习惯。只有讲究清洁卫生，才能减少并有效预防疾病的侵害。

● 不要娇惯宝宝

有些家长对宝宝可谓"娇生惯养"，只要天气一冷就马上给宝宝增添衣服并不带宝宝出门。如此一来，宝宝的呼吸道长期得不到外界空气的刺激，反而更容易导致免疫力低下，从而更易感染疾病。

● 生活环境有讲究

◎保持室内空气新鲜。很多疾病都与室内污染有关，如灰尘、重金属、甲醛、氨、臭氧、氮氧化物等。所以要经常给宝宝的居室开窗换气，家庭装修也要注意选择绿色环保的材料。

◎营造良好的家庭氛围。良好的情绪可激发免疫系统的活力，从而起到充分保护机体的作用。家人为宝宝创建一个和谐的家庭氛围，可以有效增强宝宝的免疫力。

推荐宝宝营养食谱

核桃仁豌豆泥 （适合1岁以上的宝宝）

材料：豌豆50克，熟核桃仁50克，藕粉50克

调料：白糖适量

做法：1.豌豆用水煮烂，盛出，去皮后捣碎成细泥，放入冷水中调成稀糊状，熟核桃仁研成细末。

2.锅内入水烧开，加入白糖、豌豆泥，搅匀，煮开后，将调好的藕粉缓缓倒入，调成稀糊状，撒上核桃仁末即可。

丝瓜苹果柠檬汁 （适合1岁以上的宝宝）

材料：嫩丝瓜1根，苹果200克，柠檬1片

做法：1.苹果洗净，切成黄豆大小的丁，蘸上盐水捞出；嫩丝瓜洗净后切成小丁。

2.将苹果丁、丝瓜丁放入两层纱布中，用硬的器物压榨，挤出汁，注入杯中。

3.柠檬连皮放入纱布中，挤出汁，加入嫩丝瓜、苹果汁内搅匀饮用。

南瓜瘦肉汤 (适合2岁以上的宝宝)

材料：南瓜250克，猪瘦肉150克，西红柿50克，红小豆各适量

调料：盐适量

做法：1.南瓜去皮及瓤，洗净后切厚片。

2.西红柿洗净后切片。

3.红小豆洗净沥干水分备用。

4.猪瘦肉用清水洗净，切丝。

5.用大火煲滚适量清水，放入所有材料，至水再滚起，改中火煲约1小时30分钟，加盐调味即可饮用。

三菇炒面 (适合3岁以上的宝宝)

材料：金针菇、柳松菇、鲜香菇各50克，柚子皮40克，面条100克

调料：油适量，奶油40克，盐适量

做法：1.金针菇、柳松菇洗净；鲜香菇、柚子皮洗净，均切丝；面条放入滚水中煮八成熟备用。

2.油锅烧热，放入奶油，加入所有菇类材料炒香，再加入半杯水煮滚，加入面炒至汤汁略收干，盛起，均匀撒入柚子皮丝即可。

健康八宝粥 (适合2岁以上的宝宝)

材料：大米150克，薏仁、莲子、芡实、桂圆、大枣、山药、百合各30克

调料：白糖适量

做法：1.将所有材料洗净，大米、薏仁、莲子、芡实、桂圆、大枣用清水浸泡2个小时。

2.将上述材料放入锅中，加入清水大火煮沸。

3.加入山药、百合，改小火慢熬30分钟，出锅加入白糖即可。

西兰凤尾 (适合2岁以上的宝宝)

材料：虾200克，西兰花100克，蛋清1个，葱段、姜片各少许

调料：油、盐、料酒、水淀粉各适量

做法：1.虾处理干净，加盐、蛋清、水淀粉拌匀，放入冰箱冷藏1小时以上。

2.西兰花掰成小朵，洗净后放入沸水中氽烫约1分钟，捞出冲凉，沥干水分。

3.油锅烧热，放入虾仁大火过油，至虾仁变色时捞出。

4.锅内留底油，放下葱段和姜片爆香，放入西兰花炒熟，加少许盐调味，并加少许水煮至熟烂，放入虾仁翻炒，淋少许料酒炒匀即可。

07 婴幼儿
常见疾病与不适的饮食对策

上 火

宝宝脾胃功能尚未发育完全，而且生长发育速度较快，所需的营养物质较多，但此时的宝宝尚不知节制饮食，很容易导致上火，出现口角起疱或便秘等症。尤其到了阳气上升的春天，宝宝更容易上火。妈妈要注意调整宝宝的饮食，以缓解宝宝上火症状。

宝宝上火的症状

食欲降低。宝宝不爱吃饭，烦躁不安，口腔疼痛。发病时会伴有高烧症状，还会在口腔内出现疱疹，周围有红晕，慢慢还会形成溃疡。

胃肠功能紊乱。宝宝出现胃肠不适症状，如腹胀、腹痛、呕吐、腹泻等。

便秘。宝宝大便次数减少，每隔3～7天才排便一次，而且大便硬而少，排便过程长，还可能出现排便困难。

★ 发烧是宝宝上火症状之一。

预防宝宝上火的方法

◎在宝宝出生后坚持母乳喂养，母乳是宝宝最理想的食物，既含有丰富的营养物质，又不会引起宝宝上火。

◎人工喂养的宝宝6个月以后可以添加一些新鲜的蔬菜水或纯果汁；8个月以上的宝宝注意添加富含纤维素的辅食，并注意每天多喂白开水；1岁以上的宝宝能接受的食物越来越多，妈妈可在辅食中给宝宝多添加富含维生素及矿物质的食物，如菠菜、白萝卜、芹菜、油菜、卷心菜、西红柿、胡萝卜、山芋、土豆、菜花等。还可以适当给宝宝吃一些野菜和粗粮，如荠菜、香椿、玉米、麦片、南瓜等。

◎控制孩子的零食，尽量不给宝宝食用油炸食品等容易引起上火的零食，平时注意让宝宝多吃水果，夏天注意给宝宝补充足够的水分。

◎已经出现便秘等上火症状的宝宝，在给他冲奶粉时可降低浓度。能吃辅食的宝宝可以每天喂1～2根香蕉，1岁以上的宝宝每天早晨可以给他喝点蜂蜜水。

◎在夏天给宝宝喝些绿豆汤或吃点绿豆粥，都能有效预防宝宝出现上火症状。

功效最佳的降火蔬菜

◎**菠菜**。菠菜具有滋阴润燥、舒肝养血的作用，是在容易上火的春天里最适合养肝的蔬菜，而且菠菜有助于人体排毒，对便秘的上火症状有较好的缓解效果。

◎**豆芽菜**。豆芽具有清热解毒、疏通肝气、健脾和胃的功效，适合有口干口渴、小便赤热、便秘症状的宝宝食用。

◎**韭菜**。韭菜是养阳的蔬菜，具有强健脾胃的功效，对肝功能也有益处，非常适合在容易上火的春天给宝宝食用。

童大夫提醒

民间便方

◎**糖炒山楂**：红糖适量（如宝宝有发烧症状，改用白糖或冰糖），入锅用小火炒化（为防炒焦，可加少量水），加入适量去核的山楂再炒5～6分钟，闻到酸甜味即可。饭后给宝宝食用。

◎**枸杞菊花茶**：枸杞先入锅煮30分钟，加入菊花后再煮3分钟即可，在宝宝口渴时给他喝。

推荐宝宝营养食谱

白萝卜豆腐汤 （适合10个月以上的宝宝）

材料：白萝卜200克，豆腐100克，海带40克

调料：高汤、水淀粉、鸡精各适量

做法：1.白萝卜洗净，去皮切块；豆腐切块；海带切段。

2.锅里放入适量高汤，煮开后放入白萝卜块煮烂。

3.再放入豆腐、海带同煮，用水淀粉勾芡，汤开后加少许鸡精即可。

豆腐苦瓜汤 （适合1岁以上的宝宝）

材料：苦瓜1根，豆腐80克

调料：盐适量，香油少许

做法：1.苦瓜对剖去籽，洗净切厚片；豆腐切2厘米见方的块。

2.将苦瓜片与豆腐块放入汤锅中，加入适量清水，大火烧开，小火煲2小时左右，出锅前调入盐与香油即可。

营养不良

营养不良是由饮食缺乏或对营养吸收利用不良导致的。宝宝此时正是长身体的关键时期，如果营养不良会严重影响他的身体发育，对健康危害较大。

宝宝营养不良的信号

◎皮肤松弛无弹性，皮下脂肪减少，头发枯黄，大便频而量少。

◎有的宝宝会出现水肿现象。

◎郁郁寡欢、反应迟钝、表情麻木。如果宝宝出现以上情绪不良症状，说明体内缺乏蛋白质与铁质，应多食肉类、奶制品、蛋黄等高蛋白、高铁食品。

◎惊恐不安、失眠。说明宝宝可能体内B族维生素不足，此时要给他补充一些豆类、动物肝、核桃仁等B族维生素含量较高的食品。

◎不爱交往、动作笨拙。多由体内缺乏维生素C引起，应在宝宝食谱中增加富含维生素C的食物，如西红柿、橘子、苹果、白菜等。

◎夜间磨牙、手脚抽动、易惊醒。如宝宝出现上述行为异常情况，表示宝宝可能缺钙，应及时添加豆类、绿色蔬菜、奶制品、虾皮等食品。

◎长期营养不良还会导致宝宝出现佝偻病、腹泻、贫血、中耳炎、肾盂肾炎等并发症。

◎吃纸屑、泥土等，此种行为叫做"异食癖"，多由体内缺铁、锌等矿物元素引起。应该给宝宝食用海带、木耳、蘑菇、禽肉等富含矿物质的食品。

◎面部长斑。如果宝宝面部出现干燥鳞屑、浅色斑点，多是因为体内缺乏维生素，是宝宝营养不良的一个早期信号。妈妈应注意给宝宝增加食物的品种，补充身体所需的足够维生素，严重的可在医生指导下服用维生素制剂。

◎身材矮小，体重不增加或增加缓慢，智能及动作均有不同程度的发育迟缓现象，体温低于正常，脉搏慢，血压低。

★ 若宝宝身高低于同月龄宝宝很多，要注意是否为营养不良。

宝宝营养不良的原因

◎宝宝长期哺育不足，如母乳不够又没有及时添加辅食，或人工喂养的宝宝食物质量较差、偏少，或者宝宝有偏食、挑食等不良饮食习惯。

◎很多宝宝有喂养困难、消化吸收障碍等症状，影响他的进食量及消化吸收能力。

◎宝宝患某些疾病，尤其是消化系统疾病，导致食欲不振、消化能力差、吸收不良，或宝宝经常会有腹泻、呕吐等症状，导致营养流失。

宝宝营养不良饮食调理方法

调整宝宝的三餐结构。宝宝的饮食应以清淡、富含维生素与矿物质、易消化的食物为主，减少过于油腻食物的食用量。特别推荐富含β–胡萝卜素的食物，能增强宝宝对病原微生物的抵抗力，防止患呼吸道及消化道感染。

合理的烹调方法。宝宝的食物制作应以用水为传热介质的烹饪方法，如煮、炖、煲、蒸等，少用煎、烤等以油为介质的烹调方法，合理的烹调方法能促进宝宝脾胃的消化吸收，有效预防营养不良。

饮食有节制。防止宝宝吃过饱伤及脾胃，使他保持旺盛的食欲。

推荐宝宝营养食谱

鸡汁黄豆泥（适合1岁以上的宝宝）

材料： 鸡汤50毫升，黄豆50克

做法： 1.将鸡汤去掉浮油待用。

2.黄豆浸泡后水煮至软烂，碾成泥。

3.加少许鸡汤将黄豆泥搅拌成糊状即可。

贫 血

宝宝生长发育的速度很快，铁元素的需要量较多，而出生时体内所贮存的铁一般到宝宝6个月大以后就已经消耗殆尽了，如果妈妈的乳汁不足，又没有给宝宝添加富含铁的其他食物，很容易导致宝宝发生贫血。

宝宝贫血的原因及表现

● 宝宝贫血的原因

体内铁储存不足

宝宝在胎儿期的生长发育完全依赖母体血液的供养，如果妈妈在妊娠期铁摄取不足，就会导致没有充足的铁贮存在胎儿的肝脏内，宝宝出生后就很容易发生贫血。早产儿、双胞胎、低体重儿等从母体得到的铁量都比一般胎儿少，所以更容易发生贫血。

后天喂养不当

宝宝在生长发育的快速时期会需要大量的营养物质，而从母体获得的铁基本上到了6个月就已经被用光了，如果不能及时给宝宝添加辅食就很容易导致贫血。一般情况下，4～6个月宝宝应开始添加蛋黄，这是本阶段最适合宝宝的含铁食物。6个月以后可为宝宝提供肝泥、肉末等辅食。另外，长大的宝宝如果偏食、挑食，或者妈妈未能给予科学合理的饮食也会导致宝宝贫血。

反复患病所致

宝宝的抵抗力相对较差，如果反复出现厌食、感冒、腹泻或寄生虫感染等，就会导致消化吸收功能下降而引起贫血。

● 宝宝贫血的表现

血红蛋白低。轻度贫血症状不明显，一般不会引起妈妈的注意，大多是在进行健康体检时才发现宝宝血红蛋白低。

宝宝脸色略苍白，大一点的宝宝在活动时容易疲劳。

宝宝不爱玩耍，表情淡漠或脾气急躁，易哭闹，还有食欲不振、挑食、厌食、注意力不集中、反应变慢、记忆力减退等症状。

当贫血严重时，宝宝脸色会更加苍白，眼睑结膜缺少血色，还有的宝宝患"异食癖"。

如果长时间贫血，宝宝会出现身高、体重、智力等发育迟缓，经常感冒、腹泻。

预防宝宝贫血的策略

◎妈妈在孕期以及哺乳期要均衡摄取营养，有意识地多吃含铁食物，如动物肝脏、瘦肉、鸡蛋、豆制品及深色蔬菜等，并要定期检查血红蛋白。如果发现贫血一定要及时治疗。

◎早产儿、低体重儿宜于出生2个月左右给予铁剂预防。不管采用哪种喂养方式的宝宝，在出生6个月后应及时添加营养丰富、富含铁的辅食，如蛋黄、肝泥、瘦肉、鱼、新鲜菜泥等。同时，在给宝宝吃含铁食物时最好同时补充富含维生素C的食物，可提高铁的吸收率。

◎让宝宝养成不偏食、不挑食、不依赖零食的饮食习惯，避免脾胃损伤，从而使宝宝能摄取到全面的营养。

◎给宝宝吃的补铁食物要合理，一般动物性食物里的铁吸收利用率高，可选择肝、血、蛋、瘦肉、鱼肉等。

◎在烹制宝宝食物时尽可能使用铁锅铁铲。铁制炊具在烹饪时会产生细小的铁屑溶于食物中，形成可溶性铁盐，有促进铁在肠道吸收的作用。

按摩处方

宝宝仰卧，用全掌平放在腹部，从右下腹开始，顺时针在全腹反复环摩，手法要轻快柔和，使局部产生较强的温热感，一般操作100~200次。

按揉或掌摩中脘穴1~3分钟。

拇指点揉足三里、三阴交穴各1~3分钟。

宝宝仰卧位，用拇指、食指、中指自下向上捏脊10~15遍。

推荐宝宝营养食谱

黄豆烧猪肝（适合1岁以上的宝宝）

材料：黄豆、猪肝各100克，葱、姜各少许

调料：料酒少许，油、盐、肉汤、色拉油各适量

做法：1.将黄豆去杂，洗净；猪肝洗净，切丁。

2.炒锅置火上，放油烧热，放入葱、姜煸香，放入猪肝煸炒，加入盐煸炒，再烹入料酒，炒至猪肝熟。

3.另一锅置火上，加入适量清水，放入黄豆煮熟，加入盐、料酒、葱、姜煮至黄豆烂，再加入猪肝煮至入味即可。

乳牙长得慢

宝宝6～8个月已开始渐渐长牙齿，宝宝牙齿的生长发育与营养物质的摄入关系密切。所以宝宝一旦开始长牙，便应该给他多吃一些有利于牙齿发育的食物，并逐步增加辅食的稠度和品种，以适应营养和咀嚼能力发育的需要。

有利于宝宝牙齿发育的食物

● 富含矿物质的食物

牙齿、牙槽骨及颌骨的主要成分是钙和磷，因此，让宝宝摄取足够的钙、磷是保证牙齿健康发育的基础。钙的最佳来源是乳类及乳制品，不但含量丰富，而且吸收率高，是宝宝最理想的补钙食品。

● 富含蛋白质的食物

蛋白质对牙齿形成、发育、钙化及萌出都有很好的促进作用，经常摄入富含蛋白质的食物，可促进牙齿的正常发育。如果蛋白质摄入不足，会造成牙齿排列不齐、牙齿萌出时间延迟及牙周组织病变等现象。

● 富含维生素的食物

维生素是宝宝牙齿发育十分关键的营养素。钙的沉淀及吸收需要维生素D，骨胶和牙釉质的形成需要维生素C、B族维生素，牙龈组织的健康需要维生素A、维生素C。可见，给宝宝补充足够的维生素对他牙齿的发育极为重要。

● 富含粗纤维的食物

想要宝宝有一口好的牙齿除了要补充足够的营养外，在宝宝长牙时给他吃一些粗纤维食物对牙齿也非常有利。

宝宝适当咀嚼纤维素含量高的食物，特别有利于牙齿和齿龈肌肉组织的健康。因为进食粗纤维食物时，必然要经过反复咀嚼才能吞咽下去，这个咀嚼的过程有利于牙齿的发育和牙病的预防。

控制含糖食物的摄入

吃含糖高的食物会增加宝宝蛀牙的发生率，因此妈妈要控制宝宝含糖食物的摄入。餐前不要给宝宝吃糖，以免使食欲降低，影响正餐时营养物质的摄入。睡前也不要给宝宝吃糖，以免残留糖液侵蚀牙齿。一定要减少宝宝吃糖的次数，并注意少给宝宝喝含糖较高的饮料、少吃蛋糕等甜食，在食用含糖食品后一定要及时漱口、刷牙。

童大夫提醒

长牙宝宝的喂养原则

不少妈妈都有过这样的经历，突然有一天，在给宝宝喂奶时他就狠狠地咬了你一口。引起这个现象的原因很多，最常见的就是宝宝长牙了。长牙使宝宝牙床肿胀，他就需要咬东西来减轻不适感。

如果宝宝咬乳头，妈妈应保持镇静，不要大喊大叫，否则会吓坏宝宝，也不要急着拉出乳头，因为强行拉出乳头很可能使乳头被拉伤。在喂养长牙宝宝时还应注意以下几点：

◎宝宝6个月后可吃泥状和半固体食品，并慢慢让他尝试不同口感和口味的食物。半固体辅食含有较大的颗粒，有助于宝宝咀嚼能力的发育和牙齿的萌出。

◎宝宝8个月后咀嚼动作进一步发展，可吃固体食品，如煮熟的胡萝卜条、苹果条等。

◎满周岁的宝宝可吃接近成人的饮食，如小包子、小饺子、馄饨、馒头、苹果等，从而为完全靠吃奶生存转向吃成人类食品打下基础，对锻炼宝宝口腔肌肉的功能十分有益，而且能刺激下颌骨的生长发育。

推荐宝宝营养食谱

香浓鸡汤大米粥 （适合8个月以上的宝宝）

材料： 母鸡1只，大米半杯，葱、姜各少许

做法： 1.鸡去毛及内脏，切碎，煮烂取汁；大米淘洗干净，备用。

2.葱洗净，切末；姜去皮，洗净，切末。

3.取适量汤汁与大米一同放入锅中，再加入葱末、姜末煮成粥即可。

肉末豆腐 （适合1岁以上的宝宝）

材料： 南豆腐100克，牛肉末40克，香菇20克，葱、姜各少许

调料： 油、橄榄油、生抽、白糖、盐各适量

做法： 1.南豆腐切小块，香菇洗净切小丁，葱、姜洗净切末。

2.牛肉末用酱油、姜末、橄榄油拌匀腌制片刻。

3.油锅烧热，放入葱末煸香，倒入腌好的牛肉末炒至变色，加香菇丁翻炒，调入生抽、盐、白糖，加入适量高汤煮开后加入南豆腐再煮开，收干汤汁后即可出锅。

流口水

流口水是每个宝宝都会出现的常见现象，但这其中也有奥秘，妈妈注意观察宝宝流口水的规律，有些是生理性的，有些则是病理性的，应加以区别，采取不同的措施做好护理工作。

宝宝流口水的两种类型

● 生理性流口水

月龄小的宝宝流口水是正常现象，因为他们的咀嚼能力和面部肌肉收缩能力都没有发育完全，所以会出现流口水的情况；等宝宝到了吃辅食的时候口水也会增加，因为食物会刺激唾液腺分泌更多的唾液，再加上宝宝的吞咽反射功能还不健全，不会用吞咽动作来调节口水，所以口水多了就会流出来。

一般来说，发育快的宝宝1岁半的时候就会停止流口水，大部分宝宝在2岁以后停止流口水。生理性流口水会随着宝宝的发育而自然消失。

● 病理性流口水

当宝宝患口腔炎、溃疡、咽炎等口腔疾病时，口腔及咽部会疼痛，导致唾液不能正常下咽而不断外流。这时，流出的口水会带有淡淡的黄色，有的还有异味。如果发现是这种情况应立即带他去医院检查。

口水宝宝的护理方案

◎及时添加辅食。流口水的宝宝一定要及时添加辅食，可训练宝宝咀嚼和吞咽的能力，对宝宝口腔肌肉的运用有帮助。

◎流口水时吃些面食。宝宝出牙的时候口水会流得更多，可以给他吃磨牙饼干、小块的馒头、面包等，宝宝还能利用口水泡软食物，然后顺利咽下去。

◎给宝宝使用口水巾。为了保护宝宝颈部和胸部的肌肤，要给他用口水巾，可避免口水对宝宝的皮肤造成伤害。

推荐宝宝营养食谱

红豆鲫鱼汤（适合1岁以上的宝宝）

材料：红小豆100克，鲫鱼1条，葱、姜各少许

调料：料酒、盐各适量

做法：1.鲫鱼去鳞、鳃及内脏洗净；红小豆洗净去泥沙；葱切段；姜切片。

2.鲫鱼稍煎黄，可使肉不易散；红小豆、鲫鱼放锅中，加适量水，大火烧开，再小火炖煮50分钟后，放调料，再煮25分钟即可。

夜　啼

很多宝宝都会在夜里莫名其妙地哭，任凭妈妈哄、抱都不起作用。几次下来妈妈就觉得宝宝是个调皮的爱哭鬼，觉得自家宝宝不好带。其实宝宝夜啼肯定是有原因的，他还不能用语言表达自己的想法，只能通过哭来释放自己的情绪，妈妈一定要注意观察，找出宝宝爱哭的原因，给予正确的护理。

宝宝夜啼的原因

◎生理原因：宝宝夜啼可能是由于冷、热、尿布湿了、饥饿等生理原因导致的，也可能是出生没多久的小宝宝还不适应昼夜环境。一般情况下，很多宝宝在夜间睡眠时都会醒，很多时候哭几声妈妈拍拍后可继续入睡。

◎疾病原因：宝宝夜啼也可能是宝宝患病了，比如湿疹、虫咬皮疹、皮肤损伤等，妈妈一定要注意观察并给予合理的护理方法以缓解宝宝的不适。另外，如果宝宝夜啼很厉害，要警惕宝宝肠套叠。肠套叠宝宝的表现是会间歇性突然大哭，伴有面色苍白，还可能出现吐奶、便血等症状。

所以，对于夜啼的宝宝，妈妈一定要仔细观察，区别对待。

夜啼宝宝的护理方法

◎有时宝宝正处在浅睡状态，会出现蠕动、惊叫或啼哭现象，让他哭闹几分钟就会再次入睡。

◎妈妈确定宝宝不是由于饥饿、疼痛或尿布浸湿而啼哭时，就不要去哄抱宝宝，让他养成良好的睡眠习惯十分重要。

◎宝宝夜啼醒来后妈妈要尽快使他重新入睡，不要开灯，不要与宝宝说话，更不要逗他或陪他玩耍。

◎白天让宝宝充分活动，在下午和入睡前与宝宝玩耍，并在睡眠前增加喂奶量，以免宝宝因为饥饿而过早醒来。

民间便方

◎甘麦红枣汤：浮麦子15克，红枣5枚，炙甘草2克，蝉衣2克，入锅中用水煎煮。代茶饮。此汤有清心热、健脾胃功效。适合1岁以上的宝宝。

◎竹芯茶：灯芯草2克，淡竹叶10片，入锅中用水煎煮。取汤汁代茶喂饮。此汤有清心安神功效。适合1岁以上的宝宝。

温馨提示：宝宝需要多饮水，利小便去心火，还要通便去胃肠之火。

◎百合红枣汤：将百合25克，红枣5枚洗净，然后入锅中大火煮沸，小火煮半小时，取汁给1岁以上的宝宝喝。此汤有养阴补血，宁心安神功效。

温馨提示：1.为了避免宝宝受惊吓，在入夜后，尽量不要抱宝宝外出。

2.在宝宝睡眠时，要放到安静的房间，避免突然的巨大声响，如关门声、高声喊叫、装修的声响等。

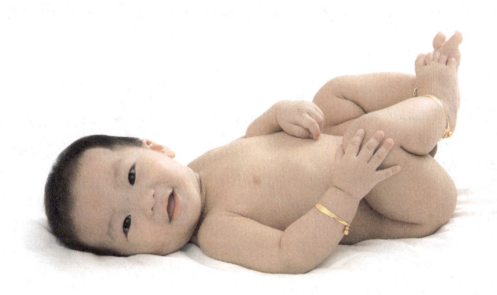

推荐宝宝营养食谱

燕麦红小豆南瓜汤 (适合1岁以上的宝宝)

材料： 燕麦仁150克，红小豆50克，南瓜150克

调料： 冰糖少许

做法： 1.燕麦仁、红小豆洗净，泡水4小时；南瓜洗净切小块。

2.燕麦与红小豆先加适量水煮至熟烂，后加南瓜、冰糖煮熟即可。

感　冒

　　感冒是小儿最常见的疾病之一，宝宝感冒常常会出现发烧、咳嗽、鼻塞、眼睛发红、流涕、食欲下降等症状。80%的感冒都是由病毒引起的，而宝宝的免疫系统尚未发育成熟，因此患感冒的概率更高。妈妈要为宝宝提供更合理的饮食，以增强宝宝的抵抗力，预防宝宝患感冒。

宝宝感冒的日常预防法

　　◎平时注意锻炼宝宝的耐寒力，提高抵抗力。不要天气稍凉就急于给宝宝穿厚衣服，穿得过多反而会使宝宝活动后出汗湿透内衣，更容易因着凉而感冒。

　　◎居室应保持空气新鲜、湿度适宜，不要带宝宝到空气污浊、人员流动量大的嘈杂环境中去。

　　◎家庭成员中如果有人感冒，应注意避免与宝宝接触。如果不能完全隔离，患病者一定要戴上口罩，以防感冒传染给宝宝。

　　◎全家都要养成勤洗手的好习惯。宝宝的好奇心强，每天在家里接触到的东西很多，无形中他手上便染上了许多病菌，而成人的生活圈子更大，手上的病菌也更多。所以，全家都要养成勤洗手的习惯，才能有效降低宝宝感染的概率。

　　◎让宝宝多喝水。多喝水能促进身体的新陈代谢，对身体有益。因此平时应注意多给宝宝喝水，尤其是在感冒高发期更应如此，每天让宝宝喝足够的水，才能让宝宝远离感冒的困扰。

预防宝宝感冒的饮食调理法

● 预防宝宝感冒，吃"三养"食物

　　要想避免孩子感冒，妈妈要给宝宝多吃"三养"食物。

　　◎养肠胃。常给宝宝吃一些富含粗纤维的蔬菜水果，如菠菜、芹菜、竹笋、苹果等，另外也要给宝宝补充具有润肠通便功效的食物，如核桃仁、香蕉、芝麻等。

　　◎养肺。除了要常给宝宝食用银耳、百合、生梨等润肺食物外，还可多给宝宝吃些山药、荸荠、萝卜及洋葱等，也能起到清心润肺、预防呼吸系统疾病的作用。

　　◎养身。孩子多吃些颜色深的水果也可以起到预防伤风感冒的作用。黄桃、猕猴桃等水果的维生素C含量都很高，对于预防感冒、增加抵抗力有很好的效果。

● 多吃富含维生素A的黄红色食物

　　宝宝容易患感冒常与体内缺少维生素A有关。宝宝体内缺乏维生素A就容易患感冒等呼吸系统疾病，因此，应多给宝宝吃富含维生素A的食物，如红黄色的蔬菜、水果。

◎胡萝卜。胡萝卜质脆味美、营养丰富，是为宝宝补充维生素A的最佳食物。要想让宝宝充分吸收其中的胡萝卜素，最科学的食用方法是把胡萝卜烹煮后再食用，可有效保存其营养。胡萝卜素容易被氧化，烹调时采用压力锅炖，可减少胡萝卜与空气的接触，胡萝卜素的保存率可高达97%。

◎西红柿。西红柿汁多爽口，富含维生素A、维生素C、维生素B$_1$、维生素B$_2$以及胡萝卜素和钙、磷、钾、镁、铁、锌、碘等多种营养素。

另外，红薯、红枣、玉米、苋菜等也是非常不错的红色果蔬，这些食品富含的胡萝卜素能参与合成维生素A，对保护宝宝的呼吸道黏膜很有好处。

按摩处方

以疏解、宣散外邪为主。清肺经，推三关，清天河水，拿合谷，开天门，推坎宫，揉太阳，推鼻翼，揉迎香。

推三关：食指、中指并拢，在宝宝前臂桡侧的三关一线，从腕横纹向肘横纹方向，推300次。

清肺经：用拇指指腹着力于宝宝的无名指肺经处，从指根向指尖方向擦揉300次。

推荐宝宝营养食谱

葱白大蒜水 （适合1岁以上的宝宝）

材料： 葱白250克，大蒜125克

做法： 将葱白、大蒜洗净切碎，加水1000毫升煎煮，取汁即可。日服2次，每次200毫升。

红萝卜荸荠粥 （适合1岁以上的宝宝）

材料： 红萝卜150克，荸荠250克，大米50克

调料： 盐适量

做法： 1.红萝卜切片，荸荠去皮拍裂。

2.将红萝卜片与荸荠碎与大米一同煲粥，粥成后，最后加盐调味即可。

发　烧

　　宝宝发烧主要是由疾病引起的，如呼吸道感染、脑膜炎、泌尿感染等。一般来说，如果宝宝肛温38摄氏度 、口温37.8摄氏度、腋温37.5摄氏度、背温37.5摄氏度，即为发烧。宝宝发烧可能会伴有食欲不振、嗜睡、不停哭闹、活动力减弱等症状，严重的还会导致宝宝呼吸困难、昏迷、抽搐等。因此，宝宝如果出现发烧症状切不可掉以轻心，应尽快找出宝宝发烧的原因，对症下药。

宝宝发烧的饮食方案

● 发烧宝宝的饮食原则

　　◎给宝宝提供充足的水分。

　　◎给宝宝补充大量的无机盐和维生素。

　　◎给宝宝供给适量的热能和蛋白质，而且要以流质和半流质饮食为主，并采取少吃多餐的饮食方法。流质饮食包括米汤、绿豆汤、鲜果汁等。米汤由大米煮烂去渣制成，水分充足而且便于吸收；绿豆性凉，有清热、解毒的作用；鲜果汁有清热解暑、止渴利尿的作用。上述食物都非常适合给发烧的宝宝补水。

　　◎发烧的宝宝食欲不好，不要勉强喂食。

　　◎宝宝发烧时不要添加以前没吃过的食物，以免引起腹泻。

● 发烧宝宝不宜吃鸡蛋

妈妈往往为了尽快让宝宝恢复健康，都会给宝宝添加营养丰富的食物，比如鸡蛋。其实这样做不仅不利于宝宝身体的恢复，反而有损他的健康。

食物在体内氧化分解除了会释放热能外，还能刺激人体产生一些额外的热量。脂肪可增加基础代谢的3%～4%，碳水化合物可增加5%～6%，蛋白质则高达15%～30%。所以，宝宝发烧时如果食用蛋白质含量较高的鸡蛋，不但不能降低体温，反而会使体内热量增加，从而导致体温升高更多，不利于宝宝的康复。

宝宝发烧时应多给他喝温开水，多吃水果、蔬菜等食物，最好不要吃鸡蛋。

● 发烧宝宝应及时补水

宝宝发烧时新陈代谢加快，营养物质消耗增加，而消化功能却明显减弱，食欲减退，再加上发烧会导致呼吸道和皮肤蒸发掉更多的水分，退烧时也会以出汗的方式把体内积蓄的热能散发出去，所以宝宝发烧时一定要注意补充水分。

宝宝缺水警告

◎24小时内用的尿布不超过6块，或6个小时之内尿布都没有湿。

◎小便呈深黄色，嘴唇干燥，皮肤没有弹性。

◎宝宝囟门下陷。

发烧宝宝正确补水方法

◎未渴先饮。不要等到宝宝渴了才给他喝水，如果宝宝已经渴了表明体内水分已失去平衡，身体细胞开始出现脱水现象，所以不要等到宝宝口渴了才喂水，应提前给宝宝及时补水。给宝宝补水的最佳时间是两次喂奶之间。

◎少量多饮。宝宝极度口渴时先给他喝少量的水，待身体状况逐渐稳定后再喝足够的水。一定不要在宝宝很渴的时候一次给他喝过多的水，否则会增加心脏的负担，导致"水中毒"，甚至导致宝宝出现心慌、气短、出虚汗等现象。

推荐宝宝营养食谱

荸荠小丸子汤 (适合1岁以上的宝宝)

材料： 荸荠3个，肉末适量，葱末、姜末、香菜末各少许

调料： 盐少许

做法： 1.荸荠去皮，挖成小圆球。

2.将肉末、葱末、姜末、盐调成肉馅，制成小肉团。

3.锅内加水煮沸，下小肉团、荸荠球煮沸后再煮5分钟，加盐、香菜末调味即可。

咳　嗽

咳嗽是宝宝患感冒等疾病后常出现的症状，除了要进行药物治疗外，妈妈应注意调整宝宝的饮食，以促进宝宝早日康复。

咳嗽宝宝饮食注意事项

◎饮食要清淡且富含营养、易消化吸收。咳嗽多由肺热引起，而如果食肥甘厚味的食物会导致体内产生内热，加重咳嗽，且会导致痰多黏稠，不易咳出。宝宝患病时胃肠功能较弱，这些食品会加重胃肠负担，使咳嗽难以痊愈。应给宝宝食用清淡味鲜的食物，如菜粥、面汤等。

◎多食用新鲜蔬菜及水果。可为宝宝补充足够的无机盐和维生素，对感冒咳嗽的恢复很有益处。

◎忌寒凉食物。咳嗽时不宜给宝宝吃冷饮。中医认为"形寒饮冷则伤肺"，而咳嗽多由肺部疾患引发的肺气不宣、肺气上逆所致。此时如进食过凉食物，就容易导致肺气闭塞，咳嗽症状加重。

◎少食咸甜食物。吃咸会导致咳嗽加重，使咳嗽难愈。吃甜会助热生痰，使炎症不易治愈。所以应尽量少给宝宝吃咸甜食物。

◎忌食海鲜等发物。咳嗽的宝宝不宜吃鱼腥，鱼腥对风热咳嗽影响很大。咳嗽宝宝进食鱼腥类食品后会使症状加重。

◎忌食含油脂过多的食物。花生、瓜子等含油脂较多，食后易滋生痰液，使咳嗽加重，咳嗽宝宝不宜食用。

◎忌食橘子。很多人认为橘子是止咳化痰的，于是就给患咳嗽的宝宝多吃橘子。其实橘皮有止咳化痰的功效，但橘肉反而会助热生痰，所以咳嗽宝宝不宜食用橘子。

民间便方

◎红枣枇杷饮：枇杷叶7片，红枣5枚，葱头3颗，豆豉3粒，加入适量冰糖一起煮水喝，每天喝2次，每次100毫升。前几天可稍微多喝一点。

推荐宝宝营养食谱

丝瓜粥（适合1岁以上的宝宝）

材料：丝瓜50克，大米100克，虾米15克，葱、姜各适量

做法：1.丝瓜洗净，去瓤切块备用，大米洗好备用。

2.锅内加水，上火烧开，倒入洗好的大米煮粥，将熟时，加入丝瓜块和虾米及葱、姜烧沸入味即可。

水 痘

水痘是由水痘带状疱疹病毒初次感染引起的一种传染性很强的疾病，多发于冬春两季，主要通过呼吸道传播，健康宝宝接触了被患病宝宝污染过的玩具等也会被感染。宝宝出水痘的症状是发热，皮肤黏膜成批出现红色斑丘疹、疱疹、痂疹，病后可获得终身免疫。

预防宝宝得水痘的方法

◎在水痘高发期避免带宝宝去人多的地方或公共场所。

◎如果经常一起玩耍的宝宝得了水痘，妈妈一定要注意密切观察宝宝的身体状况，一旦宝宝出现类似感冒的症状就要提高警惕，每日睡觉时、起床后检查宝宝的前胸、后背和头部是否有异常的皮疹，做到及时发现、及时治疗。

◎如果宝宝不小心与得水痘的宝宝发生接触，应尽早在医生的指导下注射丙种球蛋白。

◎打疫苗预防。1岁以上、没出过水痘的宝宝应到医院接种疫苗，以获得终身免疫。

水痘宝宝的护理方法

◎注意保持宝宝生活环境的安静、清洁，每天用消毒液对地面进行消毒。室内要经常通风换气，保持空气的新鲜。

◎将宝宝的指甲剪短并给宝宝戴上手套，或者用纱布把宝宝的双手包裹起来，避免宝宝因瘙痒而抓破水疱，造成其他部位感染。

◎宝宝用的被褥、衣服要勤晾晒，利用阳光中的紫外线进行消毒。

◎宝宝症状严重时不宜洗澡，结痂后可用温水洗澡，以保持皮肤的清洁。

◎妈妈一定要密切观察宝宝的病情，如果宝宝出现高烧不退、呕吐、嗜睡等现象，应及时就医。

推荐宝宝营养食谱

绿豆海带汤 （适合1岁以上的宝宝）

材料：绿豆50克，海带30克

调料：红糖适量

做法：1.绿豆淘洗干净；海带洗净，切小块。

2.锅置火上，放入海带、绿豆和适量清水，先用大火烧开，后改小火煮至绿豆烂熟，放入红糖烧沸即可。

腹　泻

腹泻是婴幼儿常见疾病之一，由于腹泻的原因和程度不同，因此治疗的方法也会有所不同。但是，在治疗腹泻时都会面临一个同样棘手的问题——如何保证宝宝的营养供给。如果饮食出现不当，不但达不到为宝宝补充营养的目的，反而会延缓腹泻的恢复，甚至加重腹泻症状。

关于宝宝腹泻

● 宝宝腹泻的原因

宝宝腹泻是由病毒和细菌感染引起的急性疾病，由于发病急、进展快，所以经常导致宝宝出现急性脱水、中毒性休克等症状。

● 宝宝腹泻的类型

婴幼儿腹泻一年四季都可能发生，以夏秋季最为常见，传播途径为消化道和呼吸道，分为感染性和非感染性两种类型。

感染性腹泻：宝宝夏季多发生感染性腹泻，表现为大便呈水样、量多，常带有黏液甚至脓血，每日排便10次以上，伴有脱水、发烧、呕吐、腹胀、烦躁不安或精神不振等症状。

非感染性腹泻：非感染性腹泻多由饮食不调、消化不良引起，属于轻度腹泻，表现为大便呈糊状、带有酸臭味，没有脓血黏液，每日排便少于10次，失水症状不明显。

腹泻宝宝的护理方案

● 不要给宝宝禁食

不论宝宝患的是哪种腹泻，都不应给宝宝禁食。因为虽然患病期间他的消化道功能降低了，但宝宝仍需要充分的营养来保证身体所需，所以吃母乳的宝宝要继续哺喂，只要婴儿想吃，就可以喂。吃配方奶粉的宝宝可将奶量减少为平时的2/3。已经添加辅食的宝宝可将食物量稍微减少，适当增加米汤、新鲜蔬菜水等的喂养量，以补充无机盐和维生素。

● 选择易消化吸收的食物

在宝宝腹泻期间，如果是母乳喂养的宝宝，不要轻易离乳。可适当缩短喂奶的间隔，让宝宝只吃以前一半量的母乳即可。必要时妈妈可通过在喂奶前一个小时喝淡盐水来稀释乳汁，再给宝宝哺乳。

如果是已经添加辅食的宝宝，妈妈就要注意为他提供易消化吸收的食物，以米粥、菜粥等淀粉类食物为主，并注意辅食要比平时做得更软烂一些。遇到宝宝不爱吃的食物不要强行添加。

● 用宝宝喜欢的饮品来补水

腹泻宝宝大多身体都会缺水，妈妈要注意给宝宝及时补充水分。这时候可选择宝宝平时爱喝的饮品来进行，如蔬菜汁、稀释后的果汁等。当腹泻严重并伴有呕吐症状时，更应给宝宝补充更多的水分，同时可以配合给宝宝食用专门的止泻奶粉来缓解症状。

● **注意饮食卫生**

◎妈妈一定要注意哺乳卫生，平时注意保持乳房的清洁，勤换内衣，喂奶前要进行乳头消毒，减少宝宝被病毒感染的机会。

◎妈妈给宝宝换尿布后、喂奶前、冲奶前、喂饭前都要先用肥皂和流动水仔细清洗双手。

◎宝宝用的餐具、炊具在使用前一定要注意消毒，尤其是奶瓶、奶嘴、汤勺、过滤纱布或漏网、榨汁机等宝宝经常用到的食具，每次使用前后都应该用开水洗烫、煮沸、晾干后再收好。

◎冰箱内放置的食物必须加热后再给宝宝食用。

◎在常温下放置的奶超过4个小时不要给宝宝喝。

◎不要让宝宝喝生水，乱吃不干净的食物。

★ 腹泻宝宝要注意补充水分。

推荐宝宝营养食谱

莲子大米粥（适合1岁以上的宝宝）

材料：莲子50克（去芯），大米100克

调料：白糖少许

做法：1.莲子用温水浸泡2小时，洗净研碎；大米洗净。

2.锅内加水，下入莲子、大米同煮至稀粥状，加适量白糖调味即可。

便　秘

便秘是宝宝十分常见的疾病。很多宝宝不爱吃蔬菜水果，不喜欢喝水，活动量又少，就很容易导致便秘。如果宝宝没有先天性的消化器官畸形，建议妈妈一定要在宝宝的日常生活中多花点儿心思，让宝宝远离便秘。

导致宝宝便秘的原因

◎饮食不足。宝宝进食太少会使体内糖分不足，出现大便减少、变稠等便秘症状。如果宝宝长期饮食不足还会营养不良，导致腹肌和肠肌张力变弱，甚至出现萎缩，加重便秘症状。

◎营养过剩。妈妈都希望自己的宝宝长得又高又壮，于是一味地给宝宝增加营养，这就导致宝宝摄入的蛋白质和热量过高，引发便秘。

◎未及时添加辅食。长期使用配方奶粉或其他代乳品喂养，没有及时添加辅食和水果汁的宝宝容易发生便秘。

◎吃得过于精细。宝宝如果长期食用精细粮食就会导致体内缺少粗纤维，从而使肠壁的刺激不够，长期如此就容易发生便秘。

◎喝水太少。水是最好的通便剂，如果宝宝喝水太少就会使肠道内水分不足，导致大便干燥。

◎不爱吃蔬菜和水果。有的宝宝平时不爱吃蔬菜和水果，体内缺乏维生素和纤维素，从而影响排便。

◎没有训练宝宝养成定时排便的习惯。很多妈妈不重视训练宝宝定时排便的习惯，使宝宝没有形成规律的排便反射，导致肠肌松弛无力，引发便秘。

◎运动量少。有的宝宝平时不爱活动，长期不活动就会使腹肌无力，肠蠕动能力降低，也会导致便秘。

◎体格与生理的异常。如宝宝有肛门狭窄、先天性巨结肠、脊柱裂等异常症状都会引起便秘。

宝宝便秘解决方案

● 调整宝宝的饮食结构

便秘的宝宝可改变以往的辅食结构，适量增加具有润肠通便功效的辅食。稍大的宝宝还可以适量喂食酸奶，可有效缓解便秘症状。另外，如果宝宝没有腹胀症状只是大便干燥的话，可在喂养的食物中适当增加糖的量，注意不要给宝宝吃太多高蛋白、高脂肪的食物，适当增加蔬菜、水果在宝宝食谱中的比例。

● 注意给宝宝补水

一定要注意给宝宝补水。如果宝宝不爱喝白开水，可以给他添加一些蔬菜水或稀释后的果汁，可以用白萝卜熬梨水、胡萝卜熬水等，都对宝宝便秘有很好的疗效。对于较大的宝宝，可以给他多吃水果，如西瓜、梨、枇杷等。

● 给宝宝做按摩

可以在宝宝进食半个小时后给他做腹部按摩，能够促进肠胃蠕动，对治疗宝宝便秘有很好的辅助作用。具体方法是：手掌向下，平放在宝宝脐部，按顺时针方向绕着宝宝脐周进行轻轻推揉。每次20~30圈，每日2~3次。按摩不仅可以加快宝宝肠道蠕动，从而促进排便，还有助于促进宝宝的消化功能，有利于排便。

● 保证宝宝的活动量

活动量少是导致宝宝便秘的原因之一，因此，一定要保证每天都有一定的活动量。对于较小的宝宝来说，他还不能独立行走或爬行，家长可多抱抱宝宝，给他做简单的健身操，比如扶着宝宝在你的腿上做弹跳运动等，适当的活动对缓解便秘有很好的作用。

● 让宝宝养成定时排便的习惯

养成定时排便的习惯也是预防宝宝便秘的主要方法。一般从宝宝4个月开始，爸爸妈妈就可以按照宝宝自己的排便规律，培养他按时大便的习惯了。爸爸妈妈要学会观察宝宝，如发现宝宝出现有脸红、瞪眼、凝视等神态时，就应把宝宝抱到便盆前，并用"嗯、嗯"的发音使宝宝形成条件反射。坚持每天定时进行，连续一个月后便可养成宝宝定时排便的习惯。

推荐宝宝营养食谱

红薯糊 <small>(适合8个月以上的宝宝)</small>

材料： 新鲜红薯200克，大米50克

做法： 1.红薯洗净，切小块，大米淘洗干净。

2.在锅里加适量清水，把红薯块与大米放入锅中，煮成稀粥即可。

湿　疹

湿疹是宝宝十分常见的过敏性疾病，常发于面颊、手腕、手脚关节屈曲等部位。宝宝患湿疹后，皮肤会出现干燥、发痒、红肿等状况。饮食是引起宝宝湿疹的一个重要原因，因此，一旦宝宝患湿疹，妈妈就要检查宝宝的食物中是否有过敏源。常见的引起湿疹的食物有虾、蟹、海鱼、蛋黄、牛奶等。

湿疹宝宝护理注意事项

◎尽量找出和避免接触过敏源，首先观察宝宝是不是食物过敏，特别是牛奶等动物蛋白，观察母乳喂养时妈妈吃鱼、虾、蟹等动物食品后宝宝湿疹会不会加重，如果是，妈妈在母乳喂养时要尽早避免食用这些食品。

◎在给宝宝添加辅食时要注意，较小的宝宝不要给他吃鲜虾、螃蟹等海鲜，否则很容易导致宝宝发生过敏反应。

◎灰尘、花粉、羽毛以及动物的皮屑等也会导致宝宝发生湿疹，妈妈应避免宝宝接触这些致敏源。

◎避免接触刺激性物质，不用碱性肥皂洗皮肤，不用过烫水洗患处，洗澡不宜过频。

◎室温不宜过高，外出时不要让太阳直晒有湿疹的部位，不然会加重湿疹痒感。勤给宝宝换衣服，衣服要宽松，不能太厚、太紧，全棉的最好。

民间便方

◎玉米须芯汤：玉米须15克、玉米芯30克，先煎玉米须、玉米芯，去渣取汁，加冰糖调味，代茶饮用。可连服5～7次。适合1岁以上的宝宝。

推荐宝宝营养食谱

绿豆百合汤 （适合1岁以上的宝宝）

材料：绿豆250克，鲜百合100克

调料：冰糖适量

做法：1.绿豆洗净，用沸水浸泡10分钟；百合瓣成瓣状。

2.沥干绿豆中的水分，下锅大火煮沸，放入百合改中火同煮。

3.汤内水分将要煮干时加入适量沸水，盖上锅盖再煮20分钟。

4.待绿豆开花、百合熟烂时加入适量冰糖，待冰糖完全溶解后调匀即可。

PART

2

生长与发育篇

体格与智力发育情况，
是父母最关心的问题之一。
本章详细列举 宝宝智能体能发育情况，
为宝宝的成长提供了可靠的参考依据。
但由于0~3岁的宝宝个体差异较大，
父母要针对每个宝宝自身的发育情况和特点，
采取不同的育护措施。

01 0～3岁 婴幼儿**养护方案**

婴儿降生前，你准备好了吗

对于每位女性来说，孕育都是一件夹杂着辛苦和幸福的过程。经过了漫长的10个月，婴儿终于要和家人见面了。那么，在这最后的阶段，应该做怎样的准备工作，才能使婴儿更加顺利健康地来到世界上，继而顺利度过婴儿期呢？这可不是一个简单的问题，值得准爸爸妈妈好好地考虑一下。

做好即将当爸妈的心理准备

首先，在婴儿出生以前应该做好充分的心理准备，这样才能有信心应对孩子出生后的种种难题。不管是准爸爸还是准妈妈都应提前思考一下孩子出生后的事情。

● **思考应该怎样爱孩子**

从这个时候或者更早，就应该考虑好这个问题。孩子3岁以前，父母的爱是他们发展的不可或缺的精神营养，但不能过"浓"，否则会变成不理智的爱、溺爱。溺爱对孩子的成长没有好处。然而，对孩子过于专制也是要不得的，孩子是一个独立的个体，父母的爱和管教应该是建立在对孩子尊重的基础上的。

● **以良好的心态迎接各种变化**

孩子一出世，会直接影响这个刚刚组建不久的小家庭的全部生活节奏。在头3年，父母必须花费许多时间和精力来照顾他的吃、喝、拉、撒、玩，甚至生病。父母还要做些牺牲，比如：娱乐减少了、夜生活暂停了、爱好搁置了、出门会友的机会少了，等等。要做好充分的心理准备，去接受这些变化。

● **接受孩子的缺点**

如果宝宝的身体不太健壮，或长得不太标致，或与自己期望的性别不一致，这时要有思想准备去善待他们，因为他们同样是两个人的结晶，他们更需要爱。无数事例证明，只要教育观念正确，养育得法，这些有缺点或缺陷的孩子同样可以成才，同样会成为家庭的骄傲。

● 为教育孩子做准备

对于孩子的教育从出生第一天就开始了，所以在孩子出生前，父母应多学习育儿知识，比如阅读育儿的书刊，参加家长学校，接受科学育儿指导，并且要乐于实践、善于总结。

做好充分的物质准备

物质准备是婴儿出生后健康成长的基础，建议准妈妈在怀孕期间就开始准备，但是有很多东西，也可以等到孩子满月后再买。那么，新生儿时期的宝宝需要哪些物品呢？

● 哺乳用品

大多数妈妈都希望母乳喂养自己的孩子，但是为了应对母乳迟迟不来，或者母乳不够的情况发生，还是要准备好奶瓶等人工喂养工具。即使一时用不上，以后也会慢慢派上用场。

◎**奶粉**：一小包即可，防止暂时没有母乳或母乳不够时用。

◎**奶瓶**：2个，120毫升左右即可。耐热玻璃奶瓶能煮沸消毒，易于洗刷，塑料奶瓶重量轻，不宜破碎，外出时携带方便。

◎**奶嘴**：准备2~3个以便替换使用，奶嘴孔的大小要根据宝宝的月龄来选择。

◎**冲泡奶粉的用具**：如量匙、开罐器、长柄的搅拌匙。

◎**奶瓶刷**：要准备刷奶瓶和刷奶嘴的两个大小不同的刷子。

◎**加温器**：方便在深夜喂奶的时候用。

◎**奶瓶套**：要保温性能好，外出时携带方便。

◎**奶瓶夹**：消毒时用来夹奶嘴和奶瓶。

◎**安抚奶嘴**：最好是一体成型，有一个护罩，中间有通气孔，并且是合乎牙床构造的形状。最好选购硅胶材质的。

◎**吸奶器**：包括人工与电动式两种。乳中所含的母体白细胞，易黏附在玻璃瓶上，所以储存母乳的瓶子最好用塑料材质的。

◎**消毒器具**：家用的消毒柜就可以，臭氧和红外线高温能分别使用，需要煮沸消毒的家用锅也行，但要保证是宝宝单独使用。

◎**围嘴**：为宝宝准备一些可清洗的围嘴，可以在宝宝打嗝与吐奶时使用。

◎**哺乳胸罩**：最好在宝宝出生以前怀孕7个月的时候，便将哺乳胸罩买好，以确保其适用性。

● 婴儿衣物

◎**睡衣**：刚出生的婴儿穿睡衣就可以了，最好选棉质的连裤装。因为按扣儿从胸前一直开到胯下和两腿，这样换尿布时，宝宝的腿就很容易从裤管里拉出来。

◎**连身短衫**：给春末或夏天诞生的宝宝用，最好购买胯下有按扣儿的。

◎**围兜**：最好备上几个，防止在喂奶、喂水或宝宝流口水时弄湿衣服。

◎**帽子**：由于宝宝的头会散热，尤其是早产儿，控制体温的能力还没有发育好，因此一定要戴帽子。

◎**肚兜**：无论是冬天还是夏天都用得上，可以很好地保护婴儿的脐带和小肚子。最好是白色或浅色棉质的，可以多备几个。

◎**袜子**：宝宝的小脚需要保暖，应该多准备几双袜子。注意选购质地柔软的袜子，并且大小要合适，不易掉落。

● **浴具**

刚出生的婴儿大小便频繁，经常洗澡可以减少不适感。所以最好是在孩子降生前就准备好必要的浴具。

◎**洗澡盆**：新生儿时期最好不要太大的，且一定要保证材料安全环保。

◎**洗脸盆**：最好备2个，一个用来洗婴儿的小衣服，一个用来洗婴儿的小屁股。

◎**海绵浴巾**：一个即可。

◎**大毛巾**：洗完澡后擦身子用。最好是白色或浅色的纯棉织物，吸水性一定要好。

◎**水温计**：洗澡前测试水温，对于没有经验的妈妈来说是很必要的。

◎**洗发水**：选择温和的无泪配方型，但注意不必每次洗澡都用。

◎**沐浴露**：出生宝宝3～5天用一次即可。夏天生的宝宝还可以用金银花煮水洗，可预防

出痱子。

◎**爽身粉**：夏天出生宝宝的必备品。洗完澡后擦上可以有效防止出痱子。

选购婴儿装的注意事项

选择婴儿装最主要的原则就是安全和舒适。尽量选择天然材质的，避免选合成材质的。衣服上的纽扣一定要牢固，如果是按扣儿，要选容易扣上及打开的。避免购买颈部有细带子的衣服或配件，以免发生危险。另外，为了省时省力，建议买可水洗、免烫、可以烘干的婴儿装。

童大夫提醒

● **寝具**

婴儿的寝具同样是非常重要的生活用品，尤其是对于刚出生的小宝宝，他们一天的大部分时间都是在床上度过的，所以，一定要以安全、舒适为原则来添置婴儿的寝具。

◎**小床**：一定要选木质，无漆，且不要太小。

◎**被褥**：多少、薄厚视出生季节而定，但一定要保证质量和安全性。

◎**睡袋**：1个，以防止家长短时间离开时，婴儿踢掉身上的被子而着凉。

◎**包被**：在喂奶或者逗着玩时，可以在宝宝衣服外加上一条包被，不但可以保暖，也方便新手妈妈学抱新生宝宝软绵绵的身体。可根据天气购买夏天或冬天用的。

◎**小蚊帐**：如果是在夏天，是非常必要的。

● **其他生活用品**

◎**奶瓶清洁液**：奶瓶中的奶渍不好清洁，用洗洁精又不容易清洗，而奶瓶清洁液比较温和，且成分对人体没有什么危害，很适合清洁奶瓶。

◎**婴儿洗衣液**：初生婴儿皮肤娇嫩，不能用成人的洗衣粉洗衣服，尤其是婴儿的贴身衣服，必须用婴儿专用的洗衣液或者肥皂清洗。

◎**润肤霜**：为了防止婴儿皮肤干燥，最好备上。并不是贵的就好。

◎**纱布毛巾**：可多买几条，擦嘴、擦小屁股都用得着，不同用途的小毛巾最好买不同的颜色。

◎**护臀膏**：如果担心婴儿红屁股，可以备上一支，但基本上用得比较少。

◎**纸尿裤**：给婴儿晚上用，可以减少换尿布的繁琐，很方便。

◎**纸尿片**：相对于纸尿裤来说比较经济，但是用起来有一点点麻烦，可以备几包。

◎**湿纸巾**：婴儿小便后擦拭小屁股用，比较方便。要选择温和无刺激的，大小适中、干湿度合适的。

◎**隔尿纸巾**：主要作用是迅速使尿渗透，不浸着婴儿屁股，还有就是婴儿大便后很少污染到尿布，减少了一部分清洗的麻烦。可在使用尿布的时候用。

◎**退热贴**：为防止婴儿晚上发热时不知所措，可以备上一些，但一定是正规厂家生产的，有安全保障的。

◎**棉签、75%的消毒酒精**：初生的婴儿护理脐带必须用到的。棉签可以多准备一些，很多地方都用得着。

◎**脱脂棉**：给婴儿清洁面部、脖子、屁股比较卫生、方便。

◎**小玩具**：可准备几件颜色鲜艳、会发声、可悬挂的玩具。

◎**吸鼻器**：一两个月的小婴儿经常有鼻屎，大人不敢抠，最好用吸鼻器。

◎**体温计**：婴儿体温还不稳定，所以体温计是家庭必备的。

★ 如果有时间，这些东西都可以在产前备齐。当然，有的暂时没买到也没关系，需要的时候随时可以添置。

0~1个月
（新生儿）

这个阶段是新生儿适应外界环境的重要时期，家庭的首要任务是保证婴儿的安全和健康的生长。孩子需要怎样的照顾，如何才能让他少受伤害，都是新手妈妈要学习的。

养护要点

● 关注孩子的睡眠

婴儿出生的第一个月，大部分时间都在睡眠中度过，良好的睡眠对于婴儿的生长发育有着非常重要的作用。给孩子创造一个良好的睡眠环境，保证孩子的睡眠安全是这时候要非常注意的。

✿ 温、湿度要适宜

婴儿的睡眠环境以温度24~25摄氏度，湿度50%左右为宜。并且要特别注意不要盖得太厚。温度较高，会使婴儿烦躁不安，影响正常的睡眠。另外要注意自然通风，天气炎热时，电扇、空调不能直接对着婴儿吹。

✿ 良好的声光环境

婴儿睡觉时，环境要相对安静，同时室内的光线应暗淡一些。大多数婴儿能习惯普通家庭的谈话声、笑声，所以婴儿睡眠时不必屏声敛气，但要避免大声喧哗。

✿ 做好睡眠护理

刚出生的婴儿自己不能控制和调整睡姿。因此，妈妈应多注意观察，经常帮助婴儿变换睡眠姿势。随着婴儿的成长，注意调整枕头的高度。

此外，还要注意睡前不要把婴儿喂得太饱，否则腹部不适，难以入睡。睡前刻意轻轻抚摸婴儿，夜间如果婴儿不醒，就不必频繁检查尿布。换尿布或吃奶、喝水后，也不要与婴儿多说话，让他尽快重新入睡。

● 护理好婴儿娇嫩的脐带

脐带是婴儿在子宫中与母体相连的部分，出生后，脐带会被医生剪断，并且做简单的结扎处理。正常情况下，脐带在出生1~2周后就会自行脱落。但在脐带脱落前后，脐部易成为细菌繁殖的温床。细菌及其毒素如果进入脐血管的断口处并进入血液循环，就会引起菌血症。因此，脐带断端的护理是很重要的。

✿ 保持清洁、干燥

脐带残端经常会渗出清亮的或淡黄色黏稠的液体，分泌物过多就会使脐窝和脐带的根部发生粘连，导致脐窝出现脓液。所以，最好每天彻底清洁小脐窝。方法是：用棉签蘸上75%的酒精，一只手轻轻提起脐带的结扎线，另一只手用棉签仔细在脐窝和脐带根部擦拭。随后用新的酒精棉签从脐窝中心向外转圈擦拭，最后把提过的结扎线也用酒精消毒。

即将脱落的脐带是一种坏死的组织，很容易感染上细菌，所以一定要保持干燥，以阻止细菌滋生。一旦被水或尿液浸湿，要马上用干棉球或干净柔软的纱布擦干，然后用酒精棉签消毒。脐带脱落之前，不要给婴儿泡澡。可以先洗上半身，擦干后再洗下半身。

脐带脱落后，由于表面还没有完全长好，仍然会有一定的液体渗出，这时候要继续用浓度为75%的酒精轻轻擦干净。一般一天1~2次即可，两三天后脐窝就会变得干燥。另外，也可以用纱布轻轻擦拭脐带残端，使其干燥。如果肚脐的渗出液像脓液或有恶臭味，说明脐部可能出现了感染，需要带婴儿到医院诊治。

❦ 防止摩擦

脐带未脱或刚脱落时，要避免衣服和纸尿裤对婴儿脐部的刺激。婴儿的内衣，要尽量柔软。将尿布前面的上端往下翻一些，皆可以防止纸尿裤对脐带残端的摩擦。

2周后，如果婴儿的脐带仍未脱落，要仔细观察脐带的情况，只要没有感染迹象，如没有红肿或化脓，没有大量液体从脐窝中渗出，就不用担心，也许过两天它就会脱落。

新妈妈的育儿困惑

● 婴儿为什么会"吐奶"

> **案例**
>
> 小李刚做妈妈非常兴奋，她母乳充足，婴儿每次都吃得饱饱的，可是吃过奶没多大工夫，白白的奶水就从婴儿的嘴角流了出来。小李不知道孩子究竟为什么会往外吐奶，难道是吃得太饱了？

这个阶段的大部分孩子会发生生理性的溢奶，俗称"漾奶"。首先要告诉妈妈的，这是一种正常现象。随着新生儿的日龄增长，溢奶会逐渐好转，到了3个月时明显减轻，大约到出生后6个月时便自然消失。

新生儿胃容量小，食管发育比较松弛，胃又呈水平位，胃和食管连接的贲门括约肌发育较差，较松弛，所以胃内容物，如奶和水或奶块极易反流。而十二指肠和胃连接的幽门发育却比较好，极易痉挛，奶水不易进到十二指肠。其次，因喂养不当使婴儿吸入大量空气也会引起溢奶。

所以，喂奶时最好将婴儿抱起，使之躺在母亲怀里，母亲将食指和中指分开，轻轻压住乳房以防止奶水流得太急。如果使用奶瓶，奶孔不要太大，要充满奶水，防止吃得太急或吸入空气。另外，喂奶以后要轻轻抱起，让婴儿伏在妈妈肩上，轻拍背部使胃内气体排出，然后让婴儿右侧卧位，头部稍抬高，以减少溢奶的发生。

育儿习俗全新解读

● 给新生儿"擦马牙"有害无益

出生3~5天后，婴儿的内牙床上或上腭两旁会有像粟米或米粒大小的球状白色颗粒，数目不一，看起来像刚刚萌出的牙齿，有的就像小马驹口中的小牙齿，人们把这种现象俗称为"马牙"。这种出现在硬腭上的白色颗粒，医学上叫做"上皮珠"。上皮珠是细胞脱落不完全所致，对婴儿并没有任何影响，它往往会由于进食、吸吮的摩擦而自行脱落。

但是在我国民间有一种错误的做

法，那就是认为"马牙"要用干净的粗布蹭掉才行，有的甚至用针挑，以使其脱落。其实，这种民间传统的育儿习俗有害无益。

由于婴儿口腔黏膜非常娇嫩，无论是用粗布擦洗或用针挑，都很容易损伤黏膜，造成口腔黏膜感染，严重时甚至可引起全身感染，引发新生儿败血症。

所以，给新生儿擦马牙、挑马牙都是非常不科学的，这种习俗必须摒弃。

病理性呕吐症状

如果婴儿溢奶越来越严重，如频繁，量多，有时呈喷射性，呕吐物中有奶块、绿色胆汁，并伴有发烧、腹泻等情况，就要考虑病理性呕吐，应及时到医院诊治，以免延误病情。

童大夫提醒

本阶段育儿焦点话题

● 生殖器及臀部护理

从新生儿到满月，婴儿都处于生理较弱的时期，需要特别的关爱。其中生殖器和臀部是特别需要注意的。

本阶段内婴儿生殖器护理

由于男婴的包皮往往较长，很可能会包住龟头，其内由于经常排尿而湿度较大，容易隐藏脏物，同时还会形成一种白色的物质，称为包皮垢，需要特别注意对此处的清洗。清洗时将包皮往上轻推，露出尿道外口，用棉签蘸清水绕着龟头做环形擦洗，擦完将包皮恢复原状。阴囊与肛门之间也会积聚一些尿液或排泄物，须用棉签蘸清水擦洗干净。

为女婴清洗生殖器时要将其阴唇分开，用棉签蘸清水由上至下轻轻擦洗。有些女婴阴唇间会有白色乳状物，阴道会出现白色黏稠分泌物或类似月经的血丝，这是因为其体内突然失去母体雌激素所致，一般会在1周左右消失。

★ 每次大便后，最好用清水为婴儿洗臀部。

本阶段内婴儿臀部的护理

新生婴儿皮肤比较娇嫩，容易受外界环境影响而导致局部皮肤问题的发生，尤其是臀部皮肤，经常受大便和尿液的刺激，因而，每次大便后，都要进行必要的清洁。

臀部护理方法包括清洗法和擦拭法两种。

清洗法

盆内备好36摄氏度左右的温水，将盆放在与身体高度适宜的桌子上；让婴儿的头枕在妈妈的肘窝处，手掌握住婴儿的大腿根部，抱起婴儿，让婴儿的身体尽量贴近妈妈的髋部，将臀部暴露，然后用另一只手清洗臀部，之后用毛巾蘸干；将婴儿放在床上，如有臀红涂上护臀霜，再更换清洁的尿布或尿裤。

擦拭法

左手中间3个手指分开，将中指放在婴儿双足间，提起婴儿的两只小脚；也可用手掌握住婴儿的双足跟，轻轻提起。用湿纸巾或湿毛巾擦净会阴及臀部；涂护臀霜，并换上清洁的尿布或尿裤。

操作过程中动作要轻柔、敏捷，注意保暖，不要暴露过多皮肤；注意无论是洗还是擦，都要从前向后擦，尤其是女婴儿，更应注意。

另外，婴儿的尿布要选用柔软、无色、纯棉布的，清洗时用专用的盆和洗涤液，清洗干净后，用开水烫一下，晾在有阳光、通风的地方。如果使用纸尿裤不要一次使用太长时间，也不要连续使用，以使婴儿的皮肤得到适当的放松。

● 帮婴儿睡出好头形

刚出生的婴儿，头颅骨尚未完全骨化，各个骨片之间仍有空隙，有相当的可塑性。那么，怎样才能帮婴儿睡出一个漂亮对称的头形呢？

最有利于头部发育的睡姿是侧卧。既不会造成颅骨扁平，也不会使前额与枕骨(后脑勺)受到挤压，头形轮廓优美；同时还可限制下颌骨过度发育，防止两腮过大而形成大腮帮子脸。采取侧卧时，两侧应适时交替，并注意不要将婴儿的耳郭压变形。另外，刚出生的婴儿平躺时背和后脑勺在同一平面，侧卧时头和身体也在同一平面，因此，这个时候没有必要使用枕头。但在满月后，要考虑给婴儿选择合适的枕头，以利于头形的进一步塑造。

虽然婴儿的头形有一定的可塑性，但是由于婴儿的头部在出生1个月左右的时间，生长速度比任何时期都快，头围可扩大3厘米。头骨的急剧生长，极有可能造成左右不对称。这是因为内部的力量所致，没有必要太在意。

如果2个月以后发现婴儿的头形不对称了，3个月以内赶快调整还来得及，爸爸妈妈不用太着急，一般3个月以上的婴儿头形基本固定，即使此时婴儿的头形依然偏斜，妈妈也不必忧心忡忡，在过周岁生日后，即使非常偏斜的头形一般也会变得不明显了。

顺产婴儿头被拉长

童大夫提醒

顺产的婴儿因为经过数小时的产道内挤压，在出生时头被拉长了。这种情况在几天内或几周内就会消失，不必为此烦恼。

1~2个月

经过1个月的精心喂养，现在的小婴儿已经非常可爱了，爱笑、爱"说话"。然而这时候的婴儿依然需要全方位的照顾，并且由于睡眠时间逐渐减少，父母需要付出的精力更多了。不过相对的，妈妈也可以有许多机会和婴儿进行交流了。

养护要点

● 用正确的方法抱婴儿

满月后的婴儿已经不愿意总躺在床上了，但是由于婴儿四肢仍较软，头还抬不起来，颈部、腰部也无力，所以你定要掌握一些抱婴儿的技巧。

首先使躺在床上的婴儿面向着你，先将左手轻轻插到婴儿的下背部和臀部，再用右手轻轻地插入婴儿的头部下方，然后慢慢将婴儿抱起来。这样，婴儿的腰部和颈部就可以在一个平面上，因有手指支撑着头部，头也不会向后耷拉下来。接着再慢慢地将婴儿的头转向左臂弯，使头固定依靠在你的左臂弯中。

如果要竖着抱婴儿，同样用上述方法将婴儿抱起离床后，再用右手将婴儿的头慢慢靠向你的左肩部，左手仍托住他的臀部和腰部，以支持其体重，右手则托住婴儿的头颈部，婴儿可伏在你的肩膀上。但应注意竖抱的时间不能太长，以免使婴儿感到疲劳。

将婴儿放下时更应小心谨慎，先用一只手托住其头部，另一只手托住其臀部，再轻轻地放下。应当注意的是手要一直扶住婴儿，直到将婴儿的身体完全放到床上，才可拿开双手。这时，

应先轻轻抽出婴儿臀部下面的那只手，并抬高婴儿的头部，以便将放在婴儿头颈部的那只手抽出，再轻轻地将婴儿的头放下。

不管用何种姿势抱这个月龄的婴儿，都应注意保护好头颈部和腰部以免造成意外伤害，且抱的时间不宜过长，以免疲劳；也不可将婴儿抱在手上来回摇晃，以免未发育完整的脑部受损。

● 正确逗笑小婴儿

一般2个月左右的婴儿会在父母的逗引下发出微笑，这被称为"天真快乐反应"。逗笑是婴儿与他人交往的第一步，在心理发育上是一个飞跃，对脑发育是一种有益的激发。因此，家长应将其作为早期智力开发的一种有效方式。逗婴儿笑看似简单，但也必须讲究一定的方法。

✿ 逗笑需要把握好时机、强度与方法

并不是任何时候都可以逗婴儿发笑的，在不合适的时间逗笑，会引发不良结果。例如进食时逗笑容易导致食物误入气管引发呛咳甚至窒息；晚睡前逗笑可能诱发孩子失眠或者夜哭。另外，逗笑要适度，过度大笑可能使婴儿发生瞬间窒息、缺氧、暂时性脑缺血而损伤大脑，或者引起下颌关节脱臼。

❖ 逗笑要讲究方法

逗宝宝笑要讲究方法，不可随意进行。不当的逗笑方式对宝宝无益，比如，用手拧脸蛋、使劲用嘴吻压面部等逗笑的方式会挤伤婴儿的腮腺和腮腺管，造成流涎腮腺炎；高抛婴儿可能会导致婴儿头部受到震动，甚至引起惊厥或者脑震荡等。那么，应该如何逗婴儿笑呢？

◎**家长多对婴儿微笑。**从婴儿出生之日开始，爸爸妈妈爷爷奶奶都要多对婴儿微笑，让他从人生的一开始就沉醉在笑脸里，接受快乐的熏陶。婴儿在耳濡目染下，就能学会笑，而且还能帮助婴儿养成乐观的性格。

◎**家长做鬼脸，**或发出怪声逗婴儿笑。这一招很常用，也很管用，会让婴儿咯咯大笑。

◎**拿一个玩具，如狗熊、大乌龟、大象等，慢慢移到婴儿面前，突然叫一声就藏起来。**大人哈哈大笑，婴儿也会跟着笑。

当然，不同的婴儿表现不同，家长可以总结一下经验，看看婴儿最喜欢哪一种逗笑方法，然后反复用这种方法形成条件反射，就能引起婴儿经常笑出声音。

新妈妈的育儿困惑

● 孩子打嗝怎么办

案例 一位新妈妈咨询儿科医生：每次喂完奶以后，婴儿就会不停地打嗝，看起来非常难受。这是怎么回事呢？有什么办法可以让婴儿停止打嗝吗？

这是新妈妈经常会碰到的一个疑问。宝宝打嗝实在不是一件舒服的事情，然而却是一种正常的生理现象。

这是因为婴儿的神经系统和膈肌都没有发育完善，受到轻微刺激如冷空气吸入、吃奶太急、胃内吞入空气、过饱等，都会发生膈肌突然收缩，迅速吸气并发出嗝音。随着婴儿神经系统发育完善，打嗝现象会自然消失。

但若婴儿打嗝时间过长或发作频繁，多少都会让家长感觉不舒服。那么怎样有效地预防和治疗打嗝呢？

首先，天气寒冷时注意给婴儿保暖，避免身体着凉。其次，不要在宝宝过度饥饿或哭得很凶时喂奶。无论喂母乳还是配方奶，不要让婴儿吃得过快或过急。再次，吃完奶后，将婴儿抱起来，轻拍背部，以使因吃奶吸进去的空气排出。一般只要诱发因素消除后，婴儿就会慢慢停止打嗝。但如果想让婴儿快速停止打嗝，不妨试试以下方法。

在受凉的情况下，可以抱起婴儿轻轻地拍拍他的后背，再喂一点温水，最后为他盖上保暖的衣被等。如果是因吃奶过急、过多或奶水凉而引起的打嗝，可抱起婴儿刺激小脚心，或者用食指尖在婴儿嘴边或耳边轻轻地挠痒，这些都会促使婴儿啼哭，使膈肌收缩突然停止，从而止住打嗝。

● 满月婴儿可以到户外吗

案例 我的宝宝丁丁刚满月，我想知道冬天能带刚满月的婴儿到户外去吗？如果可以，需要注意哪些问题？

许多人都认为此时的婴儿还太娇嫩，不适合到户外。其实婴儿满月后，只要充分保暖，即使是冬天也可以带到户外去短暂地经受冷空气的锻炼。

需要提醒的是，在外出时，要给婴儿多准备几条纯棉的包被，如果感觉婴儿出汗或者手脚发凉，可以随时增减。因为大量热量会从头部流失，所以一定要给婴儿戴帽子护住头部和耳朵。小手和小脚也一定要保护好。

外出活动时间长短与次数应当循序渐进，开始时每天1次，适应后可增加至2～3次，每次从几分钟开始，以后可增加到30分钟。

户外活动时，要注意观察婴儿的各种表现，如果小脸、鼻子都红红的；小嘴周围颜色有些发青；眼睛里有眼泪，或者哭闹不止，就应该尽快带婴儿回家了。

育儿习俗全新解读

● 满月不一定非剃胎发

专家认为，"满月剃胎发"毫无科学依据。头发长得快与慢、细与粗、多与少与剃不剃胎发并无关系，主要受体内肾上腺皮质激素等的调节，和孩子的生长发育、营养状况及遗传等有关。婴儿头皮很薄，而且娇嫩，抵抗力差，一不小心，剃刀就会割破孩子的头皮。而且婴儿头皮上存有大量的金黄色葡萄球菌，头皮破损后细菌会乘虚而入，并经血液播散到全身，引起严重的菌血症、败血症，甚至脓毒血症。因此"满月头"还是不剃为好。但是，如果婴儿出生时头发浓密，且正好是炎热的夏季，为防止湿疹，建议将婴儿的头发用剪刀剪短，而不是用剃刀剃光。已经长了湿疹的头皮更不要剃刮，否则更易感染。

促进婴儿头发健康生长的途径

坚持母乳喂养，尽早到户外活动，让头皮常晒到阳光，每周用37摄氏度左右的清水轻轻揉洗头发1～2次，增加血液循环，促进头皮的新陈代谢，这些方法都可以促进婴儿头发的健康生长。

童大夫提醒

本阶段育儿焦点话题

● 带婴儿游泳的注意事项

婴儿游泳是指1岁内的婴儿在专用安全保护措施下，由经过专门培训的人员操作和看护，是在出生当天即可进行的一项特定的、阶段性的人类水中早期保健活动。其原理是让婴儿在类似母体的羊水中做自主运动，利用水波轻柔的爱抚，促进新生儿的智力发育和健康成长。

婴儿游泳的益处

婴儿游泳虽说每次时间不长，只有10～15分钟，但相对于1岁以内的婴儿而言，绝对是一种大运动量的全身运动。能有效地刺激婴儿神经系统、消化系统、呼吸系统、循环系统及肌肉和骨骼系统，促进婴儿大脑、骨骼和肌肉的发育，激发婴儿的早期潜能，为以后提高婴儿的智商、情商打下坚实基础。具体地说，婴儿游泳有以下益处：

刺激并促进脑神经发育，显著提高智力水平

大脑神经与身体各部位的末梢神经相连，婴儿在水中进行自由的大运动时，各种动作直接受神经系统支配和调节，而肌肉和各关节的活动又反过来刺激大脑皮层神经，从而促进大脑功能的快速发育，使大脑对动作反应更加敏捷。

提高细胞的敏感性和身体的协调性

婴儿游泳时，在水温、静水压、浮力和水波冲击等多种外因的共同作用下，引起婴儿全身皮肤、关节，包括神经系统、内分泌系统的一系列良性反应，加强了对婴儿各感官系统的刺激，促进动觉、味觉、听觉、触觉、平衡等综合信息的快速传递，从而提高反应能力，促进各器官协同配合来完成各种动作。

建立对新环境的安全感和信赖能力，培养自信心和适应能力

婴儿游泳再造了子宫羊水环境，使婴儿漂浮于失重的水中，并逐步感觉在新的环境中能自由伸展肢体的安全和快乐，以达到帮助婴儿适应不同的内外环境，树立自信心和适应能力的目的。

提高婴儿抗病能力，减少感冒机会

婴儿在不由自主地做全身运动时，双臂自动划水，如同扩胸运动，能加深呼吸，增大肺活量，促进血液循环，加速新陈代谢，增强心肌收缩力，起到强身健体，提高免疫力的作用。

促进身高和体重增长

由于水的浮力作用，婴儿在水中可轻易地做出如滑动双臂、伸屈双腿和拧腰等大动作，以促进血液中的营养和氧气更快地输送到骨骼和肌肉组织中，促进体内生长激素水平的升高，从而使婴儿生长速度加快。

婴儿哭闹时如何应对

一般婴儿都会很容易地适应水中的环境，但是也有的婴儿会出现哭闹的情况，原因可能是：

水温不合适

婴儿游泳的水温应在33～39摄氏度之间。水太热婴儿会不适应而啼哭，最合适的水温应是婴儿背颈部温度，这也是婴儿表皮最高温度。有时婴儿游了几分钟后就开始哭闹，此时可以喂少量的水，休息一下再游。

缺乏安全感

在水中握住婴儿的小手，用语言转移其注意力，然后慢慢松手。或在水中抱住婴儿，用语言安抚，让他慢慢适应。实在哭闹得凶，才把他抱起来安抚。对于这样的婴儿，多游几次就会慢慢适应了。

耳朵进水

出生2个月以后的婴儿游泳时，运动量很大，耳朵容易进水，容易引起中耳炎，用防水贴将婴儿耳朵包严实。

知道害怕水了

如果婴儿是6个月后才第一次游泳，就很可能是害怕水而啼哭。对于这种情况父母一定要有耐心，先可以少放一些水，让婴儿可以坐在里面玩，再多放些水，让他戴上脖圈游，多适应几次就可以了。

2~3个月

婴儿又长大了，眼睛看得远了，对声音也能做出不同的反应了。更让妈妈感到甜蜜的是，婴儿认识妈妈了。这个阶段要逐步增加婴儿户外活动时间，多晒晒太阳，有利于婴儿的健康成长。

养护要点

● 适当的日光浴

这个阶段的婴儿生长发育依然很迅速，加上婴儿对光的适应性已经很强，所以为了增强体质，促进骨骼的生长，可以适当为孩子进行日光浴。

适当的日晒不但可以促进血液循环，强壮骨骼和牙齿，还能增加食欲，促进睡眠。但是必须遵循循序渐进的原则。最初在中午光照好的房间，打开窗户晒（通过玻璃的日光达不到效果）。每天一次，每次晒4~5分钟，持续2~3天。适应后，时间逐渐增加到10分钟、20分钟，最长不超过30分钟。全身日光浴要注意：第一，婴儿的头、脸，特别是眼睛要避开阳光，注意把头部置于阴凉处，使婴儿入睡，或者给婴儿戴上帽子。第二，尽量保持日光浴的连续性，但是只在婴儿身体状况良好时进行，身体不适或精神不振时不要勉强。夏天直射的阳光对婴儿刺激过强，可利用反射光或把婴儿置于树荫处；冬天寒冷时，可在换尿布时将臀部对着太阳晒一会儿。婴儿的嗓子容易干燥，日光浴结束后，要喂些水或果汁。

● 开始使用枕头

婴儿长到3个月左右，脊柱颈端出现向前的生理弯曲，这时应该给宝宝选择一个合适的枕头了。

婴儿的枕头要软硬适度，因为婴儿颅骨较软，囟门和颅骨线还未完全闭合，所以不要选择质地过硬的枕头，否则睡后易使颈部肌肉疲劳，造成落枕。长期使用，还会造成头颅变形或者大小脸，影响外形美观。可是，太软的枕头又不能很好地支撑颈椎，而且由于与婴儿头皮的接触面过大，不利于血液循环，透气性差，甚至影响呼吸，特别是婴儿发烧时更不适宜使用。

因此，不妨选用荞麦皮，油菜子，晒干的茶叶、菊花等绿色材料作为填充物的枕头。另外，在选择枕头时，还要注意枕头的大小和高度等。大小与婴儿两肩的宽度相等为宜，3个月左右的婴儿枕头的高度在1~2厘米即可。

新妈妈的育儿困惑

● 怎样知道婴儿要排便了

案例 孩子两个月了，妈妈总是为孩子的排泄问题头疼，因为宝宝的皮肤非常敏感，不能用纸尿裤，所以每天都要洗大量的尿布，晚上还要提防尿床。

除了喂养之外，大小便是父母十分关心的又一个重要问题。婴儿每天排尿次数较多，且大都无规律，对此，很多年轻家长都感到很费精力。

一开始的时候，可以根据婴儿的排泄规律进行把尿，2~3个月的小婴儿吃完奶或喂完水后15分钟左右就有尿，之后每隔10~15分钟排尿1次，约3次后，排尿的间隔就长一些了。掌握住这个规律再进行把尿，成功率就会很高。

其次，婴儿在排尿前一般会有一些反应，父母只要仔细观察，就会掌握其规律。男孩要排尿时一般阴茎饱满，比较容易发现。一定要注意，切不可频繁地或强制性地把尿，否则易造成婴儿对把尿的反感，不利于排尿好习惯的养成。

另外，婴儿排大便一般多在早晨或进食后不久。多数婴儿排大便前会有发呆、打寒战、使劲儿等等状态，平时家长要注意观察宝宝的表情，一旦看到宝宝突然停止活动，开始用力屏气，出现面红、使劲等表情，那可能是解大便的信号。家人发现后可立即把大便。把大便时，家人可发出"嗯……嗯……"的声音作为排便信号，经过多次训练可形成条件反射。这样，宝宝就逐渐形成在一天的相同时间排便的习惯，大人也会轻松不少。

● 婴儿黑白颠倒怎么办

案例 我的宝宝出生9周了，现在让我头痛的是，他晚上睡2个小时就会醒一次，起来吃奶，可是白天却可以持续睡四五个小时。怎样才能让他晚上多睡会儿？

很多妈妈都会遇到这样的麻烦，婴儿的睡眠时间日夜颠倒了，白天睡得多，晚上睡得少，搞得大人疲惫不堪。不要着急，这种状况采取一些措施是可以改变的。

具体做法是，减少婴儿白天的睡眠时间，白天每次睡觉的时间不超过2个小时。可以在婴儿睡了差不多够2个小时的时候，就轻轻地叫醒婴儿，不过，要让一个熟睡的婴儿清醒过来并不是一件容易的事。可以试着用凉手摸摸婴儿的小脚心，或者把一块蘸了凉水的湿毛巾放在婴儿的额头上，刺激婴儿清醒过来，然后要和婴儿说话，逗他玩，一会儿他就会变得精神起来。

白天睡的时间少了，晚上的睡眠时间自然会增加，睡眠质量也会提高。但是也不要指望这种做法会一下子见效，至少坚持两周才有可能看到成效，妈妈一定要有耐心。

育儿习俗全新解读

● 囟门虽重要，不是不可碰

由于传统育儿经验中有"碰了囟门就会使婴儿变哑"的说法，所以有些父母认为头垢有保护婴儿前囟门的作用，不愿意把它洗掉，使有些婴儿出生后不久头顶上会有一块黄色硬痂。这些头垢是婴儿出生时头皮上的脂肪，加上以后头皮分泌的皮脂，再沾上灰尘而形成的，越积越多，形成厚厚的"头盖儿"，很不卫生。

囟门，俗称"天灵盖"，是婴儿颅骨与颅骨之间尚未完全衔接而形成的。两块额骨与顶骨之间形成一个无骨的，只有脑膜、头皮和皮下组织的菱形空间，叫前囟门；两块顶骨与枕骨之间形成一个无骨的小三角，叫后囟门。人们常说的囟门是指前囟门。

囟门是反映疾病的窗户，未闭合之前的形态和闭合过程，对提示婴儿的健康状况尤为重要。首先，囟门到18个月后还未闭合，提示婴儿骨骼发育及钙化障碍，可能患佝偻病、呆小病、脑积水等。其次，囟门关闭过早有脑发育不全、小头畸形的可能。另外，囟门饱满或明显隆起提示颅内压增高，多见于脑积水、颅内感染（脑膜炎、脑炎）、硬脑膜下血肿，也可见于口服四环素后及维生素A中毒。而囟门明显凹陷则常见于严重脱水，如急性腹泻等。

囟门固然很重要，要注意保护。但"碰了囟门就会使婴儿变哑"的说法是没有科学根据的。因为要保护囟门而不给婴儿清洗头顶部是非常错误的做法。那么怎样清除已经积攒了很厚的头垢呢？

由于头垢和头皮粘得很紧，如果硬剥硬洗很容易损伤头皮，引起细菌感染。这时可用食用橄榄油或者婴儿护肤油轻轻擦在头垢上，使头垢变软化，然后再用肥皂和温水洗净，一次洗不干净，可重复洗几次。

注意脂溢性皮炎

童大夫提醒

有时候头垢已经洗得很干净了，但不久又长了出来，这种情况可能是婴儿患了脂溢性皮炎，应带婴儿到医院皮肤科请医生处理。

本阶段育儿焦点话题

● 从大便看婴儿的健康

大便是消化器官将食物进行消化吸收后的剩余产物，大便的异常与婴儿的身体状况有着密切的关系，大便次数、性质、气味的改变均可反映婴儿疾病情况，尤其对判断消化道疾病意义更大。家长若能重视对婴幼儿大便的质地、色样和次数的观察，正确地识别正常和异常的大便，有助于早期发现婴儿消化道的异常，为诊断疾病提供有价值的线索。

婴儿在正常状态下的大便

母乳喂养的婴儿，大便多呈金黄色软膏样并稍有酸臭味，有时呈淡绿色或混有少许奶瓣的软便，一般每天2~3次。

用配方奶喂养的婴儿大便较少，通常会干燥、粗糙一些，稍硬如硬膏，常为淡黄色（发白），质较硬，较臭，但还不及成人大便臭。每天1～2次或隔日1次，每次量较多。

添加辅食后，随着婴儿辅食数量和种类的增多，婴儿便开始慢慢接近成人，开始变得颜色较暗。有时会与食物颜色有关。

大便异常可能是疾病的征兆

大便如呈黄色黏液状、脓血状，多表示孩子患有肠道细菌感染或痢疾；如为稀水样、蛋花样，且有酸臭味，则以消化吸收不良的可能性大。

如果婴儿大便呈白色，又称陶土样便，多见于患有肝胆疾病的孩子，如婴儿肝炎综合征、胆道闭锁等，且以小孩多见，孩子同时可伴黄疸、尿黄、腹胀和肝脾肿大等表现。

绿色稀便常为婴儿受凉或添加辅食不当所引起的食饵性腹泻。

大便像赤豆汤样暗红色伴恶臭，一般为出血性坏死性肠炎。

果酱色大便预示肠套叠或阿米巴痢疾。

柏油样黑便在排除服铁剂和大量食用动物肝血之后可诊断为上消化道出血。

大便呈鲜红色血液为直肠或肛门出血性疾病。正常大便表面附有鲜血：如此时大便较软，排便时孩子安静无痛苦，多见于直肠息肉。

如大便干硬，排便时孩子较费力，且伴有肛周疼痛，则很可能是肛裂所致。

大便次数突然减少并且大便干燥称为便秘，便秘指大便干硬，常呈颗粒状，且隔时较久，排泄困难，多因孩子偏食和排便无规律引起。

大便次数突然增多或突然变稀同时内容物有变化称为腹泻。大便除变稀外，如出现较多黏液或混有血液大便伴小儿排便时哭吵，大多是细菌性痢疾或其他病原菌引起的感染性腹泻。

大便呈汤样可能为细菌或病毒引起的感染性腹泻。

大便如为淘米水样、排便无腹痛、病儿快速出现脱水、抽搐、休克则可能是患了霍乱。

大便恶臭且量又多，伴小儿消瘦，是肠吸收不良综合征的表现。

大便异常提示的营养问题

婴儿大便酸臭加重并带有较多泡沫，是饮食中含糖或淀粉类过多不能完全消化吸收而过度发酵引起。

大便突然变恶臭如臭蛋样气味，是饮食中蛋白质比例过多引起。

大便腥臭伴油腻感为脂肪类饮食过多。

引起婴儿大便异常的疾病有很多

童大夫提醒

婴儿大便异常可诊断的疾病还有很多，以上列举这些仅供年轻父母在观察婴儿大便时参考。如果发现明显异常应立即去医院请儿科医生诊治。

3~4个月

> 婴儿出生后的3~4个月，身体越来越结实，俯卧时，已经开始慢慢抬起头了，具有标志意义的翻身也是在这个月份学会的。

养护要点

● 给婴儿吃手的自由

这个月龄的婴儿经常会把小手或大拇指伸到嘴里吮吮，很多家长怕孩子养成吃手指的癖好，于是从一开始就加以纠正干预，实际上这么做是非常不科学的。婴儿时期吮吸手指是婴儿智力发展的一个信号，是婴儿进入手指功能分化和手眼协调准备阶段的标志之一。

❀ 吃手是健康的标志

对于他们来说，吮指是一种学习和玩耍。起初他们只是将整个手放到嘴里，接着是吮吸两三个手指，最后发展到只吮吸1个手指，从笨拙地吮吸整只手，发展到灵巧地吮吸某1个手指，这说明婴儿支配自己行为的能力大有提高。吮吸手指动作，促使婴儿手、眼协调行动，为5个月左右学会准确抓握玩具打下了坚实的基础。另外，这一时期的婴儿主要是通过嘴来了解外界，婴儿认为手也是外界的东西，所以总爱将它塞进嘴里吮吸感知。

❀ 婴儿缓解焦虑和不安的方式

有时婴儿还以吮吸手指来稳定自身的情绪，这说明婴儿吮吸手指对他们的心理发育也起着重要的作用。大多数婴儿在吮吸手指的时候，通常非常安静，不哭也不闹。因此，对于婴儿吮吸手指，父母不必焦虑烦恼，更不能强行制止。否则会影响婴儿手眼协调的能力及抓握能力的发展，更会使婴儿失去特有的自信心。家长需要做的就是保持婴儿小手干净，保持婴儿口唇周围清洁干燥以免发生湿疹。如果孩子到了三四岁，仍然经常吮吸手指，就可视为一种不良行为，需细心了解形成原因，耐心纠正。

● 训练婴儿长时间抬头

一般婴儿在第二个月时，俯卧位时就可以稍稍抬起头和前胸，但时间很短暂。到了第三个月时，婴儿已经具备长时间抬头挺胸的能力。这时不妨主动让孩子做一下俯卧抬头练习，不仅能锻炼颈肌、胸背部肌肉，还可以增大肺活量、促进血液循环，有利于呼吸道疾病的预防，并能扩大婴儿的视野范围，有利于智力的发育。

❀ 训练抬头的时机和方法

训练婴儿俯卧抬头，最好选择在婴儿睡醒之后，喂奶前1小时进行比较适宜。练习时，要把婴儿放在稍有硬度的床上，防止物品堵住鼻子，影响呼吸。先让婴儿俯卧在床上，帮助婴儿将两手臂朝前放，不要压在身下，然后用一些色彩鲜艳或有响声的玩具，在正前方逗引婴儿，婴儿

★ 对于口水多的宝宝，妈妈要细心呵护。

就会努力抬起头来。还可以将玩具的位置逐渐上移，婴儿的小脑袋也会跟着向上抬。

俯卧抬头训练时间，可以根据婴儿的能力灵活安排，开始时，只练10～30分钟，逐渐延长时间，每天1次即可，不要让婴儿感到疲劳。以后可根据婴儿的实际情况，逐步增加训练时间和次数。

运动发育是连续性的

婴儿的运动发育是连续性的，颈部肌肉的力量和双臂的力量都在逐渐增强，慢慢就可以高高地将头抬起，等婴儿的头部稳定并能自如地向两侧张望时，就可以把玩具从婴儿眼前慢慢移动，先移到右边，再慢慢地移到左边，让婴儿的头随着移动的玩具转，这样不仅刻意锻炼婴儿俯卧抬头的持久力，而且也锻炼了颈部转动的灵活性。

童大夫提醒

新妈妈的育儿困惑

● 婴儿为什么总是流口水

❖ 婴儿流口水的原因

案例 安琦快4个月了，最近总是流口水，并且越来越多，家里的长辈说这是正常现象，但我还是有点担心，流这么多口水，不会营养不良吧？

唾液由口腔黏膜中的三对大唾液腺、腮腺、颌下腺和无数小唾液腺分泌出来的。唾液中含有多种消化酶，能够帮助食物消化，并能中和口腔中细菌产生的酸。

唾液分泌的调节一是靠口腔内局部刺激；二是靠神经中枢的反射。刚出生的新生儿，由于中枢神经系统和唾液腺的功能尚未发育成熟，因此唾液很少。而到了3个月后，唾液分泌就会逐渐增加，然而由于婴儿口底较浅，加之吞咽功能较差，所以多余的唾液很容易流出口腔，尤其是由卧位转换成坐位或站立位时；另外，婴儿5～6个月以后，开始出牙时对三叉神经的刺激，或食物的刺激等均可使口水容易流出口腔。这些都属生理性的，随着孩子的长大，这些现象会慢慢消除，无需治疗。

唾液分泌也受神经支配，婴儿也会因为脑发育尚未完善，对唾液分泌的抑制能力及吞咽功能稍差，致使常流口水。这个原因引起的流口水会在1岁后随着脑发育的健全逐渐减少。发育较快的孩子1岁半时就会停止流口水，大部分孩子在2岁之前，也会因为肌肉运动功能的成熟，逐渐有效地控制吞咽动作。到2～3岁时，吞咽功能及中枢神经进一步完善，就不流口水了。

❖ "口水期"的护理

虽然多数婴儿流口水是正常现象。但是，由于唾液偏酸性，当口水外流到皮肤时，就会腐蚀皮肤最外的角质层（口腔内有黏膜保护），导致皮肤发炎，引发湿疹等小儿皮肤病。所以婴儿流口水时要注意以下几点：

随时擦去口水，切忌用力，轻轻将口水拭干即可，以免损伤局部皮肤。给婴儿擦口水的手帕，要质地柔软，以棉布质地为宜，要经常洗烫。

常用温水洗净口水流到处，然后涂上护肤霜，以保护下巴和颈部的皮肤。如果流口水的地方有发红现象，可涂抹点收敛作用的药膏；如果皮肤已经有点溃烂，则不宜自己用药，一定要去医院看医生。

给孩子围上防水围嘴，以防止口水弄湿、弄脏衣服。

如果孩子平时很少流口水，突然口水增多，就有可能是口腔疾病或者发育缺陷造成的，应去医院检查治疗。

育儿习俗全新解读

● 用母乳为婴儿搽脸

母乳是婴儿的最佳食品，含有丰富的营养。有些妈妈在这个阶段母乳特别旺，婴儿根本吃不完，于是家里的老人便提议将多余的乳汁用来给婴儿搽脸，这样做可使孩子的皮肤嫩白细腻。

其实，这种做法是非常错误的。

由于母乳营养丰富，所以搽在脸上就成了细菌生长繁殖的温床，加之新生儿面部皮肤特别娇嫩，血管极其丰富，若搽上乳汁，细菌更加容易随之"落户"繁殖。不但如此，细菌还会乘虚侵入毛孔。开始时会使婴儿面部皮肤产生红晕，不久变成小疱，继而化脓。如果不及时治疗，会溃烂以致形成疤痕，破坏婴儿的容貌。如果是夏天，乳汁还会腐败变臭，很不卫生。

用乳汁给婴儿搽脸不但不会使婴儿的皮肤变得更加细腻、光滑，还会引起一系列的皮肤问题。所以，不要用乳汁给孩子搽脸，在每次婴儿吃完奶后将脸上残留的奶汁用清水擦洗干净。

本阶段育儿焦点话题

● 4个月内婴儿的安全问题

婴儿在日常生活中的安全问题是第一位的，父母或者其他看护人，有必要了解这些存在潜在危险的所在。

与婴儿床相关的安全事项
慎选婴儿床
婴儿待的最多的地方是床，所以，婴儿床一定

要保证百分百安全。首先在材料上应该是无毒无害的；其次设计构造要合理。婴儿床的做工一定要精致，边缘不能粗糙。婴儿床不要有角柱，婴儿的衣服会被角柱给钩住，从而增加窒息的可能。婴儿床上不应该有松动、安装不到位的螺丝、铰链或者其他的一些金属附件。婴儿床的床栏之间的间距必须小于6厘米，而且栏杆必须稳固，没有断裂或缺损。防止床板产生裂纹或者表皮脱落，以防婴儿碰到婴儿床内层引发中毒。为了防止婴儿误吞捆绑床围（缓冲垫）的绳子或者绸带，或被绳子或者绸带缠绕，引起窒息等意外，爸爸妈妈在捆绑床围的时候，注意要在打结之后，将结头修剪平整。

不能忽视床上被褥的安全隐患

婴儿的床褥应该选择专业厂商生产的专用产品，婴儿床的床垫尤其需要符合现行的安全标准，因为新生儿主要的活动场所就是婴儿床，婴儿大部分时间都在床上睡觉、打盹、玩耍。床褥的尺寸必须和床的大小匹配，褥子和床栏之间的间距不能大于两指宽，否则婴儿很容易陷入这条缝隙中。

千万不能让婴儿睡在那些柔软材质的床上用品上，比如枕头、沙发靠垫、成人床垫等，这些用品都不符合婴儿专用床上用品的标准。只有那些符合安全标准，特为婴儿设计的床垫、被褥和防水垫才是真正可用的。另外，婴儿睡觉时，不要把他包裹得过于严实，以免过热。

采用正确的睡眠姿势

通常情况下，健康的婴儿用仰睡的姿势睡觉更安全。应尽量避免让婴儿脸朝下，匍匐在枕头、靠垫、羊毛毯或者水床上睡觉，以免大人照顾不到而发生危险。

家庭其他区域的安全问题

在婴儿床附近，不能有外露的电源插座，以免婴儿触碰到。不要把婴儿床放置在靠近窗台、窗帘、百叶窗的区域。还有在房间里面悬挂着的衣物，以及一些室内悬挂的软装饰物，都应该远离婴儿的活动范围，以免引起被勒伤导致窒息的惨剧。塑料包装袋、购物塑料袋以及垃圾袋应该放在远离婴儿的地方，因为这些塑料袋或者薄膜会附着在婴儿的脸上引起窒息。

小心玩具引发安全事故

大多数玩具使用寿命都很长，但是仍需要每隔一段时间就检查一下，零部件有否松动，有没有连线断落，或者出现破洞。仔细阅读玩具产品的说明书，父母应该明白一点，新款的玩具肯定都符合当下婴儿的安全标准，而且一般新玩具都附带有厂家提供的说明书。专家也建议不要给婴儿用二手玩具。在给婴儿玩二手玩具之前，先要确保玩具都符合最新的安全使用标准。

婴儿睡觉注意事项

童大夫提醒

在这个时期，枕头、长毛绒玩具等，最多当装饰品，不要拿给婴儿自己玩。另外，在婴儿睡觉或者是无人看管的时候，千万不能把枕头或者长毛绒玩具留在婴儿的床上，以免婴儿抓住盖在脸上造成窒息。

4~5个月

这个阶段的婴儿最突出的表现是可以自己扳着小脚丫玩了，还喜欢将脚丫放到嘴里。很多婴儿可以自己拿着奶瓶喝奶或者喝水了。

养护要点

● **婴儿被动操，增加活动量**

　　婴儿被动操，不仅是促进婴儿全身发育的好的运动方法，还是一个很好的亲子游戏项目。每天坚持给孩子做被动操进行体能锻炼，不但可以促进他的体格发育，还能促进神经系统的发育。婴儿被动操适用于2~6个月的婴儿，根据月龄和体质，循序渐进，每天可做1~2次，在睡醒或洗完澡时，婴儿心情愉快的状态下进行。做时少穿些衣服，衣服要宽松、质地柔软，使婴儿全身肌肉放松。婴儿被动操包括上肢、下肢及躯干的运动，共8节。

　　❖ **上肢被动操**
　　上肢被动操预备姿势

　　婴儿仰卧，妈妈双手握住婴儿手腕，把拇指放在婴儿手掌内，让婴儿握拳，两手放在婴儿两侧。

　　第一节：扩胸运动

　　1.两手左右分开，向外平展与身体成90度角，掌心向上。

　　2.两手胸前交叉。

　　3.重做与步骤1相同的动作。

　　4.还原；重复两个八拍。

扩胸运动1

扩胸运动2

　　第二节：屈肘运动

　　1.向上弯曲左臂肘关节。

　　2.还原。

　　3.向上弯曲右臂肘关节。

　　4.还原；重复两个八拍。

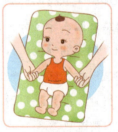
屈肘运动1

屈肘运动2

　　第三节：肩关节运动

　　1.握住婴儿左手由内向外做圆形的旋转肩关节动作，重复四拍。

　　2.握住婴儿右手做同样的动作，重复四拍。

第四节：上肢运动

1.两手左右分开，向外平展与身体成90度角。

2.两手向前平举，两掌心相对，距离与肩同宽。

3.两手胸前交叉。

4.两手向上举过头，掌心向上，动作轻柔。

5.还原；重复两个八拍。

❀ 下肢及全身被动操

第一节：踝关节运动

1.预备姿势：婴儿仰卧，妈妈左手握住婴儿的左踝部，右手握住婴儿左足前掌。

2.将婴儿足尖向上屈踝关节。

3.足尖向下，伸展踝关节。

4.换右足做相同动作。重复两个八拍。

第二节：下肢伸屈运动

1.预备姿势：婴儿仰卧，两腿伸直，妈妈双手握住婴儿两条小腿，交替伸展膝关节，做踏车样动作。

2.左腿屈缩到腹部。

3.将左腿伸直。

4.右腿屈缩到腹部、伸直。重复两个八拍。

第三节：举腿运动

1.预备姿势：两下肢伸直放平，妈妈两手掌向下，握住婴儿两个踝关节。

2.将两下肢伸直上举90度。

3.还原；重复两个八拍。

举腿运动1　　　举腿运动2

第四节：翻身运动

1.预备姿势：婴儿仰卧，妈妈一手扶婴儿胸腹部，一手垫于婴儿背部。

2.帮助从仰卧转体为侧卧。

3.从侧卧转体到俯卧。

4.从俯卧再转体到仰卧。重复两个八拍。

● 缓解出牙不适

出牙早的婴儿从4个月开始就出牙了，婴儿出牙前也会有些征兆，那就是婴儿的脾气会变得比较暴躁，牙龈出现红肿，然后就会发现牙齿冒了出来，婴儿的两颊也会变得很红，可能还会流口水。这时给婴儿一些食物或东西，让婴儿咬着，有助于婴儿牙齿的生长。在婴儿出牙期间，爸爸妈妈随时将婴儿吮咬的牙胶、奶嘴、玩具等物品清洗干净，婴儿的小手勤用水清洗、勤剪指甲，以免婴儿啃咬小手引起牙龈发炎。另外，刚萌出的乳牙牙根还没有发育完全，很容易发生龋齿(虫牙)，因此，在牙齿开始萌出后也应做好口腔卫生，预防龋齿和其他牙病。

婴儿从开始长第一颗乳牙到乳牙全部出齐，大约需要2年的时间，基本上是隔几个月就长出几颗牙，为保持婴儿在牙齿萌出期间的口腔卫生，妈妈应在每次哺乳或喂婴儿食物后，用洁净的纱布缠在手指上帮助婴儿擦洗牙龈和刚刚露出的小牙。牙齿萌出后，也可继续用这种方法对萌出的乳牙从唇面(牙齿的外侧)到舌面(牙齿的里面)轻轻擦洗揉搓、对牙龈轻轻按摩。同时，应注意每次进食后都要给婴儿喂点温开水，以起到冲洗口腔的作用。

新妈妈的育儿困惑

● 要不要给孩子用安抚奶嘴

> **案例**
>
> 我们家乐乐晚上睡觉总得让人哄上半天，好不容易睡着了，半夜尿尿又不睡了，还得接着哄，大人很费精力，乐乐也睡不好。后来听人说，用安抚奶嘴能让宝宝乖乖入睡，我买来给乐乐一试，效果不错。现在小家伙只要一哭闹就给他用，马上就能平复情绪，自己很快就能安静入睡了。安抚奶嘴可帮了我大忙。但是有人却告诉我，安抚奶嘴用的时间长了会影响孩子的脸形和牙齿。

吮吸是婴儿与生俱来的，除了哭闹之外唯一的表达方式，父母们常会看到婴儿吮吸奶头却不吃奶的情况，这其实是婴儿在安慰自己。

安抚奶嘴的作用就是代替奶头，满足婴儿吮吸要求的替代品。同时，吸吮是婴儿处理压力的方法之一，这就是为什么有时候在婴儿哭闹的时候给他用上安抚奶嘴就有效果的原因。

❀ 安抚奶嘴的利弊

给婴儿使用安抚奶嘴的确可以起到一些安抚情绪作用，并且对婴儿上下颌、脸部肌肉发育及舌头伸展都是良好的锻炼，一般不会造成不良影响。但是，对于婴儿来说，长期使用安抚奶嘴，会造成上下牙齿咬合不正，无法密合，甚至影响下颌骨的生长。

有研究表明，婴儿在不停吮吸奶嘴时，空气会随着婴儿的吞咽动作从两侧嘴角进入口腔和胃里，当胃承受不了空气容量时就会出现收缩，引起小儿溢乳；同时婴儿胃肠道也会条件反射地跟着频繁蠕动，易使婴儿发生肠痉挛，引起腹痛等。这些现象都跟奶嘴的使用频率过多有关，所以只要家长控制好婴儿吮吸奶嘴的频率，就不会出现上述问题。

❀ 安抚奶嘴代替不了妈妈的爱

要根据自己的实际情况选择是否用安抚奶嘴，如果妈妈要上班，总是长时间不在婴儿身边，那么安抚奶嘴对于安抚婴儿焦虑的情绪还是很有效的。但是，不要动辄给孩子安抚奶嘴。安抚奶嘴是父母照顾孩子的辅助品而非替代品。当婴儿吵闹、不安时，父母应先留意孩子吵闹的时段和情境，试着解读他的需要：是饿了、困了，还是要大人抱，然后再决定是否给他安抚奶嘴。有的父母一听到孩子哭，就塞进奶嘴让他闭嘴，这对孩子和大人而言都是坏习惯。

如果妈妈有很多时间和婴儿在一起，那么就在婴儿有吮吸需要的时候让他吃会儿奶，哭闹的时候多一些爱抚，同样可以起到安抚的效果。可以说，安抚奶嘴绝对不是必须有的。

育儿习俗全新解读

● 不要摇晃哭闹的婴儿

其实不论大人还是孩子，脑内组织都如豆腐般脆弱，必须避免受到外力的撞击，才能保护大脑组织的安全。然而，每当婴儿哭泣时，爸爸妈妈总是习惯抱着婴儿摇啊摇，以止住哭声。有的家人为了让孩子在刺激中获得快乐，还会猛烈地摇晃、高抛婴儿，这种做法是非常错误的，严重的会使脑内组织受到伤害，造成难以弥补的遗憾。

❀ 警惕婴儿摇晃症候群

婴儿由于颅底及内面较平滑，脑组织固定不

是很结实，受到外力时很容易晃动，大脑表面与头骨下的静脉相接的血管也会晃动。晃动的大脑组织很容易被突然改变的外力撕裂，引发硬脑膜下或蜘蛛膜下腔出血等急症，眼底也会因剧烈摇晃而引起视网膜出血。出血之后，颅内压会急速上升，从而产生一系列症状，如食欲不振、呕吐、抽搐、四肢无力、意识昏迷等神经系统症状。这种因人为的剧烈摇晃而引发脑出血，并引起的诸多神经系统症状，就是"婴儿摇晃症候群"。其临床症状和受摇晃次数、程度有很大的关系，一次剧烈的摇晃会造成摇晃症候群，但即使摇晃动作不剧烈，若长期反复地施行，累积数次后，也会使婴儿出现这种症状。婴儿摇晃症候群的发生，多是父母为了安抚哭闹不休的婴儿而做出的如空中抛接或者快速摇晃婴儿。

✿ 摇晃婴儿的危害

婴儿摇晃症候群的直接伤害是大脑，脑细胞受损时所引发的症状可轻可重。轻者只是嗜睡，并没有其他症状，治疗后情况良好，严重者则会昏迷不醒、抽搐不止。

摇晃婴儿后，如果家长发现和婴儿玩耍时，婴儿好像不哭了，那么这很有可能是在危险动作后觉得不舒服的征兆。如果还一再重复相同动作，婴儿不舒服的感觉会越来越强烈，或许"灾难"就要开始了。

所以，不管什么时候，都要记得婴儿还很小很娇嫩，是经不起剧烈摇晃的。

让婴儿停止哭闹的方法

童大夫提醒

在婴儿哭闹的时候，正确的做法应该是：正确分析婴儿哭闹的原因，实在找不到就将婴儿抱在怀里，轻轻地拍婴儿的后背，一边安慰婴儿，或者将其放进摇篮里，轻轻地摇一摇。实在不行，可抱着婴儿到其他地方走一走，转移一下注意力。

本阶段育儿焦点话题

● 谨防室内环境污染

室内环境的主要污染源来自室内建筑、装修和家具所产生的有毒、有害成分，如甲醛、氨气、苯和铅等，尤其对婴幼儿的健康有着严重的危害。

室内主要空气污染物及危害
最主要的室内污染物——甲醛

各种人造板材(刨花板、纤维板、胶合板等)中由于使用了脲醛树脂黏合剂，因而可含有甲醛。新式家具的制作，墙面、地面的装饰铺设，都要使用黏合剂。凡是大量使用黏合剂的地方，总会有甲醛释放。此外，某些化纤地毯、油漆涂料也含有一定量的甲醛。长期接触低剂量甲醛可引起慢性呼吸道疾病，引起鼻咽癌、结肠癌、脑瘤、月经紊乱、细胞核的基因突变，抑制DNA损伤的修复，妊娠综合征，引起新生儿染色体异常、白血病，未成年人记忆力和智力下降等。

室内臭气——氨

短期内吸入大量的氨可出现流泪、咽痛、声音嘶哑、咳嗽、头晕、恶心等症状，严重者会出现肺水肿或呼吸窘迫综合征，同时发生呼吸道刺激症状。

芳香杀手——苯及苯系物

苯主要来自建筑装饰中大量使用的化工原料，如涂料、木器漆、胶黏剂及各种有机溶剂。国际卫生组织已经把苯定为强烈致癌物质，长期吸入会破坏人体的循环系统和造血机能，导致白血病。短时间大量吸入可造成急性轻度中毒，表现为头痛、头晕、咳嗽、胸闷、兴奋、步态蹒跚。此时如继续吸入则可发展为重度急性中毒，病人神志模糊、血压下降，肌肉震颤，呼吸浅快、脉搏快而弱，严重者也可因呼吸中枢麻痹死亡。长期低浓度接触可发生慢性中毒，症状逐渐出现，以血液系统和神经衰弱症候群为主，表现为血白细胞、血小板和红细胞减少、头晕、头痛、记忆力下降、失眠等。严重者可发生再生障碍性贫血，甚至白血病、死亡。

儿童智力杀手——铅

室内装饰装修材料和儿童玩具所使用的油漆中的铅构成了对室内环境的污染。住宅内空气中平均含铅量比公园土壤高出1倍，这对常常在室内地上活动的婴儿威胁很大。

降低室内污染的策略

装修是造成室内环境污染的主要因素，装修污染会对居住者健康造成不利影响，尤其对生长期儿童健康危害更大。为避免婴儿受到室内环境的污染，最好做到：

选用有害物质限量达标装修材料

施工中的辅材也要采用环保型材料，特别是防水涂料、胶黏剂、油漆溶剂(稀料)、腻子粉等。与装修公司签订环保装修合同，合同中要求施工方竣工时提供加盖CMA章的室内环境检测报告。另外，推崇简约装修，尽量减少材料使用量和施工量。

房间内最好不要贴壁纸，可以减少污染源

婴儿的房间不要使用天然石材，如大理石和花岗岩，它们是造成室内氡污染的主要原因。油漆和涂料最好选用水性的，颜色不要选择太鲜艳的，鲜艳的油漆和涂料中的重金属物质含量相对要高，这些重金属物质与孩子接触容易造成铅、汞中毒。

婴儿房间的家具最好选择实木家具

家具油漆最好是水性的，购买时要看有没有环保检测报告。

婴儿房内不要铺装塑胶地板

市面上的有些泡沫塑料制品，如地板拼图，会释放出大量的挥发性有机物质，可能会对孩子的健康造成影响。

应多带宝宝做户外活动

在室内种植绿色植物可以减少污染造成的危害，另外在室外空气质量较好的时候，带领宝宝多做一些户外活动，这样不但可以减少室内环境中污染物质对宝宝身体的伤害，还可以增强宝宝身体的免疫能力。

童大夫提醒

5~6个月

这个阶段的婴儿更加硬朗，也更加活泼好动了，他还具备了用生动表情和你交流的能力，并且偶尔还会无意识地叫一声"妈"或者"爸"，这时候大人要回应婴儿，慢慢婴儿就会将这个发音和父母联系起来。

养护要点

● 注意口腔卫生

这个阶段的大多数婴儿都开始或已经开始吃辅食了，其中有的婴儿还面临着出牙的问题，所以，口腔的卫生非常重要。因此，家长必须做好婴儿的口腔护理工作。

✤ 进食后最好再喂一些白开水

在长牙之前，宝宝都是靠吸吮乳汁、果汁或是各种流质的辅食来获得营养和水分的。这些流质食物，很容易附着于口腔周围的软组织黏膜上，例如上下嘴唇与牙齿之间、口腔底部黏膜、咽喉黏膜等。乳汁的营养价值特别高，若是长期滞留在口腔黏膜上，就会变成口腔内细菌生长的温床。一些感染可能造成婴儿口腔黏膜肿胀甚至出血，例如疱疹病毒等。可能伴随着一些类似感冒的症状，食欲也可能下降。喂婴儿喝奶或果汁时，爸爸妈妈要注意保持婴儿口腔的清洁。可以在喂奶后再喂些白开水，冲洗或冲淡附着于口腔黏膜上的食物，以降低口腔发生病毒感染的概率。

✤ 进行口腔清洁护理

每次婴儿喝完奶后，选择光线充足的环境，以便能清楚观察到口腔的每一个部位；用小毛巾或围嘴袋围在婴儿的颌下，以防止护理时弄湿衣服；同时准备好温开水和纱布，护理者用肥皂和流动水洗净双手。待准备好一切再开始护理。可用一只手抱住婴儿，另一只手清洁口腔及牙齿。进行口腔清洁护理时，可对婴儿唱歌、讲话，让他觉得清洁口腔是一件愉快的事情。

● 给婴儿选择适合的护肤品

对于婴儿来说，每天洗1~2次脸就够了，但要注意水温不要过高。婴儿在3个月之前身体内部还带有妈妈体内的激素，所以皮脂分泌比较旺盛。而过了3个月以后，体内的激素水平下降，皮脂和油脂分泌都会下降，这时过度清洁会把起保护作用的皮脂都洗掉，孩子反而可能出现皮肤干、裂、红、痒等症状。此时，可适当选用一些温和、滋润的护肤品。

婴幼儿护肤品有润肤露、润肤霜和润肤油三种类型，润肤露含有天然滋润成分，能有效滋润婴儿皮肤。润肤霜含有保湿因子，是秋冬季节婴儿最常使用的护肤品。润肤油含有天然矿物油，能够预防干裂，滋润皮肤的效果更强。

选择婴儿护肤品，要注意地区差别。在南方一些地区，气候本身就很湿润，甚至可以不用护肤品；而在北方，气候干燥、风沙大，则要注意婴儿皮肤的保湿护理。另外，不宜经常更换婴儿的护肤品，以免皮肤过敏，产生不适症状。

新妈妈的育儿困惑

● 宝宝老爱跳，会不会影响健康呢

> **案例**
>
> 我女儿刚5个月，只要扶着她的腋下站立，她就会兴奋地跳起来，不让跳就会哭，直至大人们的手扶酸了硬让她停下来才罢休。最近我看了一些育儿的杂志，说在不适龄的阶段不要让孩子过早地站立，否则孩子以后腿部会变形长不高……那么，我女儿这么爱跳会不会影响她腿部的发展？

这个月的婴儿爱跳是非常正常的，婴儿趴着时，已经能两手支撑起身体，而且能较长时间地抬起头。如果爸爸妈妈扶住婴儿的腰部，婴儿还能勉强坐一会儿，但自己还不能坐稳。好动是这个阶段婴儿的共同特点，只要一醒，就不会老实躺着。如果爸爸妈妈把婴儿抱到膝盖上时，婴儿就会高兴地双脚并拢，顺着爸爸妈妈的手劲儿，开始上下地蹦跳，越蹦跳越有劲儿，越蹦跳越高兴。

当然，如果到了5个月还没有上述这些手脚运动或活动甚少的婴儿，就属于"老实型"的婴儿，可能是睡得过多所致。这样的婴儿应尽量抱到户外进行活动。由于婴儿的个性不同，会表现出运动功能上的差异，既有爱动的婴儿，也有爱静的婴儿，但是不论哪种情况，迟早都将学会坐立、站起和跑跳等动作，1~2个月的推迟并不意

味着有病理意义，所以妈妈爸爸不要过于担心。另外，可经常让婴儿做扶持蹦跳的练习。

扶持蹦跳练习

1.双手扶持婴儿腋下，随音乐节拍举起婴儿，让他的小脚不自觉地蹬踏蹦跳。

2.双手扶持婴儿腋下，像钟摆一样左右、前后摇摆。

益处

1.练习蹬踏。

2.刺激脚尖的运动神经末梢，促进大脑皮层发育。

3.增强膝盖自由屈伸的能力。

4.发展平衡能力。

育儿习俗全新解读

● 春捂秋冻适合婴儿吗

我国自古就有春捂秋冻的说法，许多老年人更是将它用在婴儿身上。那么，婴儿也应该遵循春捂秋冻的穿衣原则吗？

✿ 春捂秋冻有一定道理

春与秋虽都是过渡季节，但仍有差异。我国通常把3~5月称为春季，9~11月称为秋季。最高气温的平均值春季高于秋季；平均最低气温秋季则高于春季。

这说明，虽然春季白天的温度高了一些，但是早、晚温度还是比较低的。另外，春季是回暖期，室内温度的回暖速度不及室外，所以，春季虽然在室外很热，进入室内，就比较凉爽了。秋季则正好相反，是一个降温的季节，室外温度虽然下降了，室内温度还比较暖和。

春天，北方冷空气还会不断入侵我国，其频率和强度都超过秋季。为适应频繁的冷暖变化与较强的风力，春季的衣着应比秋季更保暖。对身体各系统尚未成熟的婴儿来说，更有积极意义。

"春捂"就是说在春季，气温刚转暖时，不要过早脱掉棉衣，使身体产热散热的调节与冬季的环境温度，处于相对的平衡状态。由冬季转入初春，乍暖还寒，气温变化又大。过早脱掉棉衣，一旦气温降低，给婴儿的神经系统、体温调节中枢来个突然袭击，会使其措手不及，难以适应，会使身体抵抗力下降。同时进入春季，病菌大量繁殖，乘虚侵袭婴儿机体，容易引发各种呼吸系统疾病及冬春季传染病。

"秋冻"就是在秋季，气温稍凉爽时，不要给婴儿过早过多地增加衣服。炎热的夏季，人们的体温调节中枢千方百计增加散热，减少产热，以防受热中暑。进入凉爽的秋季，体温调节中枢可以缓点劲儿，这对它来说是比较容易接受的，以产生一种舒适感。适宜的凉爽刺激，有助于锻炼婴儿的耐寒能力，这叫"低温习服"。就是说在逐渐降低温度的环境中，经过一定时间的锻炼，能促进体内的物质代谢，增加产热，提高对低温的适应力。同样道理，季节刚开始转换时，气温常不稳定，秋风乍起，暑热尚未退尽，过多或过早地给婴儿增加衣服，一旦气温回升，出汗着风，很容易伤风感冒。

❖ "捂" "冻" 都要有个度

当然凡事皆有个度，"春捂秋冻"并不排除根据天气变化及时给婴儿增减衣服。人们的体温，总是要保持在37摄氏度左右，一方面靠自身的调节，同时要靠增减衣服来保证。如果春末和深秋，仍让婴儿捂得过多或过于单薄，这样的"春捂秋冻"就过度了。每年的3月和11月左右是婴儿呼吸道疾病高发季节。这与气温变化大，衣着调适不当有很大关系。

★ 轻轻地拍着宝宝，嘴里哼着摇篮曲，是最便捷的哄睡方法。

本阶段育儿焦点话题

● 婴儿睡眠护理不可忽视

良好的睡眠对婴儿的生长发育非常重要，在婴儿早期，吃饱喝足时婴儿每天的睡眠时间可达到20小时左右。随着时间的推移，他的睡眠时间会逐步减少。婴儿入睡的情况不大一样。有的婴儿玩得很欢，想睡了就爬上谁的膝盖，被人一搂，马上呼呼入睡了。有的婴儿想睡时，先得哭一阵，并拿着奶瓶吸上几口，好不容易才能入睡。对于那些入睡比较困难的婴儿来说，采取一定的方法哄睡是很有必要的。

哄宝宝睡觉的绝招
让宝宝睡在背光的一侧

宝宝待在妈妈肚子里的时候，适应了黑暗的睡觉环境。出生以后，有的宝宝会不适应光亮的睡觉环境，所以妈妈可以让宝宝朝着背光的方向睡，或是为宝宝挡住光源，让他慢慢适应。

给宝宝一个拥抱

妈妈们不要吝啬你们的拥抱，因为宝宝需要安全感，妈妈的拥抱是安抚孩子情绪的良方。所以，睡前给孩子一个拥抱是个很好的哄睡方法。

为宝宝唱摇篮曲

妈妈温柔的歌声是最好的助眠方式，如果加上轻轻地抚摸效果更好。而且这样还可以增进亲子间的亲密关系，使宝宝更有安全感。

音乐助眠

可以选择放一些轻柔的音乐帮助宝宝睡眠，不要怀疑宝宝的听觉能力，他们一生下来就会对声音有反应哦，所以让宝宝听音乐是一个不错的哄睡方法。

轻拍宝宝

宝宝睡下后，如果他的情绪还是不太安定，妈妈可以轻拍宝宝，给他以安全感，这样宝宝一会儿就会安静下来。

抱起宝宝轻晃

抱着宝宝轻晃也是哄宝宝入睡的一个好方法，很多妈妈都会使用。值得注意的是，抱姿一定要正确，而且晃的幅度不能过大，轻晃即可。

婴儿睡眠护理的错误做法

入睡情况的好坏，是婴儿的天性，不是教育出来的。善于将婴儿的天性同家庭的气氛很好地调和起来，是哄婴儿入睡的高明办法。最好能按照家庭情况来哄婴儿入睡，没有特殊的固定办法。在婴儿睡眠护理中，有些做法是万万要不得的，具体如下。

摇晃入睡

宝宝又哭又闹，妈妈心疼地抱起来摇一摇，晃一晃，或者把他放在摇篮里摇晃。这种办法对10个月内的小宝宝尤其危险。会使婴儿的大脑在颅骨腔内不断晃荡，致使大脑与颅骨相撞，造成脑部的小血管破裂，轻者发生智力低下、肢体瘫痪，严重者出现脑水肿、脑疝而死亡。如果眼睛视网膜受到影响，还可导致弱视或失明。

搂睡

很多妈妈都喜欢搂着婴儿睡觉，但是搂着宝宝睡觉时，婴儿更多吸入了妈妈呼出的废气和被子里的污秽气体，对身体很不利。另外，搂着宝宝限制了宝宝睡眠时的自由活动，难以舒展身体，会影响正常的血液循环。如果妈妈睡得过熟，不小心堵塞了宝宝的鼻孔，还可能造成窒息等严重后果。

太过安静

婴儿睡着时，父母大都轻手轻脚，不敢惊动他，其实大可放心，婴儿一般都具有适应外界环境的能力。如果婴儿从小习惯于在过分安静的环境中睡眠，那么一点响动都可能把他惊醒。

睡前是发展亲子关系的良好时机

父母整天忙于工作，只有晚上有时间与孩子交流，而且入睡前也是发展亲子关系的良好时机。如果父母睡前能给婴儿唱唱儿歌，说说童谣，讲讲故事，这会增进父母与婴儿之间的感情，也有益于婴儿的智力发展。可以等婴儿睡着以后，再把婴儿抱到自己的小床上去。但最好把小床放在离父母大床不远的地方，便于父母夜里起来照顾婴儿。

童大夫提醒

6~7个月

婴儿会在这个阶段学会坐着玩，并且可以自己玩玩具。这时候，父母会觉得轻松不少，然而随着孩子的长大，来自于母体的免疫能力也已经消耗殆尽，加上婴儿的活动能力增强，所以从这个月起，要格外注重婴儿的健康和安全。

养护要点

● 增强婴儿免疫力的方法

孩子出生时从母体得到的免疫力一般可以维持6个月左右。6个月以后，孩子自己的免疫系统逐渐发育，而这个时候正是孩子免疫力相对低下的时候，那么如何提高婴儿的免疫力呢？

✤ 加强户外锻炼

充分利用自然界的空气、阳光和水对婴儿进行体格锻炼不仅对促进新陈代谢、体格发育大有好处，同时还能增加机体对外界环境的适应能力。只要天气好，每天都应带婴儿到户外去活动，进行空气浴、日光浴等锻炼，可每日1~2次，每次1小时左右。户外活动时衣着不宜过多，有些婴儿"娇生惯养"，每次外出时穿着大衣，戴着帽子、口罩、围巾等，全身被捂得严严实实。这么一来，孩子的呼吸道长期得不到外界空气的刺激，得不到锻炼，反而更容易感染疾病。另外，身体无法接触空气、阳光，就达不到锻炼的目的，孩子变得弱不禁风，反而容易受凉生病。

经常运动还可以增强食欲，但要注意的是，锻炼要遵循适度、持续和循序渐进的原则，不要进行长时间和大运动量的运动，否则可能会因为身体过度劳累而导致婴儿免疫力下降。

✤ 适时添加衣物

根据气候的变化随时添加衣物，可以使婴儿远离受凉和感冒，但是耐寒锻炼是提高婴儿对寒冷反应灵敏度的最有效方法。天一冷，赶紧用厚厚的衣服将婴儿包裹起来，婴儿无法经受任何寒冷锻炼，反而更容易感冒。一般来说，孩子比大人多穿一件单衣就可以了。

✤ 不轻易去医院

一旦发现婴儿身体不适，不要马上去医院，也不要乱给婴儿吃药。因为医院本身就是病毒集中之地，特别容易造成交叉感染。可以先根据自己的经验，判断一下再做决定。婴儿感冒了，如果没有发烧，只是有点流鼻涕、咳嗽，应该是一般性感冒，多给婴儿喝点水，症状不重的话也不必吃药；婴儿腹泻了，如果只是比平时多拉一两次，水分不太多，那么有可能是消化不良。这种情况可以先控制一下饮食，比如喝点粥，观察一下，要是大便性状很快好转，就不要去医院。

总之，虽然6个月后孩子可能会得个小感冒什么的，但是免疫力也正是在与疾病抗争中一点一点建立起来的，父母给孩子接受锻炼的机会，要通过科学的方法帮助婴儿建立免疫力。

新妈妈的育儿困惑

● 婴儿哭闹是否与缺钙有关

案例

豆豆最近一段时间好像特别爱哭，尤其是深夜，一点动静就会惊醒，一哭起来就没完没了，奶吃了，尿布换了，还是哭个不停，豆豆是不是缺钙啊？

对所有的新手妈妈来说，婴儿没完没了地哭是最让人头痛的。的确，婴儿无缘无故哭闹和缺钙可能是有关系的，但导致婴儿哭的原因有很多。只有除了哭，还伴有出汗多、枕秃等现象时，才有可能是缺钙。

随着生长发育的需要，母乳中原有的少量维生素D已不能满足婴儿对钙的需求，从而造成婴儿缺钙的发生。而缺钙会影响神经的稳定性，从而造成婴儿夜啼症。另外，婴儿缺钙的其他表现还有特别爱出汗，即使天气并不热，婴儿也会满头大汗，尤其是每天睡觉，后脑勺上的汗水甚至会把枕头打湿，由于总是不断用头摩擦枕头，头后部有明显的一块没有头发；晚上睡觉容易惊醒，醒来后往往大哭不止；缺钙的婴儿常烦躁，对周围环境不感兴趣，有时候妈妈还会发现婴儿不像原来那样活泼。

一旦确定婴儿缺钙，应在医生指导下每日加服适量的浓缩鱼肝油和钙剂，并注意经常带婴儿出去晒太阳。

如果不是缺钙造成的啼哭，就要从生活上查找原因了，如饥饿、过饱、闷热、寒冷、虫咬、尿布浸渍、塑料尿布或毛线等硬质衣料刺激皮肤而造成皮肤痛痒等都可能会使婴儿哭泣。所以，卧室应保持清洁、安静，平时勿惊吓婴儿，以免使婴儿因精神紧张而夜啼。

★ 婴儿哭闹一般不是身体上的原因就是精神上的原因。

婴儿不分日夜地哭闹父母要重视

童大夫提醒

如果婴儿不分日夜地哭闹，很可能是因为疾病引起的啼哭，应带婴儿去医院检查，以免贻误病情。

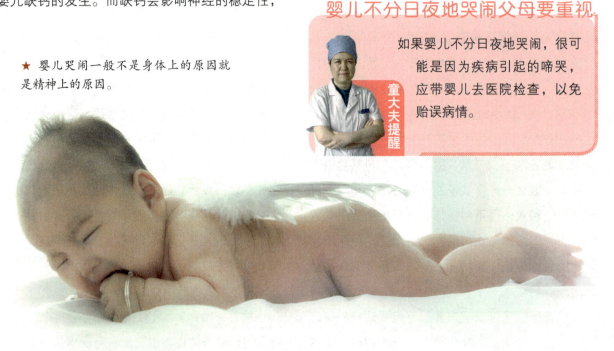

● 婴儿的脾气为什么变坏了

> **案例**
>
> 王女士说，最近6个多月的儿子特别爱"耍脾气"，喂他东西，他不喜欢吃，就用小手打翻饭勺或饭碗；给他把尿，他就打挺儿哭闹，两腿伸直，甚至把尿盆弄翻。真是不知道怎么办才好。

其实，**婴儿半岁后情感渐渐丰富，耍脾气并不是坏事，说明婴儿已经有了自己的主见。不能一遇到婴儿耍脾气，就认为这样的婴儿应该管教，否则长大就管不了了。这是成人的逻辑，用在这么大婴儿身上是不恰当的。**

平心静气讲道理，不能婴儿一耍脾气，父母就耍态度。和婴儿对着干，这是教育失败的主要原因。温和地对待婴儿耍脾气，但温和中有教育，有智力开发，有情商培养，而不是一味迁就。迁就只能让婴儿的脾气越耍越大，以致无法改变，进入社会受阻。

尽量让孩子玩玩具的时候，能坚持玩一样，而且时间持续长一些；给孩子读故事，浅显易懂的；陪孩子多做些亲子游戏。这些方法都可以培养婴儿好的耐心。

婴儿脾气暴躁可能是缺乏富含钙镁的食物。由于钙有助于神经的传导，缺钙会令婴儿的神经无法松弛下来，造成精神紧张，脾气暴躁。同样缺镁会干扰神经活动的传导，引发暴躁和紧张。在膳食中可增加牛奶、豆制品、海带、小鱼干、香蕉、苹果和深色绿叶蔬菜。

育儿习俗全新解读

● 又白又胖未必就健康

在传统的育儿观念中，婴儿又白又胖就意味着健康，所以，父母们都希望把自己的婴儿养得白白胖胖的，自己觉得高兴，在别人面前也觉得面上有光。然而，白胖却不一定是健康的，缺铁性贫血就是这类小儿常见的营养性疾病，尤其以6个月至3岁婴幼儿患病率最高。

✤ 肥胖易患缺铁性贫血

婴幼儿由于生长发育很快，铁元素需要量相对较多，出生时体内贮存的铁一般只能满足4～6个月的需要，而作为婴幼儿重要食物来源的母乳或牛奶，含铁量又很低，不能满足需要。特别有肥胖倾向的婴幼儿，其生长速度过快，铁摄入量相对不足以及体表面积大、出汗多、铁丢失量过高更容易发生缺铁性贫血。

缺铁性贫血可导致一系列的代谢异常，导致婴儿智力发育落后和行为异常改变。有研究表明：婴幼儿发生的缺铁性贫血对儿童认知功能和行为发育具有较长期的不良影响，甚至导致不可逆的损害。

✤ 缺铁性贫血的预防与治疗

预防婴幼儿缺铁性贫血，合理喂养是关键。在母乳喂养的同时合理搭配辅食。通常婴儿出生4个月后就需要添加辅食，以补充母乳中铁、锌等微量元素的不足。有肥胖倾向的婴儿，除了要补充这些营养外，还要适当增加活动量，减少碳水化合物的摄入，增加蛋白质饮食和一定量的蔬菜和水果，以促进铁的吸收，防止缺铁的发生。

　　如发现孩子有轻微贫血症状，一般只需要改变膳食结构，注意饮食营养，增加富含铁的食物比例，如动物肝脏、肉、鱼、豆制品、绿叶蔬菜等，贫血症状就可以得到纠正，如果是中度贫血或缺铁症状较重，就需在医生指导下使用铁剂药物治疗。

★ 春天出门时最好给婴儿带上一些防寒的衣服，便于随时添减。

本阶段育儿焦点话题

● **婴儿日常用品的消毒**

　　婴儿的抵抗力很低，必须从生活的方方面面杜绝细菌的侵入。婴儿的用具容易遭受各种有害微生物的污染，直接或间接危害着婴儿的健康。所以，婴儿的用具要经常消毒。最常用的消毒方法是水的冲洗、阳光暴晒、自然干燥，另外还有高温、紫外线、化学药物法和微波法。消毒工具包括消毒柜、消毒锅、微波炉等。婴儿的用具很多，有餐具、玩具，还有衣被等日用品，它们的材质也各不相同，所以，消毒的方法也大不相同。

餐具的消毒步骤

1. 先用清水洗净婴儿的餐具。

2. 用热水或碱除去油垢，或用温和的洗涤剂去除油垢，再用清水反复冲洗，保证餐具上没有残余洗涤剂。清洁完后，再用热水冲一下，让其自然晾干，不需要用抹布擦干(因为抹布也是细菌传播的一条途径)。

3. 奶瓶、奶嘴、安抚奶嘴等塑料橡胶制品，用化学的方法消毒，既能起到消毒的作用，又不会破坏塑料橡胶这种高分子化合物的组成结构。可用84消毒液(市售)、优氯净或浓度0.5%的过氧乙酸浸泡消毒半个小时到1个小时；也可用75%的酒精棉球擦拭。切记不要采用高温消毒。

4. 陶瓷、玻璃器皿可用水煮沸15～20分钟。消毒时间从煮沸时算起，餐具必须全部浸入水中。这样，方可彻底杀灭乙肝等顽固性病毒。

消毒注意事项

奶嘴、安抚奶嘴等塑料橡胶制品在常态下均无毒，但在高温、暴晒及射线照射下会产生毒性。所以不能用高温加热的方法消毒。

在配制消毒液的时候，要掌握好浓度，并避免让婴儿接触消毒剂。用化学消毒剂给婴儿用具进行消毒后，一定要用清水冲洗干净，避免婴儿在啃咬玩具时吞入残留的化学制剂。

童大夫提醒

玩具的消毒步骤

玩具要定期进行清洗，时间可以根据婴儿接触玩具时间的长短来定，最少1个月清洗一次。同时还要教育婴儿不要啃咬玩具，玩好后要收好玩具不要乱扔，要洗过手才能吃东西等，这样才能有效地保护婴儿。

塑料玩具的清洗

1. 用水清洗表面灰尘。水是中性物质，70%～80%的细菌都可以用水冲洗掉。

2. 充分浸泡后捞出。

3. 放在阴凉处晾干。

绒毛玩具的清洗

1. 清洗前，将玩具身上的缝线拆开一点，把填充物取出来，放到太阳下暴晒。

2. 玩具干了后再把填充物塞进去缝好。这样做虽然麻烦点，但可以防止填充物霉变。

铁皮玩具的清洗

1. 先用肥皂水擦洗。

2. 清水冲洗干净后再放在阳光下晒干。

木制玩具的清洗

1. 用3%的来苏溶液或5%的漂白粉溶液擦洗。

2. 用清水冲洗干净后晾干或晒干。

床上用品的消毒步骤

1. 一些化纤织物、绸缎等，由于高温会损害其布质，只能采用化学浸泡消毒方法，可用0.5%的过氧乙酸浸泡消毒半个小时到1个小时。

2. 皮毛、棉布材料的被服和玩具多用紫外线消毒，也可在阳光下暴晒。

3. 无论是新购的还是以前用过的凉席，都要先用清水反复清洗，并用毛刷在凉席缝中反复洗刷，然后在阳光下暴晒。

以上物品放在阳光下暴晒五六个小时就能把细菌杀死；对可能被寄生虫卵污染的，可用0.5%的碘液浸泡5分钟以上，即能达到杀灭虫卵的目的。

选择洗涤剂要注意

用含有有害物质的洗涤剂或洗衣粉对婴儿玩具进行消毒，非但不能彻底消毒，还会造成二次污染。因为洗涤剂中的成分很难被清水冲洗干净，残留在玩具上就可能对婴儿稚嫩的皮肤造成损伤。

童大夫提醒

7～8个月

婴儿这个阶段能够长时间地坐着，并且两只手都会拿玩具了，还喜欢将手中的玩具相互对敲，或敲打地板和桌面。不要小看这一连串的动作，对婴儿来说，这可是前所未有的进步。这个月，婴儿能够发出"爸爸""妈妈"的声音。大人和颜悦色，他会很高兴；如果遭到训斥，他会哭。

养护要点

● 锻炼婴儿的独立性

这个月龄的婴儿已经能够独立地移动自己的躯体了，在爬行中，婴儿可表现出独立性。他会积极地探索周围环境，简直是见什么抓什么，抓什么就咬什么，不喜欢大人对他的摆布和限制。这时候，要给婴儿提供相对自由的空间，让他尽情地探索，借此时机逐渐培养婴儿的独立性，避免养成缠人和严重依赖性的不良行为习惯。婴儿天生有自己玩耍的能力，如果从小有意识有计划地加以训练，他就能比同龄婴儿更快地解除对父母的依赖性，自理能力会发展得更迅速。

❖ 充分发挥手脚的"玩具功能"

婴儿从6个月左右开始喜欢研究自己的小手小脚，当他们沉醉其中的时候，千万不要打搅他们，还可以放点轻松的音乐。婴儿通常只能独立玩耍2～3分钟，一般不会超过5分钟。虽然时间很短，但这是婴儿独立性的萌芽。要注意的是，婴儿在这个阶段喜欢把所有的东西往嘴里放，自己的小手小脚也不例外。所以，在婴儿拿手脚当"玩具"之前，应该彻底给它们做一下清洁。

❖ 发挥镜子的神奇作用

这时候的婴儿通常对镜子里的自己非常好奇，一看到镜子里的自己就笑个不停。妈妈可以在婴儿的小床上挂一面外表圆滑而安全的镜子，这样婴儿睡醒后第一眼就能看到镜子里的"人"。由于此时他还不明白这个人就是自己，所以他就会尝试和这个人进行交流，减少睡醒后用哭声召唤妈妈的行为。对于培养婴儿的独立性、社交能力和观察认知能力也是有帮助的。

❖ 氢气球做伙伴

氢气球安全，而且随意轻轻触碰就可以飘动。可以买一个卡通氢气球，比如印有猫和老鼠的，把氢气球绑在婴儿的手上或者脚上，婴儿就像有了个玩伴一样，他会专注地看着手脚移动气球所出现的变化，锻炼了手、脚、眼的协调性。等他看到一定的规律后就会尝试控制氢气球的方向，这能锻炼婴儿的空间判断能力。婴儿还会尝试和气球进行交流，培养他的社交和咿咿呀呀的语言能力。

新妈妈的育儿困惑

● 宝宝7个月了为什么还没有出牙的迹象

案例 我的小侄子在4个月就出牙了，小区的其他同月龄的孩子也基本上都有了2颗或是4颗门牙，可是我家宝宝7个月了还一点出牙的迹象都没有，是不是缺乏营养，造成了发育迟缓啊？

婴儿出牙是存在个体差异的，大多数婴儿在6～7个月时，长出2颗下门齿。但也有出牙比较早和比较晚的婴儿，比如有的婴儿4个月的时候就长出了第一颗牙，但也有的快到1周岁时才开始长牙。

看到其他婴儿都出牙了，而自己的孩子还没有出牙，很快就会想到婴儿是不是缺东西。其实，孩子出牙时间主要是由遗传因素决定的，通常孩子在出生后6～7个月便开始长牙，晚一些的却要到10个月时才萌出，个别孩子到1岁后才长出第1颗乳牙，这种现象都是属于正常的。没有缺钙及其他疾病。孩子出牙晚是否需要补钙治疗，这要看孩子是否缺钙，补钙也必须遵医嘱。当然，为了防止孩子缺钙，可适当多吃些富含钙的食物，或给予一些钙保健品服用，但千万不可滥用。

育儿习俗全新解读

● 多让孩子爬

在传统的育儿观念中有先会爬再会走的说法，目前看来是非常具有科学性的。

这个月龄是孩子学习爬行的最佳时期，婴儿会在爬行中获得快乐，并锻炼全身的肌肉和四肢的协调性。然而，年轻人总是不喜欢让孩子在地上爬，怕养成不好的习惯，有的甚至在婴儿刚学会站立时就把他放进学步车，婴儿根本就没有爬的机会。

★ 爬行有利于多种能力的提高。

❀ 爬行是学步的前奏

爬行是婴儿在婴儿期体能发育的一个重要过程。爬行可以增强手、足、胸、腹腰、背、四肢肌肉的力量，且锻炼协调性。孩子学会爬行，四肢的运动功能和全身的协调能力会得到充分的发展。一般来讲，会爬的孩子在这个年龄阶段，他的运动协调能力和对外界事物的反应能力，比不会爬的孩子好得多。

我们有时会看到有的孩子已经两三岁了，走路不稳，时常磕磕绊绊，总是摔倒。究其原因，这些孩子中大多数是由于大人的过度保护，没有经历过学爬的阶段就会站立，行走了。这些孩子掌握平衡、动作的协调性均较差，再加上腰腿部肌肉力量弱，因此常常摔跤。

❀ 爬行有利于多方面能力的发展

孩子通过爬行，拓宽了视野，对外界事物接触得更多，有利于促进感知觉的发育，进而促进婴儿大脑的发育和智力发展。这对日后学习语言和阅读有良好影响。增加活动量，促进新陈代谢，有利于婴儿生长，扩大视听、触觉，增强小脑平衡与反应能力，促进脑发育。国际知名的一些医学专家们在研究医治脑性瘫痪病人的过程中发现，"爬行"对脑的发育有极重要的意义。他们在治疗脑损伤性哑和说话困难的患儿时，用以"爬"为主的治疗方法，结果表明，爬得越好，走得越好，学说话也越快，学东西和看、读的能力也越强。有些儿童出现阅读困难，多是因婴幼儿时期缺乏爬的环境和训练引起的。

有些人担心孩子会爬了不容易看管，早早地把孩子放进学步车里，认为这样安全，而剥削了孩子爬的权利。婴儿的成长过程中必须经历翻身、坐、爬、抓东西、站立等阶段，身体的运动功能才能协调发展起来。婴儿期爬行训练所带来的影响将延伸到婴儿、学龄前及学龄期，往往造成学习注意力不集中、多动、感觉统合失调等。所以应提倡让孩子在自然发育过程中学习爬行，不可因为怕脏、怕摔而让孩子失去爬的机会。

❀ 婴儿爬行的注意事项

婴儿爬行的标准动作，首先是头颈仰起，然后利用双手支撑的力量使胸部抬高，最后由四肢支撑着身体向前爬行。由于婴儿在7个月时全身的肌肉还在逐步发育阶段，爬行的动作也不协调，所以大多是匍匐爬行，也就是利用腹部的力量在进行身体的蠕动，在四肢不规则划动的作用下，婴儿往往不是向前进，而是向后退，或者在原地转动。但是，这个阶段过去之后，接下来的就是标准的爬行动作了。在婴儿对爬不感兴趣时，要尽早让孩子练习爬的动作，不少孩子主要是不会爬才对爬不感兴趣；衣着宜宽松，太厚、太紧都会影响爬的动作；和婴儿一起在地上练习爬，追逐滚动的球。成人先做示范，爬过去拿到球后把球推到孩子身边，对他说："爬过去，拿球。"如果他不爬，大人可以假装摔倒了，做出怪相，婴儿可能觉得很滑稽，也许会咯咯笑着慢慢朝你爬去。

练习爬行要注意

童大夫提醒

爬行不能在软床上练习，最好在硬板床、洁净的地毯或塑料拼图上进行。婴儿应在大人看护下练习爬行，避免发生意外伤害。

本阶段育儿焦点话题

● **干燥季节如何保护婴儿的皮肤**

在干燥的春天和秋冬季节，婴儿的皮肤时常会出现各种问题，该如何呵护婴儿稚嫩的肌肤，是每个妈妈都十分关注的问题。

常见皮肤问题

一般来说，在干燥的季节婴儿的皮肤容易出现以下这些问题：

1.嘴唇干裂。这种皮肤问题的罪魁祸首也是干燥的气候。嘴唇干裂严重时会出血，甚至影响孩子的说话与进食。

2.面部干燥性皮炎。面部皮肤发红、脱屑。原因是入秋后，干燥的秋风会使婴儿面部肌肤的含水量减少。

3.手足皲裂。婴儿的手足部由于没有毛发保暖，皮脂腺未发育，因此易发生皲裂。经常玩水和泥沙的小朋友们更易出现皮肤干燥、脱皮、裂口等现象，严重时会出血。

4.接触性皮炎。一般为选用不合适的护肤品所致，婴儿的皮肤出现红斑、丘疹、肿胀、脱屑、瘙痒、刺痛等症状。

解决的办法

那么，解决这些皮肤问题有什么好的办法呢？

1.对于舌舔唇炎，首先是要转移婴儿的注意力，避免婴儿用舌头去舔口唇。在唇干的时候涂上小儿润唇膏。情况较严重时涂硅霜、尿素软膏。日常生活中要多饮水，多吃富含维生素C的食物。

2.对待嘴唇干裂以预防为主，首先要纠正孩子的不良习惯，如舔唇、咬唇、偏食。平时外出可以给孩子的嘴唇部位涂润唇膏、凡士林、橄榄油等。冬天外出时应戴口罩。多食富含维生素B_2的食品，如动物肝脏、蛋黄、豆制品等。如果出现干裂出血的情况，需涂金霉素软膏，并在医生的建议下口服维生素B、维生素C类药。

3.患了面部干燥性皮炎的婴儿在每次外出前都应将脸洗净、擦干，并搽上婴儿专用润肤露。出现干燥、脱屑、发皱等现象时可用甘油、凡士林软膏搽脸部。

4.当婴儿出现手足皲裂的情况时，最好适当减少外出和玩冷水、泥沙的次数，外出时尽量戴上手套。给婴儿洗手时不用碱性洗手液、肥皂，多用温水泡手足，并及时涂上润肤露。干裂、疼痛、出血时，用温水泡手足，然后涂尿素软膏或水杨酸软膏。

5.对于患接触性皮炎的婴儿，家长最好挑选知名公司的小儿专用护肤品给婴儿用。但如果婴儿的皮肤已经出现红斑、丘疹、脱屑等问题，就要请医生诊治。

● **冬季婴儿外出保暖策略**

寒冷的冬季，也不能总让婴儿待在家中，那么怎样穿着才能让婴儿既享受到户外的乐趣，又不会被冻坏呢？

贴身衣裤一定要穿

柔软的棉内衣不仅可以吸汗，而且还能让空气保留在皮肤周围，阻断体热的丢失。

穿衣要适量

如果穿得太多，婴儿一旦活动便会出汗不止，衣服被汗液湿透，反而因此着凉。判断婴儿穿得多少是否合适，可经常摸摸他的小手和小脚，只要不冰凉就说明他的身体是暖和的。

轻薄棉服

棉服既挡风又保暖，要比多穿几件厚衣服都御寒，而且活动灵巧方便。

保持婴儿的袜子干爽

袜子潮湿会使婴儿的脚底发凉，反射性地引起呼吸道抵抗力下降而易患上感冒。应选用纯羊毛或纯棉质地，并对脚部皮肤有养护作用的袜子。

鞋子面料要温暖，大小要合适

鞋子稍稍宽松一些，质地为全棉。穿起来很柔软，这样，鞋子里就会存有较多的静止空气而具有良好的保暖性。

要给婴儿戴帽子

帽子的厚度要随气温降低而加厚，患有湿疹的婴儿不要戴毛绒帽子，以免引起皮炎，应该戴软布做成的帽子。

少给婴儿戴口罩或用围巾护口

经常戴口罩会降低婴儿上呼吸道对冷空气的适应性，缺乏对感冒、支气管炎等病的抵抗能力。而且，因围巾多是羊毛或其他纤维制品，用来护口，一是会使围巾间隙中的病菌尘埃、羊毛等纤维被吸入体内，诱发过敏体质的婴儿发生哮喘病，而且还会因为围巾厚、堵住婴儿的口鼻，影响正常肺部换气。

8~9个月

出生后8个月，婴儿已经俨然是一个小大人了，一些简单的词语已经基本上可以听懂，并且很会表达自己的情绪。只要将他放到床上、地板上，他就能玩得很开心。婴幼儿同世界接触的能力正在逐渐显露出来。在他充分享受新发展的能力带来的活动自由的同时，妈妈也要为婴儿的安全做好充分的准备。

养护要点

● 给宝宝提供安全的爬行场地

宝宝会爬了，他能看到更多的事物，此时，他的探索欲非常强，只要家长稍不注意，他就爬出了老远。爸爸妈妈的照护不能保证百分之百安全，因此必须将他的爬行场所彻底地检查一遍，排除任何安全方面的隐患。

房间里容易被拽倒、摔碎的物品要收起来，如热水瓶、花盆、玻璃器皿等；剪刀、水果刀、针线等物品要收藏妥当；清除地板上的碎物，确保地板上没有会扎人的碎片，并且不滑溜。家中所使用的油毡或小地毯，背面最好都经过防滑处理，并将它们定位放好，但不可将其放在楼梯上，以免宝宝滑倒受伤。塑料薄膜、塑料袋、气球等物品要收好，以免造成婴儿窒息；注意电源线，并在未使用的插座上加防护盖或使用安全插座；婴儿在地上爬行时，要铺上软垫；用肘和膝爬行，很容易磨破皮肤，因此爬行时最好给婴儿穿上衣裤。避免使用长绒地毯，因为当纽扣或图钉等有棱角或尖锐的小东西不慎掉落在上面时，很容易被长绒毛覆盖而不易察觉，致使宝宝在爬行或行走时发生危险。如果大人不小心将图钉或细针之类的东西掉在任何材质的地板上时，记得用一块磁铁将它们全都找出来，以免宝宝被扎伤。如果地毯上有松脱的线绳必须剪除，以免这些线绳缠在宝宝的脚趾上，并且随时保持地毯的清洁，若被水弄湿，即刻撤除更换。

药品，尤其是糖衣片以及其他不适合婴儿吃的食品也都要收起来；将所有尖锐的桌角、柜角套上保护垫，以免婴儿不慎撞到。

● 为婴儿准备合适的衣服

婴儿活动量比以前大大增加，特别是会坐、会爬，并开始学扶站和学走路之后，再也不愿意整天躺在床上或待在家里。这样的婴儿穿什么样的衣着比较合适呢？

❀ 面料的选择

选择面料总的原则是柔软、吸汗、安全、色彩艳丽明快、易洗而不褪色等。由于这个月的婴儿皮肤仍很娇嫩，而且活动量大，容易出汗，衣服的面料最好还是选择棉纺织物为宜，不仅吸水性能和透气性能较好，而且对婴儿的皮肤也没有刺激性，婴儿穿着比较舒适。

❖ 安全、舒适是关键

衣着款式上总的原则是安全、舒适、得体、简洁等。

安全因素是必须想到的。尤其是内衣不宜有大纽扣、拉链、扣环、别针之类的东西，以防损伤婴儿的皮肤，或者被婴儿误食发生危险。

另外，为婴儿活动方便，衣着不应过小过紧，衣领不要过高过紧，袖口也应宽松，以免束缚婴儿的活动和影响婴儿的正常发育。但是，衣着也不能过于宽大，不利于婴儿活动。特别是衣袖、裤腿长短更要合适。上衣以开襟式样为首选，裤子仍需制成背带式样，背带裤能护着婴儿的肚子不受凉。背带裤的裤腰不宜过长，臀部裤片裁剪要简单、宽松，背带的宽度以3～4厘米为宜，裤腰松紧带应与腰围相适合，避免过紧或过松。

新妈妈的育儿困惑

● 宝宝晚上老踢被子怎么办

案例 源源8个多月了，精力特别旺盛，我常常发现他在夜间睡着之后总是将被子踢掉，一不小心就会着凉、感冒，该怎么解决这个问题呢？

婴儿的精力似乎永远都那么旺盛，即使在睡梦中也不消停。刚盖得好好的被子，一会儿的工夫就翻到了身下或是踢到床下。为此父母真是绞尽脑汁，尤其是在冬天，更是害怕婴儿着凉感冒。其实，只要父母细心观察，就可以找到婴儿踢被子的原因，解除了这些因素，婴儿自然就会踏踏实实睡觉了。

❖ 踢被子的原因和对策

婴儿踢被子不是没来由地调皮捣蛋，总是受到了某些不利因素的影响。只要找准了原因，也就有了应对的策略。

大脑过度兴奋

婴儿正处于发育过程中，神经系统还发育不全，如果睡前神经受到干扰，易产生泛化现象，从而让脑皮质的个别区域还保持着兴奋状态，极易发生踢被子现象。

对策：在睡前不要过分逗引婴儿，玩太兴奋的游戏，不要吓唬婴儿，不要让婴儿看剧情刺激的动画片。白天也不要让婴儿玩得过于疲劳。

睡觉不舒服

睡觉时如果被子盖得太厚，衣服穿得太多，婴儿容易闷热、出汗，就易踢被子。环境不舒适也容易踢被子。

对策：首先选择透气性、柔软性、吸湿性好的布料做睡衣，被子不要盖得太厚；其次注意卧室环境要安静，光线要昏暗；另外注意不要让婴儿睡前吃得过饱。

不良睡眠习惯

如果把头蒙在被子里，或把手放在胸前睡觉，婴儿会因喘不上气来而踢被子。

对策：要让婴儿从小养成良好的睡眠习惯。妈妈要辛苦一点，夜里要不时地留意婴儿的睡姿。

疾病影响

如佝偻病、寄生虫病、发热、小儿肺炎、麻疹等，都会干扰婴儿的睡眠。

对策：要定期给婴儿驱虫、体检，如果婴儿有了病症，要及时配合医生进行治疗。

感觉统合失调

对同时伴有多动、坏脾气、适应性差和生活无规律等特点的"踢被"婴儿，踢被子有可能是因为感觉统合失调，大脑对睡眠和被子的感觉不准造成的。

对策：做一些有效的心智运动来"告诉"婴儿的大脑，让它发出正确的睡眠指挥信号。每晚睡觉前，可指导婴儿进行爬地推球15～20分钟。只要坚持引导婴儿做，就会有意想不到的大收获。你会发现，婴儿不仅不踢被子了，而且多动、坏脾气、适应性差和生活无规律的现象也逐渐消失了。

❀ 防踢被小妙招

如果消除了不利因素，婴儿还是踢被子，就要想一些小妙招了。

被夹固定被子

被夹是一种带环套的夹子。用夹子夹住被子的角，将环套固定在床柱上，被子就不会被踢开了。用被夹固定被子时，要留出足够的空间给孩子翻身，否则孩子会睡得不舒服。

橡皮筋固定法

取4根橡皮筋(或松紧带)，分别缝在被子的4个角上，缝制宽度与枕头相同，橡皮筋的另一端固定在床栏的适当位置。这样，孩子即使将被子踢开，被子也会因为松紧带的弹性作用，马上又恢复到原位，重新盖在孩子的身上。

给婴儿用睡袋

把婴儿装进睡袋就不用担心他踢被子了。建议妈妈买那种袖子可拆卸的睡袋，可以随时改装成背心式睡袋，以适应各种睡眠习惯的婴儿使用。此外，别忘

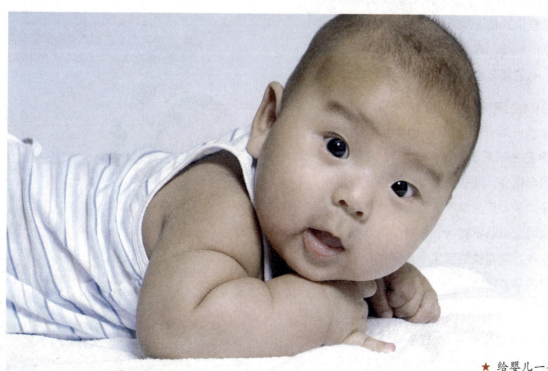

★ 给婴儿一个可以自由活动的空间。

了检查领口是否有细致的小护垫包住拉链，可避免拉链接触婴儿皮肤引起不适。

枕头来保卫

在婴儿的小床边塞上1～2个枕头，一来婴儿不能在床上打转翻跟斗，不容易踢掉被子；二来就算踢了被子还有一层保护，不至于太冷。

育儿习俗全新解读

● 走路太早不一定好

通常情况下，人们认为，孩子越早走路就越健康，越聪明。宝宝学步的年龄不一，是由体重、身体状况和学步的经历等多种因素决定的。有的小孩不到周岁就会走路，而且走得较稳。有的则不同，虽然身体状况也好，看起来天资聪明，也挺有灵气的，就是学走路较晚！其实，每个宝宝的发育方式不一样，主要是由遗传决定的——这里指的是正常遗传，无论是学步、长牙、学说话的快慢、青春期发育的迟早，还是身材的高矮，一般都与家庭遗传有关。

✿ 学走路必须有一定的过程

宝宝学步一般开始于12～14个月之间。学走路的规律是先站后走。宝宝一般在10～12个月之间开始会站立，起初宝宝学步用手扶着慢慢移步，先是双手，后是单手，最后凭借平衡力脱手而立。有的宝宝从不爬行，坐着坐着就站起来了。一般来说，爬得快的宝宝学步则慢；爬得慢和根本不爬的学步则快。

✿ 宝宝过早走路的危害

医生一般会建议婴儿1岁前后学走路，而不主张太早学步。主要原因是担心婴儿腿部的骨骼承受不了身体的重量而造成畸形。另外，婴儿过

早学走路还容易近视。婴儿在1周岁前是不宜学走路的，应该让他爬，否则会影响他视力的正常发育。婴儿视力发育尚不健全，爬行可使他看清自己能看清的东西，这有利于他的视力正常发育；相反，过早学走路，孩子因看不清眼前较远的景物，便会努力调整眼睛的屈光度和焦距来注视景物，这样会对他娇嫩的眼睛产生疲劳损伤。此外，过早让婴儿走路，会增加 X 形和 O 形腿的发生率，这也应当引起家长们的注意。

孩子发育要顺其自然

不要看到别的婴儿会站立了就急着也让自己的孩子学习锻炼，更不要看到个别走得早的例子就怀疑自己孩子的发育是否延后，只要健康就好。

童大夫提醒

★ 干净的衣服不仅能够给宝宝带来健康，还可以让宝宝更喜欢自己。

本阶段育儿焦点话题

● 衣物清洗的原则

给宝宝洗衣服也是日常护理的一件大事，那么宝宝的衣服到底该怎么洗才卫生、安全呢？

最好手洗

婴幼儿衣物经洗衣机一洗，会沾上许多细菌，这些细菌对成人来说没问题，但对婴幼儿可能就是小麻烦。因为他们的皮肤抵抗力差，很容易引起过敏或其他皮肤问题。如果有条件买一台小型的洗衣机专门清洗宝宝的衣物也是个不错的办法。

选择婴幼儿专用的洗涤剂或肥皂清洗

尽量选择婴幼儿专用的衣物清洗剂，或选用对皮肤刺激小、加酶的洗衣粉，以减少洗涤剂的残留导致的皮肤损伤。可用温水加适量的洗涤剂，浸泡10～20分钟后再洗，然后彻底地冲洗干净。如果没有专用洗涤剂，用肥皂也可以。

禁用除菌剂、漂白剂

除菌剂和漂白剂一般很难清洗干净，残留在衣服上会对宝宝娇嫩的皮肤造成伤害，最好还是不用。最好的消毒办法就是将衣服放在阳光下晾晒。

漂洗干净

如果没有彻底地将残留在衣服中的洗涤剂清洗干净，宝宝很容易出现皮肤损伤。所以，无论是用什么洗涤剂洗，一定要用清水反复洗两三遍，直到水清为止。

不和大人衣物一起洗

宝宝的衣服和大人的衣服混着洗会将成年人的某些疾病传染给宝宝，因此应将宝宝的衣服与大人的衣服分开清洗，这样可以避免发生不必要的交叉感染。

内、外衣分开洗

通常情况下，外衣比内衣更加容易藏污纳垢，而作为宝宝的贴身衣物，内衣多是棉的，更应该保持干净，因此分开清洗会更好。

正确的晾晒

放在阳光下晾晒，能起到消毒作用，是最好的方法，尽量不要晾晒在阳光少，不通风的地方，有些家长将孩子的衣服挂在树枝上或搭在草坪上，这样易造成衣服的污染，是错误的。

污渍应尽快洗

宝宝的衣服上总会沾上许多果汁、巧克力渍、奶渍、西红柿渍等，这些污渍不易清除，但只要是刚洒上的，马上就洗，通常比较容易洗掉。如果过了一两天才洗，污渍深入纤维，就很难洗掉了。

9～10个月

9个月的婴儿给父母带来更多欢乐，同时也开始捣乱了。家里到处是婴儿留下的痕迹。妈妈的眼睛一刻也不能离开婴儿。如果不倍加小心，婴儿磕伤、摔伤、从床上坠落的事情随时可能发生，婴儿周围的东西都成了潜在的危险物。

养护要点

● **准备一些常用药物**

从婴儿呱呱坠地到长大成人，或多或少都会遇到因疾病或外伤需要紧急处理的事情，因此，家里备一些儿科常用药，再略知一些儿童用药知识，就能够泰然处之。既可以及时减轻婴儿的痛苦，又能早期控制病情的进展。

准备家庭用药时，应考虑服用方便、安全可靠、副作用小、疗效显著又易于掌握等特点，最好是婴儿以往患病时在医生指导下使用过的药。每种药的数量不宜过多，以防过期造成浪费。

根据儿科常见病的特点，可备以下几类药品：

◎**轻微感冒（打喷嚏、流涕）**：可服保婴丹（风寒感冒）、小儿宝泰康（风热）、小儿感冒颗粒、馥感林口服液、小儿金丹。

◎**感冒伴有发热、咳嗽**：可服双黄连口服液、好娃娃感冒颗粒（小儿新）、小儿感冒颗粒、小儿清肺口服液（同仁堂）、小儿止咳糖浆（露）、清宣止咳露。

◎**咳嗽、多痰**：可服小儿止咳糖浆（露）、清肺化痰颗粒、沐舒坦、小儿消积止咳口服液、保婴丹、健儿清解液。

◎**单纯发热**：小儿退热贴。

◎**积食（乳食疳积）、厌食、消化不良**：可服小儿化食丸、小儿七星茶、婴儿健脾散。

◎**食欲不振、脾胃虚弱**：可服婴儿健脾散（婴儿素）、醒脾养儿颗粒、脾可欣、小儿七星茶。

◎**睡眠不宁**：可备婴儿健脾散（婴儿素）、保婴丹、猴枣散、醒脾养儿颗粒。

◎**受惊、夜啼**：可备猴枣散、保婴丹、婴儿健脾散（婴儿素）。

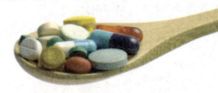

家庭药箱需定期检查

童大夫提醒

所备药物应放在婴儿够不到的地方，并避光干燥保存。定期检查药物的有效期，及时更换已过期的药物。家长最好先带婴儿就诊确诊，再在医生的指导下用药。

● 多进行户外锻炼

　　婴儿的生长发育更需要太阳、空气、水和人以及整个社会和自然的大环境。所以只要天气许可，应尽量带婴儿到室外玩耍。家长可以根据婴儿的作息时间，每天安排户外活动。日光、空气和水是大自然给予人们维持生命、促进健康的三件宝物，婴儿适当在日光下、空气中活动，对于提高身体对外界环境变化的抵抗力、增强体质、提高各脏器的生理功能有着重要意义，所以应该多让婴儿在户外玩耍。带宝宝外出时，一定要注意以下事项：

　　1.根据婴儿的健康和具体情况而定，当婴儿发烧、患病，或遇有阴天、雾天、刮风天等，均应暂停户外活动。

　　2.不要选择人流密集的场所进行户外活动，尤其是在传染病高发季节，更应该注意。

　　3.带婴儿外出时，要注意避免在上午10点至下午3点紫外线最强烈的时段。

　　4.一定要注意防晒，这样的外出才最安全，最能让孩子玩得开心，玩得健康！在阳光比较强烈的日子，注意不要让阳光直射婴儿的眼睛，也不能让婴儿裸露的皮肤在强烈的阳光下晒得太久，这样会损害眼睛或使皮肤起皮疹。也可以给婴儿选择正规厂家的婴儿防晒乳液，出门前30分钟，在暴露的皮肤上涂抹防晒乳液；并戴好遮阳帽，穿稍厚的、颜色比较深的、全棉的衣裤，轻便宽松透气的衣裤比较适合；晒红的部位，可薄薄涂抹一些清爽的婴儿护肤乳液。

　　5.从户外回到室内，用温水洗澡。

新妈妈的育儿困惑

● 孩子睡眠不稳怎么办

案例 肖女士说她的宝宝在这个月龄的时候半夜睡觉总是惊醒，有时候还会哭泣，不知道是什么原因造成的？

有些婴儿在这个时候会出现睡眠不稳的情况，由于睡眠对孩子成长有着很大的影响，所以，家长们对这个问题都非常关心。一般来说，睡眠不稳都是有一定的客观原因的。

❖ 引起睡眠不稳的因素

　　1.婴儿缺一些微量元素，如钙、锌等，缺钙易引起大脑及自主神经兴奋性增高，导致婴儿晚上睡不安

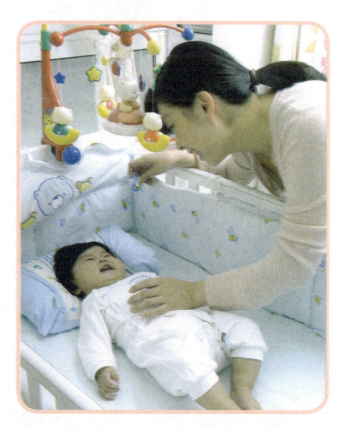

★ 满足婴儿的情感需求，也是婴儿安稳睡眠的要素。

★ 相对硬的东西，有利于婴儿出牙。

稳，需要补充钙和维生素D；如果缺锌，则要注意补锌，可在医生的指导下服用一些补锌产品。

2.室内太热或太冷，也可以导致婴儿睡不安稳，可适当调节一下。

3.鼻屎堵塞了婴儿的鼻孔，引起呼吸不畅快，也容易引起睡眠不安稳，所以父母要注意这方面的因素，当婴儿睡不安稳时，不妨检查一下婴儿的鼻孔。

4.肛门外有寄生虫也会影响婴儿的睡眠。寄生虫病患儿肛门周围或会阴部经常奇痒，常见烦躁不安、食欲减退等症状。如果有就要带孩子到医院积极治疗。

5.很多妈妈看到婴儿晚上哭醒会以为孩子饿了，然后就给孩子喂奶，其实这是一个很不好的习惯，这样做反而会造成孩子有晚上睡醒了要吃奶的习惯。晚上一定要喂奶的话，要注意，尽量保持安静的环境，不要同婴儿讲话。这样，当喂完奶和换完尿布后，婴儿会容易入睡。应逐渐减少喂奶的次数，不要让孩子养成夜间吃奶的习惯。

6.被子或者睡觉姿势不舒服也是导致婴儿睡眠不踏实的原因。当发现婴儿睡不着时，要注意检查婴儿的被子和睡姿，调整舒适后，婴儿会很快入睡的。

7.有些婴儿可能是缺乏安全感，造成睡眠不稳。尤其是9～18个月的婴儿，对父母和非常熟悉的人非常依恋，自我保护意识很强，晚上睡眠醒得多，睡得轻，有时在刚睡着后不久或早晨四五点快真正醒来之前会翻身坐起来，看不到大人就哭，大人一般抱起来哄哄拍拍，不到1分钟放到床上能接着睡。这样的婴儿，要注意睡前哄，拍婴儿不要时间太长，在婴儿睡着之前离开，让婴儿自己睡，不要大人抱着睡。但白天要有一定的时间和婴儿亲密玩耍，让他意识到爸爸妈妈很爱他，会给他充足的关爱。尤其是可以和婴儿玩玩捉迷藏的游戏，让他们意识到即使他看不到爸爸妈妈，爸爸妈妈其实也在他周围。

✿ 防止习惯性的夜间惊醒

如果婴儿没有其他不适的原因，夜里常醒的原因很大一部分是习惯了。如果他每次醒来，大人都立刻抱他或给他喂东西的话，就会形成恶性循环。婴儿在夜里醒来时往往都是迷迷糊糊的，此时不要立刻抱他，更不要逗他，应该立刻拍拍他，安抚着想办法让他睡去。一般如果处在迷糊状态的婴儿都会慢慢睡去。

● 该不该让婴儿看电视

婴儿到了9个月时已经能坐得很稳当了，除了睡觉外他们经常坐起来玩，因此当家里打开电视机他们也少不了看。但对于这么大的婴儿来说，经常看电视对他们并不适宜。因为，看电视的合适距离是2米以上，而这个距离对1岁以内的婴儿还不太适宜。要知道，婴儿视力的距离是随着年龄的增长而逐渐由近到远，他们在3个月前只能看到放在自己眼前的玩具和物品，以后才逐步发展到可以注视1米左右的物品及更远的物体。加之电视图像总是要比实物显得模糊，而且画面经常闪烁跳跃，这样都会增加婴儿的视疲劳感，对他们的视力发育造成影响。

育儿习俗全新解读

● 不要给婴儿吃咀嚼过的食物

这个时期的婴儿，正是生长发育比较旺盛的时期，婴儿对食物的需求，比以往任何时期更加迫切。虽然现在婴儿可吃的食物品种很多，但是，婴儿的牙齿还没几颗，爸爸妈妈既想给婴儿吃，又怕婴儿咬不动，就会把饭菜嚼烂后，再喂给婴儿，自以为采取了最佳的办法。其实，这是一种既不卫生又不利于婴儿发育的办法。

人的口腔中常有一些细菌、病毒，这些细菌、病毒会通过被咀嚼过的饭菜传染给婴儿。婴儿的抵抗力是比较弱的，对不致引起成年人疾病的细菌、病毒却可以使婴儿患病。如果大人患早期肝炎、肺结核或其他传染病时，极易传染给婴儿。有人曾做过实验，从一个不经常刷牙的人的口腔中，取出一些食物残渣来检验，竟发现有8亿多个细菌。而且，经大人咀嚼的饭菜口味差多了，食物的色香味全都被爸爸妈妈品尝了，留给婴儿的是一团烂糟糟的、味道极差的食物。婴儿经常吃这种被咀嚼过的饭菜，是会影响食欲的。另外，也不利于婴儿咀嚼肌和下颌的发育。因此，不提倡这种方式。爸爸妈妈可以把食物做成婴儿可以接受的软烂程度，用婴儿专用器皿直接喂给婴儿。

爸爸妈妈应锻炼婴儿的咀嚼能力

童大夫提醒

婴儿虽然牙齿未长齐，咀嚼不好，但是有一定消化能力，而且人的消化功能只能在不断尝试各种食物中得到完善和提高。

本阶段育儿焦点话题

● 厨房安全指南

厨房里的每个物品、每个活动，都会激起宝宝的好奇心，而正忙于做饭的妈妈很容易忽略宝宝的存在，所以做好厨房里的婴幼儿保护措施十分重要。参照以下的几项指示，可以帮助家长将厨房里可能发生的危险降至最低。

保证厨房安全的措施

其实，只要做好足够的安全工作，厨房也可以让婴儿偶尔光顾一下，以满足他们的好奇心。那么就需要父母做好相关的安全措施了。

1.地板要进行防滑处理，不慎泼湿地板后要尽快擦干。

2.检查所有尖锐的棱角与角落，适当地以软垫包裹住，以免婴儿不慎撞到头部或眼睛。

3.利用安全插头将通电插座封住，防止婴儿不小心将手指插入。

4.在所有的橱柜上加装安全栓锁。

5.将调味料、牙签、塑料绳、食物置于婴儿够不到的地方。厨房里必备的保鲜膜、铝箔纸与蜡纸等物品的盛装盒上都带有锋利的锯齿，很容易割伤婴儿的手指，最好放在婴儿不易够取的位置。

● 厨房用品使用注意

厨房中的炉具、灶具、电器，都是婴儿非常感兴趣的，所以最好统一检查一遍，做到万无一失。

1.如果是以煤气或天然气作为燃料，最好随时检查煤气是否有外漏，用完随手关掉天然气或煤气的开关。

2.在炉具上安装保护盖，并且在不使用时将炉具或烤炉的开关卸下，如此一来，婴儿就不容易随意开启这些炉具。这些卸下的开关也必须收放在婴儿无法够取的架子上或抽屉里。

3.炉具不使用时要随手关闭，千万不要将它当做取暖器使用。

4.打开热烤箱的门时，要让婴儿站远一点，以免被冒出来的热气烫伤，或者好奇伸手去碰触烤箱里的食物。

5.如果是低架烤箱，最好以栓锁固定在墙面上，以免被婴儿弄倒砸到自己。

6.要特别警告婴儿不可用舌头去舔冷冻库表面的冰层，以免舌头被黏附在上面。

10~11个月

这个阶段是婴儿生命的一个转折点，他在生理、心理和智力上都会发生很大的变化。他将从一个完全依赖他人的小婴儿，逐渐向婴儿阶段发展。现在，正是婴儿蹒跚学步的时候。他非常好动，在房间里四处游晃、玩耍；手的动作更加灵活了，运动能力也在不断地增强，除了喜好模仿外，还特别希望和人交流、玩耍。处于这个阶段的婴儿比其他任何时候，都更加需要父母的关爱和鼓励。

养护要点

● 注意培养婴儿的排便卫生习惯

这个阶段，可以让婴儿试着坐便盆，以养成良好的卫生习惯。市面上有专门的儿童便盆，非常适合初学的婴儿使用。

在婴儿学习使用便盆的时候，要注意以下几点：

1.不要在婴儿坐便盆时喂饭给他们或让他们玩玩具，要让婴儿逐渐懂得这样做是一种不卫生也不文明的坏习惯。

2.每天晚上都要给婴儿清洗小屁屁，保持臀部和外生殖器的干净，减少感染机会。

3.婴儿每次排便后应该马上把便倒掉，并将便盆彻底进行清洗。

4.每次排便给婴儿擦干净小屁屁后，都要用流动的水清洗干净他们的手。

● 给孩子创造学习语言的机会

第一次开口说话既是婴儿与周围世界第一次成功的交流，也是其学能发展道路上的一座里程碑。从"第一声"开始，婴儿就用语言与这个陌生而新奇的世界交流。如果父母能很好地为婴儿的"第一声"保驾护航，这将对婴儿的认知、记忆能力以及学能发展起着至关重要的作用。

✿ 锻炼口腔肌肉

婴儿要开口说话，口腔肌肉必须发育得很好。因此爸爸妈妈应该让婴儿适当多吃一些硬的东西，帮助锻炼婴儿的口腔肌肉，为开口说话打下生理基础。这时，在保证充足配方奶的同时，合理的辅食就非常必要了。

✿ 培养良好的语言环境

对于咿呀学语的婴儿，良好的语言环境非常重要。爸爸妈妈应该利用生活中所接触的一切物品，通过反复的刺激来帮助婴儿记忆，尽可能多为婴儿提供说话的机会。刚开始婴儿可能只会说如：吃饭饭、睡觉觉等叠词，这很正常，爸爸妈妈不要过度担心。当婴儿能够持续地发准叠词时，爸爸妈妈可以逐步地引入双音词，然后是短语，进而是句子。如此循序渐进，时间一长，在正确语音的指导下，婴儿就可以逐渐熟练地说话并与人交流了。

婴儿语言能力的发展在很大程度上依赖于家庭环境。而这种环境包括家庭成员的语言水平、文化修养、家庭藏书情况、父母对婴儿的教育态度等，所有这些都对婴儿语言能力的发展有很大的影响。

✤ 在游戏中学说话

带有丰富表情的交流总是能更吸引婴儿的注意，游戏的形式、夸张的语调往往能起到事半功倍的效果。比如妈妈扮老虎，宝宝扮小兔子，通过形象的事物强化婴儿的记忆，在游戏中增进亲子感情的同时，还能帮助婴儿更快地吸收信息并早日开口。

另外，一定要经常和婴儿"聊天"：当婴儿睡醒之后，妈妈用缓慢的、柔和的语调告诉婴儿你正在做什么，今天的天气如何，你的心情怎么样。不但可以让婴儿学习说话，还能促进母子之间的情感交流。

● 如何正确训练婴儿走路

一般8个月的婴儿便可以在扶助下慢慢地站立，9个月的婴儿就可以扶着凳子站起来，10个月的婴儿就可以独自站立起来了。家长要有意地训练婴儿。如把他放在有围栏的地方，在围栏上方挂满他爱玩的玩具，婴儿会为了抓取玩具而扶着栏杆站起来，而且还会挪动脚步。起初，婴儿可能会掌握不了平衡而突然蹲下，这时候不要心软去扶他，让婴儿学会跌倒后再次站起来的本领。经过多次锻炼后，婴儿一定能够站稳的，还可以塑造婴儿坚强独立的性格。

✤ 训练宝宝学走路的方法

这个月，可以在宝宝会站立的基础上，训练宝宝向前迈步。刚学走时，家长可从后方扶住婴儿腋下，或在前面挽着婴儿的双手慢慢向前练习迈步。等他站稳，能够较稳地步行时，家长试着慢慢地放开手，让婴儿自己走。婴儿第一次迈步时，先让婴儿靠墙站好，家长退后两步，然后伸开双手，夸赞婴儿有多勇敢，让他主动走过来。家长此时要向前迎一下，避免婴儿第一次尝试就摔跤。经过反复练习，婴儿就会独自走路了。

✤ 训练宝宝走路的安全措施

刚学会走路的婴儿，对外界事物都觉得新鲜、有趣，什么地方都敢去，什么东西都敢碰，

★ 让婴儿多方面地感受语言。

不懂得什么是危险，跌伤、撞伤常会发生。所以，有必要采取一些安全措施，做好看护工作，具体如下：

1.如果婴儿站不稳易摔跤，可以让婴儿扶着小推车走，这样比较安全，学走也快，也可以使用圆桌、凳子、椅子。

2.把有棱角的东西都拿开，或都装上防护设备。

3.房门口、楼梯口、窗户及阳台要装上栅栏，以免婴儿翻滚下去。

4.婴儿在家里最好是光着脚走路，有利于培养婴儿学步的感觉，还可锻炼脚部的肌肉，增强脚趾固定能力。

5.天气冷时，可穿一双宽松、透气、防滑的棉布袜，以防跌倒。

新妈妈的育儿困惑

● "屏气发作"是怎么回事

案例 航航妈妈带着航航去打针，刚到门诊口，航航就吓得浑身打哆嗦，接着开始大哭，到后来居然四肢发硬，没有意识了，可过了一会儿就好了。医生告诉航航妈妈，这叫"屏气发作"。孩子为什么会出现这种状况呢？

"屏气发作"是一种异常的心理行为。婴儿在发怒、恐惧、悲伤和剧痛等情绪的急剧变化过程中，因大哭不止导致过度换气，使呼吸中枢受到抑制，出现呼吸暂停、口唇发紫、躯干和四肢强直，甚至昏厥、意识丧失等症状，一般持续0.5~1分钟，然后，症状得以缓解。发作过后的婴儿一般都神志自如，没有任何异常。

"屏气发作"的原因与孩子大脑发育不完善，对自主神经和情绪活动的调节控制能力较差有关。"屏气发作"假如反复出现，大脑可造成短暂缺氧。因此，作为父母应引起重视。当孩子发作时，家长应保持自身情绪的镇静和稳定，用柔和的语气，给予充分的关心和呵护，切忌粗暴地训斥。

婴儿"屏气发作"后父母要安抚

"屏气发作"后，当意识和呼吸恢复后，父母不要不分青红皂白加以责骂和训斥，而应给予同情和安抚，让他感受到父母的爱。如果发作次数比较频繁，应及时去医院就诊。以免对神经系统的发育造成不良影响。

童大夫提醒

育儿习俗全新解读

● 用围巾箍着婴儿学走路不科学

在我国农村，经常会看到1岁左右的小孩子被大人用围巾箍着胸部，牵着学走路。这样一来，家长可以不必担心孩子跌倒了。殊不知，妈妈这样虽然保护了婴儿的安全，但是对于婴儿在学习走路时体验走路感觉、调整平衡能力起到了很大的反作用。有些围巾、丝巾之类拉住婴儿，使他们的胸部受到外力压迫，呼吸受到影响，会降低肺功能。另外，婴儿年幼，骨头还处在发育阶段，围巾、丝巾扎的时间长了，甚至会导致肋骨外翻。其实，不必担心婴儿在学走路的时候会摔伤。婴儿自己也有一定的安全保护意识。当婴儿感到自己将要摔倒时会一屁股坐在地上；即使是扑倒在地，他们也会高昂起小脑袋避免头部受到重创。

本阶段育儿焦点话题

● 通过舌头看健康

很多父母都有这样的经历，在婴儿身体不适去看医生的时候，医生都会要求看一下婴儿的舌头。其实婴儿的小舌头除了能帮助说话、品尝味道，还是婴儿健康的"晴雨表"。

通过小舌头探知发热

婴儿感冒发烧，首先表现在舌体缩短，舌头发红，经常伸出口外，舌苔较少，或虽然有舌苔但苔少发干。如果发热较高，出现舌质绛红，说明婴儿热重伤耗津液，所以婴儿经常会主动要求喝水。如果同时伴有大便干燥，往往口舌会有秽浊气味。这种情况经常会发生在一些上呼吸道感染的早期或传染性疾病的初期，妈妈应该重视。发热严重的婴儿，还可看到舌头上有粗大的红色芒刺，俗称杨梅舌，多见于患猩红热或川崎病的婴儿。

应对策略

1.应注意及时为婴儿治疗引起发热的原发疾病，并及时进行物理降温或口服退热药物。

2.注意多给婴儿饮白开水，少食油腻食物及甜度较大的水果。

3.可购买新鲜的芦根或者干品芦根煎水给婴儿服用。

通过小舌头判断消化不良

如果观察婴儿的小舌头，发现舌上有一层厚厚的黄白色垢物，舌苔黏厚，不易刮去，同时口中会有一种又酸又臭的秽气味道，多是因饮食过量，或进食油腻食物，脾胃消化功能差而引起。婴儿多伴有不爱吃饭的症状，小一点的婴儿会由于食积导致腹泻，还有的婴儿出现肚子胀气、疼痛，严重时还会发生呕吐，吐出物为前一天吃下而尚未消化的食物，气味酸臭。婴儿看到喜爱的食物就会吃很多，家长看到婴儿吃得多，就非常高兴，不停地鼓励婴儿多吃。无形中就会使婴儿吃得过多、过饱，造成消化功能发生紊乱。

应对策略

1.出现这种舌苔时，饮食要清淡些。对于食欲特别好的婴儿，应该注意每餐适量，以使胃肠道得到充分的休息。

2.婴儿如果出现乳食积滞，可酌情选用保和丸、健胃消食片或王氏保赤丸等中成药消食导滞，保证大便畅通。

3.可用鸡内金15克，茯苓10克，山楂30克煎水服用，每日一剂。

4.如果婴儿的大便干燥，腹胀明显，可以用炒二丑15克，生黄芪15克煎水服用，也可起到消食导滞的作用。

"地图舌"预示的健康问题

地图舌是指舌体淡白，舌苔有一处或多处剥脱，剥脱的边高突如框，形如地图，在吃热粥时会有不适或轻微疼痛。地图舌一般多见于消化功能紊乱，或婴儿患病时间较久，体内气阴两伤。患有地图舌的婴儿，往往容易挑食、偏食、爱食冷饮、睡眠不稳、乱踢被子、翻转睡眠，较小一点的婴儿易哭闹、潮热多汗、面色萎黄无光泽，体弱消瘦，怕冷，手心发热等。

应对策略

1.多吃新鲜水果和新鲜并颜色深的绿色或红色蔬菜，忌食煎炸、熏烤、油腻辛辣食物。

2.可用适量的桂圆肉、山药、白扁豆、大红枣，与薏米、小米同煮粥给婴儿食用，如果配合动物肝脏一同食用，效果将会更好。

3.如果婴儿面色白、脾气较烦躁、汗多、大便干，多为气阴两伤，可用百合、莲子、枸杞子、生黄芪适量煲汤饮用，将会使地图舌得到改善。

"镜面红舌"需注意

有些经常发烧，反复感冒、食欲不好或有慢性腹泻的婴儿，会出现舌质绛红如鲜肉，舌苔全部脱落，舌面光滑如镜子，医学上称之为"镜面红舌"。出现镜面红舌的婴儿，往往还会伴有食欲不振，口干多饮或腹胀如鼓的症状。

应对策略

1.千万不要认为是体质弱，而给大补或多食肥甘油腻食物。应该多食豆浆或新鲜易消化的蔬菜，如花菇、黄瓜、西红柿、白萝卜等。

2.可将西瓜、苹果、梨、荸荠榨汁饮用，或是早晚用山药、莲子、百合煮粥给婴儿食用，也会收到很好的效果。

通过舌质辨疾病只作参考

童大夫提醒

婴儿体质很弱，发现异常要及时到医院就医，对于大点的婴儿，辨别其舌质的变化可作为婴儿健康情况的参考，但绝对不能根据情况自行处理，必要时一定要去医院诊治。

11个月~1岁

这个阶段婴儿的各种能力又有了很大提高。虽然多数孩子都在蹒跚学步，但大多数婴儿还只是处于学习阶段。在为孩子的一点进步而欣喜的同时，也不要因为孩子的一点落后于人而沮丧，毕竟，每个婴儿都是不同的。

养护要点

● 做好安全防范

随着婴儿长大，户外活动范围增加，游戏项目也增多了，意外事故发生的机会也随之增加，父母要把预防意外事故当做日常生活中的重点。造成家庭意外伤害的危险因素主要有两个方面：一是父母照顾不周；二是室内结构和布局不合理。因此，要防止婴儿发生意外伤害，必须事先掌握一定的常识。一般来说，婴儿容易受到的意外伤害有以下几种。

✿ 摔伤、跌伤

1岁以下的婴儿基本生活在床上，地板上最好铺上泡沫塑料垫，防止婴儿从床上掉下来摔伤。婴儿1岁以后就开始攀高，甚至会找个椅子、垫个箱子去够高处的东西，但这时他们的平衡能力又很差，容易摔倒，父母要特别注意。房间的地板不要太滑，浴室要铺上橡胶防滑垫，不要让孩子一个人待在浴室。

家具要选择椭圆形边的，或者给家具的尖角加上护套，防止孩子摔倒时撞伤。住楼房的父母不要让孩子在窗台上玩，窗户的锁扣不能轻易让孩子打开，阳台上不要堆放杂物，防止孩子从杂物上攀爬翻过栏杆或窗户而坠楼。

✿ 外伤

家中的刀、剪、针等锐器物品都要放到婴儿拿不到的地方，客厅不要放玻璃茶几和玻璃水杯，防止破碎后玻璃片扎伤婴儿。1岁多的孩子喜欢往桌子底下钻，一定要检查桌子底下有没有露尖的钉子等，防止孩子把头扎伤。

给孩子使用儿童餐具，不要使用刀叉和筷子，特别不要让孩子嘴里叼着筷子到处跑，防止万一摔倒，筷子扎伤咽喉。

✿ 烧、烫伤

平时有吸烟习惯的父母，要把火柴、打火机等收好，更不要让婴儿玩这些东西。燃气灶用完后要关好总闸，防止孩子好奇把燃气灶的开关拧开。不要让婴儿独自到厨房里玩，更不要抱着婴儿在厨房做饭。热水瓶、热汤、热饭要放到婴儿够不到的地方。

有的父母在给婴儿洗澡时，先给澡盆里放热水，然后再去打凉水，转眼之间，孩子跳进澡盆被烫伤。正确的程序应该是先放凉水，然后再兑热水。

❀ 误服药物或其他东西中毒

许多药品说明书上都写着要把药品放到儿童接触不到的地方，主要是防止误食。有的孩子见大人吃药，趁大人不在时，自己也偷着吃，因婴儿误食大人的药引起中毒的事件时有发生。家里的药不要随处乱放，放药的柜子一定要锁好。成人的日用品和化妆品不要让婴儿玩耍，卫生间、厨房里的清洗剂、消毒液，都要把盖拧紧和收好，放到婴儿摸不到的地方。

❀ 触电

此时婴儿的好奇心会越来越强，而学会走路后，更极大地满足了他到处探索的欲望。比如，孩子看见小洞就用小手、铁钉、小棍去捅。婴儿把手指或金属棍伸进电器插孔导致电击伤的事故逐年增多，轻者落下终身残疾，重者危及生命。在装修时，电线插座要尽可能安装在比较隐蔽、婴儿摸不到的地方。各种电器用的移动插座，也要放在婴儿不易摸到的地方。现在商场有一种专门用来封堵插座孔的安全绝缘盖，家里暂时不用的插孔，都要用安全绝缘盖封好。也不要让婴儿接近微波炉、电暖气、电风扇等危险电器。

新妈妈的育儿困惑

● 婴儿为什么喜欢咬人

婴儿有了牙以后，就喜欢什么都用牙来咬一咬。甚至还经常用劲咬人，这让很多妈妈感到很困惑。那么，婴儿为什么会出现这种行为呢？

❀ 婴儿咬人的原因

医学和心理学研究发现，婴儿爱咬人是出于以下4个原因。

口欲期嘴部探索的延伸

婴儿从出生后不久就懂得把东西含到嘴里，通常到6个月的时候开始有咬的动作，而这个时期也正好

是婴儿开始萌出前面几颗乳牙的时间。

最开始，婴儿感觉到很新奇，想知道自己嘴里长出的这些硬东西究竟有什么功用。心理研究证明，婴儿从出生开始，就喜欢用自己的嘴来探索世界，因为他正处于口欲期，嘴比手指要敏感得多，他会用嘴去发现一切，并将任何能拿到的东西都放进嘴里品尝一下，体验各种物品的软硬度、质地、温度和味道。牙齿逐渐成为他探索外部世界的一个新方法。所以，一般情况下，1岁以内的婴儿咬人属于正常的生理现象，这种咬人是一种体验，而且很多时候婴儿会把它作为一种游戏。

缓解出牙期生理性酸痛

正处于出牙阶段的婴儿会感到牙床酸痛。每当婴儿感到牙床不适时，就忍不住会采取咬的方式来缓解这种不舒服的感觉，有时候就干脆把大人的胳膊或肩膀当做磨牙的东西了。

引起大人的注意

从心理学来分析，咬人或咬物和吸吮一样是人类最原始的本能之一。对于刚出牙的婴儿来说，由于手臂大肌肉只具备初步的活动能力，手眼协调的发展还很不完善，婴儿往往无法精确地完成他想要完成的一些动作。于是，感到急切和失望的婴儿就会下意识地想咬，希望吸引大人的注意，帮助解决自己的难题。

无法用语言表达而引起的情绪宣泄

1岁以上的婴儿有时也会咬人，比如小伙伴抢走他心爱的玩具时。由于语言还处于初级阶段，还不能用语言完好地表达需求，或者用语言和他人交流，于是，在因无能为力而感到烦躁不安的时候，就容易咬人，宣泄自己的不满，以引起别人对他足够的重视。

❖ 应对宝宝咬人的招数

1.对喜欢咬人的宝宝要密切注意，最有效的方式就是在他咬人的过程中抓住他。一旦你抓住了他咬人的行为，就要严厉地告诉他这样做是绝对不可以的。

2.要注意观察婴儿咬人的动机，如果是因为需要得到妈妈的关注，那么当你需要离开婴儿的时候，就给他一个喜欢的玩具，或者其他安慰物。如果是因为出牙不适引起的咬人，可准备一些磨牙圈、磨牙饼干或磨牙棒等，缓解难以忍受的牙床不适感。平时也可以把安全、清洁无毒的玩具放在婴儿身边，给婴儿提供体验的机会。过了口欲期，多数婴儿咬人的毛病会随年龄的增加逐渐消失。

3.在和其他孩子玩游戏时出现咬人的举动时，可以把婴儿暂时隔离开，如同对待大孩子的游戏暂停策略。这样，可以让婴儿渐渐明白，咬人不是一种受人欢迎和鼓励的行为。

4.每次出现咬人的行为时，都一定要想办法制止他。坚持下去，孩子的咬人行为就会逐渐消退。

5.对于1岁以上的幼儿，应该注重培养用语言表达的能力。注意观察孩子有没有语言发育障碍，如果有问题存在应及早进行干预。随着语言功能的逐渐完善，咬人的现象自然就会消失。

育儿习俗全新解读

● 穿开裆裤到底好不好

开裆裤是一种由来已久的产物，在婴儿阶段，开裆裤有许多好处，舒服是对婴儿而言的，婴儿不用整天包着小屁股，不用担心尿布把屁股捂出红疹。另一方面，父母在照顾婴儿时也方便，可以随时给婴儿把尿，换尿布的时候非常省力。很多小孩儿一直到了两三岁还穿开裆裤。的确，只要婴儿一蹲下就能解决大、小便的问题，那么，周岁后的婴儿还适合穿开裆裤吗？

❖ 开裆裤无法保证婴儿的卫生

开裆裤看似方便，然而却是既不卫生也不安全的衣服。婴儿探索周围的世界，大部分是通过自己的小手。小手对外界探索的过程，也包括对自己身体的了解。不可避免地，穿开裆裤的婴儿小手会触摸到自己的阴部，给阴部的卫生带来隐患。把环境中的污物、病原带到尿道口和肛门。除了小手，婴儿日常活动中，阴部与外界物体的接触，如桌椅、墙壁、玩具、地板、家人的衣服表面等，其实也是病原体大量聚集的地方，相互接触的过程就是一个相互污染的过程。尿道口和肛门有分泌物的湿润，在局部形成了一个有利于细菌、病毒生长的环境，成为病原体的温床和培养地。病原体能通过阴部娇嫩的黏膜、皮肤入侵到体内，使婴儿生病。

❖ 开裆裤不利于宝宝排便习惯的养成

婴儿的神经系统未发育完善，对大小便的控制力不强。在父母的训练下，婴儿能配合大小便的动作。但这主要是条件反射为主。在某些刺激的情况下，如：寒冷、害怕、受惊吓、兴奋等，婴儿会出现尿道和肛门括约肌的放松，出现遗大小便的情况。因此，也不利于宝宝形成规律的排便习惯。

❖ 开裆裤存在安全隐患

除了不卫生，开裆裤还不安全。婴儿的活动量大，但开裆裤对婴儿的阴部却起不到任何的保护作用。婴儿阴部是身体中最柔弱的部位之一，也是最容易受到伤害的部位。没有了衣服或尿布的保护，外界物体的碰、撞、刺、夹、烫、擦等都会伤害到婴儿的阴部、阴茎。蚊虫的叮咬，一些宠物，如猫、狗等的抓、咬，都会影响到婴儿的健康，有的还会给婴儿带来终身的残疾。

本阶段育儿焦点话题

● 吞入异物的预防和处理

这个阶段的婴儿总喜欢将身边的东西放入嘴中，但是由于牙齿发育还不完善，防护反射不健全而将异物吞入，如纽扣、图钉、发夹、牙签、鱼刺、鸡鸭骨、铁环等。

防止婴儿吞入异物的常识

首先，要悉心照顾婴儿，不要让婴儿把纽扣、硬币、玻璃珠、别针、图钉、果核、豆子、瓜子、泡泡糖等小物品含在口里玩耍，给婴儿玩具要检查玩具上小部件是否容易掉落。其次，婴儿身边不可以没有大人，也不能让孩子照顾婴儿。1岁左右的婴儿最好不给吃硬糖粒或含核干果。

吞入异物的应对方法

当家长发现宝宝将异物吞下以后，只要当时未发现呛咳、呼吸困难、口唇青紫等窒息缺氧表现，就不必过分紧张。在一般情况下，异物进入消化道以后，除了少数带钩、太大或太重的异物外，大多数诸如棋子、硬币、纽扣等异物，都能随胃肠道的蠕动与粪便一起排出体外。为防止异物滞留于消化道，可多给吞入异物的婴儿吃些富含植物纤维素的食物，如韭菜、芹菜等，以促进消化道的生理性蠕动，加速异物的排出。多数异物在胃肠道里停留的时间不超过两三天。每次患儿排便时，家长都应仔细检查，直至确认异物已经排出为止。在此期间，患儿一旦出现呕血、腹痛、发烧或排黑色稀便，说明有严重的消化道损伤发生，必须立即去医院治疗。

不要对婴儿进行催吐

吞入异物后，不要对婴儿进行催吐，因为催吐有时反而会使异物误吸入气管而发生窒息。另外，试图用导泻药使之从肠道迅速排出的方法也是错误的，因为诸如钉子、回形针等带尖、带钩的异物，遇到肠管因药物作用快速蠕动时，很可能钩到肠壁上，甚至引起肠壁穿孔。

童大夫提醒

1岁~1岁零1个月

> 此时的幼儿不仅能认识人群中的家人，还能认识经常来串门的客人，当幼儿见到他们时会有友好的表情，例如，主动对他们笑、张开双臂要他们抱抱等。所以，父母要尽量多带幼儿到户外活动，引导他们正确地和陌生人相处。

养护要点

● 正确对待幼儿的摔倒

绝大多数的幼儿不再需要爸爸妈妈的搀扶或扶着其他物体，就能够单独稳稳地站立了。部分幼儿还不能独自行走，虽然有的大胆的幼儿可以向前迈几步，但幼儿很可能会向前摔倒，趴在地上。此时，家长需要注意的是，一定不要在幼儿面前表现出紧张、害怕的样子。周围的人也不要大呼小叫而是平和地看着幼儿，用鼓励而轻松的眼神望着幼儿，或干脆若无其事地做别的事情，用余光关注着幼儿别出意外，幼儿就不会因为摔倒而哭闹。甚至有的幼儿还会表现出愉快的神情，不会惧怕再次摔倒，继续乐此不疲地练习走路。如果爸爸妈妈对幼儿摔倒表现得很紧张，幼儿就会哭闹给你看，还很有可能会拒绝再次的练习。

● 及时发现幼儿的舌系带过短

舌系带过短是一种常见的生理现象，幼儿进入了语言学习阶段，如果舌系带过短，会影响幼儿的发音，对于这种情况，家长要及时发现，及时处理。

怎样知道幼儿的舌系带是不是短呢？有一个简单的办法，就是让幼儿把舌头伸出来，如果舌尖很短，甚而成W形状，这就说明幼儿的舌系带过短。一旦发现幼儿的舌系带过短，要尽快带幼儿到正规的医院接受检查和手术治疗，以免影响幼儿学习语言。

● 尊重幼儿自己的想法

越大的幼儿越有自己的好恶，例如对饮食、睡眠、玩耍等都有了自己的想法。这个时期的幼儿，逐渐从被动接受向主动要求转变，如果父母强烈干预，就会招致幼儿大呼小叫或者大声哭闹，这是幼儿表示反抗的方法之一。很多家长会发现这时候的幼儿"主见"很强，例如不喜欢的东西，会毫不犹豫地扔到地上。妈妈越是不让动什么东西，越要去拿。面对幼儿的这种反抗，不少父母会觉得自己以前的"乖宝宝"不见了，好不容易掌握的养育方法，一下子派不上用场了，一切都变得非常复杂起来。也有的父母觉得随着年龄的增长，自己的宝宝没有以前那么可爱了。其实，这些现象，正说明孩子在认识、情感、心理上更进了一步，家长应该为之高兴，但同时，新的挑战也随之而来。

为了减少幼儿和家长的对峙，在一些非原则性的事情上，建议家长尽量尊重幼儿的意愿。这是和幼儿和平相处，愉快生活的好方法。

● **为幼儿配备好外出小药箱**

幼儿越来越大了，父母带幼儿外出游玩的次数也增多了。带幼儿外出游玩是件非常麻烦的事情，要带的东西很多，也很零散，所以在外出前，家长最好准备一个小箱子，将这些东西分门别类放起来，这样，在幼儿需要的时候就能很快地找到。

带幼儿外出，最让爸爸妈妈担心的就是幼儿生病。尤其是3岁以前的婴幼儿由于处于免疫发育不全期，非常容易生病，加上幼儿平衡感还没有完全建立，所以很容易磕到碰到，即使在家都避免不了，出门在外更是难于避免。因此，带幼儿外出，妈妈除了要带足幼儿日常必用品外，还应携带以下物品，这样才能让游玩更快乐尽兴。

❀ **感冒药**

虽然我们不提倡给太小的幼儿吃感冒药，但是在旅行途中，最好还是备上一些，毕竟在外面不比在家里可以很好地调养。适当备上一些感冒药，使幼儿感冒的症状尽快减轻。具体根据个人情况决定，因为有些幼儿很容易因为气候和环境改变而感冒，还是有备无患为好。

❀ **止泻药**

益生菌是非常有用的止泻药，除此之外，其他方面的止泻药可以根据自己幼儿的实际情况来决定。例如可以带上一些妈咪爱，以应对幼儿因环境和饮食不适造成的消化问题。

❀ **抗过敏的外用及内服药**

带幼儿出门在外，有可能会因食物引起皮肤过敏，或由于蚊虫叮咬而引起皮肤过敏，建

议带一些止痒的外用药。内服药的携带则需要仔细考虑一下，以医生的建议为准。

❀ 云南白药、创可贴

带幼儿外出时，最好带上一些云南白药和创可贴。因为幼儿活泼好动，到外面玩难免会摔倒碰破，有了这两样就可以在需要的时候，尽快对伤口进行妥善处理。

❀ 体温计

体温计也是外出必带物品。幼儿的身体还很弱小，又不会很准确地表达自己身体的不适，家长多观察尤显重要。当幼儿精神状态不太好时，给幼儿试试体温，可以及时有效地监测及发现幼儿是否有恙。

新妈妈的育儿困惑

● 为什么幼儿还不会走路

> **案例**　我家宝宝13个月了，还不会走路，看到邻居家的小孩儿都会跑了，心里特别着急。这到底是怎么回事？我的孩子不会是发育迟缓吧？

首先要告诉有这方面疑问的父母，幼儿到了1岁多一点还不会走路，大多数都是很正常的。

因为走路和说话一样，有的幼儿早一些，有的幼儿迟一些。幼儿在此时还不会走路，也属于正常的范围，因为根据过去的婴幼儿发展研究，约50%的幼儿在11.5个月时可以放手走，而90%可以在14个月大时独自行走，而100%都可以在18个月大时自行走路。

因此，在幼儿学走路的问题上，父母一定要根据自己幼儿的生长发育规律和发育情况，适当地掌握幼儿走

★ 咬是婴儿的认知方式。

路的时间，切不要操之过急，更不要盲目地和其他孩子比较。另外，还应多渠道了解一些有关幼儿学走路方面的知识，避免不必要的担心。

● 幼儿为什么易发生贫血

如果发现正处于学走路阶段的幼儿看上去面色苍白，脾气暴怒、爱活动，那么幼儿极有可能患有贫血。一项调查研究发现，刚学会走路的幼儿中，有10%的幼儿有不同程度的贫血，其主要症状就是面色苍白——包括嘴唇、睑结膜、甲床及角质层周围皮肤无血色。造成贫血的原因如下：

1.母乳中的营养不能满足幼儿生长发育的需要。而配方奶中的某些营养素虽然含量比较高，但并不一定能够被幼儿全部吸收。

2.有潜在牛奶过敏症的幼儿极易患贫血症，这些幼儿可能会出现腹泻，进而大便中带血，导致失血性贫血。

3.引起贫血的原因除膳食方面的因素外，有些物品中的化学物品也可造成贫血，如铅或樟脑丸等。

4.不良饮食习惯也是导致贫血的原因之一。

本阶段育儿焦点话题

● 关于分离焦虑

案例　萱萱的妈妈说，现在萱萱13个月了，最近妈妈早上出门上班的时候，萱萱明显地表现出焦虑不安，一定要让她抱着，不让放下，只要一放下就哭闹，好像知道妈妈这一走就得等到晚上7点多才能回家似的。为此，萱萱的妈妈很苦恼，她老是觉得自己陪萱萱的时间很少，不知道是该狠心地走开去上班，还是该辞职在家照顾萱萱。

幼儿这种因父母的离开而出现的哭闹，被称为"分离焦虑"。1岁左右的幼儿出现分离焦虑是正常的，这是他们情感和认知发育的一个里程碑，是必经阶段，是进步的表现。在襁褓期，幼儿以为自己跟妈妈是一体的，这种感觉一般延续到8个月左右，也就是幼儿学会爬行的时候。大部分幼儿在8个月左右学会爬，1岁左右则学会走路，从身体上可以自行远离妈妈，也继而从心理上开始与妈妈分离，他们开始意识到自己和妈妈是不同的个体。这种分离既带给他们兴奋，也带给他们恐惧和焦虑。他们迫切地需要确认：无论离开多远，妈妈仍然是爱他的，会照料他、保护他。而这个时期，他们对空间的概念还很模糊，他们往往认为暂时看不到的东西就是没有了。因此，面对父母的离开，幼儿会误以为爸爸妈妈会消失不再来，而出现分离焦虑。

正视分离焦虑

大多数的幼儿都会经历"分离焦虑"这一阶段，幼儿能否顺利地度过这一阶段，则取决于家长的处理方式和态度。

如果爸爸妈妈欢快地与幼儿道别，并且说到做到，道别后立刻离去，幼儿尽管在一开始肯定会哭闹，但是日复一日的道别仪式和父母爽快的态度，以及在一定时间之后父母肯定会出现的事实，则会向幼儿反复说明：分别虽然令人一时难过，却也不是什么肝肠寸断的坏事。幼儿也渐渐学会平静快乐地向父母道别。

如果爸爸妈妈看到幼儿与自己分别时哭闹，内心由于忍受不了而充满矛盾、愧疚、伤痛，那么幼儿也无法忍受这种分别，父母只要有一次向幼儿妥协了，那么下次再分别的时候，幼儿还会一样哭闹，倘若父母第二次不妥协了，幼儿哭闹得还会更厉害。这样往往成了恶性循环，每每分别时闹得跟生离死别一样。

帮幼儿顺利度过分离焦虑期

每个父母都是很疼爱自己幼儿的，当他们与幼儿分别，幼儿哭闹时，他们的内心多少都会有点内疚，但是父母们要明白"分离焦虑"是大多数幼儿必须经历的，也是必须面对的阶段，你们要做的就是帮助自己的幼儿顺利度过这一阶段，这也是你们的职责。因为，幼儿今后和自己依恋的人道别的场面还很多，这只是最初的练习而已。因此，像萱萱妈妈一样为幼儿分别时的哭闹而苦恼的父母们，一定要用正确的态度和方法面对这个问题。

首先，父母要战胜自己，勇敢面对自己与幼儿的这种分别。幼儿的状态往往是成年人内心状态的镜像，成年人内心是什么样子，幼儿就会是什么样子。成年人忍受不了与幼儿暂时分离，幼儿就会哭闹不停。

其次，要有一个固定的道别仪式。与幼儿分别时，不管是温情地吻一下、抱一下幼儿，还是简单地与其摆手再见，只要形成了一个规定的模式，幼儿都会很平静地接受道别仪式之后的分别。

1岁零1个月~1岁零 2个月

到了这个阶段，幼儿的平衡能力增强，比原来站得稳了，走路也进步了，甚至有的幼儿还能弯腰捡东西，然后再站起来也不会摔倒。此时的爸爸妈妈看到这种情形，自然很高兴，但高兴之余，更应该为幼儿的安全问题考虑了。

养护要点

● 不要让幼儿睡软床

随着生活水平的提高，越来越多的人睡上了柔软舒适的"沙发床"，特别是那些年轻的夫妇们，过去那种木板床早已被淘汰。有了幼儿以后，一般家庭都会让幼儿与父母共同睡在一张大床上，有的还干脆为幼儿买一张单人"沙发床"。在大多数人看来，让幼儿与自己同享舒适的睡床是天经地义的事，是对幼儿最好的照顾。而事实上，幼儿正处在发育时期，睡软床并不是好事，幼儿睡软床会对生长发育产生诸多不利的影响。

首先，幼儿正处于生长发育的时期，骨骼硬度较小，容易发生弯曲变形。如果长期睡软床，会由于睡觉时偏向一侧，造成脊柱突向该侧形成畸形。

其次，在软床上睡觉，尤其是仰卧睡觉时，床垫因体重的关系而下陷，脊柱的变形弯曲使韧带和关节负担加重，睡醒后大人会感觉腰部酸胀或疼痛。对于幼儿而言，也同样会有这种不适的感觉。

因此，父母如果真的疼爱自己的幼儿，就不应该让幼儿睡软床，以免对其身体发育造成不良的影响。幼儿应该睡硬木板床，床面要平坦，为了幼儿睡着舒服，父母可以在床面上铺上1~2层垫子，其厚度以卧床时身体不超过正常的变化程度为宜，千万不要铺海绵垫。

● 让幼儿远离二手烟污染

二手烟对于婴幼儿的危害非常大，通常我们都认为二手烟只是对婴幼儿的呼吸道产生影响，但事实却并不是那么简单。那么二手烟对于婴幼儿的危害都有哪些呢？

❖ 二手烟的危害

可致耳聋

长期处于烟雾之中，除了可能使孩子患急慢性鼻炎、上呼吸道感染继发中耳炎外，香烟中的烟雾有害物质对小儿的娇嫩中耳黏膜有刺激作用。它可使中耳内分泌的黏液增多、变稠，耳咽鼓管不通畅，从而造成中耳内积液，诱发中耳炎。时间一长，鼓膜穿孔、增厚、钙化粘连、内陷使听力下降，最后造成传导性耳聋。

使孩子变得迟钝

尼古丁在分解时会产生一种叫可替宁的物

质，血液中的可替宁含量一旦增加，其阅读、数学和推理能力就会下降。可替宁含量越高，其测试分数越低。即使和每天吸烟少于1包的吸烟者在一个房子里生活，其体内的可替宁含量也会使阅读能力下降。

影响身体发育

据长期的医学观察得知，家长每天吸烟10支以上的家庭的儿童，比不吸烟的家庭的儿童平均矮0.65厘米；而家长每天吸烟10支以下的家庭的儿童，比不吸烟的家庭的儿童平均矮0.45厘米。

❣ 远离二手烟，家长以身作则

家长，尤其是爸爸要多为宝宝考虑，为宝宝创造一个无烟的家庭空间。如果戒不了烟，也应该减少在家里的吸烟次数，避免在宝宝面前吸烟。另外，在公共场合如果发现身旁有人抽烟时，要立即带宝宝离开，避免吸入二手烟。

新妈妈的育儿困惑

● 宝宝横着走怎么办

案例　嘉嘉的妈妈说，嘉嘉现在能自己独立走路了，可发现她老是横着走，从没有直接向前走，这可怎么办啊？

在刚刚会走的时候，有的幼儿会横着向两边走，这种现象也属正常，家长们不必太担心。因为，幼儿横着走可以借助旁边的物体保持身体的稳定。

此时，幼儿刚刚会走路，内心会有一定的恐惧感。另外，幼儿还不能很好地控制自己的身体，因此他们愿意横着走。不管幼儿是向后倒着走还是横着走，都不能说明幼儿发育有问题。

如果家长想改变幼儿横着走的习惯，可以让幼儿推着小车，这样幼儿手里有了扶助物就能大胆地向前走了。还可以这样做，妈妈在幼儿的前面，用能吸引幼儿的东西，引导幼儿向前走。如果家长有意不训练幼儿向前走，幼儿也不会一直横着走下去的，等他自己走稳后，内心不再对独自行走感到恐惧时，自然就不会横着走了。

● 幼儿咬指甲怎么办

幼儿咬指甲的现象是比较少见的。一般来说，吸吮手指的幼儿可能会转成咬指甲，这种情况多发生在幼儿乳牙萌出时。对此，家长没有任何干预地让幼儿咬下去是不对的，因为，咬指甲不仅不卫生，还容易使幼儿养成咬指甲的癖好。父母应怎样对待咬指甲的幼儿呢？

1.不能采取强硬的措施，这样会使幼儿的自尊心受到严重的伤害。

★ 床对于婴儿的成长有很大的影响。

2.转移幼儿的注意力。当发现幼儿咬指甲时，父母可以递给幼儿喜欢的玩具，用玩具来占据幼儿的手。

3.在向幼儿表示不能咬指甲的同时，和幼儿做亲子游戏。

父母和看护人要把和幼儿玩当做重要任务，不要因为这个时期的幼儿能走路了，就把精力过多地用在收拾卫生、做辅食上，而老是让幼儿自己玩。这样很容易导致幼儿养成一些不好的习惯。

● 宝宝最近夜啼是怎么回事

案例 一帆小的时候，在夜里倒没有怎么哭闹，现在都这么大了，不知什么原因连续几天半夜里总会哭闹一两阵，弄得爸爸妈妈都休息不好。但是，爸爸妈妈更担心一帆是不是有什么问题，该怎么办呢？

小儿夜啼俗称闹夜，是睡眠障碍的一种表现，幼儿在几个月时多有这种表现。也有的1岁多了还会出现这种情况。

引起小儿夜啼的原因很多，各年龄阶段有其不同的原因和特点。面对幼儿的夜啼，爸爸妈妈不必太担心，这不是什么大病，只要找到了幼儿夜啼的原因，再有针对性解决，一般都会很有效的。

对于1岁多的幼儿而言，产生夜啼大多有以下几种情况：

✿ 孤独而产生焦躁感

半岁至1岁半的幼儿由于孤独而产生焦虑时，外在的表现可能就是夜啼。这样的幼儿大多性格内向、胆小、惧怕陌生人，在夜间醒来时，会因孤独而焦虑不安，大声哭闹。

针对这种原因导致的夜啼，父母可以这样做：

在幼儿身旁，不间断地小声说一些安慰幼儿的话，好让幼儿放心。比如："宝贝不怕，妈妈在这儿陪着你呢！"

每天要减短安慰的时间，逐渐地过渡到停止安慰。

在白天，要多鼓励幼儿与他人交流，与其他幼儿一起玩耍。

✿ 受到某种刺激而哭闹

有的幼儿在夜间睡眠中会突然发生剧烈哭闹，哭闹时还伴有四肢乱动，身体打挺儿，大汗淋漓。导致幼儿这种哭闹的原因很多，大多有以下几种：

睡前活动剧烈，过度兴奋。

白天看到了可怕的电视画面，或在现实生活中见到了令幼儿害怕的场景，入睡后就会因噩梦而惊醒，哭闹不止。

被他人恐吓、打骂。虽然这种可能性不大，但被年轻保姆带的幼儿不能排除这种可能性。

如果是由于以上原因致使幼儿夜啼，父母可以从以下几点来努力改变幼儿夜啼：

不要让幼儿看惊险的电视节目。

平日里不要给幼儿讲可怕的故事。

不要为了哄幼儿睡觉，就吓唬幼儿说："快睡觉吧，要不然大狗熊就来吃你了。"等类似的话。

在幼儿睡觉前不要和他剧烈玩耍，避免幼儿神经过度兴奋。

✿ 腹部不舒服而哭闹

有时候幼儿晚餐进食太多，或进食了不易消

化的食物，幼儿在入睡后就会出现腹胀、腹痛，并因此而哭闹不止。不过这种原因引起的哭闹一般都是偶尔一次，不会呈现连续性的夜啼。

幼儿夜啼及时找出原因

童大夫提醒

　　幼儿夜啼，还有可能是某种疾病所致，如缺铁性贫血、铅中毒、肠套叠等。疾病性的哭闹的原因比较复杂，父母需要带幼儿看医生，应该及时找出原因，并加以治疗。

本阶段育儿焦点话题

● 为幼儿选择合适的鞋、袜

　　这个阶段的幼儿多数处于学走路的阶段，鞋、袜的选择对幼儿来说至关重要。然而多数父母把鞋、袜等同于服装，忽视了鞋、袜的特殊要求。幼儿的脚骨大多都是正在钙化的软骨，骨组织的弹性大，容易变形，再加上脚的表皮角化层薄，肌肉间质的水分多，很容易受到损伤而感染。幼儿的脚非常柔软，且发育速度快，如果足趾弯曲或受挤压，很容易发生畸形。另外，幼儿的足弓正处于发育期，好的鞋、袜能保护足弓，缓冲在走路时由地面产生的大部分震荡，不仅保护足踝、膝、腰、脊椎，还能保护脑部不受震动的损伤。因此，父母一定要为幼儿选择合适的鞋、袜。

对鞋的选择

　　人共有206块骨骼，仅脚就占了52块，脚上还有66个关节、40条肌肉和200多条韧带。另外，人类是唯一有足弓的动物，它能有效保护大脑、脊椎和胸腔、腹腔的脏器，因此，脚部疾患不仅仅影响支撑体重、行走和运动，而且会对脑、脊椎、循环系统、消化系统等发育产生很重要的影响。1周岁的幼儿的骨骼、关节、韧带以及肌肉正处于生长发育期，父母该怎样为幼儿选择合适的鞋，让幼儿拥有一双健康的脚呢？

注意鞋的质地和面料

　　幼儿鞋的质地和面料的选择非常的重要，一定要注意柔软适度。如果鞋底太硬，对于增强儿童足弓的弹力不利，且容易引起幼儿平足症。同样，鞋面太硬的话也不适合，幼儿的脚趾易受到压迫，对脚的成长极其不利。

　　那么，给幼儿选鞋是不是越柔软越好呢？答案是否定的。鞋太软的话，就起不到定脚形的作用，此外脚在太柔软的鞋中得不到支撑，容易引起踝关节及韧带的损伤。因此，给幼儿选鞋不能太硬也不能太软，软硬一定要适度。布面、布底制成的童鞋既舒适，透气性又好，是幼儿的最佳选择；软牛皮、软羊皮制作的童鞋，鞋底一般是柔软有弹性的牛筋底，不仅舒适，而且安全，这种鞋也是不错的选择。

注意鞋的大小

幼儿的脚长得很快，为此有的家长在给幼儿买鞋时就特意买大尺码的鞋，目的是让幼儿穿得时间长一些。其实，这是一种错误的做法。因为幼儿的小脚在大鞋中得不到相应的固定，不仅容易引起足内翻或足外翻的畸形发育，还会影响幼儿以后走路时的正确姿势。还有的家长觉得鞋子虽然小了点，但是还很好，所以就让幼儿将就着再穿一段时间。这是非常不可取的，会对幼儿脚部肌肉与韧带的生长发育非常不利，还会使幼儿的脚趾受挤压，发生畸形。所以，幼儿的鞋一定要大小合适，一般而言鞋子应比足趾长出1.25厘米。由于幼儿的脚生长速度很快，所以3~4个月就要给幼儿换一双新鞋。

注意鞋的样式

幼儿的脚除了脚背宽度、厚度不尽相同之外，就连5个脚趾排列的情况都不一样，因此父母在选择鞋时，最好选择圆形或宽头的鞋头，因为这样的鞋的前方能给幼儿留下足够的脚趾灵活活动的空间，不会束缚幼儿的脚，以免脚趾在鞋中相互挤影响生长发育。父母在给幼儿选择鞋子时，还要注意尽量选购带有搭扣的，不要选购系鞋带样式的，不仅穿脱方便，还可以避免因鞋带脱落，幼儿踩上去而摔倒。

对袜子的选择

幼儿的双脚大多较易出汗，父母在为幼儿选购袜子时，一定要选择透气性好、吸湿性强的全棉织品。不要给幼儿穿尼龙袜，因为尼龙袜不透气，极易使幼儿患上脚癣。袜子的尺寸也要合适，过大不跟脚，小了会影响脚的发育。必须以宽松舒适为宜，要让幼儿的袜子既好穿又好脱。最好选择无骨缝的袜子，因为这种袜子幼儿穿起来更舒服。

★ 幼儿的袜子除了选择质地和大小外，还要注意根据季节进行选择。

1岁零2个月~1岁零3个月

1周岁以上的幼儿虽然不像1周岁内那样变化得很快，但是依然会在每个时段都带给家人惊喜和烦恼。这个阶段的幼儿还会假装哭泣以赢得大人的注意，父母在关注幼儿衣食住行的同时，更要关注幼儿的心理健康，因为幼儿的心智是随着年龄逐渐成熟的，他的需要也会变得越来越多，越来越丰富。

养护要点

● 杜绝幼儿的不良习惯

幼儿大了，个性明显了，开始有了自己的主见，想按自己的意思做事。这个时期，可能会让幼儿养成某种不良习惯，如用哭要挟父母，以达到自己的目的；吸吮手指；恋自己的小毛巾被，不蹭着它就不睡觉；要大人追着喂饭，边玩边吃饭；含着奶头睡觉等。不良习惯都是一点一点养成的，父母一旦发现自己的孩子有不良习惯的倾向，就要帮助幼儿克服掉，不要使其发展为不良习惯。如果父母对此置之不理，那么一旦成为习惯，就很难再改掉。

另外，在日常生活中，父母要以身作则，首先自己要有很好的习惯，这样，幼儿在潜移默化中也会形成良好的生活习惯。同样，父母如果存在不良的习惯，幼儿肯定是会第一个模仿的。

● 幼儿餐具的选择

我们成年人大多一日三餐，幼儿却一日多餐，因此，餐具对幼儿而言显得尤为重要。可有些妈妈们对餐具的选择一无所知，在这里，简单介绍一下应如何为幼儿选择餐具。

❀ 仿瓷餐具

仿瓷餐具一般质地柔和，光滑又轻薄，不怕摔不变形，保温性能也很好，不管是妈妈还是幼儿用这种餐具盛饭都不会感到烫手。可以说，仿瓷餐具比较实用。

但是，仿瓷餐具的质量却很难保证。这是因为，仿瓷餐具制作比较复杂，很多企业会在制作过程中掺假，用有毒的脲醛类的模塑粉代替正常的树脂原料，导致大量三聚氰胺分解出来。因此，妈妈在购买仿瓷餐具时，一定要注意以下几点：

1.正规仿瓷餐具的底部都有企业详细信息及生产许可证QS标志和编号。

2.注意看看产品是否上色均匀，是否有变形，表面是否光滑。

3.买回家以后，可以对此餐具做个试验：用开水煮半小时，晾半小时后再煮半小时，这样反复4次，餐具上若有发白的地方或出现黑点，则说明是质量不过关的次品。

✿ 塑料餐具

塑料餐具的样子一般都很好看，能吸引幼儿，让幼儿更爱吃饭，并且塑料餐具还防摔。但是，塑料餐具容易附着油垢，比较难清洗，用一段时间，摩擦后容易起边和棱角，会给幼儿带来不安全的隐患。

妈妈为幼儿选购塑料餐具时，要注意这几点：

1.最好选择无色透明或素色的。

2.如果想吸引幼儿注意，那么餐具外面可以带花，但是一定不要选购餐具内侧带花的。因为，图案里会含有有害物质，长期使用会危害幼儿的健康。

3.千万不要为幼儿购买有气味的塑料餐具。

4.不要用塑料餐具来盛放需要保温和太油的食物。

✿ 不锈钢餐具

不锈钢餐具好擦洗，不容易滋生细菌，化学元素少。但是，这种餐具容易烫手，重金属含量不合格的话会危害健康。不能长时间盛放有菜汤的菜，因为菜汤中常含有酸性物质，会把不合格

的不锈钢餐具中的镍和铬溶解出来，这些重金属被幼儿吃到肚子里，会影响大脑和心脏健康。因此，不锈钢的餐具适合用来喝水。

✿ 搪瓷餐具

搪瓷餐具一般保温好，有害物质含量少，这种餐具最适合幼儿使用。但因为这种餐具制作成本高，工艺繁琐，因此很少见到了。妈妈在给幼儿使用这种餐具时，要注意不能用得太久，一段时间必须更换，以防止掉瓷误食。也要注意不要买内壁有花纹的。

✿ 木质餐具

木质餐具不但保温好，还更天然，质地也更细腻柔和，不容易伤到幼儿。但是这种餐具不好清洗，容易滋生细菌，并且上面装饰漆的毒性很大。因此，妈妈在给幼儿购买木质餐具时，最好不要买表面比较光亮或者有油漆的，因为多数油漆装饰的餐具含铅，长期使用对幼儿健康不利，最好使用天然制造的。

● 训练幼儿大小便

从现在开始可以训练幼儿大小便了，但不能指望很快就见效。1岁半以后的幼儿会主动蹲下来小便，晚上醒来能叫嚷着尿尿，就已经很不错了。2周岁以后，幼儿会告诉你想排大便，不再拉裤子，这就说明训练是成功的。

父母现在要有意识地开始告诉幼儿怎样大小便，如果幼儿让妈妈把尿，也喜欢坐便盆，就这样训练下去；如果幼儿反对妈妈这样做，就不要强求幼儿，过一段再说。训练大小便不能着急，欲速则不达。尤其在晚上把尿时，幼儿会哭闹，影响了幼儿的睡眠，就暂且停一停。

● **帮助幼儿锻炼动手能力**

此时，幼儿的小手更灵活了，也更有把握了。最明显的就是幼儿对于自己使用餐具吃饭的积极性一天比一天高了。父母应该利用这一有利的时机，帮助幼儿学习自己动手的能力，如在幼儿想要自己拿餐具的时候，赞扬他的行为，并且愉快地教给他动作要领，不要担心饭菜会被幼儿弄得满桌甚至满地。如果不让幼儿锻炼，他永远都不可能学会拿勺、筷子吃饭。所以，越早锻炼越好，要相信幼儿有着巨大的学习潜能。只要放手让幼儿学，他的表现会超出父母的想象。

新妈妈的育儿困惑

● **宝宝睡后为什么老出汗**

案例

果果的妈妈说，果果现在都1岁多了，睡觉时还是老爱出汗，不管热天还是冷天，每次睡醒后枕头上都会湿一大片。这是怎么回事？果果的妈妈很担心。

幼儿的生长发育比较快，新陈代谢也很旺盛，因此，产热比较多，而且年幼的幼儿的皮肤内含水量较大，微血管分布较多，所以，睡着后容易出汗。另外，幼儿时期的中枢神经系统发育不健全，调节能力比较差，在刚刚入睡或者将要睡醒时，交感神经会出现一时性的兴奋状态，在这种情况下，幼儿也会出汗。

果果妈妈需要注意的是，果果在睡着之后除出汗多外，是否还伴有其他异常表现，如烦躁不安、睡后惊跳、睡眠不安等，或伴有消瘦、低热、咳嗽等症状，如果有这些症状就应及早去医院诊治；如果没有这些症状，那就不用担心，等幼儿稍大些后，这种情况就会慢慢消失的。

● **左撇子一定要纠正吗**

随着幼儿手指精细动作能力与灵活度的不断加强，有些父母会发现幼儿做什么都喜欢用左手，比如，左手拿笔，左手拿饭勺等。父母很担心幼儿长大后成为左撇子，总是随时纠正。

其实，在这个年龄段，父母最好还是任由幼儿的喜好为主，如果父母经常不断地提醒幼儿要使用右手，甚至把东西从幼儿的左手中夺取放到幼儿的右手里，这样会减少幼儿挑战新事物的兴趣，不利于幼儿身心健康的发展。况且，现代社会不强求人们一定要用右手，因此无论是习惯左手还是右手都不是重要的，重要的是幼儿自由健康快乐地成长和生活。

如果父母们实在不愿意自己的幼儿长大后是左撇子，可在幼儿稍大些，开始对写字产生兴趣时，有意识地诱导幼儿用右手写字。

本阶段育儿焦点话题

● **宝宝的走路姿势有问题吗**

这个阶段的幼儿多数都能走路了，这肯定让父母们非常高兴。不过，父母们还要留意观察幼儿的走路姿势，看看幼儿的走路姿势是否正确。

最常见的错误走路姿势
走路跌撞不稳

幼儿刚刚会走路时，跌跌撞撞是很正常的现象。从幼儿9~10个月学走路开始，需要3~6个月的时间，他才能很好地控制脚步。这几个月时间是学习过程，如果不跌跌撞撞就不能很好地掌握走路技巧。这个时期的幼儿很容易摔跤，他会下意识地保持自身的平衡，所以表现出跌跌撞撞。

如果幼儿在1岁半后，走路还是跌跌撞撞，那么就该及时求医，查找原因了。

踮着脚尖走路

刚刚学会走路的幼儿可能用脚尖踮着走，这是很正常的。随着幼儿的发育和练习，慢慢就纠正过来了，父母不必着急。

如果幼儿能够独自平稳走路了，还是用脚尖走路的话，父母就要提高警惕，很可能意味着幼儿的神经系统出了问题。

走路时双腿呈内八字形

有相当一部分幼儿走路的时候，两脚朝内，看起来像螃蟹的两只钳子。刚开始走路的幼儿为了维持身体平衡，出现内八字现象是很正常的，也比较普遍。当幼儿走路比较稳当和熟练以后，他的大腿和小腿肌肉更结实了，这种走路姿势就会改变。

但也有特殊的情况，就是幼儿已经走稳了，还是喜欢以内八字的方式走，这时父母就要及时给予纠正，以免幼儿日后形成这样的走路习惯。

走路时双腿呈现O形

有的幼儿走路时，喜欢两腿叉开，酷似一对括号，也就是我们通常所说的O形腿。这种走路姿势如果在幼儿自己独立行走之前出现，父母不必担忧。因为幼儿在学走路之前，屈肌张力较高，直到幼儿真正会走路时，肌肉才会放松，所以在学走路之前出现O形腿属于生理性弯曲，是正常反应。还有的幼儿开始走路时，右腿成"罗圈腿"，左腿好像拖拉着，像个"小拐子"，这也是正常的。

如果幼儿已经会走路了，两腿仍喜欢叉开，就很可能是由疾病造成的，父母则需要带幼儿到医院诊断。

走路时双腿呈现X形

幼儿走路时喜欢夹着腿，双腿因而呈现X形。一般这种走路姿势是缺少肌肉负重锻炼造成的，父母只要对幼儿进行一点锻炼，就能把这种不雅的走路姿势纠正过来。

如果这种姿势很明显，甚至幼儿走路时还经常摔倒，父母就需要带幼儿到医院检查，通过接受幼儿保健科或者矫形外科医生的治疗，来纠正走路姿势了。

幼儿走路姿势异常的原因
幼儿学走路过早

一般情况下，幼儿在9~10个月就开始学走路，这符合幼儿生长发育的特点。然而有些年轻

★ 让幼儿多和同龄朋友接触。

的爸爸妈妈觉得自己的幼儿身体状况好，急于求成地想让幼儿学会走路，便在幼儿6~7个月时就让幼儿坐学步车。这种做法是错误的，因为这个时期的幼儿骨骼没有完全发育好，还不能承受自身的重量，这样做很容易导致幼儿下肢骨骼发育不良，形成O形腿、X形腿等现象。

先天性疾病

很多先天性疾病也会影响幼儿走路的姿势，先天性髋关节脱位和先天性马蹄内翻足是比较常见的两种先天性畸形。

软骨病

软骨病也就是我们所说的佝偻病，是婴幼儿常见的营养缺乏病，尤其是1岁以内的婴儿更为多见，主要由于缺乏维生素D，引起全身钙、磷代谢失常和以骨骼改变为主的一系列变化。严重者可以导致骨骼畸形，影响幼儿的正常生长发育。很多幼儿不会用正确的姿势走路都是受佝偻病的影响。

神经肌肉疾病

神经肌肉的疾病也能导致幼儿错误的走路姿势，如肌营养不良、脑瘫等。

如果发现幼儿的走路姿势异常，父母一定要注意，这种异常是暂时的现象，还是确实存在问题。如果是存在问题，就要及时发现及时治疗，以免影响了幼儿的终身。

1岁零3个月~1岁零4个月

这个阶段，幼儿已经能按照大人的指令做一些简单的动作，幼儿的体能发育也提高了。随着幼儿活动能力的增强，父母更要注意幼儿的安全，防止幼儿发生摔倒碰伤等意外伤害。

养护要点

● 不能放松对幼儿安全的警惕

有的父母可能觉得幼儿已经会走路了，便对幼儿的保护有所降低。其实，对于较小的幼儿而言，即便是会走路了，摔倒也是常有的事，因此要注意避免幼儿外伤，尤其是膝关节，一定要保护好。因为，膝关节的损伤有时是很难恢复的，还可能会留下永久的伤残。在夏季，最好要幼儿穿上半长裤子，以保护膝盖。

另外，到了这个月，幼儿的肢体运动能力逐渐增强，会借助小凳子、桌子、沙发等物体往高处爬。如果家里的花盆足够大，幼儿还会扶着花树，站在大花盆的土上，和花树比高低。

会走的幼儿，妈妈已经看不过来了，一不留神，幼儿就会做出让妈妈措手不及的事情来。幼儿什么时候把茶几上的水杯里的水弄洒了？什么时候打开过衣橱？什么时候动了热水瓶？又是什么时候把笤帚拿出来了？妈妈几乎猜不出，也预料不到。因此，对已经会走路的幼儿，妈妈千万不能放松对危险的警惕。

● 让色彩感染幼儿的情绪

色彩是对人视觉影响最大的因素。它作为一种外在刺激，通过人的视觉产生不同感受，给人以某种精神感受。可以说，不适宜的色彩如同噪音一样，使人感到心烦意乱，而和谐悦目的色彩则给人以美的享受。

许多研究证明，颜色对幼儿的智力是有影响的，因为不同的色彩通过影响幼儿的视觉来影响幼儿的智商、情商和性格。长时间接触黑白色会对幼儿的性格产生不良影响。因此，父母要有意识地对幼儿进行色彩感知的训练。

心理学家研究发现——婴幼儿一般比较喜欢黄色、橙色、浅蓝、浅绿等较为明快的颜色。在这种色彩环境中成长的幼儿，往往智商较高。反之，当婴幼儿长期处于一些较为暗淡，使人感到忧郁、沉闷，甚至产生压抑、恐惧等不良感觉的黑色、茶色等色彩环境时，其智商则相对较低，而且创造力、自信心等方面均不如前者。根据这个道理，我们在家庭环境的布置方面，应充分考虑色彩效应，使我们的幼儿拥有一个欢快、明朗的色彩环境。

● 防止居室内的光污染

追赶时髦的年轻父母，都喜欢在新居装上豪华气派的各类灯饰。可是过于耀眼的灯光，对孩子的眼睛和健康却是不利的，被人们称为"光污染"。因为，刺眼炫目的灯光不仅会危害人的视觉功能，还会干扰大脑神经的功能。孩子对光的刺激格外敏感，受到光的刺激时大脑会产生一系列不良反应。

特别值得注意的是一些年轻父母，为了夜间方便，在孩子卧室装上长明灯，让孩子"亮睡"，这可会招致一系列问题，比如干扰幼儿睡眠，妨碍钙质吸收，诱发近视甚至白血病等疾患。

任何人工光源都会产生一种微妙的光压力。这种光压力的长期存在，会使人尤其是幼儿表现得躁动不安、情绪不宁，以致难以入眠。同时，让幼儿久在灯光下睡觉，进而影响中枢神经系统，致使他们的睡眠时间缩短，睡眠深度变浅且易于惊醒。

此外，幼儿久在灯光下睡眠，还会影响视力的正常发育。我们知道，熄灯睡眠的好处，在于使眼睛和睫状肌获得充分的休息。长期在灯光下睡觉，光线对眼睛的刺激会持续不断，眼睛和睫状肌便不能得到充分的休息。这对于幼儿来说，极易造成视力的损害，影响其视力的正常发育。

为了防止光亮对宝宝造成伤害，家长应注意以下防范对策：

1.室内照明不要一味追求豪华，应以简朴为佳。

2.孩子睡觉莫开灯，避免"亮睡"。

3.不让孩子长时间观看画面闪烁、变化迅速的电视节目，接触电脑和电子游戏机要限时，以免损害视力或诱发光敏性癫痫。

★ 多给宝宝购买色彩明快的物品，有利于其良好性格的形成。

新妈妈的育儿困惑

● 该不该打水痘预防针呢

幼儿出水痘会很难受的，不仅奇痒难耐，还不能见风（也就是不能出门），不可以洗澡，不能抓挠，还有的发烧，会给幼儿带来很多的不便。随着医疗条件的发展和技术提高，现在已有水痘预防针了。可有的老人认为，出水痘是出毒气，不用打预防针，并且很多年轻的父母在小的时候也都出过水痘，再加上听从老人的这种说法，有的父母认为水痘并不可怕，就不给幼儿注射水痘预防针。

事实上，这种说法是不科学的，我们应该正确认识水痘。水痘是由水痘–带状疱疹病毒引起的常见的急性传染病。水痘一年四季都可发病，其中以冬春季为多。水痘的平均潜伏期14～21天，多为15～17天。水痘传染性极强，病人是唯一的传染源，主要通过唾液飞沫传染，亦可因接触水痘病毒污染的衣服、玩具、用具等而得病。患者以幼儿多见，在集体中生活的幼儿也为易感人群，早教中心、托儿所、幼儿园、学校等容易发生局部暴发流行。

综合各种因素，还是应该给幼儿注射水痘预防针。因为，易感者接触病人后约90％会传染发病，病初症状较轻，可出现微热，全身不适。发热的同时或1～2天后，躯干皮肤黏膜分批出现和迅速发展为斑疹丘疹、疱疹与结痂。此外，水痘病毒可波及多脏器，还可并发皮肤感染、肺炎、脑炎等。因此，注射水痘预防针还是有必要的。

● 老吓唬幼儿好不好

童童的妈妈说，她和童童的爸爸都要上班，童童就由奶奶带着。童童随着月龄的增大，越来越顽皮了，奶奶就总是吓唬童童，动不动就斥责童童。童童的妈妈觉得奶奶这样做不太好。

这种吓唬和斥责虽然只是对幼儿语言和表情上的惩罚，却会对幼儿产生很大的心理影响，是导致幼儿自闭症和孤独症的隐患。

顽皮是幼儿的天性，面对顽皮的幼儿，家长可以跟他讲道理，或用温和的态度告诉他这样做的后果，切不可吓唬或大声地斥责幼儿。给幼儿创造一个宽松和谐的成长气氛，是每一个家长的职责。

● 为何不能用纱巾蒙住幼儿的脸

前几天，我带着孩子到医院体检，由于空气不好，就给他包了一个纱巾，将鼻子和眼睛全蒙上了，可是没想到医生居然说这是不可取的，为什么呢？

在我国北方，春秋之季多风沙，我们常常见到年轻的父母抱着幼儿外出时，喜欢把纱巾蒙在幼儿的脸上，认为这样既可防风沙，又保暖，并且还美观漂亮。其实，这样做对幼儿是有百害而无一利的。

首先，尽管纱巾很薄，但织造很密，透气性能很差，如果长时间地把它蒙在幼儿的脸上，幼儿的脑部就形成一个供氧不足和二氧化碳滞留的内在环境，给幼儿脑组织的新陈代谢和身体发育带来不利的影响。因为，在人体各器官中，脑组织对氧较敏感，对幼儿来说尤其是这样。一般成年人脑组织的耗氧量占全身耗氧量的20%左右，而幼儿却要占到50%以上。

其次，由于纱巾一般由化纤或尼龙制造，蒙在幼儿的脸上，会给幼儿脸部娇嫩的皮肤带来刺激，引起面部瘙痒和红肿等过敏反应。

所以，年轻的父母外出时，一定不要把纱巾蒙在幼儿的脸上。如果想减少风沙对幼儿脸部皮肤的伤害，可以选用透气性良好的棉布口罩，但千万不能蒙太长时间。

本阶段育儿焦点话题

● 有意识地培养幼儿午睡

随着一天天地长大，宝宝很可能白天只睡一次觉了，有的宝宝精力很旺盛，白天只顾着玩，不肯睡觉休息。事实上，宝宝经过上午一系列的活动已经疲劳了，睡午觉很有必要，可以使身心得到适当的休息，以饱满的精力投入下午的活动。否则，宝宝就有可能感到精神疲倦，烦躁不安，吃饭不香，对宝宝的健康成长是很不利的。

宝宝不爱睡午觉的原因

一般来说，有以下几点原因：

1.从小没有养成良好的睡眠习惯。良好的睡眠习惯是按照规定的睡眠时间、睡眠环境以及成长的正常态度和方法，经过多次反复形成条件反射的结果。如果这些条件经常变化，幼儿的午睡习惯就难以形成。因此，一定让幼儿形成固定的睡眠习惯。

2.用不正确的方法强制幼儿入睡。有的爸爸妈妈自己想午休，就用一些不正确的方法强制幼儿入睡。比如，用"狼来了，熊来了"等违反教育原则的恐吓方法，把幼儿吓得不敢动，最后带着一种可怕的形象和感觉进入梦乡，这样很容易使幼儿对睡眠产生恐惧感和孤独感。还有的父母用惩罚的办法，幼儿午睡没睡着，就不让幼儿起床，造成幼儿睡眠时精神紧张，越紧张越睡不着，这样做更加强化了幼儿对睡眠的反感。这些不正确的强制幼儿入睡的方法，渐渐地会使幼儿不肯午睡。

3.睡前使幼儿过于兴奋。睡觉前幼儿若听了兴奋的故事，或有过于兴奋的活动，都不易入睡。

4.睡眠的环境不够安静，也会影响幼儿的午睡。另外，卧室温度过高或过低，空气不清新，也是影响幼儿入睡的因素。

如何培养幼儿午睡

使幼儿拥有良好的午睡习惯，父母应注意以下几点：

生活有规律

家长应当给幼儿规定好一天的作息时间，使幼儿吃饭、睡觉、活动都有一定的规律，这是培养幼儿良好生活习惯的重要条件。父母要严格按照规定来安排幼儿的事宜，经过一段时间后，吃饭、睡觉、活动就会形成条件反射。这样坚持下去，到午睡的时间，幼儿就会产生睡意，并慢慢养成自动入睡的习惯。

轻轻督促法

正确的方法有利于幼儿午睡习惯的形成，千万不可采取恐吓或惩罚的方法，这种方法不仅不能很好地使幼儿午睡，还会导致幼儿对午睡的反感。到午睡的时间，爸爸妈妈可以提醒幼儿说，"该午睡了，睡醒再玩"，使幼儿形成一种概念，即午睡和吃饭一样，是一天生活中不可缺少的内容之一。并且在幼儿做得好时，爸爸妈妈还要及时鼓励幼儿，以增进幼儿对午睡的兴趣。

环境助眠法

新鲜清爽的空气，感觉舒适的室内温度，周围安静的氛围，这些良好的睡眠环境是幼儿很快入睡的重要条件，同时，这些环境还会让幼儿喜欢午睡。

虽然午睡可以让幼儿以饱满的精神状态投入到下午的活动中，但午睡的时间不要过长，以免影响幼儿晚间的睡眠。一般1~3岁的幼儿，白天睡2小时左右为宜，夜间睡10~11小时，每天共睡13小时就足够了。

宝宝的睡眠习惯

充足的睡眠很重要，但是习惯的养成是有一定的过程的，其间有的孩子可能会很不情愿改变原有的习惯，父母一定要有耐心。另外，即使偶尔白天不睡觉也不必担心，不会影响孩子的健康！

童大夫提醒

1岁零4个月~1岁零5个月

探索欲望强的幼儿每天会不停地四处走动，还会到处摸摸、翻翻，甚至尝尝。所以父母必须变得非常谨慎，防止幼儿因自身或者外界而受到伤害。

养护要点

● 注重幼儿的异常情况，巧妙识别疾病的苗头

生病是不可避免的，但任何疾病都是有征兆的，如果父母平常对幼儿细心一点，能做到对疾病早发现、早治疗，幼儿就会少一点病痛，父母也不会为此而烦恼了。

在一些疾病的早期阶段，幼儿的身体会有相应的变化。如果幼儿有了疾病的苗头，爸爸妈妈就要带着幼儿早就医。

❧ 幼儿体重异常

较长时期内，幼儿的体重增加不明显或几乎不增加，本来胖乎乎的小脸慢慢地消瘦下来，躯体和四肢的皮下脂肪变薄了，甚至有点皮包骨头的感觉。遇到这种情况，父母就要留意观察幼儿的食量和消化吸收能力与以前相比如何，如果幼儿的食量减小了，消化吸收能力降低了，父母就要注意改善幼儿的饮食，也可到医院给幼儿查看消化系统是否出现问题。

❧ 幼儿身高异常

如果在较长时期内，幼儿增高不明显或个头几乎不增长，这种情况常见于生病之后，或有明显挑食或偏食的幼儿，也与不良生活方式有关，如经常睡觉很晚。

❧ 幼儿面色异常

幼儿面色苍白或萎黄，或有较严重的皮肤损害，如皮肤粗糙，色素沉着，皮下有出血点，出现"乌青块"。在排除皮肤病等疾病的情况下，出现这些症状可能与某些微量元素的缺乏有关，如铁、锌或维生素C、维生素B_1的缺乏，也可能与食物过敏有关。

❧ 幼儿头发异常

1岁左右的幼儿，还有的出现头发稀少无光泽、枯黄易断裂，或枕部脱发等情况，很可能与营养不良、某些微量元素缺乏有关，也可能与中医讲的气血虚弱等因素有关。

❧ 幼儿眼睛异常

如果幼儿经常性地眨眼，常有眼屎，除了患有结膜炎之外，很可能与幼儿不爱吃蔬菜，尤其不爱吃绿色蔬菜和胡萝卜等导致缺乏维生素有关。出现这种异常，要让幼儿多喝水，多吃绿色蔬菜。

❧ 幼儿出牙异常

通常情况下，幼儿1岁时，4颗乳牙应该出齐，到了两岁半左右，乳牙能达到20颗。如果幼

儿出牙迟，1岁时4颗乳牙出不齐，很可能与维生素D、钙或蛋白质缺乏有关，也可能与中医讲的先天不足、先天肾虚有关。但这种情况也不是绝对的，有的幼儿就是出牙晚。

❀ 幼儿精神异常

幼儿表情淡漠，不愿说话，不喜欢活动；或烦躁不安，或时时哭吵；睡眠时头部多汗，睡眠不踏实，易醒，经常翻来翻去，有时还会惊跳或突然啼哭。这些情况可能与营养不良，缺乏某些维生素或微量元素有关，也可能与某些疾病有关。

● 选择室内花草要谨慎

我们都知道卧室内的空气清新是非常重要的，有些父母因而在幼儿的卧室内摆放些花草。然而幼儿对花草特别是花粉过敏的比例往往高于成人，很多花草的茎、叶、花粉等都能诱发幼儿的过敏反应，皮肤出现红斑、脱皮等现象。因此，父母在为幼儿选择摆放在卧室的花草时一定要谨慎。

此外，幼儿1岁以后，大多开始学习行走，但由于幼儿平衡能力还未发育成熟，走路易摔倒，一旦摔在仙人掌等长尖刺的花草上，幼儿会受到伤害。

● 给幼儿购置适合的图画书

到了这个时期，幼儿的认知能力已经非常强了，看到的东西已经有限，还有很多东西是我们平时不常见的。因此，父母有必要为幼儿买几本图画书，通过图画书上的图，教幼儿认识更多的事物，增加幼儿认识事物的种类。

为幼儿买书和教幼儿看书要讲究一定的技巧。

❀ 怎样挑选图画书

市场上琳琅满目的图画书，哪些是适合幼儿看的呢？其实不妨参照这样的原则，那就是简单、精致、色彩鲜艳。具体如下：

1.购买和实物一样逼真的图画书。

2.如果是画图，形象要真实，形体要准确。

3.图画书的色彩要鲜艳。

4.每张图画力求单一、清晰。不买有较多背景、看起来很乱的图画，避免幼儿眼睛疲劳、辨认困难。

5.最好不要先给幼儿买卡通、漫画类的图书。等幼儿认识了大多实物后，再为幼儿买卡通或漫画类的图书，可以引起幼儿看书的兴趣。

❀ 怎样使用图画书

图画书买回来，可不是塞给幼儿就可以了，父母还要教给幼儿怎么看。那么究竟怎样才能让幼儿看好图画书，爱看图画书呢？

1.每天只给幼儿看1~2次图画书，避免引起幼儿的反感。

2.每次只教幼儿认识一两种物品，不要太多，否则认识了很快就会忘记。

3.每次不要给幼儿看太长时间的图画书，避免幼儿眼睛疲劳。

4.要把生活中见到的实物同图画书中的图画对比让幼儿认，这样可以加深幼儿对事物的认识。

5.在教幼儿物品名称时，命名一定要准确，不要随意发挥，以避免造成幼儿的误解。

经过爸爸妈妈耐心地教、认，大多数的幼儿能在图画书上认图、认物，还有的幼儿能正确叫出事物的名称了。

新妈妈的育儿困惑

● 幼儿近1个月了体重都没增长

案例 小雨17个月了，体检时体重几乎较上个月没有增长，小雨的妈妈觉得现在的幼儿正处于学走路的阶段，体重不增长就意味着营养跟不上，这怎么行呢？

其实，这个时期的幼儿本身的生长速度会比以前明显减慢，以前1个月中体重能增长很多的现象没有了，再加上此阶段的幼儿学习步行，走动得比较多，因此体重增长慢是很正常的。

大多数的幼儿到这个时期都会出现增长缓慢的情形，包括体重和身高。所以，面对这个问题，妈妈们不要太着急。

● 男宝宝喜欢玩"小鸡鸡"怎么办

在生活中，总是有这样的现象，有人嘴里说着"来个小蛋吃"，手便做出要揪宝宝的"小鸡鸡"的样子，有的人干脆就真的去揪幼儿的"小鸡鸡"一下。这样拿男婴的"小鸡鸡"开玩笑的人很多，他们把这当做一种喜欢幼儿的方式。慢慢地，幼儿的注意力也渐渐被转到了他的"小鸡鸡"上。他还会以为父母及周围的人都对他的"小鸡鸡"很感兴趣，所以，幼儿也会学着大人的样子揪自己的"小鸡鸡"。甚至如果有的人没有想起"揪"他的"小鸡鸡"，他自己还会揪给别人看。

幼儿的尿道口黏膜薄嫩，经常用手触摸很容易引起尿道口发炎，表现为尿道口发红、肿胀、痒，排尿时引起尿道口疼痛。这种做法不但引起幼儿生理疾患，还可能对幼儿的心理健康产生不良影响。因此，父母一定要避免幼儿玩"小鸡鸡"的毛病。让幼儿忘记他有"小鸡鸡"，是避免幼儿玩"小鸡鸡"的最好办法。在日常生活中，要注意不要拿幼儿的"小鸡鸡"开玩笑，也不要助长他人这样做。另外，建议父母们尽量给男婴穿封裆裤，这样他就不能随意地摆弄自己的"小鸡鸡"了。

不要采取简单粗暴的方式

童大夫提醒 父母在帮助幼儿改掉玩"小鸡鸡"这一不良习惯的时候，千万不要采取简单粗暴的方式，以免对幼儿造成不良影响。

本阶段育儿焦点话题

● 幼儿乘车安全

很多人以为幼儿出行是很安全的。其实，对于生理机能和反射神经尚未完善的幼儿，一旦乘车途中发生意外，几乎不具备应变能力，很容易受到意外伤害。所以，一定要掌握正确的幼儿乘车安全知识，使幼儿少受伤害。

防止紧急刹车时造成磕伤

当急刹车时，幼儿颈部极易受到过大的惯性冲力而造成伤害。幼儿与成人相比，头部在身体中所占的比例大，致使颈部受力更大，加上骨骼又十分脆弱，其颈部很容易受到致命性伤害。为幼儿准备幼儿专用的安全座椅可以有效预防急刹车的危害。但不要将幼儿乘坐的安全座椅面向前放在后座上，以免刹车时座椅向前倾倒。正确的方法是，将幼儿的安全座椅平放在司机斜后方的位置上，这样才安全。

防止颠簸导致零食窒息

当幼儿乘车时间过长需进食食物时，千万不要给幼儿准备颗粒状食物。因为当车子行经不平的路段或紧急制动时，食物可能误吸入气道，引发气道梗阻窒息。

防止气囊弹出冲击伤害

很多父母带幼儿驾车外出时会把幼儿绑在副驾驶座上，觉得这样比较安全。其实，汽车前排座椅的安全气囊对成人来说是安全的保障，但对幼儿来说却非常危险。因为幼儿的肌肉和骨骼较成年人脆弱得多，气囊张开时的冲击力足以造成幼儿胸部肋骨骨折等伤情的发生。所以，幼儿乘车时最好不要坐在副驾驶座位上。

防止成人怀抱挤压伤害

多数父母都习惯抱着幼儿乘车，以为这样很安全。事实上，当汽车在50公里的时速下发生碰撞时，车内物体的重量将猛增30倍，在碰撞瞬间，大人的怀抱非但不能保护好幼儿，反倒可能对幼儿产生挤压，严重者甚至还会导致幼儿内脏出血。所以，乘车时尽量不要抱着幼儿，让幼儿自己坐在安全座椅中，妈妈只需在旁边注意看护即可。

防止空调废气中毒

冬夏季长时间开启空调会导致车内外空气不能对流，尤其是在汽车停止时，继续运转空调可使发动机排出的一氧化碳聚集于车内。幼儿神经系统发育不健全，极易发生一氧化碳中毒。如果

发现幼儿有精神不振、恶心、呕吐等症状，首先考虑到一氧化碳中毒的可能性，同时立即开窗通风，或者下车让幼儿透透气。

防止坚硬物品戳伤

乘车过程比较枯燥，很多爸爸妈妈都会在车里给幼儿准备玩具等。但是，如果幼儿手中是比较坚硬的物品，一旦汽车突然变速或紧急刹车，就极有可能戳伤幼儿。所以在车内只给幼儿提供具有缓冲力的毛绒类玩具，在帮助幼儿娱乐的同时，还能在出现突发情况后为幼儿充当第一道屏障。

防止关启门窗夹伤

车门开启时如果推不到定位，微微回弹的力很容易夹伤幼儿的手指。电动窗的简易操作更可能导致玻璃窗夹伤幼儿手指甚至头颈部。注意不要让幼儿来开门窗，对于已经夹伤的幼儿，在送医院之前立刻对伤处进行冷敷或冰敷是最好的缓解办法。

防止车门误开抛出幼儿

在急速行驶过程中，如果幼儿不小心误开了车门，很有可能被抛出车外，危险程度极高！为避免这一危险，在开车之前，一定要检查好门窗是否正常闭合；当汽车行进时，幼儿坐后排椅也要有专人看护，同时注意系好安全带，避免意外发生。

1岁零5个月～1岁零6个月

现在的他已经不满足于衣食温饱，开始显示出超强的好奇心，所以，父母要抓紧这个好时机，给幼儿提供良好的智育环境。

养护要点

● 为幼儿的安全设起一道防线

到了这个月龄的幼儿，日常的食物大多能接受了，并且大部分也都学会走路了，有的父母便会从心理上放松，觉得终于可以稍微喘喘气，休息休息了。然而，这个月龄的幼儿的安全问题还是非常重要的，父母千万不能掉以轻心，否则也会造成无法挽救的后果。因此，父母要注意以下几点：

1.衣服、玩具等用过一段时间之后，应注意纽扣、小部件等是否有可能脱落。

2.吃饭时不要和幼儿嬉闹，以免把饭菜渣误吸到器官中。

3.不要购买来路不明的劣质商品。

4.在给幼儿购物时，要仔细检查物品上的东西有无可能脱落的危险。

5.把家中的危险品放到幼儿够不到的地方，否则，幼儿很可能在大人不注意时走到某处把危险品拿到手中。

6.凡是幼儿可能达到的空间都要安全第一，大人不能有丝毫的疏忽，不要认为危险不可能发生，要时刻想到幼儿身边是否存在发生意外事故

的隐患。

● 父母关心的重点有所转移

随着幼儿的长大，对幼儿的吃、喝、拉、撒、睡的关心程度要有所降低。对于幼儿的体格发育也有不同程度的改变，不必再像以前那样几个星期就测量一次身高、体重和头围，也不必一克一克去计算幼儿的体重，一毫米一毫米去计算幼儿的身高和头围。幼儿进入这个阶段后，父母应该把更多的精力投入到幼儿的智力发育上。

● 注意幼儿的模仿能力

这个阶段的幼儿，有着很强的模仿能力。他们会留意观察身边的一切，并进行认真的模仿，所以父母一定要留意观察孩子，正确引导孩子的模仿举动。幼儿周围的人的所作所为，时刻影响着幼儿，对幼儿有着潜移默化的影响，当孩子模仿不好的举止时，父母一定要及时告诉孩子这样是不对的。另外，父母要知道自己在做某种动作时，即便不是在教身边的幼儿，他也会模仿。幼儿的模仿能力是很惊人的，大人可根据这个特点对幼儿进行简单的教育，还应该注意自己的一言一行。父母一定要给幼儿树立好的形象，不让幼儿做的，首先自己也不要做。

● 教幼儿养成良好的卫生习惯

常常会听到家长抱怨自己的孩子不让洗脸、不让洗澡洗头，为此一筹莫展。其实许多习惯都有赖于家长的培养，只要形成习惯，幼儿会主动去维持已经形成的生活秩序。那么，怎样使幼儿从一开始就爱上讲卫生呢?

❀ 尽量满足幼儿最初的愿望

1周岁后的幼儿对什么都感兴趣，也很乐于自己洗手洗脸，这时妈妈一定要尽可能满足这个要求，让他自己拿着毛巾擦拭，或带他去洗手池自己洗手，给予幼儿充分的自由体验。有时幼儿也会撒娇说:"妈妈做!"那么妈妈适时协助即可。如果幼儿自己能够将小手洗干净，家长一定要适时给予表扬。

❀ 动之以情、晓之以理

幼儿总是喜欢模仿大人的动作，每次洗手时，可以愉快地跟幼儿说，我们洗手去喽，然后大人自己先洗，这样幼儿就会感到洗手是一件非常愉快的事情，肯定会要求也要洗手的。时间长了，幼儿会主动提出洗手的要求。

很多时候，细菌往往都是通过手传播的，所以，父母必须让幼儿养成洗手的习惯。但是幼儿太小的时候，并不了解自己双手是布满灰尘、细菌的，所以每次在幼儿进食前及如厕后带他去洗手，都要告诉他这样做的原因，时间一长，饭前便后洗手就会成为幼儿的习惯。如果幼儿开始主动去洗手，一定要奖励，因为这标志着洗手的好习惯已经初步养成了。

另外，洗手和洗脸的习惯可同时培养，最初妈妈要用毛巾给幼儿擦拭，慢慢地让幼儿试着自己去擦脸。如果能够擦得很好，再教幼儿用肥皂洗脸。幼儿可能会将洗手间周围弄得到处都是肥皂泡和水，这时妈妈不要去骂幼儿，而应耐心地给幼儿讲解，并多做示范。

❀ 让洗漱成为趣事

父母可以准备一个专用的小盆，每天都是在差不多固定的时间在固定的地方给他洗脸洗手，给他洗手时不妨用游戏的口吻，让他感觉洗手就是一个游戏。几乎每个幼儿都喜欢玩水，只要利用好这一点，他们肯定会主动要求洗手洗脸的。

刚开始学刷牙的时候可以先带幼儿到商店内挑选一支他喜欢的卡通人物牙刷及牙膏。而在他尝试刷牙时，尽可能将气氛弄得轻松点，例如与幼儿一起刷牙，使幼儿感觉到刷牙是一件既有趣又好玩的事。

幼儿并不需要每天都洗澡，特别在天气寒冷时，只要幼儿在上完厕所后，能保持外阴部清洁，就可以隔天，甚至隔两三天再洗澡。幼儿刚开始可能不爱洗澡，妈妈可以增加一些洗澡的乐趣，以此来吸引幼儿主动要求洗澡。

❀ 教幼儿学会使用纸巾

当幼儿想打喷嚏或咳嗽时，父母可以先教他用自己的双手遮盖口与鼻，这样便不会口沫横飞。而当看见幼儿想用袖子抹鼻涕时，可以给他一张纸巾，教他怎样抹去鼻涕。与他外出时，父母可以提醒他带纸巾，久而久之，当他想打喷嚏或咳嗽时，他就会知道怎样做了。

新妈妈的育儿困惑

● 为幼儿选择哪些玩具合适呢

幼儿自己玩的能力增强了，安静的幼儿能坐在那里玩很长时间的玩具。此时为幼儿选择合适的玩具显得尤为重要。因为，合适的玩具可以很好地开发幼儿的智力。但是，令父母感到困惑的是，到底哪些玩具适合给这时候的幼儿玩呢？

❀ 百宝箱

百宝箱是个成人看来很简单，幼儿却百玩不厌的玩具。1岁多的幼儿开始以惊人的进度认知世界，这时一个可填充不同形状、颜色、数字、字母的百宝箱，不仅在幼儿心理上满足此阶段幼儿"填充""塞入"的欲望，而且在游戏中使幼儿认知了形状、比较了大小、认识了颜色，还能帮助幼儿建立一一对应的概念。在满足幼儿填充欲过后，爸爸妈妈可以利用其零件练习幼儿对颜色的认知和分类。百宝箱是这个时期幼儿很不错的玩具。

❀ 套圈和套筒

套圈和套筒类的玩具，虽然很简单，却会令幼儿很着迷。幼儿可以从无数次手的操作中学到大与小的数学概念，锻炼观察能力、比较能力和动手能力，可以练习手的精细动作，激发对搭高、套叠的认识，并能锻炼这种技能。

❀ 小球"投篮"

当幼儿学会走路时，上肢运动重新变成了幼儿喜爱的运动。这个时候，为幼儿准备一些小球、一个小投篮，让幼儿练习投掷，既可以锻炼幼儿上肢的掌控能力，又可以锻炼幼儿的眼力，对幼儿来说其乐无穷。

❀ 积木

其实很早就可以把积木拿给幼儿玩，之前幼儿可能不会摆，会一个一个地拿出来，一个一个地放进去。但只有到幼儿1岁多的时候，幼儿才有搭高的意识，这时可以正式开始教幼儿玩积木了。

但提醒大家注意的是很多幼儿对搭高的兴趣远不如对推倒的兴趣大，这时妈妈千万不要着急。过于急切地让幼儿搭高只可能造成幼儿对搭高的反感，不要用大人的思维去固定幼儿的思维，要相信幼儿自己会发明积木的最佳玩法，比如：搭高、搭桥、推倒、排列、搭汽车和楼房等。

本阶段育儿焦点话题

● **指甲反映出的健康问题**

正常情况下，幼儿的指甲呈粉红色，外观光滑亮泽，甲半月颜色稍淡，甲郭上没有倒刺。轻轻压住指甲的末端，甲板呈白色，放开后立刻恢复粉红色。如果幼儿的指甲出现以下异状，妈妈就要注意了！

甲板呈怪异颜色

黄甲、绿甲、灰甲、黑甲等多半是真菌感染引起的。手部湿热多汗易发生真菌感染。家里有人出现真菌感染，要注意与幼儿隔离，避免交叉感染。最好去医院治疗。另外，甲板变黄，可能是因过多食用了含胡萝卜素的食物，或是遗传因素导致。

甲板形状改变

甲板出现肾状隆起，变得粗糙、高低不平，这多是由于B族维生素缺乏导致的，可在食谱中增加蛋黄、动物肝、肾、绿豆和深绿色蔬菜。

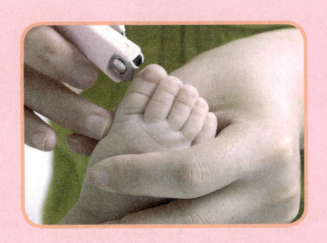

★ 平时剪手、脚指甲的时候多观察幼儿指甲的形态。

甲板出现小凹窝，质地变薄变脆或增厚粗糙，失去光泽。如果出现这样的指甲征象很有可能是疾病的早期表现，最好到正规医院检查并接受治疗。

幼儿甲板纵向破裂，可能是患了甲状腺功能低下、脑垂体前叶功能异常等疾病，应及时带幼儿去医院检查治疗。

甲板薄脆，甲尖容易撕裂分层

这多是由于指甲营养不良引起的。指甲中97%的成分是蛋白质，因此应适当给幼儿吃些鱼、虾等高蛋白的食物。另外，核桃、花生能使指甲坚固，而锌、钾、铁等矿物质的补充也很重要。

甲半月呈红色或淡红色

如甲半月呈现红色，多是心脏病的征兆；如甲半月呈现出淡红色，则多是贫血所致，可吃一些幼儿补血口服液，也可在食谱中增加富含铁的食物，如牛肉、菠菜、葡萄干等。

甲根周围长满倒刺

倒刺多是由于幼儿咬指甲或粗糙物体的摩擦造成。另外，长倒刺还可能是由于营养不均衡、缺乏维生素引起皮肤干燥造成。平时，可多给幼儿吃些水果，以补充维生素。出现倒刺时不要直接用手扯掉，可用指甲刀剪去。在干燥的季节，要给幼儿的小手涂上无刺激、含油分的护肤霜，如羊毛脂、硅霜、维生素E霜等，以减轻倒刺症状。

● **保护好男宝宝的"小鸡鸡"**

男孩的生殖器常被戏称为"小鸡鸡"，其重要性每个家长都非常明白，需要特别的关注和呵护。而不同年龄段的男孩清洁和保护"小鸡鸡"的重点是有区别的。

0～1岁，重点观察有无发育不良

从幼儿降生到3个月内，家长就要时常摸摸男宝宝的阴囊，并注意观察阴囊内是否有两个如小花生大小的睾丸。一般情况下，当胎儿在母亲子宫内第9个月时，睾丸可降至阴囊内。但也有约3%的男宝宝出生时睾丸未下降至阴囊，在出生后1～2个月才能完成。如果出生3个月后，家长仍未摸到两个睾丸，则应怀疑隐睾症。隐睾症可导致成年不育，要及早治疗，如果手术，在幼儿两岁左右时最合适。

另外，小屁屁长出痱子、湿疹等，严重时也会影响睾丸的正常发育。因此，最好在幼儿每次方便后清洗一次外阴。每周重点洗一次"小鸡鸡"。

1～3岁，留心观察小便"顺序"

这个年龄段的幼儿，小便时如果先见到包皮囊肿大，呈三角形，然后才有滴滴答答的小便，那么很可能是包皮龟头炎引起尿道口或前尿道狭窄。这种情况需要到医院检查治疗。

另外，1岁以后，幼儿的活动范围变大，在户外时，最好不要给幼儿穿开裆裤，因为这样很容易使毫无保护的"小鸡鸡"受伤。

1岁零6个月~1岁零7个月

这个阶段的幼儿已经能够独立玩耍了，但是，很多妈妈会感觉到幼儿好像越来越黏人了，这其实是正常的。因为幼儿已经具备了独立玩耍的能力，所以妈妈会在幼儿玩耍的时候做些事情。然而幼儿又不可能保证长时间不打扰妈妈，所以妈妈就感到手里的活总被幼儿打断。

养护要点

● 摔倒后让幼儿自己爬起来

这个月龄的幼儿虽然多数已经学会走路，但是在走的过程中，还是显得有些笨拙，摔倒是在所难免的。现在大部分家庭里都是一家几口人，就围着一个幼儿，一旦幼儿摔倒，家人都会争先恐后地跑过去扶幼儿或哄幼儿。这样做是非常不可取的，会使得幼儿对于困难和疼痛的感受更加敏感。

父母对待幼儿摔倒的态度，对幼儿以后的性格形成有着深刻的影响。在幼儿不小心摔倒时，家人一定要下决心，让幼儿自己努力爬起来，这样可以从小培养幼儿自己克服困难的毅力和能力，这才是对幼儿真正的疼爱。

● 给予幼儿足够的信任和鼓励

父母对幼儿的信任和鼓励，对幼儿的成长起着举足轻重的作用。妈妈一句鼓励的话、一个赞许的点头，都会在幼儿幼小的心灵里留下美好的印记，伴随着他一生的成长。幼时充分享受父母疼爱的幼儿，长大后不但懂得爱自己，更懂得爱他人。如果幼儿说话晚些，甚至比周围的幼儿差，无论是正常的生理差异，还是有医学上的问题，父母切莫逢人便讲，更不能让幼儿感觉到自己是个差幼儿，就像在学校，老师不能让一个学生感到自己是个"差等生"一样。

● 危害幼儿安全的9个坏习惯

父母的一些坏习惯很可能会危害到幼儿的安全，这些坏习惯父母一定要了解，能避免的就尽量避免，不要让这些危险发生。

❀ 不安装安全挡门器

手指被门夹住是婴幼儿常见的意外之一，在开关门时须先确认幼儿的方位，为保险起见也可安装安全挡门器。

❀ 放纵幼儿在厨房嬉戏

幼儿的好奇心很容易在厨房里得到满足。但厨房里的器具都具有一定的危险，很容易使幼儿受到伤害。所以，在没有人看护的情况下，不要让幼儿到厨房玩。

❀ 让幼儿和父母一起玩电脑游戏

电脑的辐射对幼儿的神经系统和大脑发育不

利，对幼儿的视力发育也有不良影响。和大人一起用电脑，因为角度和高度对幼儿来说都不是最佳的，所以会严重影响幼儿的颈椎等骨骼和视力的发育。因此，不能拔苗助长，让幼儿过早接触电脑。

❀ 父母晚睡，也带着幼儿晚睡

一些父母有晚睡的习惯，很晚喂奶，或者打断幼儿睡眠，这样就使幼儿也养成晚睡的习惯。晚睡可影响体质的发育、情绪、行为和认知能力。睡眠减少不仅对大脑的结构和功能有影响，而且可降低对感染的抵抗力。重要的是，幼儿体内的生长激素一般在夜间10点至凌晨2点发挥作用，如果晚睡，会影响他们的生长发育。通过观察显示，晚睡的幼儿注意力不易集中，难以管教，不与人合作，身高普遍比同龄幼儿矮小。

❀ 让幼儿自己爬楼梯

现在家庭中楼梯越来越多，一不注意，幼儿就摸爬到楼梯上，极易滚落下来。因此，最好在楼梯处装上安全栏杆，防止婴幼儿攀爬。

❀ 忽视使用安全插座

普通的插座存在着一定的安全隐患，如果幼儿把手指或物品插入插座，就有触电或短路的危险。市场上有卖安全插座和插座挡板，有幼儿的家庭可考虑更换。

❀ 经常带幼儿出远门

有父母外出旅游会带幼儿同去。在陌生的新环境里，幼儿的适应力很差，他们惯常的生活环境被人为改变，生活规律被打乱，在疲劳、饮食不当或者天气变化的情况下，幼儿生病的概率很高，比如，感冒、发热、腹泻等疾病。如果在缺医少药、医疗条件差的环境下，情况就更危险，

对幼儿健康非常不利。

❀ 带幼儿去听高分贝的摇滚音乐会

一些家长希望增强幼儿对音乐的欣赏能力，会带幼儿去听音乐会、演唱会。如果是轻音乐之类的，那一般问题不大。但如果是摇滚类的流行音乐，在分贝很高的情况下（超过70分贝），就会使幼儿的听力系统受损，不利于他们的听力系统正常发育。

❀ 带幼儿逛街

一些父母喜欢带着幼儿一起逛街。用幼儿小推车带幼儿出门很方便，但小推车的高度正好让幼儿处于汽车尾气排放最密集的区域，汽车尾气里含有铅等有害气体。如果经常长时间逛街，幼儿就像一个流动的小"吸尘器"，这无疑会伤害到幼儿的健康。

另外，在马路上、商场和大型超市里，人多嘈杂，细菌繁多，幼儿抵抗力本来就弱，很容易感染细菌，导致疾病发生。比如，幼儿容易患呼吸道感染等疾病。所以，尽量避免带幼儿逛街。

新妈妈的育儿困惑

● 可以让幼儿练瑜伽、做健身吗

> **案例**　现在许多时尚的妈妈都带着幼儿去练习亲子瑜伽，敏敏也想带着宝宝去，可是又不知道这样做究竟好不好。

一些父母认为瑜伽对幼儿骨骼的发育有帮助，促进消化的顺畅，也能让宝宝发泄多余的精力和平衡情绪。于是就给宝宝报了幼儿瑜伽班或者带着宝宝练习亲子瑜伽。而这一做法实际上是不够科学的。

因为瑜伽讲究身心合一，这对幼儿来说太深奥了。所谓的幼儿瑜伽是通过讲故事、唱歌和游戏的方式，引导幼儿进入瑜伽的世界。问题是幼儿生性活泼好动，理解能力差，他们中很少能领会其中的意思，更无从体会到这项运动的精髓。另外，如果动作不正确，时间长了还有可能导致骨骼生长错位。

● 如何对待在公共场合耍赖的幼儿

> **案例** 城城平时也算乖巧懂事，可是每次一去商场，妈妈就头疼，因为城城总是会提出一些非分的要求，如果妈妈不同意，他就开始在地上打滚，让妈妈感到很尴尬。真不知道怎样对待这样的孩子！

人们经常会在商场或者超市看到这样的一幕，孩子要求父母买喜欢的东西，父母考虑到实用以及价格问题拒绝了幼儿，于是幼儿便开始以耍赖来要挟大人。

父母大声呵斥着哭闹的幼儿，双方僵持不下。那么怎样避免这种尴尬呢？如果带幼儿到超市购物，事先应有心理准备，幼儿可能会因为父母不答应买他喜欢的东西而"耍赖"。所以尽量在出门之前和幼儿约定好需要买的东西，而不需要的东西就不能买。如果遇到突发情况，父母要尽量尊重幼儿，因为在公众场合，幼儿的自尊心更容易受到伤害。事情发生了，最好的办法是设法与哭闹的幼儿沟通。如果幼儿大哭大闹，无法与之交流，最有效的办法是默默等待幼儿平静下来。指责和训斥会让幼儿陷入尴尬境地，尽管这样做可能一时制止了幼儿的"无理要求"，但却会在幼儿内心埋下报复的种子。孩子的性格会变得越来越坏。

本阶段育儿焦点话题

● 婴儿车该"下岗"了

在公园里、大街上，我们经常看到幼儿坐在婴儿车里，父母推着散步。幼儿几个月大时，坐在婴儿车里外出是很方便，可是到了这个阶段，幼儿基本上处于学走路时期，有的已经会走了，父母就不应再让幼儿坐在婴儿车里了。

父母们认为，现阶段的幼儿还是喜欢在地上爬、滚，这样不卫生，再就是幼儿们都刚刚会走路，还走不稳，极易摔倒或遭碰撞，让幼儿坐在婴儿车里安全、卫生，父母们也省心、省劲，因此，很大一部分父母带幼儿外出时，都会让幼儿坐在婴儿车里，觉得这样做两全其美，没有什么不好。

然而，父母们不知道，这样长时间地把幼儿圈在婴儿车中，对幼儿的成长是极其不利的。因此，到了这个阶段，婴儿车就该"下岗"了。婴儿车"下岗"的理由如下：

影响幼儿的骨骼发育

1岁左右的幼儿，身体正处于飞速发育期，而婴儿车的容量是有限的，如果长期把幼儿圈在婴儿车里，骨骼发育就可能受到影响，甚至可能畸形。

影响幼儿学走路

1岁左右，正是幼儿学走路的最佳时期。要想让幼儿早早学会走路、走稳，唯一的方法就是让幼儿多走。父母随时都要注意训练幼儿走路，千万不能把幼儿学走路当成一门课程，抽出时间专门训练，平日里则让幼儿坐车游玩。这样做，不但会使幼儿的走路能力发展缓慢，还会让幼儿从潜意识里把走路当成一种负担，使幼儿从小养成怕苦、怕累的习惯，缺乏坚强的意志和毅力。

影响幼儿智力开发

加德纳的多元智能理论告诉我们，幼儿能力发展的最佳时间是1~5岁之间，错过这个时间，有些能力不论以后再怎样努力，都很难获得长足发展。而1岁多一点的幼儿正是智力飞速发育期，智力的发展不仅是语言、认知能力的发展，更是综合智力的发展。因此，活动是幼儿智力开发的源泉。父母应该把幼儿放归自然，让他们自由活动，才能让幼儿的各种潜能从隐性变为显性，为日后发展提供方向，奠定基础。

导致幼儿的免疫力缺失

这个时期，正是幼儿免疫力形成的时期，父母们要放开手，让幼儿回归自然，幼儿愿意在地上爬就爬，愿意在地上滚就滚。越"不讲卫生"，幼儿的免疫力就会越强。如果父母老是怕脏，或担心不卫生而不让幼儿接触本该正常接触到的细菌，那么，最终的结果就是幼儿的免疫力缺失，导致幼儿长大后经常皮肤过敏或生病。因此，把幼儿圈在婴儿车里远离细菌的做法并不可取。

降低幼儿的好奇心

1岁多的幼儿已经有了自己的思想，此时，他们对外界充满好奇心，正是他们大量接受外界

★ 让幼儿从婴儿车上走下来，可以更好地接触大自然。

信息的时期，这时父母们应尽可能地开阔幼儿的视野，让他们亲自接触自然、感受自然，从中获取成长必要的最基本信息。如果长时间把幼儿圈在婴儿车里，幼儿不仅行动受到限制，视野也会受到限制，也无法亲自接触自然界的东西。

一片树叶、一朵花、一块石头，对幼儿都可能有着巨大的吸引力，但坐在婴儿车里的幼儿无法触摸树叶，无法闻到花的香味，也无法感受石头的坚硬，使幼儿对周围的世界只具有视觉认识，而缺乏真实的感受。渐渐地，幼儿的好奇心就会有所降低，进而丧失求知的欲望。

可能引发孤僻症

让幼儿长时间坐在婴儿车里，不仅限制了幼儿行动上的自由，还阻隔了幼儿与其他人的交流。长此以往，会使幼儿变得性格孤僻，不愿与小朋友一块儿玩耍，也不愿与人交流，这样还会影响到幼儿长大后交际能力的发展。

由此，我们可知，婴儿车虽好，不能常坐。如果真的爱幼儿，就要让幼儿走下婴儿车，走向自然，不要怕幼儿摔倒，幼儿只有经过摸、爬、滚、打的锻炼，才能更健康地成长。

1岁零7个月～1岁零8个月

到了这个时候，幼儿身体成长的变化没那么大了，而在说话、性格、行为方面，倒是让人感到日新月异、眼花缭乱。这个时候的幼儿，词汇不断丰富，一般都能说20～30个词语，有时还会说出你并未刻意教过的词。大部分也会区分东西的大小了，这点从吃上面表现得特别明显，如果你把他喜欢的食物分成大小两份，小家伙一定会把手伸向大的那一份。

养护要点

● 让幼儿使用筷子

很多父母都会发现，这个阶段的幼儿已经不满足用勺子吃饭了，而是热衷于用筷子夹菜，尽管显得很笨拙。父母千万不要因为怕麻烦就打击幼儿的积极性。用筷子吃饭是中国传统饮食文化，同时也能够很好地锻炼幼儿手部精细动作，并刺激大脑、神经的发育。父母不妨自己拿一把小勺，在幼儿练习用筷子的时候用勺子喂幼儿吃饭。这样既不会耽误时间，也能够让幼儿有充分的学习机会。

● 如厕习惯的养成

我们通常把1岁半以后作为训练尿便的开始阶段。因为在多数情况下，幼儿到1岁半左右才能控制大便，2岁左右能控制小便，3岁前基本上解决控制尿便问题。

1岁半以后可开始鼓励幼儿坐儿童便盆，待2岁以后锻炼幼儿到卫生间，学习使用幼儿专用马桶座。很多幼儿喜欢和父母一起上卫生间，或自己要求到卫生间排便，家长应该鼓励幼儿这种行为。当父母坐在成人马桶上时，也让幼儿坐在幼儿专用马桶上，鼓励幼儿上卫生间排便，目的就是帮助幼儿养成良好的卫生习惯。

另外，也有一些国家把2岁作为训练尿便的开始阶段，他们认为幼儿3岁左右能够控制大便并不算晚，4岁甚至5岁才能够控制小便也是正常现象。但这些都是根据大多数幼儿情况的建议，有的幼儿可能会出现特殊的情况，只要幼儿健康、活泼，即使无法在预期的时间学会如厕，父母也大可不必烦恼。

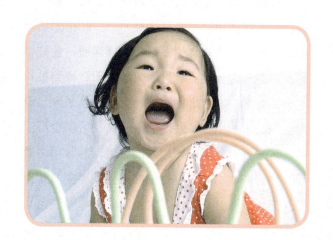

新妈妈的育儿困惑

● 宝宝抱着玩具睡觉好不好

案例

　　星星出生后几个月时就习惯于抱着他的小熊睡觉，晚上妈妈可以不在身边，但小熊却不可或缺。星星的妈妈是报社记者，整天忙着跑新闻，爸爸又忙于做生意，星星的生活很不规律，有时妈妈就把他送回姥姥家，一住几个月。晚上睡觉时，他大多数时间是跟着小保姆睡，没有父母的慰藉，星星与小熊之间的感情与日俱增。这种情况如果一直持续，会不会影响幼儿的性格呢？毕竟小熊是不会说话的。

　　幼儿习惯抱玩具睡觉，是因为幼儿在1岁以前已经逐渐熟悉了经常照顾他的父母。他入睡前，如果父母在身边，他就有一种安全感和愉快的情绪。而父母不在身边，他就会感到不安。此时，幼儿就会向玩具或身边的东西来寻找精神寄托。在他睡觉时，有心爱的朋友为伴，他才会感到很愉快。

　　然而如果幼儿长时间地用玩具来满足情感需要，势必造成性格的缺陷，如不爱说话，孤僻。所以，最好帮助幼儿改正这种习惯。爱抱宠物玩具睡觉的幼儿中，有的很难与玩伴沟通，会被小朋友弃置一边。这可能是因为幼儿无法得到被肯定、被重视的满足感，只好用宠物玩具来取代他内心的需求。当然，要彻底改正这种习惯也不现实。首先要做到不伤害幼儿的感情，最好用讲道理，结合游戏的方法进行。如果强硬地突然禁止幼儿抱玩具睡觉，他会产生不安、烦躁等情绪，

甚至难以入睡，进而对睡眠产生反感，对幼儿的身心健康不利。

　　家长也应多注意自己的行为，在繁忙的工作之余要多陪幼儿，并且经常给予他积极的鼓励和赞赏，为幼儿留出一点时间，陪他做游戏，给他讲故事，或让他帮助做些小事，即便是短暂的时间，也可以培养与幼儿之间的感情，幼儿的情感得到了满足，自然就会有安全感，戒掉宠物玩具也就容易了。

● 幼儿为什么大喊大叫

　　这个阶段的幼儿已经有了自己的主见，但又不能很好地用语言表达自己的情绪，所以一旦有什么不顺心的事情，就有可能引起幼儿的不满，甚至大喊大叫，乱扔东西，常常令父母又气又恼。那么，究竟该如何应对这种状况呢？

　　首先应该明确一点，幼儿在不满时大喊大叫，或发脾气，或摔东西，不代表幼儿的性格有问题。主要是由于幼儿的语言表达能力低于实际思维能力时，不能用语言表达自己的意愿和想法，所以会急得喊叫，甚至大哭。另一方面，幼儿也可能是在通过这种方式吸引父母的注意力。

　　所以，当遇到这种情况时，父母最好是蹲下来和蔼地与幼儿交流，表示出对幼儿行为的理解。问幼儿是不是要这样或者那样呀，也许幼儿不能完全听懂妈妈的话，但对幼儿来说，此时父母说话的内容并不重要，重要的是父母的态度。只要幼儿感受到了父母的爱和理解，挫败感就会大大减小。

● 幼儿半夜醒来让父母陪着玩，怎么办

　　许多妈妈都有过这样的经历，幼儿半夜醒来就不再睡了，而且还要家长陪着一起玩。对于第二天还要上班的家长来说，这是一件非常痛苦的

事情。那么，怎么对待半夜醒来，不愿入睡的幼儿呢？

当幼儿半夜醒来的时候，妈妈千万不要像白天一样陪着幼儿玩耍，而是想办法，让他安静下来，再次入睡。可以告诉幼儿，现在是睡觉的时间，天亮起床后才能陪着幼儿玩。可以把地灯打开，但不要灯火通明。如果幼儿闹人，可把幼儿的一双小手放在他自己的胸前，或放在妈妈的心口，妈妈用一只手握住幼儿的小手轻轻地摇晃，另一只手轻轻地抚摸幼儿的头部。也可以让幼儿临时枕在妈妈的臂弯里，妈妈轻轻哼唱着摇篮曲，幼儿会因为暂时获得满足，而安心地入睡。

本阶段育儿焦点话题

● 如何减轻注射带来的疼痛

打针也许是医学治疗中再平常不过的事情了，但无论是接种疫苗还是注射治疗药物，对于幼儿来说，都是非常难以忍受的。最近研究表明，幼儿所受的痛苦比想象的要大。这里有一些儿科医生认为比较有效的方法，来帮助幼儿减少打针时候的疼痛和恐惧。

转移注意力

给6个月或者更小的幼儿准备一些甜甜的冰糖水。当医生的注射器已经备好，临打的前一秒，给幼儿喝这瓶甜甜的水。对于习惯安抚奶嘴的幼儿，可以把奶嘴蘸上甜水。另外，也可以让幼儿一边吃着妈妈的奶，一边打针。对于稍微大一点的幼儿，可以在打针的时候带上他最喜欢的玩具（或者是一个一直藏着没有给他的新玩具）或者书。再大一点的幼儿，可以和他一起大聊"那天那个公园真好玩儿"，或者"昨晚的动画片太有趣了"，这样非常吸引幼儿的话题。这些都可以很好地转移幼儿的注意力。

父母首先别紧张

家长越是害怕幼儿哭，越是喜欢在事前或者当时不停地对幼儿说"没事儿、没事儿，不疼、不疼"，你越是过度关爱幼儿的小痛苦，他的承受力越差。所以，事前或当时乃至打完之后，父母都不要过分关注幼儿的"疼"，而是转移其他话题，忽略这个"痛苦"。

提前告知幼儿

可以在打针的当天早晨用很轻松的方式告诉他，打针是怎么样一个感觉，这种疼的感觉会持续多久，如："也就眨一下眼睛那么快就不疼了"，或者"吹一口气儿那么短的时间就不疼了"。这样幼儿就有了一定的心理准备，即使打针的时候依然哭闹，但是因为有了一定的心理准备，所以承受力会强一些。

● 不要随便给幼儿用感冒药

很多家庭在对待感冒的问题上都很不谨慎。若发现幼儿略有感冒，一般的做法是先到药房根据专业药师的推荐买些感冒药回家吃，如果还不见好，或者严重了，才到医院就诊治疗。感冒是一种自愈性疾病，没有特效药。幼儿本身处于生长发育阶段，一些参与药物代谢的器官如肝、肾等功能尚未发育成熟，如果大量吃药，必然会给这些器官带来损伤。

感冒并非一定要用药

普通感冒是一种非常常见的疾病，90％的感冒都是由病毒引起的，而感冒药并没有抗感冒病毒的作用，它只起到缓解症状的作用，比如减少流鼻涕，减轻咳嗽和咽喉不适等等。普通感冒本身是一种自限性疾病，通常情况下不需要用药，只需做好护理、加强营养、多休息等，大概一周左右就会自愈。

不同感冒症状的应对策略

对于普通的感冒，如果没有出现并发症，没有高烧，缓解症状可以采取一些物理方法。比如物理降温、冲洗鼻子、注意通风等，也可以起缓解症状的作用。如果鼻塞，可以用冷热毛巾交替敷鼻翼两侧，鼻涕较多时要多清理。值得提醒的是，当幼儿高烧并且体温超过38.5摄氏度，或久治不愈，出现并发症，如并发急性支气管炎、肺炎、病毒性心肌炎等疾病时，应该及时就医，而不是在家服药，避免拖延后病情更为严重。另外，病毒感冒使用抗生素是无效的。抗生素如青霉素、红霉素等，仅适用于细菌和其他部分微生物引起的炎症。

因此，宝宝感冒后，先不要随便用药，而应先到医院查查是病毒感冒还是细菌感染，然后再由医生来确定如何治疗和缓解症状。如果有合并感染的症状，再由医生来决定使用哪种抗生素来治疗。

★ 对于耍赖的宝宝，转移注意力是很好的办法。

1岁零8个月~1岁零9个月

此时的幼儿，有时表现得异常乖巧，一个人和玩具玩得很热闹，嘴里不断说着话，或者扮演爸爸的角色或妈妈的角色。可有时候幼儿的情绪又会很糟糕，不喜欢周围的一切，甚至会扔掉平日最喜欢的玩具，还可能会哭闹。

养护要点

● 夏季，注意给婴幼儿防晒

在炎热的夏天，火辣的太阳对于皮肤的伤害是众所周知的，婴幼儿娇嫩的肌肤更需要采取及时有效的防晒方法加以保护。那么幼儿防晒的方法有哪些，哪些食品可以防晒，是不是也可以像父母那样在外出的时候涂上防晒霜呢？

❀ 避免在紫外线过于强烈的时段外出

夏天尽量避免上午10点以后至下午4点之前带幼儿外出活动。这时候的紫外线最为强烈，幼儿的皮肤尚未发育完全，非常薄，约为成人皮肤的1/3，耐受能力差。另外，幼儿皮肤黑色素生成较少，色素层较薄，容易被紫外线灼伤。所以应选择在上午10点以前和下午4点以后进行户外活动。

❀ 必要时涂抹幼儿专用防晒品

如果不得不在烈日下带幼儿出行，就需要给幼儿涂抹专用的防晒用品了。一般幼儿专用防晒产品，是专门针对幼儿皮肤特点设计的，以防晒系数15为最佳。既能有效防御紫外线晒伤、晒黑皮肤，又没有伤害性。防晒值太高，反而会使皮肤的负担越重。物理型或无刺激性不含有机化学防晒剂的高品质婴幼儿防晒产品是最佳选择。

防晒霜的正确用法是，出门前30分钟在暴露的皮肤上涂抹防晒乳液。涂了防晒霜后，如果幼儿将皮肤弄湿或出汗后，应该再涂一遍。不要相信那些标明"保护作用有8小时"的防晒用品。另外，最好给幼儿穿质地轻薄的、宽松的、透气的全棉长袖长裤，以防止晒伤和利于散热。

❀ 限制日晒次数和时间

通过适当的晒太阳可以使体内合成维生素D，但对于幼儿来说，每天晒太阳的时间不宜过长。在夏天选择在适合的时间段，每天晒2~3次，每次10分钟左右，就可以达到一天维生素D的需要量，还不会让幼儿的嫩肤受到日晒的损伤。另外，可以让幼儿通过食物摄取足量的维生素D，以替代在夏天的强烈日晒。

夏季要保护幼儿的眼睛

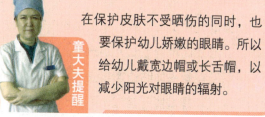

在保护皮肤不受晒伤的同时，也要保护幼儿娇嫩的眼睛。所以给幼儿戴宽边帽或长舌帽，以减少阳光对眼睛的辐射。

童大夫提醒

❁ 晒后保护很重要

从户外回到室内后，应用温水将幼儿皮肤上的防晒霜洗净，并且在晒红的部位薄薄涂抹一些清爽的婴幼儿护肤乳液。

● 让幼儿学会管理情绪

这么大的幼儿已经具备了丰富的情感和情绪。而很多幼儿的情绪都被父母忽略或者呵斥住了。时间长了，幼儿的性格会慢慢变得内向而孤僻，而家长还不知道什么原因呢！其实幼儿的情绪都是有原因的，无论他们是否能够清晰地表达出这些原因，只要我们发现幼儿为了看似不合理的事而发怒或不安，都要留意他的情绪是不是出了问题。

❁ 细心感知幼儿的情绪

这是处理幼儿情绪的第一步。幼儿很多时候不会直接表达自己的情绪，采取的方法也可能令父母感到迷惑。所以，父母要通过对幼儿的语言、游戏中的表现等及时发现幼儿的异常情绪。幼儿常常沉浸在幻想的游戏中，利用不同的角色、场景及道具来表现种种情绪。如果看到他们表达严肃的主题，如疾病、伤害或死亡时，敏感的父母就应该从幼儿在游戏中表达的恐惧而获得提示，然后将这些恐惧提出讨论并让幼儿得到慰藉。

当父母能够察觉到幼儿的情绪就具备了管理幼儿情绪的基础，而下一步要做的就是确认幼儿的情绪。

❁ 确认幼儿的情绪

如果幼儿向父母倾诉，那么父母一定要仔细聆听，并且适时地肯定幼儿的感受。在这个过程中，要始终以轻松体贴的态度去和幼儿交谈。不管幼儿的表现是偏执还是过于不安、自闭，父母都要始终保持冷静，握着幼儿的手或者抱起他，可以很好地释放幼儿的情绪压力。

❁ 帮助幼儿合理表达情绪

在确认幼儿出现了情绪困扰之后，接着需要进入下一步，协助情绪表达。幼儿的语言能力还处于发展阶段，有时很难描述好自己的情绪，父母可以主动帮幼儿提供一些描述情绪的字眼。如紧张、担心、伤害、生气、难过及害怕等。帮助幼儿将一种无形的、恐慌的、不舒适的感觉转换成一些可以被定义，有界限的内容来加以表达。

人们通常都有混合的情绪，比如快乐的同时又会感到恐惧，这对幼儿而言就可能造成烦恼，因为他不知道该怎么样表达才好，所以父母要想法帮助他说中要害。幼儿越能精确地用语言表达他的感受，就越有利于情绪的表达。

❁ 应对幼儿暴怒行为的策略

1.及时满足幼儿的正当要求。

2.当幼儿暴怒发作时，设法转移他的注意力，使幼儿不能做他想做的事，这样也可有效消除幼儿的暴怒行为，养成新的良好行为。

3.当幼儿某次控制或部分控制了暴怒发作，立刻给予幼儿奖励，会使幼儿体验良好的情绪，逐渐学习克服暴怒情绪。

4.不要强化幼儿在某情境中产生的暴怒行为，以后在相同或类似情境下，就会使这种暴怒发生的频率降低。

新妈妈的育儿困惑

● 幼儿白天不睡觉正常吗

一般情况下，这个阶段的幼儿白天都有睡午觉的习惯，可是偏偏有一些比较特殊的幼儿，他们晚上睡得很早，一夜像个小猪，呼噜呼噜睡得非常香，可是白天却能一整天不睡觉，怎么都哄不上床。这样的孩子是不是不正常呢？

的确，随着幼儿渐渐长大，原本一直保持睡午觉的幼儿，突然从某一天开始，说什么也不在白天睡觉了，父母自然感到很困惑，更多的是担心睡眠不够影响身体的发育。其实这根本不是什么大不了的事情。每个幼儿需要的睡眠时间是不一样的，可能因为幼儿睡眠质量相对较高，所以一天只睡10个小时，甚至不到10个小时就足够了。所以，只要幼儿健康成长，睡醒后精力充沛，吃饭香，没有必要非要幼儿在白天睡觉。对于睡眠时间短的幼儿来说，强制白天睡觉，还会造成幼儿晚上不睡觉或者昼夜颠倒。

● 幼儿眼屎的护理

案例 凯凯总是眼屎特别多，尤其是早上醒来时，几乎睁不开眼睛。这是怎么回事呢？

一般来说，幼儿眼屎多是因为幼儿的免疫功能尚未健全，结膜上皮和淋巴组织还未发育完全，加上缺乏泪液分泌的缘故。一旦被细菌感染，极易发生结膜炎，使分泌物（眼屎）增多。也有一部分幼儿患结膜炎是由于母亲患有子宫颈炎、阴道炎等疾病，在分娩期间因眼部感染而发生结膜炎。

治疗时，必须根据具体情况选择用药。对细菌引起的结膜炎去有条件的医院进行眼屎涂片化验，确定细菌的种类，并针对性地选用抗生素眼药水或眼膏局部治疗。但最终确诊和治疗要取决于细菌的培养和药物敏感试验结果。

本阶段育儿焦点话题

● **带幼儿看病的注意要点**

带孩子去医院看病的时候，父母总要面临医生的询问，叙述幼儿的病情。临床发现，许多家长在做这件事情的时候，总是不得要领。那么，在反映幼儿的病情时，父母要注意什么呢？

反映病情要客观

在向医生描述病情的时候应时刻注意是要描述幼儿的症状，而不能做"下诊断"式的叙述。例如，你可以说"我的宝宝咳嗽，而且还有痰"，而不要说："我的宝宝感冒了。"同时还

要注意不要随意夸大或缩小幼儿的病情。一般需要向医生说明如下情况。

体温

发热是许多儿科疾病的主要症状之一，很多婴幼儿就是因为发热而就医的，因此，对体温变化的叙述是不可缺少的。如果已经在家测过了体温，那么最好能说明测体温的时间及次数，以及最高和最低时分别为多少摄氏度。还要注意说明幼儿发热有无规律性、周期性，以及发热时有无抽搐等其他伴随症状。

发病时间

在叙述的时候，最好能向医生说明发病时间、间隔时间等详细情况。以发热为例，从时间上区分就可以分为稽留热（持续发热）、间歇热、不规则热、长期低热等，不同的发热状况预示着不同的疾病。因此准确而详细地描述各种症状发生和持续、间隔的时间，对医生的诊疗大有帮助。

睡眠

幼儿生病时睡眠状况一般也会发生变化。向医生叙述时要说明睡眠的时间和状态，尤其是要注意和平时不同的情形。如是否久久不能入睡，是否稍有动静就会醒，有没有睡眠中惊叫、哭泣、出汗、磨牙等情况出现。

饮食

通常幼儿生病后，饮食也会不同程度地受到影响，爸爸妈妈要观察幼儿在饮食上的变化。主要向医生叙述饮食的增减情况、饮食间隔次数的变化以及幼儿有无饥饿感、饱胀感、停食等现象。如果幼儿有偏食的情况，应该说明是喜干还是喜稀、喜素还是喜荤，有无病后停奶、吐奶等现象。同时还要说明幼儿的饮水情况。如幼儿吃过不干净的食物，也要告诉医生。

排泄情况

了解排泄情况也是医生诊断病情不可缺少的，应该将幼儿的大小便如实地介绍给医生，如大小便的颜色、次数、形状、气味以及大小便时有无哭闹等。

其他相关情况

除了以上情况外，幼儿是否有出汗、呕吐、咳嗽等症状，四肢活动是否自如，颈项是否僵直，意识是否清楚，有无烦躁不安、哭闹、嗜

★ 孩子的饮食习惯也最好向医生陈述。

睡、昏睡的现象等。这些对判断疾病都有重要意义，爸爸妈妈的叙述越准确和详细，对医生的诊治越有帮助。

如果有必要，还要向医生更详细地描述幼儿过去患过什么病，何时何地，多长时间，治疗效果如何，有没有后遗症；有没有对某种药物过敏的情况；家庭中是否有遗传病史；家庭成员中有无肝炎、结核、伤寒、痢疾等传染病史。这些情况都要向医生说清楚。有时还需要向医生说明幼儿出生时的情况，如出生时是否顺利，妊娠是否足月，妊娠时母亲患过什么病、吃过什么药等。

避免重复检查与用药

童大夫提醒

在幼儿来医院就诊以前是否还去过其他医院求医诊治过，已服过什么药，剂量多少等，这些情况也都要详细向医生讲明，以免重复检查浪费时间和短期内重复用药引起不良后果。

1岁零9个月~1岁零10个月

快2岁的幼儿，能踢球，举手过肩抛物，能叠四块积木，喜欢听故事，会用语言表示大小便。灵巧的小手几乎可以随心所欲地干任何自己想干的事情。

养护要点

● 为幼儿选择适合的沐浴用品

洗澡是幼儿生活中一件非常普通但很重要的事情，在给幼儿购买清洁沐浴用品时，首先要了解市面上琳琅满目的产品中哪些产品最符合需求。不同年龄的幼儿对沐浴用品的需求是不同的，这个阶段的幼儿由于活动量大，加上流汗、空气污染等考虑因素，就要选择清洁效果较强的沐浴用品了。

选购沐浴用品应注意的事项如下：

✿ 厂商信誉

一般而言，选择牌子老、口碑好的沐浴用品比较保险。事先询问一下有经验的长辈、亲友，从他们的推荐中可以找出比较可信赖的品牌。

✿ 包装完整

选购沐浴用品之前，要仔细看看产品的包装是否完整，有无破损变质。

✿ 专为婴幼儿设计

婴幼儿的肌肤与父母有所不同，千万不可以用父母的沐浴用品替婴幼儿进行清洁工作，以免刺激婴幼儿的皮肤。在选购婴幼儿沐浴用品时，一定要认明"专为婴幼儿"设计等字样的产品，因为此类产品是专门针对婴幼儿皮肤作过测试，质量有保障。

● 合理引导和培养幼儿的好奇心

大部分这个月龄段的幼儿好奇心很强，所以即使知道在父母眼中是错误的事情依然要去尝试。如果幼儿正在玩得热火朝天，而你去大声地阻拦他，那肯定没有任何效果，因为他的耳朵一定会把你的话屏蔽掉。父母这时一定不要给幼儿太多限制，只要不危害安全的、不是原则性的，哪怕会给你带来一点麻烦的事情就让他做。幼儿会在尝试中得到许多的知识和经验，父母的限制无疑对幼儿能力的发展是一种阻碍。

● 不明原因发烧，谨防尿路感染

晓芳的孩子经常不明原因地发烧，一发烧就不吃奶，也不吃东西，总是哭闹；有时恶心、呕吐，有时还伴有咳嗽、憋气……去医院就诊，医生不是说感冒、上呼吸道感染，就是说消化不良、肠道炎症。可是经过吃药、打针等治疗，孩子还不见好。

一次晓芳发现孩子的尿液有些混浊，于是便送去化验，结果发现尿中有脓细胞和细菌，这才知道，原来孩子发烧是"尿路感染"引起的。

泌尿道感染也称尿路感染，简称"尿感"，是由于细菌侵入尿路而引起的。事实上，尿路感染是一种小儿常见病。另外，尿路感染可发生于小儿任何年龄，在2岁以下的婴幼儿中发病率尤高，其中女孩发病是男孩的3～4倍。

✤ 幼儿易得尿路感染的原因

主要是幼儿的生理解剖因素和环境因素所决定的。原因如下：

1.婴幼儿的尿路容易发生逆行感染，由于经常使用尿布或穿开裆裤，尿道口常受粪便和其他不洁物的污染，大肠杆菌、变形杆菌、副大肠杆菌、克雷白杆菌、粪链球菌及金黄色葡萄球菌等多种病菌就堆积在尿道口周围，形成潜在的危险。

2.婴幼儿输尿管末段在膀胱肌层走行得较短，膀胱膨胀时不能将其压紧关闭，膀胱憋尿时易经输尿管逆行而上造成肾盂感染。其中女孩又由于尿道短，括约肌功能差，细菌容易沿着尿道上行至膀胱。

3.婴幼儿的自身免疫力不健全，防御能力差，不仅易引起上行感染，还可能由于患上呼吸道感染、肺炎、菌血症等而导致下行感染尿道。

✤ 早发现早治疗

由于最多见的感染外在表现为发烧，常与易观察到的呼吸道或消化道症状联系在一起，转移了父母和医生的注意力，掩盖了泌尿道感染。因此，孩子如果经常不明原因地发烧，最好做一下尿检。泌尿道感染迟迟未能对症治疗，有时也会上行演变成肾盂肾炎、肾脓肿等。病到此时，孩子的全身状况会急速恶化，甚至不可收拾，所以一定要尽早治疗。

✤ 治疗方法

尿路感染的治疗分为一般治疗和抗菌治疗。一般治疗为卧床休息，多饮水，勤排尿，缩短细菌在膀胱内的停留时间。抗菌治疗即服用相关的抗菌类药物，但用药应由正规医院儿科医生严格掌握，绝对禁止滥用抗生素。

✤ 日常护理

注意多让幼儿饮水，少喝糖水，多喝含碱性的饮料，可碱化小便，以减轻尿路刺激症状。

认真做好婴幼儿外阴部护理，每次大便后应清洁臀部，最好不穿开裆裤，并且做到勤换内裤。如果男孩的包皮过长，应注意清洗，尽量避免使用尿路器械，必要时应严格无菌操作。

新妈妈的育儿困惑

● 为什么幼儿的脚丫那么臭

案例 有位女士曾经这样咨询医生：我儿子小脚丫很白嫩可爱，但就是有一点，它太臭了，我都不敢带他去亲戚家玩。可我明明每天都给他洗脚啊。这究竟是什么原因呢？会不会是由于什么健康问题呢？

其实，这位女士实在是多虑了，幼儿的脚有很强烈气味的情况并不少见。这首先是因为他们非常爱活动，常常会大量出汗。而脚常常包裹在袜子和鞋里，"呼吸"新鲜空气的机会很少，所以往往出汗最多、味道最大。

平时要尽可能让幼儿的双脚保持清洁干燥。根据不同的天气，让他光脚或穿上清洁干爽的棉质袜子。另外，要给幼儿选择透气性好的鞋子，并经常换洗，因为鞋子里存留的味道、尘土、潮湿、真菌或细菌也会导致幼儿脚臭。每次出去玩后回家，都让他尽快把鞋和袜子脱了，这样双脚就能透透气，干一干。每天都让他洗脚，并去除脚上的灰尘或死皮。通过你的努力，幼儿脚丫臭的状况一定会改善不少。

● 幼儿的耳垢到底该不该掏

耳垢是一种正常的代谢物，大人有了耳垢之后都会掏掉，那么幼儿的耳垢能不能掏呢？从儿科医生的角度看，如果幼儿安静地让父母掏耳朵，且仅仅是用掏耳勺掏耳朵入口处的耳垢是可以的，但是如果幼儿不能安静下来，就不要给幼儿掏耳垢。另外，很多人用棉签或棉棍给幼儿掏耳朵，这样其实很容易损伤幼儿的外耳道，或者将耳垢不断推到耳道深处。如果掏耳朵时幼儿不安静，甚至还有可能会损伤鼓膜。从耳鼻喉科医生角度看，如果幼儿耳垢较多，特别是油耳，一旦耳内进水，耳垢就会膨胀，进而堵住外耳道，因此耳垢每年可以掏1~2次。

不宜经常给幼儿掏耳垢

童大夫提醒

如果幼儿听力正常，仅仅是耳垢较多，那么到3~4岁时再掏耳朵也是可以的。

本阶段育儿焦点话题

● 抓住长高的关键时期

每个家长都希望自己的孩子能长得高一点，而这个阶段正是幼儿身体发育的第一个高峰期，如果能够抓住这个时机，对于孩子成年后的身高是有一定意义的。

影响幼儿身高的因素

人的最终身高是遗传和环境相互作用的结果。遗传决定了身高的生长潜力，而后天的环境因素，如营养、疾病、运动和合理的生活习惯等，则决定了生长的潜力是否能得到充分的发挥。

一般情况下，一个人所到达的最终身高在很大程度上取决于父母的身高。通常情况下，父母个高，子女也高；父母矮，子女也矮。而且幼儿身高的生长潜力与其父母的平均身高有密切的关系。如果父亲与母亲的身高相近，则幼儿的身高与父母的平均身高十分接近；如果父母双方身高悬殊，则幼儿身高的变动范围就会很大。下面的公式可以帮助我们粗略计算出遗传潜力所确定的最终成年时的身高：

> 男孩成年身高（厘米）＝［父亲身高＋（母亲身高＋13）］/2±7.5
>
> 女孩成年身高（厘米）＝［（父亲身高－13）＋母亲身高］/2±6

从这个公式中不难看出，遗传对身高起主导作用，确定了生长的可能范围。然而，父母应该了解，遗传潜力的发挥更多地取决于后天的环境因素。

帮助幼儿长高的关键

父母的责任是把先天所赋予的生长潜能充分发挥出来，达到自身的理想身高。所以，家长应该做到以下几方面：

在生长快速期给予特别的关注

在生长发育过程中，有两个生长高峰时期，一是婴幼儿期，另一个就是青春发育期。婴幼儿期生长的好坏直接影响到幼儿期、儿童期的生长，而儿童期的生长又为青春发育期奠定基础。

均衡的营养素供给

幼儿应有良好的饮食习惯，保证每天摄入足够的蛋白质、碳水化合物及维生素，特别要适当补充动物性蛋白(优质蛋白)。这些营养素均存在于粮食、蛋类、肉类、奶类、豆类以及蔬菜和水果等食品中。现在有些家长有一个营养的误区，认为加强营养就是多吃鸡鸭鱼肉，可以不吃或少吃粮食。其实人体所需要的能量主要是从碳水化合物中获得的，而蛋白质要在能量充分的前提下才能被身体利用。过多蛋白质的摄入，不仅增加肝肾负担，易造成消化不良、便秘，而且会抑制幼儿的食欲。所以，在保证量充足的同时，还要注意饮食的合理搭配和多样化，即粗细搭配、荤素搭配，更不要过多地吃零食而影响重要营养物质的摄入。

坚持运动锻炼

虽然运动本身并不能使遗传预定的身高增加，但是运动可以促进遗传潜力得到最大限度的发挥。体格锻炼能促进幼儿骨骼、肌肉、关节、韧带的发育和功能健全。运动可刺激生长激素分泌，促进新陈代谢，增强食欲。据研究证实，经常运动的儿童比不运动的儿童至少平均高2～3厘米。另外，运动还可以消耗多余脂肪，在快速生长期预防肥胖。

保证充足睡眠

促进人体长高的激素——生长激素，在睡眠状态下的分泌量是清醒状态下分泌量的3倍左右，所以保证充足的睡眠有利于长高。睡眠时肌肉放松，有利于关节和骨骼伸展。睡眠时间的长短因年龄而不同，每个个体也有很大差别，一昼夜所需睡眠时间：新生儿为16～20小时，1～3岁为12～14小时。

积极预防和治疗疾病

各种引起生理功能紊乱的急慢性疾病对儿童的生长发育都能产生直接影响。尤其是反复的呼吸道感染和腹泻，会明显阻碍儿童的生长发育。长期疾病如慢性感染、慢性肝炎、慢性肾炎、哮喘、心脏病、贫血等均可影响身高增长。此外，如染色体异常、内分泌疾病、骨和软骨发育障碍等重大疾病，引起儿童身高明显低于同龄儿，医学上称为病理性矮小。所以，积极防治疾病，对儿童的身高有十分重要的意义，通过早期诊断和治疗，一些疾病造成的生长损害可以得到完全或部分恢复。

1岁零10个月～1岁零11个月

幼儿已经渐渐成长为小大人，家长要在注重幼儿营养和安全的同时，注意对幼儿心智方面的护理，不用健康的观念来填补幼儿的大脑，就会有不健康的观念主动进入幼儿的认知，父母一定不要大意。

养护要点

● 防止眼部受到意外伤害

为了防止幼儿的眼睛受到意外伤害，全家人应格外小心。尤其是宝宝1岁半以后，行动自如了，他能自己走到危险地带，因此更要小心预防眼外伤。具体应注意以下几点。

1.千万不要给幼儿拿刀、剪、针、锥、弓箭、铅笔、筷子等尖锐物体，以免幼儿走路不稳摔倒而让锐器刺伤眼球。

2.在节假日不要让幼儿自行燃放鞭炮，因为幼儿不能掌握燃放技术，爆竹爆炸时的巨大外力，对眼球的猛烈冲击会产生一系列的眼损伤，如眼睑皮肤和结膜破裂、烧伤，以及角膜、结膜多发性异物、角膜裂伤、前房和眼内出血、眼底损害和青光眼，严重者完全失明。

3.日常所用的洗涤剂、清洁剂多含有不同程度碱性化学成分，如不小心进入了幼儿的眼睛，对结膜、角膜上皮有损害，会使结膜充血、角膜上皮点状或片状破损，影响角膜透明度，造成视物模糊。由于刺激了角膜上皮丰富的感觉神经末梢，幼儿会出现怕光流泪、不敢睁眼和疼痛等情况。所以在使用洗涤剂时，千万不要溅进幼儿的眼里，一旦发生，要立即用清水冲洗。

● 进行必要的性教育

对0～3岁婴幼儿的性教育，最好的方法是潜移默化，而不是说教式的灌输知识。当你拥抱爱抚幼儿的时候，他会体会到被爱和关心。有研究表明，触摸和凝视能加强婴幼儿和父母的联系，并且让幼儿体会到自己的需求得到满足的快感。

幼儿渐渐长大，天生的好奇心引导他发掘了一些感官上的乐趣。如香蕉的味道是甜甜的，太阳照在身上暖暖的，毛毯盖在身上柔柔的。在换尿布的时候，婴幼儿的生殖器受到摩擦，男孩的阴茎有时甚至会竖起来，这是小孩一种最自然的自慰方式。这些都是幼儿性觉醒的基础。适时地跟幼儿讲解人体各部分的名称和功用，用正确的词汇告诉他们生殖系统的名称，如阴茎、睾丸、阴道，这些部位的名称并不是什么尴尬的东西。随着幼儿的成长，他会渐渐地对自己以及自己的身体产生正确的认知。幼儿掌握了身体的机能之后，要常常向他灌输自己的身体是美好的，是健康的观念。如果他会在镜子前审视自己了，告诉他："你看上去很漂亮（帅）。"这些赞美的话，都会使幼儿对自身有非常健康的认识，有利于健康的、有尊严的性观念的形成。

避免错误的做法

童大夫提醒

一些错误的做法一定要避免，例如当街大小便会对幼儿产生误导，很可能会让他们误认为随意的裸露身体和当街大小便是正确的。

● 不得不防的"童车病"

现在，很多家庭都会给幼儿买童车，认为幼儿骑童车，既能增强活动能力，又能锻炼幼儿的胆量。但是，父母可能不知道，如果幼儿过早骑童车，大人又缺乏具体的指导，久而久之，很有可能使幼儿得上所谓的"童车病"。

有些幼儿在骑了一段时间童车以后，出现两条腿发育不正常的现象，比如膝盖内侧特别膨出、两个小腿向外撇，看上去像X形腿；也有的幼儿两条小腿向外弯曲，立正姿势的时候，膝关节不能靠拢，出现X形腿，也就是人们所说的"罗圈腿"。这些由骑车引起的腿部异常就叫做"童车病"。

另外，由于大多数幼儿往往穿开裆裤，而童车坐垫质地坚硬，很容易摩擦和压迫到会阴部，使会阴部的皮肤红肿疼痛，遭受细菌感染时还会发生尿道炎，出现尿频、尿急等症状。所以，3岁以下的幼儿最好不要骑车。如果幼儿要骑的话，每次骑童车的时间不能太长，一般骑10～30分钟比较合适，童车的坐垫最好用海绵或者软布包裹，以便保护幼儿的会阴部。

● 谨防女宝宝阴部护理不当引起疾病及意外

女孩的护理相对于男孩来说需要更加细心，然而很多家长对于女孩在幼儿期的卫生保健问题非常疏忽。许多生殖系统疾病都是因为护理不当引起的，平时的护理应重视以下两个方面。

❀ 防止泌尿系统感染的护理

女宝宝的尿道和阴道离得很近，尿道比较短、直。外界污染容易造成细菌侵入尿道而发生感染。女孩不会自己处理大小便，加上穿开裆裤，外界污物易沾染，更容易诱发泌尿道细菌上行，造成尿道、膀胱炎症，出现尿急、尿频、尿痛。

❀ 防止生殖器感染和损伤的护理

女宝宝阴道炎不多见，但外伤却比较多发，主要原因是在玩耍时不慎骑跨到硬物上，造成外阴撕裂，或者出于好奇、痛痒而抓挠，继发感染后出现阴道流液、腥臭、外阴红肿。

为了避免这些问题和伤害，在生活中必须注意对女孩的特殊护理。

1.在婴幼儿时期，每次便后应为她洗净并擦干，每晚应洗外阴。盆、布要专用，水要清洁，不要使用洗脸、擦身后的污水，要从前往后洗。对于小女孩来说，不管她处于哪个年龄段，都不能用淋浴喷头清洗阴道，因为阴道内有阻止细菌侵入的有益菌群，起着保护阴道的作用。而强有力的水柱射入阴道内，会损坏阴道的菌群。另外也不要让幼儿洗泡泡浴，因为过多的清洗剂会刺激外阴。

2.母亲患滴虫、淋病等泌尿生殖系统感染时，不要和幼儿同床睡觉，更不要一起洗盆浴，以免引起传染。

★ 幼儿的内衣一定要单独洗，防止被成人衣物污染。

3.有些女孩有小阴唇粘连的症状，因此，要注意外阴卫生，尤其不要触动小阴唇。粘连的阴唇会形成一个小包，小便后容易储尿。残留的尿液是引起尿道感染的重要原因之一，所以，每次小便后一定要用手纸轻轻按压阴唇，挤干净里面的尿滴。为幼儿擦大便时，应从前向后擦，不可反方向，防止大便污染尿道口与阴道口。

4.不要给女宝宝穿开裆裤，从小就要养成穿内裤的习惯，幼儿的内裤要常换常洗，洗时要与成人内衣分开，不要一同放入洗衣机中，以防污染。避免女孩翻越或跨坐在硬物上，以免外伤。

家长要关注幼儿下身

童大夫提醒

家长如果发现幼儿的外阴红肿、外伤、阴道流液，或有尿急、尿频、尿痛，或突然发生尿床时，应及时带幼儿到医院就诊。

新妈妈的育儿困惑

● 幼儿说梦话对身体有害吗

幼儿在梦中有较轻的动作和言语出现都是正常的，家长不必担心。从生理学角度看，梦和睡眠是紧密联系在一起的。说梦话，是由于睡眠时大脑主管语言的神经细胞的活动而引起的。而做梦时的一些动作，是由于大脑神经细胞主管动作部分的活动而引起的。

但需要注意的是，一些幼儿会在做梦时出现惊叫、夜游的现象，这主要是由于幼儿大脑神经的发育还不健全，再加上疲劳，或晚上吃得太饱，或听到看到一些恐怖的语言、电影等而引起的。这虽然是功能性的，随着神经细胞发育的成熟会逐渐消除，但家长应注意培养幼儿健康的睡眠。如培养幼儿有规律的作息，睡前不要给幼儿讲恐怖故事，饮食上特别注意晚餐不要吃得过饱，白天不要让幼儿过度疲劳紧张等。这些都有助于幼儿的睡眠健康。

● 幼儿的尿为什么是白色的

案例
菁菁的妈妈发现菁菁的尿液居然是白色的，这让她很担心，不知道是不是乳糜尿，所以非常紧张。

很多父母反映，在天气比较冷的时候自己家的幼儿在冬季排到便盆里的小便呈淘米水样，这让他们很担心。

幼儿的这种白色尿液大多数都是一种正常的生理现象。尿液化验，会发现尿中有很多无机盐结晶，包括磷酸盐、碳酸盐，都呈碱性，所以这种白色尿又称为无机盐结晶尿。大多发生在冬季，因为冬天气候寒冷，幼儿喝水较少，新陈代谢旺盛，尿中的无机盐浓度偏高，不易溶解，当随尿排出体外时，尿液遇冷就会有结晶析出而呈白色。另外，无机盐结晶的形成，也与幼儿的饮食有关，尤其是进食含有草酸盐和碳酸盐类较多的食物，如菠菜、苋菜等绿叶蔬菜或香蕉、橘子或柿子等水果时，尿液中草酸盐和碳酸盐就增多。当这些物质随小便排出体外后，也会遇冷使尿酸盐或磷酸盐等盐类结晶析出而变混，变得像淘米水一样的颜色。通常情况下这种尿液对幼儿的健康无害，只要平时多给幼儿喂些开水或口服一些维生素C，多喝水，少吃蔬菜水果等含无机盐多的食物，几天后白色小便就会消失。

本阶段育儿焦点话题

● 养宝宝，不能"太干净"

很多家长为了防止疾病对幼儿的伤害，会特别注意清洁的问题，然而，清洁过度，也会给幼儿带来伤害。那么，在给幼儿进行清洁时，应该注意哪些问题呢？

忌频繁洗澡"杀菌"

很多家长为求干净，每天最少为幼儿洗两次澡。不仅沐浴露浑身上下要涂抹两遍，还不忘用清水擦洗得干干净净。可时间长了就会发现，幼儿不但皮肤变得越来越干燥，还常会有皮肤瘙痒的症状。

过于频繁地洗澡，婴幼儿皮肤反而会受损，甚至还会造成皮肤敏感。婴幼儿皮肤表面有一层皮脂，对保暖、防止感染和外部刺激都有很重要的作用，这也是任何精致的油脂所不能替代的。如果反复使用沐浴露或肥皂擦洗身体，则会除去这层皮脂，严重者甚至还可能造成幼儿长大后成为皮肤敏感人群。

忌过度使用消毒产品

年轻父母盲目追求干净、无菌，过分为幼儿"消毒"，反而易致幼儿频发皮肤病。过度使用消毒产品，反而会破坏保护幼儿皮肤的天然屏障。

案例 妈妈总觉得笑笑皮肤抵抗力不强，容易受细菌感染。为此，她买来很多消毒洁肤用品，每天给笑笑擦身，希望"杀菌消毒"。有一天，妈妈给笑笑洗澡时惊讶地发现，笑笑脖子周围出现了红红湿湿的斑块，她连忙把笑笑送到医院。经诊断，笑笑受到念珠菌感染。

像这样因过度消毒使幼儿遭遇细菌感染的情况不在少数。人体皮肤上有许多正常菌群存在，它们与皮肤的"天然屏障"协同作用，使其他有害细菌难以入侵。经常过度使用含有消毒剂的护肤品，会杀死婴幼儿皮肤上的正常菌群，有害细菌和霉菌反而会在皮肤上滋生、泛滥，引发念珠菌等致病菌的感染。

1岁零11个月~2岁

快满2岁的幼儿，面临着许多需要学习、掌握的东西，他也开始自己思考问题，会不断地提问，但在教幼儿时，家长会发现那些非常简单的事物，他怎么就那么难懂，总是会搞错。因此，家长一定要耐心。

养护要点

● 及时、正确护理幼儿的小伤口

2岁左右的幼儿活泼好动，喜欢跑、跳，热衷爬上爬下，这时候他难免有磕伤、划伤、碰伤、擦伤，上医院吧，感觉太麻烦，不上医院又怕耽误病情。那么，面对幼儿经常出现的小伤口，到底该怎么处理呢？

❀ 什么样的伤可以不去医院

幼儿有一些小伤口可以不去医院，比如一般的擦伤，即轻微擦伤表皮，甚至有一些渗血，但是并不是很严重。再有一种是划伤，虽然出现了小口子，但是很浅，看起来也就是皮肤的表皮被划伤，有一些血渗出来。还有就是肢体磕出了一些青包和紫块。

❀ 小伤口的护理方法

1.擦伤：对于表皮破损的擦伤，最好的处理方法是先把伤口周围用清水洗干净，再用消毒剂消毒，避免伤口感染。过氧化氢、碘伏，适用于幼儿，因为刺激性很小，幼儿不会很痛。保持伤口的干燥和开放，除非这个部位会经常碰触或摩擦，才贴上创可贴隔离。但要注意创可贴要勤换。每天用过氧化氢或碘伏消毒，直到伤口痊愈。

2.磕伤：其表现是皮肤会出现一些青包紫块。父母在这时候的第一反应是"揉"。这里要告诉大家，遇到这种情况一定不要揉，应该赶紧把受伤处用冷水冲一冲，然后再用冷毛巾敷一下。切记一定用冷水，不要用热水敷。因为磕伤是有一些皮下血管破裂，遇热以后出血会加重。如果没有什么特殊情况，几天后就会好了。

● 防止蛔虫危害幼儿健康

幼儿活泼好动，经常在地上玩耍，双手到处乱摸，这些都使他们更容易受蛔虫感染。蛔虫会夺取人体现成的营养，是影响幼儿体格发育的罪魁之一。

❀ 感染蛔虫的表现

感染蛔虫后，幼儿表现为食欲不振、恶心、呕吐和经常腹痛，有的还出现吃土、纸和炉灰等异食症。由于蛔虫分泌毒素的影响，患儿可出现精神萎靡或兴奋不安、头痛、易怒、睡眠不好、夜间磨牙等。最终引起贫血、营养不良或发育滞后。蛔虫还可能引起许多严重并发症，如胆道蛔虫症、蛔虫性阑尾炎、蛔虫性肠梗阻等，严重者会有致死的危险。

所以，在日常生活中一定要注意幼儿的饮食和生活卫生，杜绝病从口入的情况发生。

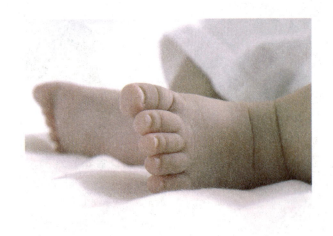

新妈妈的育儿困惑

● 怎样对待幼儿逐渐凸显的自我意识

案例

2岁的小洁最近的口头禅非常简单，就一个字："不！"妈妈对他说："小洁，别玩了，快来吃饭了。""不！"爸爸说："小洁，把玩具收好。""不！"看来，温柔的要求会遭到抵制。软的不行，那就来点硬的，谁知父母的嗓门刚一提高，幼儿的眼泪已经提出抗议了。为什么会这样呢？

✿ 及时采取驱虫措施

一旦感染了蛔虫，要采取及时有效的治疗方式。目前高效、低毒的驱虫药物越来越多，一般蛔虫症的治疗并不困难。但蛔虫药既然对虫体有毒，那么对人体也必然或多或少具有一定毒性。同时，驱虫药使用不当，还会增加蛔虫并发症的发生。因此，应该在医生指导下服用驱虫药。为了减少毒副作用，一次驱虫未成功，需要再次服药时，应间隔2周以上。

✿ 预防是关键

预防蛔虫的初次或再次感染是十分必要的。在日常生活中应做到以下几点。

1.坚持让宝宝在饭前、便后以及户外活动归来时用流水认真洗手。

2.生吃瓜果要洗烫。生拌菜对于保证蔬菜内的营养成分有着独到的长处，但一定要注意食用卫生。宝宝食用前，应尽力冲洗干净，最好能用开水短时烫一下。

3.消灭苍蝇、蟑螂，不给宝宝吃被其污染的食物。

幼儿随着年龄的增长，自主意识会越来越强，做事也开始有了自己的主见，当成人的命令和他们的想法相冲突时，他们就会用各种方法表示抗议，或者直接说"不"。甚至有的时候，他们就是为了表明自己也有不同的立场而和父母对着干，以获得被认可、关注的满足。有时达不到目的还会大喊大叫，甚至乱扔东西。那么，面对幼儿的这些变化，父母该怎么办呢？

在任何时候，发布命令都要考虑幼儿的能力和面子。一些父母常常给幼儿布置一些他们无法完成的任务，如他们可能会说："把地上的玩具全部收起来才能吃饭！"这样的命令是无法得到结果的，倒不如告诉他："现在让我们一起来送玩具回家吧。"

日常生活中，要适当给幼儿自己做选择的机会。可先从与幼儿相关的小事情开始，比如决定自己穿什么衣服出门，周末出游前，征求他的意见，但不要问："你想去哪里？"而是这样问："你想去公园还是游乐城？"给他选择的范围，让他自己做出选择。当然在让幼儿做选择的时候，要考虑到自己是可以实现幼儿的选择的。

其次，要认真对待幼儿提的问题和要求，如果经常忽视幼儿的需要，会让他因不被重视而失去信心，从而产生失落的情绪。

● 为什么不吃糖也会得龋齿

> **案例**
>
> 2岁的东东满嘴都是烂牙，其他人看到他都说是吃糖吃多了。可东东妈妈并没有给东东吃太多糖啊。东东妈妈觉得很无奈。

人们通常认为只有吃糖多的孩子才会得龋齿，其实，引起龋齿的原因有很多，忽视了其中一个因素，都可能导致烂牙。而且，预防龋齿需要从幼儿长第一颗牙就开始注意。为了防止龋齿的发生，应该做如下三点。

✤ 培养良好的习惯

首先就是减少吃糖，尤其是要少吃黏性强的糖，如奶糖、软糖等。睡前更应严格禁止吃糖。另外还要少吃含糖食物，鼓励孩子多吃粗纤维食物，因为在咀嚼过程中具有清洁口腔的作用。其次是注意口腔的清洁卫生。刷牙早晚各一次，尤其睡前刷牙要仔细，吃完东西要漱口。如果幼儿还在喝配方奶，更要注意喝奶之后多喝水清洁。2岁以前就可以用乳胶牙刷和可吞服牙膏刷牙，

建议时间长一点，以3～5分钟为宜。

✤ 发现牙洞，尽快治疗

龋齿的出现和加重都是渐进的，一般孩子牙齿出现小洞时还不会感到疼痛，所以很多家长都没有发现。俗话说"小洞不补，大洞吃苦"，等到小洞变成大洞，发展成牙髓炎、根尖周炎才会出现疼痛和肿胀，这时再治疗就麻烦多了。

✤ 定期检查牙齿

年幼的孩子尚未养成良好的口腔护理习惯，特别是睡前不刷牙或没刷干净，食物残屑在细菌作用下很快会发酵产生酸，再加上口腔因睡眠而缺少唾液，不能稀释中和细菌产生的酸，牙齿很容易受到腐蚀，这是不少孩子龋齿高发的主要原因。建议家长最好每半年带幼儿到医院检查一次口腔，让口腔医生认真检查牙齿是否有小洞以便及早处理。

定期检查不但可以及时发现疾病，还可以尽早干预。譬如乳牙龋坏，补得越早，费用越少，效果也越好。反之，如果不及时治疗，龋齿越厉害，今后做根管治疗的概率就越大，费用也更贵。更严重的是，乳牙龋坏还会累及咀嚼功能及恒牙，从而带来消化吸收和面部美观等诸多问题，给恒牙的萌出时间、排列及发育也会带来不利。

本阶段育儿焦点话题

● 呵护幼儿"心灵的窗户"

俗话说，眼睛是心灵的窗户，幼儿的眼睛更需要父母加倍的呵护，只有这样，才能使这扇"心灵的窗户"越来越健康，越来越明亮。

及时发现幼儿的眼睛问题

当幼儿眼睛不适时，家长一定要留意其是否有眼疾，以便及时送至医院进行诊治。一旦发现幼儿的眼睛出现以下情况，就要考虑患了眼疾的可能。

怕光

指幼儿的眼睛不愿睁开，喜欢在阴暗处。这个症状最常见于红眼病、麻疹、水痘、风疹和流行性腮腺炎等疾病的初期。

发红

眼睛的白眼球及眼皮发红，并伴有黄白色分泌物。这一症状最常见于麻疹初期和流行性感冒，风疹、红眼病和猩红热在发病过程中，也会有不同程度的红眼现象。

流泪

眼睛自然流出泪水，时多时少，这常见于各种上呼吸道感染性疾病。如流行性感冒、麻疹、风疹等，都会因并发炎症，阻塞泪管而出现流泪。鼻炎、鼻窦炎也可出现流泪不止。

频繁眨眼

幼儿频繁眨眼，应考虑有异物入眼的可能。沙眼、眼睑结石、角膜轻微炎症，亦会产生这种现象。频繁眨眼并牵动面部肌肉，同时还伴有精神不集中，应从小儿多动症方面考虑。

无神

如果幼儿出现眼神黯淡的症状，应考虑其体质虚弱，多伴有消化不良、贫血、肝炎和结核等慢性消耗性疾病；另外，假性近视也可出现眼神无力的现象，应引起注意。

一旦幼儿出现上述症状，要及时向医生咨询，以获得良好的治疗效果。

呵护幼儿的眼睛，从日常做起

合理用眼

现在许多家长喜欢和幼儿一起阅读书籍或看图，看书是好事，但不要让幼儿用眼过度。此时幼儿的眼睛还处于不完善、不稳定阶段，长时间、近距离地用眼，会导致幼儿的视力下降和近视眼的发生。一般每次阅读的时间不应超过20分钟，经常带幼儿向远处眺望，引导幼儿努力辨认远处的一个目标，这样有利于眼部肌肉的放松，预防近视眼。

避免日用品污染

幼儿洗脸用品，包括毛巾、脸盆等，应单独配制，不能与家人混用。除此之外，应注意对幼儿的视力进行监测，特别要分别查两眼的视力，最好每3～6个月给幼儿做一次视力检查，有条件的还可以在这一阶段进行1次散瞳验光。

吃出好眼力

胡萝卜素可在体内转变成维生素A，含胡萝卜素丰富的食物有胡萝卜、西红柿、各种绿色蔬菜，以及动物肝脏、奶油、全脂牛奶、蛋黄等。维生素B_1可由日常所食用的糙米、面粉及各种豆类中摄取。富含维生素B_2、维生素B_6的天然食物来源是动物的肝脏、牛奶、蛋黄、花生、菠菜等。至于维生素C，则从各种新鲜的蔬菜、水果中获得。据研究，近视眼的发生与身体里缺少铬与钙的微量元素有关。如果幼儿吃大量的糖和高碳水化合物的食物，会使身体里微量元素铬的储存量减少，吃了过多的烧煮太过的蛋白质类食物，会使身体里钙的代谢发生异常，造成缺钙。

2岁零1个月~2岁零3个月

从2岁开始，幼儿将进入"第一逆反期"，自我意识变得强烈。父母通常无法适应这种变化而感到灰心丧气。其实只要保持良好的心态，并且掌握充分的育儿知识，这些困难都会迎刃而解。

养护要点

● 教幼儿主动避开危险物品

幼儿越来越大了，活动能力日益增强，家里的一些物品对幼儿而言就增加了一些安全隐患。虽然父母绞尽脑汁将可能产生危险的物品放在幼儿拿不到的地方，但是幼儿还是会被一些日常生活品所伤害，而父母又不能将所有的东西都收起来。那么，究竟该怎样教育幼儿不动危险物品呢？

当幼儿靠近危险物品时，有些家长只会告诉幼儿不要去动，但是幼儿并不明白为什么不能动，即使父母对他大喊、吓唬、训斥都是没有用的，这样还反而会让幼儿有非动不可的想法。最好的做法就是，当幼儿想要碰危险物品时，马上阻止他，立刻将幼儿带开，并对他做出他能够理解和接受的解释。还可以利用亲身体验的感觉，来教导幼儿如何保护自己。比如当幼儿要拿装满热水的杯子或者盛着热饭的碗时，父母可以试着让幼儿轻轻碰触一下，他就能感受到"烫"的感觉，然后再告诉他"很烫，不舒服，对不对"。在试过几次后，当幼儿再看到玻璃杯和碗时，他就能明白里面会装热水、热饭，碰了会烫手，被烫伤的概率也就大大降低了。

另外，父母要常提醒幼儿，不去危险的地方，不做危险的动作。如不要站在窗台上，不要从阳台处向下探身，不要试着从高台上跳到水中等。当然，对幼儿不出格的探索行为要加以鼓励，不要扼杀了幼儿探索的热情。

● 防止幼儿过度肥胖的方法

很多父母都以有个白白胖胖的幼儿为荣，但是，过度的肥胖却是不可取的。过度肥胖对身心都会产生不良影响，幼儿也不例外。肥胖最主要的原因就是热量摄入过多，所以，在日常喂养中注意控制幼儿热量的摄入。

对于已经造成过度肥胖的幼儿，家长要严格限制其热能的摄入，在控制热能摄入的期间，要保持每天每公斤体重摄入的热量在418千焦以内；食欲旺盛的幼儿，就需要摄入低热量的食物，如蔬菜等。此外，还要增加热量的消耗，陪着幼儿多玩游戏多做运动，养成多运动的好习惯。

新妈妈的育儿困惑

● 生长痛是怎么回事

很多孩子在生长迅速的时候都会出现身体上的疼痛，医学上把这种情况称为生长痛。生长痛的发生多因孩子活动量相对较大，长骨生长较快，与局部肌肉肌腱的生长发育不协调，导致了生理性疼痛的发生。症状是膝关节周围或小腿前侧疼痛，这些部位没有任何外伤史，活动也正常，局部组织无红肿、压痛。以午后和傍晚较重，随着孩子的长大会逐渐消失。检查之后，孩子患有其他疾病的可能性被排除了，即可以被认为是生长痛。

生长痛是暂时的，过段时间就会消失，家长不必过于担心。当发现宝宝出现生长痛症状时，妈妈要注意做好以下护理。

✿ 让孩子多休息

减轻孩子生长痛最重要的是及时休息，孩子回家后如果感觉太累，不要勉强孩子做更多的运动，应让他多休息。

✿ 食疗

家长可以多给孩子进食牛奶、骨头汤、绿色蔬菜、虾、贝类等食物，可以满足孩子骨骼迅速生长对钙的需求，效果也较好。

✿ 物理及药物治疗

疼痛较重时，可局部按摩、热敷，外搽止痛霜。

本阶段育儿焦点话题

● 怎样让宝宝穿衣更安全

2岁多的宝宝非常可爱，妈妈们此时热衷于给宝宝购置新衣，把宝宝打扮得漂漂亮亮的。可是，宝宝衣服的安全问题却往往被人们忽略。其实，在衣服的制作过程中，有很多环节都有可能被污染，成为危害健康的杀手，那么怎样才能让幼儿穿得安全又舒适呢？

选购安全新衣有妙招

挑选纯棉的面料

纯棉衣物自然环保，是为幼儿挑选衣服的最佳的选择。选购时，有两种简单的方法可以帮助家长判断该衣物是否为纯棉织物。其一，查看新衣服的吊牌：一般在成分一栏，标有"100%纯棉"或"100%COTTON"的字样。其二，从衣服的边角处取下一根纱线点燃观察，纯棉织物与火焰接触时会迅速燃烧，燃烧后留下灰白色的灰烬。

尽量选择浅色、无印花的衣服

颜色鲜艳的衣服中往往含铅量较高，因为其中添加了很多染色材料，婴幼儿长期穿着色彩缤纷的内衣，铅又可以通过皮肤吸收，这就很容易造成孩子铅中毒。铅中毒会影响宝宝的胃肠道和牙齿发育、引起腹痛，甚至会影响孩子的智能发育。另外，色彩鲜艳的衣服中甲醛的含量也相对较高。在穿着的时候，游离甲醛会随着衣物和人体的摩擦渗透或挥发出来，严重威胁宝宝的健康和生长发育。因此。父母在选择衣服时，应该首选简单素雅、无印花图案的衣服。内衣选购白色或贴近肤色的浅色服装为最佳。

确保衣服的款式要宽松舒适

宝宝的衣服应该以舒适、合身为原则。胸围、腰围和臀围处以宽松为宜；裤子的合身尤其重要，建议购买时先用一条宝宝平时常穿的裤子比画一下，特别要检查腰围的松紧程度，太紧会不利于宝宝发育，应及时缝改放松。

警惕衣服的异味

买衣服时，最好先闻一闻，要特别警惕衣服中的刺鼻异味。国家规定，任何类别的纺织产品都不得有异味，也不得使用可分解芳香胺染料。因此，如果发现衣物有异味，一定不要购买。

新衣穿着前的处理

检查标牌部位

在宝宝衣服的后领口或裤腰后片都会缝有标牌，在衣服和裤子的边侧也会有洗涤说明。请仔细检查这些突出的标牌和洗涤说明是否会磨伤宝宝娇嫩的肌肤，如果它们的质地比较坚硬粗糙，请务必用剪刀将其齐根剪去。

检查边角和缝合处

一件童装从制作到出售还要经过很多中间环节，很难保证不会掺上其他硬物，如吊牌的塑料残片等。所以，建议家长要仔细地将衣服的边角和缝合处摸个遍，以防有任何漏网的坚硬物伤到宝宝。

检查机器绣花图案的内衬

一些漂亮的衣服会用机器绣上一些花或图案，家长就要特别注意这些图案缝绣的部位了。

不要光看前面漂亮的地方，最好再翻到这些漂亮图案的背面，确认一下是否有残留的硬角或线团，有的话就修剪平整。

先洗再穿

任何材质的衣服，从制作到出售的时间很长，因此新衣服买回家后一定要经过清洗。一般纯棉的衣服都以手洗为宜。第一次洗涤更应严格按照洗涤说明上的要求来操作，以防发生严重缩水或变形等情况。

★ 清洗新衣服时，最好泡上一会儿。

多次洗涤的旧衣服较安全

经过多次洗涤的旧衣服基本上消除了甲醛、铅等安全隐患，可以适当让幼儿穿着。但父母最好挑选健康的孩子或成人的旧衣服，而且要多洗两次再给孩子穿。

童大夫提醒

2岁零4个月～2岁零6个月

2岁半是幼儿成长中的一个阶段性的时期，许多孩子在这个时候都有了一定的自理能力，并且希望得到父母更多的爱。父母也一定不要随着幼儿渐渐长大就忽略了他们的情感需要。

养护要点

● 让幼儿与宠物安全相处

如今，很多家庭都只有一个孩子，宠物就成了幼儿很好的伙伴，但是由于宠物的毛不仅容易导致幼儿过敏，其身上寄生的细菌也会传染给幼儿，一旦它们兽性大发还容易伤到幼儿。很多家长都很困惑，是不是该完全不让孩子接触宠物，在婴儿时期这样做是对的，然而等幼儿会走、会说话，并且能够自己洗手的时候，就没有必要禁止幼儿和宠物接触了，否则幼儿会变得很讨厌动物。但在幼儿和宠物的接触中，父母不要把幼儿和动物单独留在房间里，也不要让幼儿跟猫狗同床，因为动物身上的跳蚤或是其他疾病，有可能会传染给幼儿。还要注意避免让幼儿碰到狗或猫的排泄物，以免导致幼儿感染、生病。

如果幼儿不喜欢猫狗等宠物，也可以养小鸟或金鱼等，让幼儿参与到宠物的喂养中，这样不仅可以培养幼儿的爱心，还可以增加幼儿的责任感。

● 警惕幼儿肾衰

幼儿肾衰是小儿肾脏疾病危重症之一，分急性和慢性两种。该病在临床上并不少见。急性肾衰可由多种原因引起，如感染等因素，临床上表现为少尿或无尿，此时患儿往往出现食欲不振、恶心、呕吐、水肿、腹泻等症状。慢性肾衰可由先天性肾脏疾病、泌尿道畸形、肾炎没有很好治疗等因素所引起，早期表现为夜尿增多、多饮、食欲减退、乏力、生长发育落后、贫血等现象。一些患儿在出现感染的同时可出现恶心、严重呕吐，甚至出现流鼻血、昏迷、抽筋、消化道出血等尿毒症症状。

肾衰如果发展到最后会成为尿毒症，患儿需要长期的肾透析治疗，甚至需要进行肾移植来治疗，给家庭带来沉重的经济和精神负担。因此，早期诊断对于幼儿肾衰是非常重要的，定期的尿检查可早期发现一些隐匿的肾脏疾病。

慢性肾衰症状

童大夫提醒

如果幼儿突然变得爱喝水，且每次喝得量很大，晚上还常常起来小便，最好带孩子到医院做个体检，这可能是慢性肾衰的一个症状。

如果发现幼儿早晨睡醒时有眼睑水肿、小便泡沫多，另外出现不明原因的发热、乏力、贫血、多饮、夜尿多、食欲不振、生长发育落后等情况时，就要及时做肾功能及泌尿系统的相关检查，做到早期诊断、早期治疗。

新妈妈的育儿困惑

● **女宝宝有夹腿和摩擦外阴的毛病怎么办**

案例 　　最近发现我的女儿笑笑总是在一个人的时候出现夹腿和摩擦外阴的举动，我感到很苦恼很难为情，该怎样解决这个问题呢？

家长在看到孩子有这样的举动时，千万不要呵斥幼儿。因为小女孩之所以这样，是因为她在摩擦自己的生殖器时产生了一种快感和满足感，其实，这是幼儿正常的游戏，幼儿对自己的身体好奇，对摩擦身体带来的快感也着迷，家长没有必要太紧张。

5岁以下的幼儿常常有一种自体性欲，通过玩弄自己的身体来获得快感，这对幼儿的性欲望发展是很重要的。知道自己取悦自己，说明其性发育是健康的。

但是，幼儿过多地沉溺在自慰行为中，会减弱她对外部世界的兴趣。因此在看到幼儿在公共场合做这些的时候，父母最好轻轻抱起她，并告诉她这是不能在公共场合做的事情，就像不能在公共场合挖鼻孔一样。父母还可以和幼儿做一些游戏，以分散她的注意力。

本阶段育儿焦点话题

● **预防扁平足**

顾名思义，扁平足就是脚掌比常人要平且扁。正常幼儿的脚掌内侧及中间部分隆起向上，形成了纵、横两个弓。扁平足的幼儿则没有足弓。对于大脑的发育来说，足弓有"天然减震器"之称。足弓起着支撑幼儿全身的重量，减少运动对大脑的震荡的功能。同时，它对保护脊椎、胸腹器官的作用也很大。因此一旦扁平足形成，幼儿的运动能力和劳动力将受到影响。幼儿骨骼方面的问题早期发现非常重要，所以，父母要密切关注幼儿的小脚板，尽早发现、解决扁平足给幼儿今后运动带来的烦恼。

扁平足的成因

导致幼儿扁平足的原因主要有两个，即幼儿的韧带力量不够以及足底肌肉发育不良。这些都是先天的原因。近年来，随着"小胖墩"的增多，扁平足的发病率也提高了。有医生做过统计，扁平足的

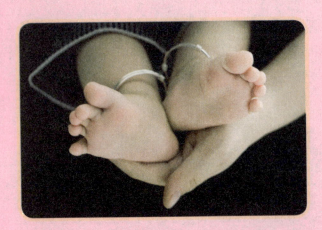

★ 婴儿小时候由于肥胖，大多是没有足弓的，但这和真正的扁平足是两个概念。

发病率与幼儿的体重成正比。因为幼儿正处在生长发育的阶段，手脚的生长速度最快。而胖幼儿足部的肉比较多，如果鞋子小，肉挤在一起，时间长了就可能诱发扁平足。

扁平足的表现

一般来说，婴幼儿足部脂肪丰满，外观大多为扁平足，这是一种正常现象，爸爸妈妈不要担心。先天的扁平足一般在幼儿开始走路后可以观察出来。随着幼儿年龄的增长，往往出现双脚站立和行走时易于疲劳，小腿容易酸胀，严重时膝关节和腰部也会有不适感等症状。

有的幼儿因为身体发育和足部韧带的关系，也会导致足弓塌陷。建议爸爸妈妈持续观察一段时间，幼儿在3岁时就已经可以看到比较明显的足弓了，如果那时脚底板还是平平的，且常常走路姿势不稳、运动后容易脚部发软、疲劳，或是不喜欢走路时，建议尽早带幼儿去医院看看骨科医生。

扁平足的简单自测、预防和纠正
扁平足的简单自测

医生会通过图像检查装置对幼儿的足底骨骼进行检查，或是给幼儿做个小测试。测试很简单，父母在家里也可以给幼儿测测看。

在幼儿的脚上涂上颜料，或者让幼儿踩在薄层面粉上，以获得幼儿的足印。接着，沿足印内侧画一条直线，量出足印中凹陷部到直线的距离。正常足的这个距离，比足印最窄处的宽度大1倍左右。如果二者的距离差不多，表明幼儿为轻度扁平足。如果该距离仅为足印最窄处宽度的1半左右，则为中度扁平足。如果根本没有凹陷存在，那基本上就是重度扁平足了。

扁平足的预防

如果幼儿在很小的月龄便学会站立后，父母也不要急着让幼儿学走。因为，在足弓尚未较好形成的情况下，勉强练习走路，全身重量会压在足部，很容易使足弓过重而逐渐导致扁平足。其次要合理控制幼儿的体重，避免过于肥胖。3岁左右的幼儿，应3～5个月更换一次鞋子。当幼儿穿好鞋子后，妈妈用手指按压鞋面前部，看看脚趾和鞋之间是否有一定的活动缝隙。除了鞋子的长短，宽度也是需要留意。对于胖幼儿来说，可以在其鞋子里垫一个足弓垫，进行预防。值得提醒的是，不要给小幼儿用热水泡脚。因为幼儿足底的韧带遇热会变得松弛，不利足弓发育形成和维持。

及早采取纠正措施

由于足部的构造精细，软骨较多。因此，扁平足一旦形成，即使通过手术，问题也很难彻底解决。所以，要给已经患有扁平足的幼儿，定做专门的扁平足鞋垫。另外，还要每天定时给幼儿做做足部肌肉锻炼，如用足跟、足尖、足的外缘走路等，这些都是预防和纠正扁平足的好方法。

2岁零7个月~2岁零9个月

> 幼儿已经渐渐开始远离父母的视线了，并且有的幼儿已经上了幼儿园，有了自己的小团体，为了幼儿更好地融入社会，父母要从现在起就开始帮助幼儿正确地认知周围的世界，建立良好的生活习惯。

养护要点

● 防止伤害和被伤害

幼儿在游戏中常不知轻重，有时就会伤着对方或被对方伤害。首先要经常告诫幼儿，不能动手打人，不能拿石头、棍子打人，也不能用手去触碰对方的眼睛，不要用力去推倒小朋友，不要咬小朋友等。同时，也要教幼儿学会避开他人的攻击，如小朋友动手时，要挡开他、跑开，使他不能伤到自己。只有这样，才能有效地避免孩子被伤害或者伤害其他幼儿。但是有些父母在幼儿被打之后，会说："他打你，你就狠狠打他！"结果幼儿在下次动手打架时，可能就真的会狠狠打，甚至酿成惨剧。这是非常不可取的教育方式。

● 增强幼儿的安全防范意识

0~3岁的婴幼儿几乎没有自我保护能力，再加上坏人善于伪装，幼儿很容易被各种诱惑所吸引而被人拐骗。因此父母必须随时提高警觉，不要经常让幼儿独处，尽量让幼儿的活动范围在自己的视线之内。

❖ 防止被骗、走失的教育

平常注意给幼儿灌输一些如何自我保护的常识，让幼儿有自我保护的意识，这样就能大大降低危险发生的概率。提醒幼儿即使是熟人，除非家人看见并且允许，否则都不可以随便接受生人给的食物或礼物。当父母暂时不在家时，一定要嘱咐幼儿，如果有陌生人敲门，千万不可以随便打开家门，即使是有些关系的朋友也要先跟父母联系后才能开门。

让幼儿记住自己的家庭地址、爸爸妈妈的姓名、自己的名字，以及父母的工作单位和电话。一般说来，3岁左右的幼儿已完全可记住上述内容。当幼儿在室外做游戏时，家长应在边上看护，如一时有事无法照看，也要托付给可靠的人，并告诉幼儿不能跟陌生人走；即使是认识的人，爸爸妈妈不在时，也不要跟他离开家。

❖ 保护身体隐私的教育

让幼儿逐渐认识自己身体的各部位，告诉他身体的重要性与隐秘性，凡是内衣裤遮盖的地方，不能让别人碰触。当别人触摸到隐私部位或幼儿被要求碰触他人的隐私部位时，要及时告诉家长或老师。

家长应当对幼儿进行安全教育

童大夫提醒

重复告诫幼儿，在遇到危险或不知该怎么办好时，要找警察或其他人求救。如果被坏人控制，千万不能强硬地对抗，最好是先装作不明白真相，然后借机向他人求救等。

新妈妈的育儿困惑

● 怎样对待幼儿的过分依恋

案例

我的孩子是我一手带大的，现在都两岁多了，我一不在身边就会不安地哭起来，甚至连他爸爸都应付不了，这是怎么回事呢？

一般来说，幼儿对妈妈的依恋是非常正常也是很重要的心理健康标志，尤其是当幼儿生病或疲劳时更加依恋妈妈。

但是有些幼儿除了自己的妈妈外，不找任何人，往往会使妈妈筋疲力尽，这种情况就是幼儿对妈妈过分依恋造成的。这种过分的依恋会使幼儿探索环境、兴趣爱好的发展，与他人进行交流的能力和机会减少，不利于幼儿的发展。当该入托幼机构过集体生活时，则会有很长一段时间不适应新的环境，甚至会生病，给家庭带来极大的烦恼。

要解决幼儿对妈妈过分依恋，首先要逐渐让幼儿与其他人多接触，让他走出家门去接触大自然环境，这样可以看到许多树木、花草、汽车、更多的人、高楼大厦等，以激发他的好奇心、对其他事物和人的兴趣，逐渐克服对妈妈的过分依恋。在自然环境中还可以看到更多的事物和人，学到很多东西，对幼儿的视、听感知觉器官也是一个很好的刺激，促进视觉和听觉的发展。在与其他人或小朋友的接触过程中，也会学到一些本领。

● 什么原因使幼儿喜欢赖床呢

很多父母都有这样的苦恼，自己急着要上班，幼儿却仍赖在床上不肯起来。任由父母着急发火，他也毫不理会。面对家中幼儿的赖床现象，父母首先应该了解是什么原因造成的这种现象。

一般来讲，即将满3岁的幼儿，每天的睡眠时间最好在12小时左右。赖床往往都是因为睡眠时间不正常所造成的。首先，由于工作或娱乐的原因，现代的父母"夜猫子"不少，常常在深夜入睡，这种晨昏不定的作息相对地也打乱了幼儿正常的睡眠时间，睡得晚，早晨自然就起不来。其次，父母习惯在睡前与幼儿玩耍，使其处于精神亢奋状态，幼儿会非常不容易入睡，因而导致第二天早晨赖床的情况。

造成赖床的另一个原因是幼儿抗拒上学，两三岁的幼儿最容易有赖床的习惯，主要是因为"不想去幼儿园"。遇到这种情况，父母要详细了解是幼儿不适应幼儿园的生活，还是前一天在园里与其他小朋友有冲突等等。在了解了原因之后，家长可以协助幼儿适应学校生活，让他喜欢去幼儿园，这样也可以改善他的赖床行为。家长要切记，年龄越大的幼儿越需要正常的生活作息，越需要养成良好的睡眠习惯。

本阶段育儿焦点话题

● **适度运动，让宝宝更健康**

运动，作为增强幼儿抗病能力的最佳方法一直被父母忽视。其实，多做运动不仅有利于幼儿的身体健康，它还对促进幼儿智力发展和心理健康有帮助。

宝宝坚持运动的益处

控制体重

事实证明，许多肥胖儿在生活中明显缺乏锻炼。而肥胖儿更容易受到心脏病、糖尿病和高血压等疾病的威胁。通过经常锻炼可以消耗多余的热量。

强化幼儿机体的功能

运动可以使幼儿机体功能得到很大提高，主要表现在以下几方面。

1.增强肌肉：锻炼能使肌肉更加强健，这样能给关节更好的支持，使人不易受伤。

2.强化心脏：有氧运动是指运动身体的大肌肉群，使心脏持续加速跳动几分钟。通过一次次的有氧运动，氧气被输送到肌肉，使心脏变得更加强壮。

3.增加柔韧性：身体柔韧性好的人不容易在剧烈的活动中发生拉伤肌肉或扭伤关节的问题。

锻炼有助于提高幼儿的情绪

锻炼时体内会分泌一种内啡肽，这种化学物质能使人产生极为兴奋的感觉，使幼儿感到身心愉快。

可供选择的运动

提高速度能力的短跑、骑儿童车等项目。

增加力量能力的跳、投等练习。

增强耐力能力的游泳、郊游等练习。

提高柔韧能力的体操、按压等练习。

提高灵敏协调能力的跳舞、荡秋千、拍球等游戏。

运动时的注意事项

运动以不能违背幼儿的生长发育的规律为原则。

必要的情况下，购置防护用品，如骑车时使用头盔，单排轮滑时佩戴护膝和护肘。

鼓励幼儿在运动前先做会儿前后拉伸动作，以增加柔韧性，预防肌肉拉伤。

运动中如发现幼儿出现疼痛、眩晕、头晕或极度疲劳等症状，应立刻停止，使幼儿充分休息并给予必要的能量补充。

★ 无论进行什么锻炼项目，家长都要全程细心陪护。

2岁零10个月~3岁

到3岁时，幼儿的脑重已接近成人脑重的范围，而身体已经非常结实了，对疾病的抵抗能力也有了很大程度的提高。虽然许多事情仍然做得不是太好，但已经基本能够自理，父母可以将重心放在幼儿的教育和培养上面了。

养护要点

● 睡眠显露的健康问题

睡眠和健康有着密切的关系，在婴幼儿时期，由于不会形容和诉说病情，很多症状明显表露出来时才被家长重视，这不免会耽误一些治疗时间。所以，建议家长注意观察幼儿的睡眠表现，以尽早发现幼儿的健康问题。

正常睡眠一般安静舒坦，呼吸均匀而无声，偶尔脸上还会出现有趣的表情。反之，如果幼儿在临睡前烦躁不安，纠缠人，入睡后面部发红，呼吸粗糙，脉搏较快，则可能是发热的表现。

如果幼儿睡眠时出现哭闹呻吟，时常摇头，用手抓耳，或伴有发热，要考虑有无外耳道炎或中耳炎的征兆；入睡后全身出汗，头发都湿了，睡不安，并伴有方颅、枕秃、出牙晚、囟门闭合晚等，应考虑是否有佝偻病。入睡后鼾音不止，张口呼吸，甚者出现面容呆滞，鼻梁宽平之外貌，这有可能是增殖腺肥大影响呼吸所致。外界有巨大声响出现，幼儿也没有反应的情况下，要警惕是否有耳聋疾病。睡眠中如出现不断咀嚼、咬牙，应考虑有无消化不良及肠寄生虫；如出现睡眠不稳，幼儿不自主用手抓屁股，应在后半夜查看肛门有无蛲虫出现。

总之，在睡眠中可以观察许多疾病的苗头，为疾病的诊断和治疗提供线索，家长应该加倍注意。

● 谨防幼儿误服药物

由于这个阶段的幼儿活动能力非常强，且有许多的药物为甜味，所以很容易被幼儿误服。家长一旦发现幼儿误服了药物，切莫惊慌失措，也不能指责幼儿。正确的处理原则是：迅速排出，减少吸收，及时解毒，对症治疗。

首先，要尽早发现幼儿吃错药的反常行为，如幼儿误服安眠药或含有镇静剂的降压药，幼儿会表现出无精打采、昏昏欲睡。家长遇到此事，要马上检查大人用的药物是否被幼儿动过。

其次，家长要尽快弄清幼儿误服了什么药物，服药时间大约有多久，以及误服的剂量有多少。及时掌握情况，为下一步制订治疗方案提供帮助。如果误服的是一般性药物且剂量较少，如毒副作用很小的普通中成药或维生素等，可让幼儿多饮凉开水，使药物稀释并及时从尿中排出。如果吃下的药物剂量大且有毒性，或副作用大（如误服避孕药、安眠药等），则应及时送往医院治疗，切忌延误时间。

如果误服的是腐蚀性较强药物，在将幼儿送往医院的这段时间内，要由有医疗常识的人采取相应的急救措施。比如误服强碱药物，应立即服用食醋、柠檬汁、橘汁等；如果误服强酸，则应使用肥皂水、生蛋清，保护胃黏膜；误服碘酒等，则应饮用米汤、面汤等含淀粉的液体。

家长注意保留幼儿误服药物

童大夫提醒 在送往医院急救时，家长应将误服药物或药瓶带上，以使医生更多了解情况，及时采取解毒措施。

● **教幼儿一些户外安全知识**

随着幼儿年龄的增长，幼儿的户外活动也相应增加了，幼儿许多时候也开始自己或者和小伙伴一起玩耍。因此，教给幼儿一些户外安全知识是非常必要的。

1.幼儿活动前衣着要整齐，上衣最好束在裤子里并系紧鞋带，以防摔跤。

2.告诉幼儿一些基本的安全知识，让他明白什么是危险的，并说明防范措施。

3.让幼儿懂得如何正确运用公共活动设施以及玩具。

4.让幼儿知道在拥挤、有坑洞、潮湿等场地进行活动是不安全的。

5.告诉幼儿在游戏中不能藏入没人去的地方。

新妈妈的育儿困惑

● **3岁左右的幼儿还尿裤子是不是发育有问题**

案例 小云的孩子到3岁了还会时不时地尿裤子，这让她感到很困惑，是不是孩子有什么功能异常呢？

这个年龄的幼儿一般都能控制大小便，并且可以请大人帮忙如厕了。但是有的幼儿还是会经常尿裤子。

其原因可能是他们的整体发育比较迟缓，也可能是因为对他们进行排便训练比较困难所致。另外，还有一种可能，就是一些先天性的原因（比如先天性肛门肌肉调节无力和先天性尿漏等）。一旦发现幼儿存在难于控制自己大小便的情况，要尽快进行相关的检查和治疗。也有些幼

儿本来已经对自己的大小便控制得比较好了，可是，有时候也会突然出现把自己的小便尿到裤子里面的情况。一般来说，这样的幼儿本来是具有控制自己大小便的能力的，但是因为某些心理上的原因，导致他暂时性地出现以上的"退步"现象。特别是当这些幼儿对某些事情感到极度不安的时候，他们就会出现尿频或者是把小便尿在身上的情况。这时，只有从根本上消除使幼儿感到心理不安的各种因素，才能使幼儿的以上症状得以根治。

所以，无论是出于什么原因，在对待幼儿尿裤子这件事情上，大人一定要冷静处置，要给幼儿足够的包容和爱。

本阶段育儿焦点话题

● 怎样对待任性的幼儿

随着生理上的不断发育，幼儿开始逐渐接触更多的事物。不管这些事物对自己是否有益或适宜，他们喜欢凭借自身的兴趣和情绪参与其中，这就是所谓的任性。幼儿任性是一种心理需求的表现。

造成任性的原因

2~3岁的幼儿正好处在性格的萌芽期，这时期的幼儿会经常和大人闹独立。他们对一切事物都想亲力亲为、弄个明白。但是，这种亲历亲为的心理有时候表现得很不合时宜，这时候幼儿和家长的矛盾也就产生了。另外，以下几点也是造成幼儿任性的原因。

过分娇宠、纵容

许多家庭对幼儿的要求诚惶诚恐，生怕照顾不周让幼儿受一点点委屈。无节制、无原则地有求必应，幼儿自然会变得得寸进尺。

父母缺乏耐心

当幼儿任性时，许多父母在开始还坚持原则，可当幼儿哭闹不休时，往往因心烦而向幼儿屈服。最终令幼儿觉得自己只要一直哭闹就会得到想要的，因此父母必须坚持原则。

拒绝过于粗暴

当幼儿提出不合理的要求时，如果父母以不问缘由地用训斥、打骂等方式回应，也会导致幼儿产生逆反心理，以执拗来对抗父母的粗暴，因而助长幼儿的任性行为。

隔代教育

不得不说这是很多家庭存在的问题，由于祖辈太溺爱孩子，使许多幼儿养成了唯我独尊，不听我的不行的坏脾气。

幼儿任性时的处理技巧

在幼儿要按照自己的意愿行事时，家长如果断然拒绝，反而会刺激幼儿的任性行为。那么究竟该怎样对待任性的幼儿呢?

明确告诉幼儿该做什么

对幼儿说话尽量使用肯定而不是疑问的语气，如"很晚了，该睡觉了""天凉了，要多穿一件衣服"，这样表示明确意思的话，而不使用"幼儿乖，睡觉好不好"等让幼儿选择的话。避免幼儿提出无理的要求。

转移注意力

幼儿一般对同一事物的兴趣持续的时间不长，很快会被其他的新鲜事物所吸引。因此，要抓住幼儿的这一心理特点，及时转移幼儿的注意力以脱离困境。反之，父母越是在这一件事情上纠缠，幼儿就会闹得越凶。

冷处理

不妨在幼儿蛮不讲理的时候采取不予理睬的态度，让幼儿自讨没趣。当幼儿做出让步之后，就可以向幼儿解释为什么不能这么做的原因，让幼儿明白他的不合理要求是不会被接受的。

总之，在管教任性幼儿的时候，一定要尊重他们，态度要温柔，用他们听得懂的语言告诉他们为什么不可以这样。因为3岁的幼儿绝不是故意要让父母生气的。这种独立的性格倾向，正是幼儿独立个性发展的重要标志，是一种正常的心理发展现象。

02 备受年轻父母关注的 10 个焦点问题

一、老人带孩子好吗

调查显示，在大多数中国家庭中，孩子都不是由父母亲自带大的，而是由爷爷奶奶或姥姥姥爷带大，还有一些是依靠保姆带大的。

很多年轻的父母由于工作繁忙，没有时间和精力照顾孩子，所以不得不请老人帮忙带孩子。老人带孩子当然存在一定的优势，比如：老人相对平和的心态容易与孩子建立比较融洽的关系，老人丰富的生活实践经验会让他们带孩子时不会手忙脚乱，为年轻的父母解决了后顾之忧。但是老人带孩子真的好吗？

老人带孩子，小心教育的缺失与性格的缺陷

案例 宁宁一直是由爷爷奶奶带的，今年2岁半了，自己能走能跑，可一出门，还是总想让大人抱，难道真是被爷爷奶奶惯坏了？

很多年轻的父母认为，老人的育儿经验丰富，因此带孩子没有问题。但年轻的父母往往忽略了一个重要问题——孩子的教育。老人爱孩子往往表现为对孩子的溺爱，无条件地满足孩子的需要，而很少能做到严格要求与教育孩子。长此以往，这种隔代教养方式必然对孩子的性格发展有所影响。

过分溺爱和放纵，使孩子过于自私、任性。在孩子提出不合理的要求时，老人大多会采取顺从、满足孩子的需要；而当孩子犯了错误时，老人往往也舍不得批评教育。这样，孩子的错误不能得到及时纠正，孩子不合理的欲望也会无原则地得到满足，即使父母想教育，孩子也会因有老人那个保护伞而有恃无恐，稍不合心意就会大哭大闹。因此，这种情况会导致孩子出现"自我中心"，形成自私、任性的性格。

★ 宝宝1岁多了，应该练习自己吃饭了，奶奶可不能包办！

滞后的育儿观不利于孩子的好奇心和创新精神。大多数老年人思想比较传统、保守，也不容易接纳新生事物，因此育儿观相对滞后。他们的思维模式和育儿方式还停留在养育自己孩子的年代，在他们看来，孩子乖、听话、不捣乱，就是好孩子。他们不希望孩子把完好的玩具拆得七零八落，不希望孩子洗澡时拍打水盆把水弄得到处都是，不希望孩子把花盆里的土抠出来看看里面有什么。面对孩子天生的好奇心与创新性的探索精神，老人无法做到正确引导，反而处处阻止、处处管制。如果不给孩子提供一个让他"破坏"、探索的环境，怎么培养孩子的创新个性呢？

包办、替代和保护，不利于孩子独立能力的发展。生活中不乏这样的场景：孩子3岁了，爷

爷奶奶每天还在给孩子穿脱衣服；当孩子已经走得很稳了，爷爷奶奶非要抱着；孩子吃饭时，担心孩子吃不好，就追着赶着喂。很多老人带孩子时，往往"越俎代庖"，什么事都替孩子做了，殊不知这种做法恰恰束缚了孩子的手脚，错过了培养自理、独立能力的敏感期，导致孩子动作发展缓慢，自理能力差，不能独自解决问题，一遇到困难就没有信心，只会叫别人来帮忙，一旦失败就会哭闹、发脾气。

老年人的言行容易导致孩子缺乏活力、心理老化。多数老年人喜静不喜动，更不爱外出活动。孩子长期与老人相处，耳濡目染就会模仿老年人的言行，不仅模仿老人的话，还会模仿老人的动作行为。时间久了，孩子就会淡化自身的性格，而像个"小老人"一样说话做事。严重的还

会造成孩子固执、心胸狭隘、退缩、心理老年化等。另外，老人不喜欢外出活动还会导致孩子的身体缺乏锻炼，从而造成孩子体质差、容易生病。

解决隔代教育问题的建议

对于孩子的教育与个性发展，隔代教育难免会产生一些负面影响，那么，怎样才能将隔代教育的弊端最大限度地减少呢？不妨看看下面的建议。

寻找一个平衡点。老人在养育孩子时最好能理智与感情平衡一些，不要错将爱与溺爱混为一谈，对孩子的爱要适度。另外，老人还要向年轻的父母学习，在给孩子自由的同时也要制定一些规则，不能给了自由而缺乏规则。这是因为，没有规则的环境并不能让孩子更好地发展，一个缺乏规则的环境反而会带给孩子更多的不安全感。

两代人统一育儿观。由于生长环境和时代有着显著的差异，年轻的父母与老人在教育孩子的问题上也存在很大差距。老人带孩子更看重道德教育，这无形中就会给孩子更多的约束。而年轻的父母则更注重孩子的智力培养与个性发展，他们不但向孩子传递丰富的知识，还会给孩子更多的自由，让孩子自由探索。在教育孩子的问题上，两代人之间要尽量平心静气多沟通，统一思想认识，避免在孩子面前暴露分歧。老人最好通过各种渠道多接受一些新思想，学习新知识，尝试用新的育儿方法来带孩子；年轻的父母们也要尽量多向老人请教，多沟通养育方法。

避免出现亲子嫉妒现象。在很多家庭中，往往存在老人与年轻的父母在宝宝面前"争宠"的现象。这种现象不利于孩子的成长。因此，无论是老人还是年轻的父母都要冷静地看待这个问题，为孩子筑起爱心的家园，让孩子接触家庭里的每一个成员，努力营造一个有利于家庭教育的温馨氛围。

年轻的父母应承担必要的责任。养育孩子是每一位父母必须承担的责任，因此年轻的父母不管多忙都要尽量多与宝宝在一起，而不应像"甩手掌柜"一样把对孩子的教育与抚养完全交给老人。如果父母长期忽视孩子渴望与父母在一起的心理需求，孩子的心理健康就会受到影响，如孩子的安全感与对他人的信任感的缺失等等。另外，孩子为了获得父母更多的关注，也可能出现很多问题行为。这些都是为人父母者应该考虑并避免的。

★ 爸爸妈妈应尽量抽出时间多陪陪宝宝。

二、保姆看孩子要注意什么

大多数年轻的父母工作较忙，而当前的幼儿园又不可能全面照管婴幼儿，因此，许多父母不得不请保姆到家里帮助照顾孩子。然而，目前的保姆大多数是年轻的女性，其中很多人都没有过生育经历，因此育儿知识比较匮乏，个人卫生保健意识也不强。如果不注重对保姆的挑选，不注意她的身体健康状况，可能会影响孩子的健康。因此，请保姆时一定要慎重挑选。另外，一旦选好了保姆，尽量不要频繁更换，以免孩子无法适应。

保姆的素质会直接影响到对孩子的照顾，在条件许可的情况下，选保姆时应考虑以下几个原则。

● **有爱心、有耐心**

选保姆时，最好通过交谈、调查等方式，了解保姆的性格和人品，找到一个有爱心、有耐心的人来照顾孩子，切不可碍于亲友介绍的面子而忽略这一点。

● **最好有一定的文化修养**

有一定的文化修养的保姆能较快地接受新事物、学习新知识，对于一些新的育儿知识也能尽快学会，这对照顾宝宝十分有利。

● **接受必要的健康检查**

健康检查不仅包括身体健康检查，也包括心理健康测试。

❖ **身体健康检查项目**

1.内科：血压、体重指数、胸部心肺、腹部肝脾检查。

2.外科：脊柱、四肢关节、甲状腺、腹股沟、腋下淋巴结检查。

3.放射科：胸部摄片或胸透。

4.实验室：肝功能、乙肝标志物5项、丙肝抗体、大便虫卵、结核抗体。

❖ 心理健康检查

除了身体健康检查项目外，在条件允许的情况下，最好能带保姆由心理医生做一次心理健康测试。但人们对看心理医生往往有抵触情绪，因此一定要征得保姆的同意才能进行。目前，我国的心理测试项目主要是SCL90或其他一些临床心理疾病测试。如果心理健康检查无法实现，就只能凭经验来找了，但最好找有过做母亲经历的女性。

保姆单独看护孩子时的父母必读

1.在需要时，保姆必须能在第一时间找到父母。

2.保姆必须知道急救中心的电话，以及离你家最近的医院电话和去医院的路线。

3.让保姆知道家庭急救箱在哪里。

4.告诉保姆警惕烟雾，知道消防设备存放的位置，让她认识紧急通道或安全出口，并为她演示消防设备的使用方法。

5.将物业管理部、父母手机、父母办公室、亲戚等的电话号码列出，并贴在保姆最容易看到的地方，以便紧急情况时备用。

6.告诉保姆家里房门钥匙在哪里，以便宝宝被锁在房里时急用。

童大夫提醒

7.离家前向保姆提出看护孩子的具体要求。

8.让保姆了解孩子的特殊问题，如发生过敏反应等特殊情况下如何使用药物。

9.告诉保姆不要让陌生人进家门。

对保姆提出适当的要求

● 要有科学的喂养与养护知识

0~3岁的婴幼儿处于身体发育的关键阶段，如果喂养不当或护理不周，往往容易引发多方面的问题。如，因过早添加辅食导致孩子过敏；长期单一的饮食造成孩子缺锌、钙、铁等营养素，甚至导致一些疾病；未能及时更换纸尿裤或清洁不当而引起各种皮炎、皮疹，等等。因此，父母一定要要求看护人具备一定的科学喂养与养护知识。在条件允许的情况下，最好挑选受过专业培训的保姆。如果保姆没有科学的育儿知识，那么父母就要多与保姆沟通，争取让保姆尽快掌握这些知识。

● 对保姆提出的安全要求

　　1.无论在家里还是在外面，任何时候都不能离开孩子。

　　2.没有家长的许可，不得给孩子服用任何药物。

　　3.不要让孩子玩硬币、玻璃球、塑料袋、气球等危险物品。

　　4.不要给孩子吃硬糖块、坚果、爆米花、大块水果，以及任何硬而光滑、容易造成气管异物及哽噎的食品。

　　5.不要让孩子在电源插座、楼梯等地方玩耍。

　　6.不要让孩子在水边玩耍。

帮助孩子适应保姆的照顾

● 淡化宝宝对父母的依恋

　　在请保姆带孩子的同时，父母一定要淡化孩子对自己的依恋，增强孩子的社会倾向性，这样才能帮助孩子尽快习惯保姆照顾。平时应逐渐减少妈妈对孩子的照顾，如，让孩子单独睡眠；多带孩子去户外游玩，去亲友家做客，多与小朋友交流；妈妈与保姆共同照顾宝宝一段时间，使宝宝与保姆相互熟悉，避免因突然交接而导致宝宝对保姆有陌生感。

● 培养宝宝与保姆之间的感情

案例　乐乐2岁了，一直是妈妈在带，妈妈马上要上班了，就请了位阿姨，这位阿姨性格挺好的，养护知识也懂不少，但乐乐特别不愿意和阿姨在一起，每天还非常黏着妈妈。妈妈想是不是该换个阿姨？

乐乐不愿意让阿姨带，是因为宝宝跟阿姨还不熟悉，父母没有给宝宝留出接纳阿姨的时间。

　　其实，在保姆正式照顾宝宝前，一定要先让宝宝对保姆产生接纳、喜欢、依恋的情感，这是宝宝适应保姆照顾的心理基础，应注意培养宝宝与保姆之间的感情。可以把让宝宝高兴的事情交给保姆来做，比如让保姆给宝宝讲故事、读儿歌，由保姆带宝宝去户外玩等，以增加宝宝对保姆的依恋；为了让保姆能针对宝宝的特点照顾宝宝，应尽早向保姆介绍宝宝的生活习惯、性格特征等；当宝宝与保姆比较熟悉后，可逐渐增加保姆照顾宝宝的内容及时间。

不宜频繁更换保姆

　　选保姆时，最好将各方面的因素都考虑好，一旦选好一位合适的，就尽量不要频繁更换。因为频繁更换看护人，对婴幼儿来说是十分不利的。0~3岁的婴幼儿对他的看护人有一个熟悉适应的过程，如果频繁更换保姆，就会使孩子因缺乏安全感而变得焦躁不安、睡眠不踏实、食欲下降，甚至引发心理问题。

童大夫提醒

三、怎样选择合适的
手推车

宝宝满月后，就要适当带宝宝到户外活动了，这时一辆轻便、好用的手推车就派上用场了。作为新手父母的你，对手推车了解多少呢？又该怎样为宝宝挑选一辆安全而又舒适的手推车呢？

全面了解手推车

目前，市面上的手推车有多种类型，但不论是哪种手推车，都应具备下面这些重要组件及功能。

● 坐垫

坐垫在设计上会按照婴儿车的大小或收折方式而有不同的剪裁。一般来说，坐卧两用的车座位较宽敞及厚实；而轻便车由于轻巧的要求，通常只有单层布面支撑。还要注意，坐垫载重后下压的幅度不可太深，否则宝宝会不舒服。此外，为了保护宝宝幼小的头部，不妨选择有柔软设计的护头靠垫。

● 遮阳篷

遮阳篷是手推车的必需组件之一，它的大小关系到遮阳范围以及防风作用的强弱。有一种特别设计的遮阳伞，能固定在车架上，可调整方向及高低，并能掌握日照方向并较为通风。另外，有些遮阳篷还具有抗紫外线的功能。遮阳篷上方最好有开窗的透明设计，以便随时能观察到宝宝的状况。

● 椅背

椅背分为可调整与固定角度两种。坐卧两用的车可调到平躺位置，较适合宝宝1岁以内时使用；而轻便型的伞车椅背调整通常是固定或是调整角度较小。不论是哪种类型的手推车，其椅背设计都应符合人体工程学设计标准，应选择纵向缝合的椅背设计，以便保护婴幼儿还未发育成熟的颈背部。

● 把手

把手可分为定向和双向两种类型。双向把手能换向推行，大人可以面对宝宝。另外，也有把手高低可以调整的手推车，这主要是针对不同身高而设计的。

● **骨架**

手推车的骨架有的是铁管，有的是铝管，家长在挑选时切不可因一味追求重量轻便而选择车架不牢固的，以免发生危险。

● **收合**

目前市面上大体上有三大类收合。一是传统收合，将前后折合后站立，常见于坐卧两用手推车，折合后是四方形；二是左右折合再上下折，常见于伞车，收合后是一细长状，体积较小，但通常不能站立；三是前后折合再左右对折，收合后大小合适，可背在肩膀上，是目前较受欢迎的设计，但车架较不稳固，使用时要多留意凹凸不平的路面。

● **安全带**

安全带的功能是保护宝宝不致因乱动而跌落车外。任何一款手推车都有安全带设计。

● **前护栏**

前护栏可防止宝宝摔落，最好选择可拆卸的设计，因为这样不但便于更换尿布，而且等孩子较大时可拆掉护栏以免座位空间太小。

● **刹车装置**

刹车装置是手推车必备的安全设备之一，而一般使用于手推车的刹车装置具有减速的功能。挑选时，将车架放置于地面上，压下刹车杆使之成为停止状态，稍加用力往前及往后推拉，查看刹车杆是否会跳脱或容易滑动。

● **防震装置**

一般手推车均设有防震功能，以免行至颠簸路面时颠到宝宝，防震装置一般装设前轮组或者后轮组，在挑选时可将车放置于地面，轻压车架测试其弹性程度。

● **高度调整装置**

为增加操作者推动时的舒适性，在手推杆的位置加设有可调整高度的装置。此装置分折弯式与伸缩式两种，可根据个人的不同需要进行挑选。

● **置物篮**

置物篮通常设计在推车下方，外出时便于摆放婴儿的奶瓶、玩具等。

● **其他手推车附加物**

手推车除了以上装置外，还有一些附加物，可根据每个人的使用习惯或当地的气候状况来挑选。餐盘，可装置于座位前方；上置物盘，可提供操作者放饮料或小物件；脚罩，适合较冷地区在户外使用，可起到保暖作用；雨罩，雨天时可全罩式覆盖手推车。

手推车选购细则

面对市面上款式众多的手推车，年轻的父母如何为宝宝挑选一辆安全而又舒适的手推车呢？主要有三点：

1.除了功能多、易操作、价格低等因素外，最关键的要考虑到安全因素。

2.初步了解手推车的基本构架以及其材质，如骨架、织布、轮子等组件是否符合你的要求。

3.不要把手推车当成多功能购物车。很多家长在选购手推车时希望手推车有多种附加功能存在，认为这样才物超所值。但这种想法并不适用于手推车，专家认为：一个产品相互配合组装或共用的部位越多，出现问题的比例也会越高，尤其要求高安全性的产品。因此选购手推车时，切不可贪图多功能。

四、怎样纠正使用学步车的误区

当宝宝跃跃欲试地尝试扶物站立、迈步时，你是否考虑给宝宝买辆学步车呢？你是不是想把宝宝放在学步车里，觉得不仅安全，还能锻炼宝宝走路呢？但真实的情况是这样吗？

专家认为，在宝宝学步期间，尽量不用学步车，而应让宝宝自主学习走路。如果给宝宝用学步车，可能会对宝宝造成一定的伤害。给宝宝使用学步车的具体危害如下。

使宝宝活动受限

学步车将宝宝固定在车内，使宝宝失去了锻炼大动作的机会，如爬、站立、弯腰、走路等。坐在学步车里的宝宝需要活动时，可以借助车轮毫不费力地滑行，缺乏自主锻炼。

易致宝宝骨骼畸形

案例　多多7个多月时，舅舅送了一辆漂亮的学步车给她。多多在车内能自己玩，很乖。但奇怪的是，多多走路反而比别人家的孩子晚，2岁多了走路还不稳，到医院一检查，才知道多多患了扁平足和罗圈腿。

专家认为，婴幼儿长期用学步车，会导致发育异常，如X形腿或O形腿。

导致宝宝欠脚儿走路

过早或过多使用学步车不当，会对婴儿发育产生不良影响。如果让刚满7个月的宝宝就用学步车，因宝宝个子小，坐垫过高，脚不能完全着地，只能用脚尖触地滑行。久而久之，宝宝就形成前脚掌触地的欠脚儿走路姿势。

意外事故发生率高

坐在学步车中的宝宝头部所占比重大、较重，又暴露在车身架的外面，缺乏安全保护，一旦翻倒，宝宝的头部就容易受伤。此外，由于宝宝凭借学步车就能快速进入危险地带，常常令大人猝不及防，因此手指夹伤、擦伤、划伤、烫伤、触电等受伤事件时有发生。

影响宝宝智力发育

宝宝是通过接触、抓握、敲敲打打等动作来学习并认识物体的，自由的探索有助于宝宝智能的发展，而学步车限制了宝宝的自由活动，剥夺了宝宝学习的机会，因此也会影响宝宝智力的发育。

影响宝宝性格发展

1岁以内的婴儿学习爬行，对身体各部位动作的协调起着至关重要的作用。如果婴儿整天待在学步车中，就会错过关键的爬行学习期，容易患感觉统合失调综合征，表现为脾气暴躁、好动、任性、不易与人沟通等。

五、自驾出行时，怎样给宝宝用安全座椅

目前，家庭汽车越来越多，人们的生活也越来越便利了，但值得注意的是，交通事故造成的儿童意外伤害也逐渐增多。这样，正确选择和使用儿童安全座椅就变得尤为重要。

选购安全座椅须注意

● 根据具体情况选购

选购安全座椅，首先要根据宝宝的年龄、身高和体重来选择。其次，要购买和你的汽车配套的安全座椅。另外，还要符合你的家庭预算。在孩子的整个童年里，家长需要给孩子购买两个儿童安全座椅和至少一个增高安全坐垫。第一个安全座椅应选择后向式的，适合婴儿时期使用；第二个安全座椅是小型的、前向式的，在宝宝体重达到15千克以后使用。当孩子身高超出后向式安全座椅时，可以换成前向式安全座椅。当孩子坐在儿童安全坐垫上被垫高后，就可以用普通的标准三点式安全带将他固定在位子上了。

● 避免购买二手产品

儿童座椅的最长使用寿命一般为10年，超过使用年限的座椅，安全性降低，绝对不能再用了。因此，专家建议，尽量不要购买二手的儿童安全座椅，因为你很难了解二手安全座椅的使用背景，各种部件可能已经丢失、损坏、老化，一旦出现交通事故，起不到任何保护作用。

安装与使用安全座椅须注意

安装、使用安全座椅前一定要认真阅读产品说明书，并严格按照说明书上的方法来安装。此外，还要注意以下事项。

1.千万不要把安全座椅安装在副驾驶位置，孩子至少要到13岁才可以坐在副驾驶的位置。

2.安全座椅如果在事故中有所损伤，应及时更换。

3.不要让卡扣处于半锁定状况。

4.不要把安全座椅的系绳锁在汽车后部的锁扣上。

5.绝对不要擅自对安全座椅或汽车安全带的设计进行改动。

6.防止安全座椅捆绑不够紧。安全座椅经汽车安全带捆绑后，抓住安全座椅底部，试着向前及左右晃动，如果晃动的幅度达2.5厘米以上，就说明安全座椅绑得不够紧。

六、纸尿裤VS布尿布，究竟用哪个好

案例　果果一出生，妈妈就天天给他用纸尿裤，因为妈妈觉得纸尿裤吸水性好，能及时吸收宝宝的尿液，宝宝不会长尿布疹。可没想到果果每天尿便都特别多，有的时候妈妈一天要给他换20次，一天下来就用掉好多片，心想这样用下去，家里的开销就太大了。为了节省开支，妈妈想将布尿布与纸尿裤结合着用，但布尿布常常会让宝宝湿屁股，而且用起来也不方便，妈妈实在是不知道该怎么办好了。

★ 在现代家庭中，纸尿裤的使用率往往高于布尿布。

其实，纸尿裤和布尿布各有其利弊，究竟哪个更方便、哪个更适合宝宝，都不能一概而论，而应好好做个对比，帮宝宝选出最适合他的。

纸尿裤的优缺点

● 优点

方便快捷。使用纸尿裤能很方便迅速地处理好宝宝的"臭臭"，新爸爸、新妈妈不必每天洗大堆的尿布，可以有足够的时间休息并与宝宝联络感情。

整洁、方便外出。给宝宝穿上纸尿裤非常整洁，不用担心尿液渗出来。另外，外出时给宝宝穿上纸尿裤还能避免一些尴尬。

● 缺点

尽管纸尿裤有很强的吸水性，但尿液始终是浸在纸内的，如不及时给宝宝更换纸尿裤，局部潮湿和尿液中的盐分就会刺激宝宝娇嫩的皮肤而引起皮炎、皮疹。

布尿布的优缺点

● 优点

1.纯棉尿布透气性好，能保持宝宝肌肤干爽，避免引起尿布疹。

2.安全、无刺激。布尿布是用棉布做的，对宝宝来说，更安全，没有刺激。

3.使用布尿布能及时发现宝宝小便。给宝宝使用布尿布，父母就会定时给宝宝把尿，这样容易让宝宝养成规律的排尿习惯。

4.经济实用。棉尿布价格比较低，可以重复使用，十分经济耐用，相对而言，比纸尿裤要便宜得多。

● 缺点

布尿布也有它的不足之处，棉尿布尿湿一次就必须更换，因此要准备很多。另外，洗涤尿布也很麻烦，洗后还要用开水烫、日光暴晒消毒、等待晾干等程序，因此用起来并不便捷。

纸尿裤、布尿布按需使用

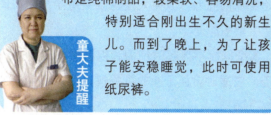

白天，最好给孩子使用传统的尿布片，少用或不用一次性纸尿裤。这是因为布尿布是纯棉制品，较柔软、容易清洗，特别适合刚出生不久的新生儿。而到了晚上，为了让孩子能安稳睡觉，此时可使用纸尿裤。

童大夫提醒

纸尿裤的挑选

市场上纸尿裤的品种非常丰富，有不同品牌的、不同尺寸的，甚至有专为男宝宝、女宝宝设计的不同颜色。面对形形色色的纸尿裤，新妈妈们应该如何选择呢？

● 选择轻薄透气的

挑选纸尿裤时，不仅要注重厚度和吸水强度，而且还要注重纸尿裤的透气性，否则纸尿裤里潮湿、闷热、不透气的环境必然会导致宝宝出现皮炎、皮疹。

● 选择有滋润保护层的

很多妈妈在挑选纸尿裤时，往往比较注重紧贴小宝宝屁屁的无纺布层是否能有效阻隔尿液对宝宝屁屁的刺激。但值得注意的是，优质的纸尿裤一般都会在这层无纺布中添加一种天然的护肤成分，形成一层含有润肤成分的保护层。

● 选择吸收快、不回渗的

吸收快的纸尿裤可以减少尿液与皮肤接触的时间。另外，纸尿裤表层的材质也要选择干爽而不回渗的，这样可让宝宝在夜晚安睡而不影响睡眠。

● 选择触感舒服的

宝宝的肌肤非常敏感，只要有一点点刺激，都会让他感到非常不舒服。因此，选择纸尿裤时一定要选择触感舒服的。

● 选择细节处理完美的

市面上销售的纸尿裤大多数都已达到了不外漏的标准。但需要注意的是，在宝宝腿部及腰部的缩口设计是否因防漏而太紧，材质的使用是否令宝宝舒服等。

布尿布的制作

● 选材

自制布尿布选材十分重要，最好用吸湿性好且柔软的棉布。建议妈妈去市场买薄、细的棉纱布，洗涤起来方便，晾晒也易干。另外，半旧的浅色棉质内衣非常柔软，吸水性也很好，是自制尿布材料的不错选择。

● 颜色

布尿布的颜色以白、浅黄、浅粉为宜，不宜用深色，尤其是蓝色、紫色。

● 厚度

可用2～3层棉布做好一块布尿布，这样既不会因为过薄而影响吸水，也不会因为过厚而影响宝宝活动。

● 尺寸

布尿布的尺寸一般以36厘米×36厘米为宜，也可做成36厘米×12厘米的长方形。

● 消毒

布尿布一定要清洗干净，一旦残留酸性、碱性物质，都会对宝宝的皮肤造成刺激，消毒具体有两种方法：开水烫、太阳晒。

纸尿裤的使用方法

使用纸尿裤前，应做好准备工作：准备婴儿专用盆、毛巾、湿巾、纸尿裤、爽身粉或护臀霜等物品；大人将手洗净，摘掉戒指、手链等物件，以防剌伤宝宝。

● 操作方法

1.解开宝宝的衣服，撕开纸尿裤粘扣，将纸尿裤粘扣反粘，以免损伤宝宝的皮肤。

2.抓住宝宝的小脚，并提起双腿，抬高宝宝的臀部，手腕注意向上，中指隔在宝宝的两脚之间，以免因两脚挤压而硌疼宝宝。

3.右手把脏尿布向内反折，垫在宝宝的臀下。如果宝宝大便了，先用脏尿布或者纸尿裤较干净的部分清理残留的大便，注意要从前向后擦，然后再将尿布反折后垫在宝宝的臀下。

4.用湿纸巾自上而下擦净大腿根部、会阴部及肛门，尽可能一次性擦净，避免反复擦拭。如果担心擦不干净，也可用清水清洗一下，注意清洗要从前往后进行，最后清洗肛门，以免引起生殖道感染。充分吸干宝宝臀部的水，小心取走脏尿布。

5.把干净的纸尿裤平铺在宝宝臀下，整理纸尿裤。把纸尿裤下端从宝宝臀下拉出，向上平铺

在宝宝的腹部，但不要高于肚脐，后腰部要略高于前腹部。

6.贴好纸尿裤两侧的腰贴。将包裹大腿周围的防漏侧边的最外层一圈拉出来。并将纸尿裤上边稍翻折一下，不要让纸尿裤盖住宝宝的脐部。

● 注意事项

1.每次更换纸尿裤前必须用清水和肥皂洗手，避免手上细菌污染纸尿裤。

2.清理宝宝大便及为宝宝清洗臀部时，一定要始终从前向后，以免大便污染生殖器，尤其是女宝宝更应如此。

3.纸尿裤不要超时使用，以防渗漏或产生尿布疹，应适时更换干净的纸尿裤，保持宝宝皮肤干爽、清洁。

4.避免胶带与宝宝的皮肤接触，或沾到爽身粉、婴儿油。

5.使用纸尿裤时，如果发现宝宝皮肤有过敏现象，请立即停止使用，并更换品牌。

布尿布的使用方法

布尿布的使用方法并不繁琐，只要折好后给宝宝换上即可。下面以中间三层的布尿布为例，介绍一下布尿布的使用方法。

● 操作方法

1.先清洁宝宝的臀部，并给宝宝涂上护臀膏。

2.抓住宝宝的踝部提起双腿，把尿布垫在宝宝臀下，上缘与腰部齐平。

3.将尿布从宝宝的两腿中间往上折，注意要保证男宝宝的阴茎朝下，按住，同时把一侧边适当卷折。

4.把对侧的一角围着腰拉过来，轻轻拉紧尿布。

5.按住先拉过来的那一头，再把另一头往前拉，注意把尿布拉得紧一些。

6.把大人的手指伸入尿布与宝宝肚子之间衬着，将各层布用安全别针别在一起，扣好。

7.包好的尿布应贴紧宝宝的腰及两侧大腿。用手指检查一下，因为宝宝好动，布尿布经常会松开。如果尿布已松开，取下别针，再重新包一遍即可。

● **注意事项**

1.布尿布一定要经过消毒处理。

2.在阴雨天气时，布尿布不容易干，可以用电熨斗或电吹风烘干。

3.将晾好的布尿布折好，摆放整齐，这样使用起来比较方便。

4.如果不想每天花很多时间去洗布尿布，可以准备一个专门放布尿布的桶，这样可以集中清洗。但前提是，一定要准备足够多的布尿布，否则会因尿布未干而不够用。

5.洗布尿布应使用专门清洗布尿布和婴儿衣物的洗涤剂。

6.勿用柔顺剂洗布尿布，因为柔顺剂会在布尿布表面形成一层保护膜，影响尿液的吸收。

关于纸尿裤的问题释疑

1.需要多长时间换一次纸尿裤？

婴儿的膀胱还未发育完全，还没有形成规律的排便习惯，也不能将小便在体内存放很久，因此更换纸尿裤的次数会比较频繁。开始时可每天更换6~7次，随月龄的增长，可逐步改为一天4次。

2.什么情况下会出现尿布疹？

纸尿裤长时间未能更换、过于潮湿等，都容易导致宝宝出现尿布疹。因此，家长在使用纸尿裤时一定要做到适时更换。

3.纸尿裤是否会对宝宝的小鸡鸡不利？

无论是使用布尿布还是纸尿裤，都会使阴囊内的温度升高，但到目前还没有证据表明使用纸尿裤与男性不育有关。

4.宝宝患有尿布皮炎，是什么原因导致的？

尿布皮炎是接触性皮炎的一种特殊类型，主要是因纸尿裤的使用不当所致。首先应该选用质量佳、透气性好，而且不会回渗的纸尿裤，并要经常更换，尤其不能让宝宝的臀部浸泡在粪便中，要保持干爽、清洁。

5.宝宝使用纸尿裤后阴囊上被磨出了几条红痕，怎么办？

这是纸尿裤勒得太紧造成的，尝试着松一松就会好了。切记，宝宝的纸尿裤不可勒得太紧，否则极易造成皮肤发炎。

童大夫提醒

七、宝宝独睡好不好

有的父母为了方便地照顾宝宝，习惯让宝宝与自己同睡一个被窝，尤其是到了寒冷的冬天，这种现象更为普遍。但这种做法很不科学，不利于宝宝的生长发育。所以，父母还是早下决心让宝宝独睡吧。

宝宝和大人一起睡危害大

● 导致宝宝吸氧不足，影响脑发育

在全身各个器官中，人脑组织的耗氧量最大，一个成年人脑的耗氧量占全身耗氧量的20%；而对于小宝宝而言，其脑耗氧量占全身耗氧量的比例比成年人更大，婴幼儿可高达50%。如果宝宝与父母同睡，父母的呼吸会使周围空气中的二氧化碳含量增高，睡眠中的宝宝就会感到呼吸困难，脑供氧不足，因而引起睡不稳、半夜哭闹，睡在父母中间的宝宝会更严重。婴幼儿长期处在这种缺氧的环境中，会影响脑组织的新陈代谢，严重者还会影响正常的脑发育。

★ 睡觉前，宝宝非常喜欢听妈妈讲故事。

另外，人体通过呼吸代谢的产物有400多种，在空气流通的情况下，这些产物会迅速扩散，不会造成污染。而在比较封闭的房间里，特别是在同一被窝里，这些污染物的浓度就会达到很高的程度，如果婴幼儿长期受到这些污染物的污染，对其健康发育非常不利。

● 容易发生意外伤害

大人搂着宝宝睡觉，对宝宝而言，存在较大的潜在威胁。如，大人翻身时忘了宝宝在身边压伤宝宝；大人不注意，将被子蒙住了宝宝头部导致宝宝窒息，等等。而大人一旦患了流感或皮肤病等，也容易通过呼吸、皮肤接触等途径传染给免疫力和抵抗力弱的宝宝。另外，大人与宝宝同睡，双方都得不到舒适、自由的休息，不利于消除疲劳和身体的自由活动。

为宝宝独睡创造条件

> **案例**
>
> 欢欢马上就3岁了，爸爸妈妈一直想让她自己睡一个房间，可是试了几次都没成功，不是欢欢缠着妈妈不放就是半夜哭醒。最后，妈妈没办法，只能让欢欢继续跟自己一起睡。

这种做法不可取，为了宝宝的健康，父母要尽早让宝宝适应独睡，并为宝宝独睡创造条件。

● 为宝宝打造一个有利睡眠的优质环境

宝宝睡觉的房间颜色上可以刷成柔和的蓝色或黄色，让宝宝感受到安静和温暖。室内的温度最好保持在20摄氏度左右，并保证空气流通。被褥的透气性要好，要给宝宝准备合适的枕头，不能用软枕头，以免宝宝将脸埋在枕头里而造成呼吸困难。等宝宝大一些了，还可以让他自己挑选房间的其他饰物。

● 独睡时要让宝宝有安全感

独睡要等宝宝到了一定年龄后才能实施，这是因为太小的宝宝还未建立起安全感，独睡时会紧张。因此，刚出生不久的宝宝是不能独睡的，但可以分床不分房。这样，宝宝随时能听到爸爸妈妈的声音，也不会缺乏安全感。但到了2~3岁时，就要分房了，父母可以为宝宝找些娃娃或宝宝依恋的其他玩具做朋友，陪宝宝睡，让宝宝感觉不孤单。

● 睡前稳定宝宝的情绪

为了让宝宝能安稳地独睡，父母要尽可能多地关心和爱抚宝宝。至少睡前1小时内，不让宝宝进行大量兴奋的活动，让他安静下来。并做好睡前的常规准备工作，如刷牙、上厕所、脱衣服等，让宝宝做好睡觉的心理准备。宝宝上床后，父母其中一人要给宝宝讲故事，读儿歌，跟宝宝说晚安，让宝宝感受到父母的关注，以便让宝宝有更多的安全感。

● 告诉宝宝一个人睡是长大的标志

如果宝宝比较大了还不肯独睡，父母可以这样鼓励他：自己睡说明宝宝已经长大了，可以自己做主了。勇敢的宝宝都愿意一个人睡。如果宝宝独睡成功，第二天起床时，父母不要忘记及时表扬和鼓励宝宝，以此强化他的独立心理。

● 家长也要做好心理准备

有些父母决定让宝宝独睡了，宝宝的小床也准备好了，但一直下不了决心让宝宝一个人睡。有时宝宝半夜跑回大床，家长就心软了，始终无法让宝宝养成独睡的习惯。因此，家长也要做好

心理准备，帮助宝宝养成独睡的习惯。但不必急于求成，以免使宝宝对独睡产生恐惧心理。

宝宝独睡专家释疑

● 宝宝一个人睡时晚上踢被子怎么办

对于这种情况，建议大人睡觉时开着房门，夜里常去看看宝宝有没有踢被子、睡姿是否正确等。

● 宝宝做噩梦哭醒时要不要抱回大人的房间

如果宝宝晚上做噩梦了，最好不要轻易地把他抱回大人房间，家长可以留在宝宝的房间里陪陪他，直到宝宝平静下来。让宝宝明白，自己的

房间是最安全的，他才能安心睡觉。

● 宝宝3岁了，但还是害怕一个人睡，怎么办

这个年龄的宝宝已进入了独立意识萌发和迅速发展的重要时期。如果条件允许，完全可以让宝宝自己睡一个房间；如果没有条件，至少也应该让宝宝独自睡一张小床。这对于培养宝宝心理上的独立感十分有利。这种独立意识与能力的培养，对宝宝日后对社会适应能力的发展有直接的关系。如果宝宝不敢独睡，你可以采取一些办法来消除宝宝对于自己睡觉的恐惧心理：一是为宝宝准备一间温馨舒适的小房间或一张特意为宝宝购置的小床，并帮助他一起布置自己的小天地，让宝宝喜欢自己的生活环境。二是当宝宝害怕时，你可以用宝宝能理解的话告诉他，没有什么可怕的东西。开始时，你可以在宝宝上床后在他的小屋里或小床边陪他一会儿，等他睡着后再离开。如果宝宝自己睡得很好，第二天早晨就给予宝宝鼓励，以强化宝宝的独立心理和行为。

● 独睡就能培养宝宝的独立性吗

当宝宝习惯独睡后，他会逐渐意识到自己是独立的、可以脱离父母的个体，并在没有父母协助的情况下自己做很多事情。因此，独睡是有助于培养宝宝的独立意识和自理能力的，可防止宝宝过度依赖父母。但独立意识的培养是多方面的，家长不能把独睡当成唯一的手段。另外，在培养宝宝独睡时，家长也要让宝宝随时感受爸爸妈妈的关爱。

八、三种睡姿，哪个好呢

睡眠姿势有仰睡、俯睡和侧睡三种。对于这三种睡姿，哪种更适合宝宝呢？这个问题不能一概而论，因为每种睡姿都有其优缺点，究竟怎么选择，还要根据具体情况而定。

细述宝宝仰睡的优缺点

仰睡是新生儿最常见的睡姿，很多妈妈理所当然地认为仰睡是最适合宝宝的。其实不然，因为仰睡有优点的同时，也存在一定的弊端。

● 宝宝仰睡的优点

仰睡时，宝宝的口、鼻直接向上接触空气，妈妈不用担心被子、枕头等物品遮掩口鼻而影响呼吸。

宝宝仰睡时，妈妈可以直接观察宝宝脸部的肤色及表情，如口鼻处是否有过多分泌物、嘴边是否有呕吐物、脸色是否发绀怪异等。便于妈妈及早发现异常情况，并把握好处理时机。

有利于给宝宝睡头形。传统观点认为，仰睡有利于让宝宝形成漂亮的脸形。

宝宝仰睡时，四肢不受限制，可以灵活活动，这对宝宝的成长发育及动作的发展有益。

● 宝宝仰睡的缺点

不利于宝宝呼吸。由于重力的关系，口内的舌头易坠向后面的咽喉部，阻挡呼吸气流自由进出气管口。一旦气流阻力变大，宝宝在仰睡时呼吸就会有杂音或出现呼吸困难，对原本呼吸就不顺畅的婴幼儿而言较不适合。

易导致宝宝呕吐、气管异物。仰睡宝宝的胃内容物较易反流到食管而造成呕吐，而且吐出物也会聚积在咽喉处，不易由口排出。这些呕吐物如果不及时排出，还有可能在宝宝呼吸时呛入气管及肺内，造成气管异物，引发危险。

宝宝不容易熟睡。仰睡姿势是将前胸、腹部、外生殖器等人体较脆弱的一面暴露在外，心理上无安全感，因此不易熟睡。

易导致宝宝着凉。人体胸腹部的皮肤较薄、易散热，由于婴幼儿无法有效维持体温，易着凉。因此宝宝仰睡时，腹部一定要覆盖衣物以保暖。

宝宝仰睡时不宜用枕头

宝宝如果采取仰睡的睡眠姿势，不宜使用枕头。这是因为枕头会使头部抬高，从而使颈部弯曲，此种姿势会使咽喉处曲折，造成呼吸困难。宝宝睡眠时正确的头颈姿势应是伸张的，因此需要在颈肩部稍垫高一些，而不是将头枕部垫高。

童大夫提醒

宝宝侧睡的优缺点有哪些

从医学的角度来看，侧睡对宝宝的身心健康是最有利的。这是因为侧睡最符合人体的生理需要，侧睡时脊柱略微弯曲，肩膀前倾，两腿弯曲，双臂也能自由放置。全身的肌肉会处于最大程度的松弛状态。另外，如果选择右侧睡，宝宝的心脏还不会受到压迫，位于右上腹部的肝脏也能得到较多的血液。因此，如果采取右侧睡的姿势，能让宝宝安然入睡。但侧睡就是最完美的姿势吗？当然不是，侧睡固然有众多优势，但也存在一些缺点。

● 宝宝侧睡的优点

可减少呕吐时的吸呛。宝宝一旦发生呕吐，口腔内的呕吐物可从低侧的嘴角流出，而不会滞留在气管开口处，从而降低了吸呛及气管异物的概率。

右侧睡可减少呕吐或溢奶。由于胃的远端出口（即幽门）与十二指肠的位置在腹部的右侧，而宝宝身体右侧在下，可使胃内容物远离食管，并易传送到小肠，因此可减少宝宝呕吐及溢奶的发生。

宝宝的打鼾声减少了。一般情况下，婴儿呼吸的杂音多由咽喉部位而来，咽喉分泌物及软组织互相震动就会发出声音，尤其是熟睡时会更大。侧睡可改变咽喉处软组织的位置，减少分泌物的滞留，因此宝宝的呼吸会稍顺畅一些。

侧睡有助于宝宝排痰。如右侧肺发炎时，则宜选择左侧睡。反之，则要选择右侧睡。这样因为重力向下的关系，会使发炎部位的痰液易于流出气管而排出肺部。另外，可使肺的血流及换气流理想配合，这对宝宝的肺功能也是有益的。

可给宝宝睡成较狭长的头形。如果妈妈希望宝宝长大后头部和脸部略长一点，可以选择让宝宝侧睡。

● 宝宝侧睡的缺点

侧睡的姿势不易维持。由于宝宝的身体略呈圆筒形，四肢比较短小，因此交叉手臂或用大腿来维持侧睡并不容易，需要借助枕头或被子之类的物品在宝宝的前胸及背部处扶撑着。小宝宝采取侧睡并不容易，等宝宝稍大一些后，可以试着让宝宝自己采取侧睡姿势，即前后可用枕头夹靠着，两大腿交叉，或在宝宝的腹部以小软枕头支着。

右侧睡可以减少呕吐或溢奶，但左侧睡则恰恰相反，反而会加重呕吐或溢奶。这是因为胃与食管的交界在偏左侧，胃内容物在左侧睡位时，易反流到食管中。

宝宝趴睡的优缺点有哪些

研究发现，婴儿在呈俯卧状态（即趴睡）时，他的头与身体的长轴常形成一条直线，他的鼻子就很容易受到被褥或枕头压迫而发生窒息，且婴儿的活动能力较差，不会自己翻身，因此对于婴儿来说趴睡是一种比较危险的睡姿。为了安全起见，家长不在身边时切不可让宝宝趴睡。虽然如此，但有的宝宝就是喜欢趴着睡。而一些国外专家也提倡宝宝趴着睡，他们认为趴睡可以减少肺部感染等，他们也主张让新生儿趴睡。那么，趴睡具体的优缺点有哪些呢？

● 宝宝趴睡的优点

会让宝宝较有安全感。趴睡时，人体前胸部、腹部及外生殖器等较脆弱与敏感的部位和器官是被包藏保护在下面的，不易受到外界的任何

★ 宝宝仰卧在床上睡觉。

干扰，如同又回到子宫内胎儿的姿势一般，会让宝宝较有安全感，因此容易熟睡，也很少哭闹。这对宝宝的神经发育而言，是有利的。

不易导致呕吐，有益于胃的蠕动及消化。由于趴睡会让宝宝有安全感，加上宝宝胃部特殊的结构走向，因此，趴睡的宝宝胃内容物不易流到食管及口中，因此可减少呕吐的发生，而且可帮助胃肠蠕动，对胃肠的消化吸收十分有益。

有利于提升肺部的呼吸功能。由于膈肌的收缩动作在腹卧位时较多，因此趴睡时肺部的血流量与换气量较能维持均衡，呼吸的功能也最理想。

可使头脸形变得狭长。有些父母希望宝宝能有较圆的头形和较长的脸形，因此从小就让宝宝趴睡，但一定要记得左右更换。

● **宝宝趴睡的缺点**

大人不易观察到宝宝的表情。趴睡时，宝宝的脸部几乎有一半被遮掩住，因此不易观察到其肤色及表情。

口鼻处易被外物阻挡而导致呼吸困难。婴幼儿的头部较大、较重，颈部肌肉较弱，手也不够有力，很难像大人一样做出转头或抬头等动作。因此，一旦发生呕吐或有枕巾、枕头阻挡口鼻的呼吸，就会因不能立即自行有效移开阻挡物而造成呼吸障碍，甚至导致窒息死亡的意外。习惯让宝宝趴睡的父母，切记一定要避免使用软床，也不要使用中央有凹陷的枕头，并应将宝宝的头面部周围的环境清理干净，以防有东西掩住脸部口鼻。另外，最好让宝宝两手曲肘置于胸侧，但切勿伸直放于腹侧，这样可减少胸部的压迫，呼吸也会顺畅些。

不利于四肢活动。人体四肢的运动多是前向式的，趴睡时，宝宝的手脚活动空间就很有限了。

容易导致宝宝过热。因胸腹部紧贴床垫，不易散热，因此容易导致宝宝体温易升高及流汗。

九、怎样带宝宝定期体检

生活中，很多年轻的父母看到宝宝活泼、开朗，认为宝宝非常健康，没必要带孩子定期体检，只有在宝宝生病时才去医院。

专家认为，0~3岁的婴幼儿非常娇嫩，应按时带宝宝体检，这样不仅可以监测宝宝生长发育的情况，还能及早发现问题，预防疾病的发生，从而让宝宝拥有健康的体质。所以，在这儿给年轻的父母提个醒，别忘了带宝宝定期体检！

那么，对于0~3岁的婴幼儿来说，都有哪些体检需要做呢？

第一次体检

时间：出生后第42天

● **医院检查项目**

通常医生会检查宝宝的身高、体重、心肺、血红蛋白、碱性磷酸酶、锌卟啉、分髋试验、臀纹、脐部，进行营养测评等。

此时的心肺检查主要以听诊、叩诊等方式来完成；碱性磷酸酶是检查钙的指标；分髋试验和臀纹是为了检查宝宝的髋部是否有问题，髋关节是否有先天性脱位的情况；脐部体检是检查宝宝是否患有先天性脐疝。

● **家中的简单检查**

◎**视力**：父母可以通过手电筒来进行，使手

★ 听诊器

电筒光向单方向运动，如果宝宝的双眼很容易追随光的运动，则说明宝宝的视力发育正常。

◎**动作**：细心观察宝宝的小胳膊、小腿是否总喜欢呈屈曲状态，两只小手是否握着拳。如果是，则说明发育正常。

◎**生殖器**：对于男宝宝而言，父母可目测睾丸是否降入，阴囊上是否光洁、无异物；女宝宝要观察其大阴唇是否覆盖小阴唇。

多晒太阳有利于钙元素吸收

宝宝满月后可以经常抱出去晒晒太阳，以便让皮肤内的维生素D源转变成维生素D，从而促进微量元素钙的吸收，预防佝偻病。

童大夫提醒

第二次体检

时间：4个月时

● **医院检查项目**

检查的项目包括体重、身高、头围、听心脏、验血等。4个月的宝宝，其平均体重为7.36千克，平均身高为64.5厘米。

● **家中的简单检查**

◎**视力**：父母手持物体在宝宝双眼前缓慢运动，观察宝宝双眼。正常情况下，宝宝的双眼可以追随运动的物体转动，同时头部也可随之转动。

◎**听力**：父母在宝宝耳畔轻声说话，宝宝听到声音时，会表现出注意倾听的表情，并会试图转向父母。

◎**口腔**：此时宝宝的唾液腺正在发育，父母可看到经常有口水流出嘴外。

◎**动作**：父母手扶宝宝腋下或双臂，宝宝两腿能够支撑身体；让宝宝俯卧，把头抬起，如果宝宝的头能和肩胛成90度，则说明宝宝动作发育正常。

第三次体检

时间：6个月时

● **医院检查项目**

除了体重、身高、头围外，还会听心脏、验血、检查骨骼发育和微量元素的情况。6个月之后的宝宝从母体得来的造血物质基本已用尽，易发生贫血。6个月以后的宝宝还容易缺钙，从而影响骨骼正常发育，严重钙不足会出现方颅、肋缘外翻等。

● **家中的简单检查**

◎**视力**：身体能随头和眼转动，对鲜艳的目标或玩具，可注视约半分钟。

◎**听力**：此时的宝宝对声音很敏感，父母在离宝宝半米的地方说话或摇铃铛，宝宝会环视寻找新的声音来源，并总能转向发出声音的地方。

◎**牙齿**：宝宝乳牙的萌出时间，大部分在6～8个月，发育快的宝宝6个月时已经长了两颗牙。另外，由于出牙的刺激，唾液分泌增多，流口水的现象会继续并加重。家长在此期间要注意给宝宝进行牙齿清洁。

◎**动作**：宝宝会翻身，已经会坐，但还坐不太稳。宝宝还会伸手拿自己想要的东西，并塞入自己口中。

第四次体检

时间：9个月时

● **医院检查项目**

此时，医生一般会对宝宝进行动作发育、视力、牙齿、骨骼、微量元素等方面的检查。

此时，宝宝视力约为0.1，能注视画面上单一的线条。此时的宝宝容易缺钙、缺锌。缺锌的宝宝，免疫力低下，易生病，因此应检查微量元素。

● **家中的简单检查**

◎**牙齿**：观察宝宝乳牙的萌出时间，大部分宝宝在6～8个月时长牙，因此要注意保护牙齿。

◎**动作**：此时宝宝能够坐得很稳，还可以从卧位坐起再躺下；还能灵活地前后爬行，并扶着栏杆站立；双手的小动作也得到发展，拇指和食指能协调地拿起小东西。

第五次体检

时间：1周岁时

● 医院检查项目

　　医生通常会检查宝宝的囟门、血液、心肺、视力、听力、牙齿、动作发育等。1岁～1岁半时，宝宝的囟门就会闭合。此时，医生会用手轻轻触摸宝宝头部，了解其闭合情况。如果闭合得较晚，或者囟门的数值较大，都需要引起注意。

● 家中的简单检查

　　◎**视力**：宝宝可拿着父母的手指指着自己的鼻子、头发或眼睛，大多数宝宝会抚弄玩具或注视近物。

　　◎**听力**：当父母在距离宝宝1米的地方对宝宝喊"宝宝，看这里"时，宝宝能转身或抬头。

　　◎**牙齿**：此时宝宝应出6～8颗牙齿。如果目测孩子出牙过晚或出牙顺序颠倒，就要咨询医生了，这可能是由缺钙引起的，也可能是甲状腺功能低下导致的。

　　◎**动作**：此时，宝宝能自己站起来，并扶物行走。如果父母将宝宝放在台阶上，宝宝可以手足并用地爬上台阶。宝宝手指的活动也更加灵活，能用彩笔在纸上戳出点或道道。

第六次体检

时间：18个月时

● 医院检查项目

　　1～2岁的宝宝，体检频率为每半年一次，并应进行全面体检。医生除了检查身高、体重、头围外，还会检查宝宝的头部、脖子、眼睛、耳朵、牙齿、腹胸部、生殖器等。检查是否有淋巴结肿大的情况，看耳朵是否有感染的症状，眼睛是否斜视，牙齿是否变黄或变黑，牙齿的排列及咬合是否正常，心肺是否有杂音及心跳频率，是否有肝脏或脏脾异常肿大的情况，是否有疝气。此外，由于1岁半的宝宝很容易贫血或感染蛔虫，因此还要查大便和血红蛋白。

● 家中的简单检查

　　◎**视力**：此时应注意保护宝宝的视力，尽量不让宝宝看电视，避免斜视。

　　◎**听力**：妈妈叫宝宝把书或其他物品递给家里的其他成员，如果宝宝都能照做，就说明宝宝已经可以听懂简单的话了。

　　◎**动作发育**：宝宝能独立行走，会倒退走，会跑，但有时还会摔倒；能扶着栏杆一步一步地上台阶。

★ 此时，翻身对宝宝来说已经不是什么难事了。

18个月宝宝囟门应闭合

童大夫提醒　　此时，宝宝头部的前后囟门都应闭合了，如果尚未关闭，一定要尽快就医。

第七次体检

● 医院检查项目

　　2岁宝宝的身心发展已越来越呈现出幼儿的特征，2岁的宝宝除了要检查身高、体重、头围以外，还要测心肺和微量元素。

● 家中的简单检查

　　◎听力：如果2岁的宝宝仍不能流利地说话，就要到医院去做听力筛查。

　　◎牙齿：目测20颗乳牙是否出齐。

　　◎动作：此时宝宝走路很稳，还能跑，能自己单独上下楼梯。在精细动作发展方面，宝宝已经能把珠子穿起来，还会用彩笔在纸上画圆圈和直线等简单的线条和图形。

第八次体检

● 医院检查项目

　　3岁宝宝的平均体重约为13.85千克，平均身高约为94.3厘米，平均头围约为48.9厘米，平均胸围约为50.5厘米。除了检查身高、体重、头围以外，还要检查牙齿和视力。检查宝宝是否有龋齿，牙龈是否有炎症，如有问题应及时治疗，以免影响恒牙的萌出。

　　3岁宝宝的视力已达到0.5，此时应对宝宝进行一次视力检查，检查宝宝是否弱视，如在3岁时能发现，4岁以前治疗，效果最好。如果发现得晚，矫正有困难，12岁以上就很难治疗了。

● 家中的简单检查

　　◎牙齿：宝宝20颗乳牙已出齐，此时要注意保护牙齿。

　　◎动作：父母跟宝宝做游戏，观察宝宝能否随意控制身体的平衡，完成蹦跳、踢球、跨越障碍、走S线等动作。手指能否使用剪刀、筷子、小匙等工具，是否可以跟大人学折纸、捏彩泥。

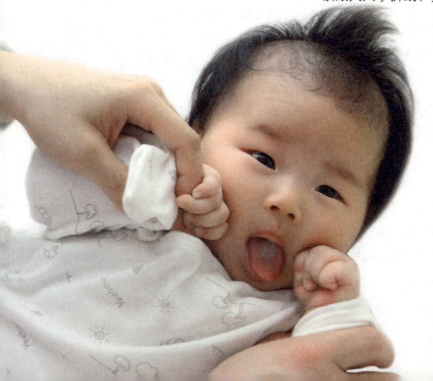

十、怎样打好宝宝入园"准备战"

对于许多家庭来说，孩子上幼儿园是一件大事，但很多宝宝都不喜欢上幼儿园，这常常让爸爸妈妈非常头痛。那么，怎样为宝宝挑选一所适合他的幼儿园？如何让宝宝喜欢上幼儿园？送宝宝上幼儿园又要注意哪些问题呢？我们一起看看下面的内容吧。

如何为宝宝选择理想的幼儿园

在宝宝的成长过程中，幼儿期是一个非常重要的时期，家长应加以重视。幼儿园是幼儿教育机构，幼儿园的好坏对幼儿影响很大。许多家长都有一个共同的疑问，那就是怎样选择一所理想的幼儿园？

● 幼儿园的类型

幼儿园分为日托、全托，即全日制幼儿园和寄宿制幼儿园。当然，一所幼儿园里也可以同时设置日托和全托。日托幼儿园和全托幼儿园保育和教育的主要目标、要求和内容是一致的，对园舍、设备、工作人员、师资条件、卫生保健及安全工作等都有严格的要求和规定。在生活作息制度方面，二者有所不同：一是，为了便于管理，全托幼儿园班级名额编制要少，每个班的幼儿人数要少一些；二是，全托幼儿园的园舍、设备要求要高于日托幼儿园，除了日托幼儿园应具备的园舍条件外，还要设寝室、浴室、隔离室、洗衣室和教职工值班室等，还应配备儿童单人床；三是，全托幼儿园人员配备要多于日托幼儿园。

宝宝到了入园年龄，究竟应该送全托还是日托好呢？不妨从以下几个方面来考虑：一是，从宝宝自身的条件考虑，如果宝宝身体健康，性格活泼，适应能力强，具备一些生活自理能力，离开父母一段时间家长也放心，那么就可以送全托。二是，从家长角度考虑，如果家长工作很忙，即使下班回家也很少有时间照顾孩子，可以考虑送全托；如果家长缺乏教育孩子的知识和方法，可选择全托；如果家中老人溺爱孩子，而父母又无计可施，可以考虑选择全托；如果家长能配合幼儿园开展良好家庭教育，同时又有时间关心、照顾孩子，最好选择日托，这样可以经常和孩子接触，便于交流思想，促进感情。三是，从幼儿园条件看，如果全托幼儿园设备完善，设施齐全，师资及各方面条件较好，可以选择全托。

● 挑选幼儿园的标准

❖ 园舍设备

幼儿园应设在环境幽静、空气清洁的地方，园内应有花草树木等植被，以便让幼儿接近大自然。活动室要具备阳光充足、空气流通良好、色调柔和等条件，桌椅的高矮要与幼儿的身高匹配，桌椅的角应该是圆的，质料要坚固耐用。

❖ 教学内容

幼儿园教学应区别于学校教学，而应注重通过游戏、绘画、音乐等达到德、智、体的培养，认字不应占教学的主导地位。但有些幼儿园就是让幼儿像小学生一样写字读书，事实上，这是非常不科学的，因为太早开始课堂教学会造成幼儿的反感，还会伤害幼儿的手腕肌肉。

❖ 与家庭的联系是否密切

幼儿园要与家庭有密切的联系，这样才能了解幼儿的个性及真正的生活情形，从而进行正确的指导。同时，家长也能了解幼儿在园内的情况及问题，可以协助老师。

● 应该避开的几种幼儿园

◎ 不能给孩子充分游戏的幼儿园。

◎ 以营利为目的的幼儿园。

◎ 对孩子过分严厉的幼儿园。

如何让宝宝喜欢上幼儿园

> **案例** 牛牛3岁了，刚刚上幼儿园，但他每天都特别不想去，一说去幼儿园就又哭又闹的，爸爸妈妈都不知道怎么办好了。

想让宝宝对上幼儿园不抵触，甚至喜欢上幼儿园，父母就要做好充足的准备了。在入园前的1个月里，可以每天下午带他去幼儿园坐滑梯、骑木马，让宝宝每天都玩得很高兴。最好跟上了幼儿园的小朋友交朋友，让宝宝对上幼儿园有所期待。

宝宝最初上幼儿园的时候一般都会不适应，等过一段时间后他对幼儿园慢慢熟悉了就好了。另外，家长的态度也会影响宝宝对幼儿园的印象。因此，家长应注意避免以下两种做法。

◎ **不信任老师。** 在宝宝初次入园的时候，很多家长都会有这种想法。比如，家长第一天接孩子时，当着老师的面问孩子老师有没有打他。这种做法是非常不可取的，因为这会让宝宝觉得幼儿园是个不好的地方，宝宝会在心里抵触上幼儿园，为日后入园打下很糟糕的基础。

◎ **拿幼儿园和老师来恐吓宝宝。** 在宝宝没上幼儿园的时候，如果宝宝不好好睡觉，有的父母就会说："不好好睡觉，大灰狼就来了。"来吓唬宝宝；而在宝宝上幼儿园后，这样的"恐吓"就变成了"再不睡觉，就把你送到幼儿园"，或者"再不睡觉，老师就要打了"，等等。长此以往，就会给宝宝留下"幼儿园不好、老师是坏人"的印象，孩子自然就反感上幼儿园，甚至恐惧上幼儿园。

接送宝宝上幼儿园，你准备好了吗

宝宝一旦上了幼儿园，每天的接送工作就会成为一项重要的生活内容。因此，家长要提前做好心理准备。在接送宝宝上幼儿园的问题上，家长要注意以下几点。

不管天气怎样，无论是天冷、天热、刮风下雨，都要坚持按时送宝宝上幼儿园。这是因为家长的做法会无形中影响宝宝，如果经常强调客观原因而不去幼儿园，会养成孩子娇气、怯懦、任性、自由散漫的不良品德和行为。这些品德和行为一旦形成，对他一生都有不利的影响，甚至会影响到他的学习和工作。因此，家长一定要按时接送孩子，并培养他的纪律性，同时还要培养他坚强的意志品质和勇于克服困难的精神。

如果家长工作繁忙，单位制度不允许私自外

出，那么可让家里其他人来帮助接送。接送孩子的人最好是家人或固定的某个人，一定不要临时让不熟悉的人帮忙接孩子，要让孩子意识到不能跟陌生人走。

很多孩子每天都有"早点来接我"的愿望，对于这一点，家长不能盲目满足，而应养成准时接送孩子的习惯，尽量不要破坏常规。一旦不能按时接送孩子，要及时向孩子解释原因，以免孩子误解。

总之，家长既要养成按时接送孩子的习惯，又要培养孩子每天按时入园和离园的习惯，让孩子觉得无论是刮风下雨，还是酷暑严寒都要一如既往地去幼儿园，把自己该做的事情做好、做到底，绝不能遇事退缩，更不能半途而废。这对孩子的品格培养十分有利。

宝宝入园问题释疑

● **宝宝每天要扎辫子，如果送幼儿园，是否需要把小辫子剪掉**

不必剪掉，因为幼儿园的老师一般都会给宝宝梳头发、扎辫子的。但要提醒各位妈妈，不要给宝宝梳太复杂的辫子，也不要扎得太紧，以免宝宝不舒服。另外，给宝宝用的发夹最好不要太多。因为有些宝宝在午睡时喜欢乱抓，如果不小心把头上的发夹拿下来玩，可能会造成危险。

● **在幼儿园里，如果老师不太喜欢或不够重视孩子怎么办**

这个问题可能很多妈妈都会担心。因为在家里，宝宝是中心，全家人都围着他转；可是到了幼儿园，每个班级至少也有20个孩子，得到的重视肯定不如家里的多。但对于这一点也不用担心，因为幼儿园的老师都是专业的，不会表现出特别喜欢哪个孩子或特别不喜欢哪个孩子。另外，家长也要与老师多沟通，这样才能更有利于孩子的幼儿园生活。

03 婴幼儿
伤病的**预防**及**护理**

新生儿常见疾病的 预防及护理

新生儿鹅口疮

鹅口疮是一种口腔疾病，由白色念珠菌引起的真菌感染。由于新生儿对霉菌的抵抗能力比较弱，因此很容易患鹅口疮。正常情况下，白色念珠菌的繁殖会受到其他细菌的抑制，但当宝宝生病或长期使用抗生素后，正常细菌对白色念珠菌的抑制作用就会减弱，白色念珠菌大量繁殖，从而导致鹅口疮。

● 鹅口疮的症状

案例 书上说满月前的新生儿特别容易患鹅口疮，壮壮妈妈担心壮壮也患了鹅口疮，于是就用手电筒查看宝宝的口腔，结果发现壮壮的舌头上有很多白色的棉絮状斑块，因此十分担心，难道这就是鹅口疮吗？

要想判断宝宝是否患了鹅口疮，并不难，当宝宝张口时，妈妈查看宝宝的口腔中是否有以下症状，就可判断宝宝是否得了鹅口疮。

1.宝宝口腔黏膜和舌头表面附着白色或乳黄色的斑块，像豆腐渣一样。

2.用棉签擦拭斑块，不易擦掉。

3.如果用干净的纱布擦拭斑块，会导致出血或出现潮红色的不出血的红色创面。

● 鹅口疮的预防

引起鹅口疮的原因较多，如奶瓶或奶嘴不干净、消毒不严或混用奶具后交叉感染会引起鹅口疮，长期腹泻、营养不良、长期或反复使用广谱抗生素也会感染。另外，如果妈妈患有霉菌性阴道炎，当新生儿经过母亲产道时也会感染鹅口疮。因此，要想有效预防鹅口疮，应做到以下几点。

1.怀孕前，准妈妈要做好孕前检查，如果患有霉菌性阴道炎，应及早治疗。

2.注意宝宝的奶瓶、奶嘴的消毒，并保持奶具干燥。

3.注意妈妈的手、乳头及宝宝口腔的卫生。

4.喂奶前用清水冲洗乳头。

● **鹅口疮的治疗**

如果宝宝已经患有鹅口疮，应尽快带宝宝去医院就诊，并遵医嘱给宝宝用药。

新生儿脐炎

新生儿脐炎是断脐时或出生后由于处理不当而导致的脐部感染。其主要症状是，脐带根部或周围发红，脐窝内有分泌物、出血等。病症较轻的宝宝除脐部有异常外，体温与食欲均比较正常；而重症的宝宝则有发热、吃奶少等表现。

★ 当宝宝尿湿后，妈妈应立即为宝宝更换新的纸尿裤，以免引起脐炎。

● **导致新生儿脐炎的原因**

1.出生时，脐带结扎得不够紧，或者结扎脐带时根部留得过长，都会导致脐带延迟脱落。这是引起新生儿脐炎的原因之一。

2.平时护理时，如果不小心将尿布盖在脐带上，尿布就会摩擦脐带，尿液也会污染脐带，极易引发脐炎。

3.在脐带脱落前，如不小心给宝宝洗澡时脐带进水，也会引发脐炎。

4.在寒冷季节出生的新生儿脐部包裹得过严，导致脐部不透气，也容易引发脐炎。

● **预防脐炎的注意事项**

1.在给宝宝护理脐部前，妈妈一定要先彻底洗手，避免手上带有细菌。

2.一般情况下，在宝宝沐浴后护理脐部1次即可。如果宝宝的脐部看起来比较潮湿或是有发炎征兆，则必须增加次数，一天2~3次。

3.一定不能将尿布盖在脐带上，换尿布时也应小心，不要让大小便污染脐部。脐部一旦被尿液或粪便弄脏，必须在清理后做脐带消毒护理。

4.不要让湿衣服或尿布捂住脐部。如果衣物湿了，一定要及时更换，随时保持脐部干燥和清洁。

5.妈妈一旦发现宝宝脐部红肿、有分泌物或有臭味，应立即带宝宝看医生，切不可自行处理。

新生儿黄疸

新生儿黄疸是由于胆红素代谢异常引起血中胆红素水平升高引起的，分为生理性黄疸和病理性黄疸。生理性黄疸在出生后2~3天出现，4~6天达到高峰，7~10天自然消退，早产儿持续时间会较长。如果宝宝出生后24小时即出现黄疸，且延续2～3周仍不退，甚至有加重的迹象，或者消退后重复出现，或者出生后一至数周内才开始出现黄疸，则为病理性黄疸。

● **生理性黄疸**

新生儿出生后，红细胞释放出大量的胆红素，而新生儿肝脏处理胆红素的能力较低，因此过多的胆红素就会使新生儿出现黄疸，这种黄疸为生理性黄疸，也叫暂时性黄疸。一般情况下，生理性黄疸不会危害新生儿健康，但对早产儿来说，则应引起重视。

生理性黄疸一般无明显的不适症状，因此不需要治疗。有时，医生会建议给宝宝喝葡萄糖水，以减轻黄疸程度。如果早产儿的黄疸程度较重，医生可能会建议采取光照疗法或其他退黄治疗方式。

● **病理性黄疸**

新生儿黄疸多数都是生理性黄疸，而病理性黄疸的发病率是很低的。有些病理性黄疸对新生儿危害较大。下面就几种常见的病理性黄疸简要地介绍一下。

❖ **ABO血型不合溶血**

这种情况是指女性的血型为O型，与血型为A型、B型、AB型的男性结婚后，有可能在怀孕时引起胎儿ABO血型不合症，具体表现为新生儿会出现黄疸。这是因为孕妈妈在怀孕期间，其血液与胎儿的血液有个循环物质交换的过程，从而供给胎儿氧气和营养物质。当胎儿与母体血型不合

时，会先由母体产生一种抗体，这种抗体再随孕妈妈的血液循环到达胎盘，进入到胎儿的血液中，从而引起胎儿血液的红细胞和该抗体发生抗原抗体反应，致使胎儿的红细胞遭到破坏，这样就会导致新生儿出生时表现出黄疸。这就是溶血的过程。当然，这种溶血症状也可以通过积极治疗而缓解。事实上，ABO血型不合的发生率并不高，在母子ABO血型不合中，也不都会发生溶血。即使发生了ABO血型不合溶血，病情一般也比较轻。只要在宝宝出生后密切观察，及时给予积极治疗，预后是良好的，父母就不必为此过分担心。

✿ 母乳性黄疸

母乳性黄疸是由于纯母乳喂养引起的黄疸，分为早发母乳性黄疸和迟发母乳性黄疸两种。早发母乳性黄疸与生理性黄疸有时很难区别，通常还没来得及诊断可能就已经消退了。而如果在生理性黄疸消退过程中，黄疸再次加重，或者生理性黄疸消退延迟，则可诊断为迟发母乳性黄疸。不论是哪种母乳性黄疸，宝宝一般都没有其他异常症状。

母乳性黄疸处理起来比较简单，一般应注意以下要点：

1.母乳喂养应少量多次。

2.如果黄疸比较严重，可停止母乳喂养2天以上。

3.停止母乳喂养1~2天后，新生儿的胆红素可明显下降，5~6天后黄疸症状减轻或消退。

4.恢复母乳喂养后，黄疸可能会反复发作，但程度与之前相比会有所减轻，之后逐渐消退。

5.如果母乳喂养停止一次效果不理想，可再停喂一次。

✿ 核黄疸

核黄疸是一种比较严重的情况，多会导致新生儿不可逆的神经系统损伤。因为核黄疸是在黄疸极其严重的情况下才发生的。只要父母平时仔细观察宝宝的情况，一旦发现异常尽快就医，就不会出现核黄疸这样严重的病情。

新生儿低血糖

新生儿低血糖是新生儿期的常见病，多发于早产儿。而孕期妈妈患糖尿病、新生儿缺氧窒息、感染败血症等也会引起新生儿低血糖。低血糖对新生儿的危害较大，一旦持续或反复发作，可引起不可逆的脑细胞损伤，表现为智力低下、脑瘫等神经系统后遗症。

● 新生儿低血糖的常见症状

1.正常新生儿随着日龄的增加，醒着的时间逐渐延长，在清醒时，手脚会不停地活动，面部表情也很丰富。如果父母发现宝宝不爱活动，则要怀疑宝宝有低血糖的可能。

2.采取母乳喂养的妈妈对于宝宝的吸吮力是很敏感的。如果妈妈感到宝宝吃奶无力，则要想到低血糖的可能。

3.一般情况下，新生儿的面色比较红润，汗腺不发达，出汗较少。如果父母发现宝宝脸色苍白、出汗较多，一定要仔细检查宝宝的情况，排除喂养与护理上的问题后，则要考虑宝宝低血糖的情况。

4.当发现宝宝出现严重嗜睡、阵发性青紫，甚至震颤等情况时，说明宝宝低血糖的情况比较严重，此时就医已经晚了。因此，新父母一定要密切观察新生儿的情况，一旦发现异常，及时就医，以免造成不可逆的损伤。

● 细心照护，预防宝宝低血糖

新生儿低血糖是可防可治的，建议父母平时细心的照顾和护理，以便预防低血糖的发生。具体预防措施可参考以下几点。

1.早产儿是低血糖的高发人群，因此父母应勤喂奶，如果宝宝持续睡2个小时不醒来，应该叫醒宝宝，给宝宝喂奶。如果宝宝不吃奶，可以喂些糖水。

2.如果担心宝宝低血糖，就不能让宝宝的睡眠时间持续4个小时以上，应适时地叫醒宝宝喂奶。

3.新生儿出生后，如果表现为不爱吃奶、反应低下，父母就要及早给宝宝喂些糖水。

新生儿呕吐

新生儿胃容量小，消化系统发育不健全，因此极易发生呕吐。呕吐物通常会从口鼻同时喷出，如果护理不当，容易引起宝宝窒息，严重者还会带来生命危险。

引起新生儿呕吐的原因主要有两个方面：一是疾病原因导致的新生儿呕吐；二是功能性呕吐。为防止呕吐危害宝宝的生命健康，父母一定要密切观察、科学护理，如果是疾病原因引起的呕吐要做到早诊断、早治疗。

● 疾病原因导致的新生儿呕吐

如果发现宝宝呕吐，最好带宝宝去医院诊断，看是否是疾病原因引起的，以免危害宝宝的健康。以下几种疾病是导致新生儿呕吐的罪魁祸首。

1.贲门松弛、痉挛，幽门痉挛等情况都会引起呕吐。

2.当宝宝患有某些内科疾病时，也可表现为呕吐的症状。

3.消化道畸形、消化道梗阻以及其他胃肠道疾病也会引起呕吐。

● 新生儿功能性呕吐的三种情况

✿ 吞咽羊水后的呕吐

宝宝在妈妈的子宫中会吞咽羊水，并能通过排泄系统将羊水排出。当宝宝出生后，一部分羊水还没来得及代谢出去，因此常常通过呕吐排出，往往是出生后就吐，喂奶后呕吐加重，呕吐物中可能有咖啡色血性物和泡沫样黏液。几天后，当宝宝把吞咽的羊水吐净后，呕吐就可停止。因此，呕吐持续的时间较短，一般在4～5天。除了呕吐外，宝宝也没有其他异常表现。

❧ 溢奶

新生儿的胃呈水平位，胃的底部是平直的。再加上新生儿的胃容量较小，胃壁的肌肉和神经发育尚未成熟，肌张力较低，因此胃内容物非常容易溢出，从而造成溢奶。

新生儿溢奶多在吃奶后不久发生。多从嘴边流出奶液。有的宝宝会吐出一大口，有奶块，有时像豆腐脑。溢奶前后，宝宝没有任何不适感，吐后即可吃奶。溢奶不会影响宝宝的生长发育，因此父母不必担心。

❧ 喂养不当导致的呕吐

哺喂次数过于频繁、乳量过多、配方奶浓度过高、频繁更换乳类品种、奶水过急、奶量过大、喂奶后没有竖抱宝宝拍嗝等，都可引起新生儿呕吐。只要改善喂养方式，宝宝呕吐的症状就能得以缓解。

婴幼儿常见疾病的
预防及护理

感冒

感冒分为多种类型，如流行性感冒、普通感冒等。统计数字显示，急性呼吸道感染在儿科门诊病人的比例占六成，而且每年因呼吸道感染死亡的婴幼儿也不在少数。因此，家长应重视上呼吸道感染（简称上感）的防治，发现宝宝患有上感后要做好家庭护理，并及时就医。

● 导致宝宝感冒的原因

❖ 宝宝自身原因

1.宝宝的鼻腔较短，还没长鼻毛，鼻腔黏膜柔嫩。当外界的病菌进入鼻腔后，未经过鼻毛的阻拦直接进入后鼻道，加之鼻腔黏膜的抵抗力较低，因此很容易引起感染。

2.婴幼儿的呼吸道免疫功能低下，免疫因子含量低，体内的巨噬细胞功能还不能充分发挥出来，因此一旦有病菌侵入，极易引发感染。

3.与成年人相比，宝宝的气管、支气管较狭窄，缺乏弹力组织，支撑作用也比较薄弱，黏液分泌不足，纤毛运动差，不能有效清除吸入的微生物。

4.宝宝的肺活量小，肺脏弹力纤维发育差，不能充分扩张、通气、换气，各项呼吸功能也比较低下，因此不但容易感染，还易发生呼吸衰竭。

❖ 外在的客观因素

1.室内室外温差过大时，极易导致宝宝感冒。比如，炎炎夏日，外面的天气很热，而室内由于开着空调，因此十分凉爽，当宝宝突然在两个温差较大的环境中转换时，极易引起感冒。

2.天气炎热时，将电风扇或空调风口直接对着身体的，的确能迅速降温，但也容易引起感冒，尤其是免疫功能较为低下的婴幼儿，更容易感冒。

3.当宝宝睡着后，一定要避免宝宝受风。因为睡觉时受风是引发感冒的一个重要诱因，这与中医上讲的外感风邪相似。因此，当宝宝睡着后，不论是在室内还是室外，都应避免宝宝受风。

4.较小的宝宝自身对体温的调节功能较差，容易着凉，因此睡觉前妈妈往往给宝宝盖得比较厚，宝宝可能会出汗。当到了下半夜时，温度下降，大人也睡着了，此时宝宝因高温出汗而把被子踢掉，于是就着凉感冒了。

5.宝宝出汗后不要马上洗澡，因为这也会引发感冒。最好等到汗下去再洗，或者也可先用干毛巾擦干汗液再洗澡。

6.对于已经上幼儿园的宝宝，如果别的小朋友感冒了，那么很容易传染给宝宝。

● 宝宝感冒的常见症状

感冒症状轻重不一，一般症状会持续3~5天，但不会超过一周。对于较小的婴儿来说，感冒症状并不严重，很少出现高热，主要症状是流涕、鼻塞、打喷嚏；但对于较大的婴儿而言，全身症状则比较明显，常突然发病，并伴随高热、咳嗽、奶量减少等症状。婴儿感冒时，常常还会伴有呕吐、腹泻等胃肠道症状。另外，如果感冒出现高热，可能还会引起高热惊厥，因此家长要注意给宝宝适度降温。

● 宝宝感冒的家庭护理要点

1.让宝宝多休息，保证充足的睡眠，需要注意呼吸道隔离，并预防并发症。

2.多给宝宝饮水，注意补充营养。

3.随时监测体温，防止宝宝出现高热惊厥。

4.如果发现宝宝出现精神差、不爱吃东西、嗜睡、呕吐加重等症状，一定要带宝宝尽快就医。

5.感冒容易引起鼻塞，鼻塞会导致宝宝呼吸、吸吮困难，宝宝会因此哭闹，家长要帮助宝宝解决鼻塞问题。如果是鼻涕造成的鼻塞，要用吸鼻器将鼻涕吸出；如果是鼻黏膜充血水肿导致的鼻塞，可在宝宝的鼻根部热敷，以缓解鼻塞症状。

发热

发热是婴幼儿的常见症状，它不是一种独立的疾病，而是疾病的外在表现。当家长发现宝宝发热后，在给宝宝降温的同时，要尽快找出宝宝发热的原因，必要时带宝宝就医。

● 给宝宝测体温的方法

当父母发现宝宝有发热迹象时，一定要及时给宝宝测体温，以便更好地控制宝宝的体温。一般测量身体温度的方法有腋温、口温、耳温、肛温、背温等几种。不论以哪种方法来给宝宝测体温，都必须在宝宝安静的状态下进行。应避免在宝宝刚哭完、刚吃完奶、刚洗完澡时马上测体

温，这时测出的体温不准，不是偏高就是偏低。下面重点介绍一下腋温测量法。

❀ **腋温测量法**

测腋温是比较方便的一种方式。通常，宝宝的腋温正常温值为36.5摄氏度，测量后得出的数值如果高出37摄氏度，即可判断宝宝发烧了。腋温的测量步骤如下：

1.从温度计的末端往上用酒精棉球擦拭一遍消毒。

2.用力甩几下温度计，让水银指针回归到35摄氏度以下。

3.将宝宝衣服稍松解，检查宝宝腋下是否有汗，若有要先擦干。

4.固定住宝宝，把宝宝的手轻轻举起，将温度计放到腋下中心点，手放下后压住并夹紧5～10分钟。

5.取出温度计观看结果。腋下所测体温可能会有0.5摄氏度的波动。

体温测量法

1.口温测量法。适用于1岁以上的宝宝。测体温时，父母一定要在旁看护，以防宝宝咬破温度计。

2.耳温测量法。为测得准确，测量时应将耳温枪的测温头对准鼓膜直直地伸进耳中，以免影响测量结果。另外，不要让体温计的前端与鼓膜呈垂直接触。

3.肛温测量法。肛温的正常温值为37.5摄氏度，若超出，则为发热。

4.背温测量法。将温度计放在宝宝背后衣服内，避开中间脊椎和两侧肩胛骨，压住5～10分钟即可测出体温值。

童大夫提醒

★ 宝宝发热时，应多给宝宝喝水，以免宝宝脱水。

领。如果口腔中有呕吐物，要及时清除，以防发生窒息。还要在牙齿间垫上裹有纱布的筷子，以防宝宝抽搐时咬伤舌头。

● 选用退热药的要点

宝宝发热后，如果需要，可使用退热药，以减轻发热带给宝宝的不适，避免体温过高对宝宝的伤害，保护宝宝的大脑，以防高热惊厥。另外，在服用退热药的同时，还要治疗引起发热的疾病。在给宝宝退热时，要注意以下一些事项。

1.退热药要选合适的，并非越贵越好，只要有效，就是最好的选择。

2.最好选择镇静止惊类退热药，如扑热息痛、鲁米那等，但要由医生诊治。

3.根据成分选择退热药。在选择退热药时，要细看其中所含的有效成分，而中药也是不错的选择。

● 宝宝发热时的家庭护理要点

发热会消耗体能，因此宝宝发热时，尤其是高热，要让宝宝静卧休息，少活动，避免一切不必要的刺激。

保持室内空气新鲜，注意通风，室温不能过高。

不要给宝宝穿得过多，发热的宝宝一定要少穿、少盖，促进散热。

多给宝宝喝温开水。

当体温过高时，可适当采取物理降温，冷敷头部。如果有条件，可用冰袋或冰枕置于头部，同时用温水擦颈部、腋窝及腹股沟处。但不能擦前胸、后背及手脚心等处。

一旦发生高热惊厥，应立即将宝宝置于平卧位，并去掉枕头，将宝宝头部偏向一侧，解开衣

咳嗽

咳嗽本身是人体的一种保护性反射动作。人体通过咳嗽可把呼吸道中的"废物"清理出来。但同时，咳嗽也是某些疾病的一种症状，因此，要想缓解咳嗽，必须在源头上治疗引起咳嗽的疾病。宝宝咳嗽给家长带来了无数的烦恼，尤其是宝宝咳嗽剧烈时，甚至会导致呕吐，严重影响宝宝进食。当宝宝咳嗽时，家长到底应该做哪些呢？下面就来了解一下与咳嗽有关的常识。

● 哪些情况易导致宝宝咳嗽

✿ 感冒

感冒是由病毒经过鼻腔和咽喉进入人体内引起上呼吸道黏膜发炎所致的一种疾病。宝宝感冒时，一般都会伴有咳嗽的症状。

❀ 急性喉炎

病毒或细菌通过喉部时引起喉部感染就可能引发喉炎。急性喉炎的症状有：声音嘶哑，甚至发不出声音；伴有干咳、喉部疼痛等症状；一旦吸入空气，就会发出犬吠一样的咳嗽声，严重时会发生喉吼。

❀ 支气管炎

支气管炎一般发病较急。开始时多为干咳，然后逐渐出现咳嗽、咳痰等症状，严重时宝宝会因呼吸困难而缺氧，甚至出现嘴唇青紫的症状。

❀ 肺炎

肺炎是常见的小儿疾病，发病时常伴有干咳、气促、鼻翼翕动、口唇发绀等症状。

❀ 吸入异物

当宝宝不小心将异物吸入咽喉或气管时，往往会突然出现剧烈呛咳、呼吸困难、脸色青紫等现象。

● 速效止咳法

1.当宝宝咳嗽时，将宝宝竖直抱起，轻拍宝宝背部可缓解咳嗽症状。

2.如果宝宝出现鼻翼翕动、呼吸困难等症状时，可将宝宝抱起呈半坐位，以缓解症状。

3.如果宝宝有痰，在宝宝咳嗽时，最好将他抱起，让宝宝的上身呈45度角，同时用手轻轻拍宝宝的背部，使黏附在气管上的痰液松动，容易被咳出来。再用浸过37摄氏度左右温水的毛巾在宝宝的胸部或颈部热敷，使气管扩张，让痰液更容易被咳出来。如果以上方法无效，还可以给宝宝喝些化痰止咳的糖浆。

4.咳嗽症状缓解后，可以给宝宝喝点温开水，湿润咽喉，避免因干燥再次诱发咳嗽。

● 宝宝久咳不愈的居家调养法

案例　宁宁前段时间感冒好了之后，一直有点咳嗽，我给他服了止咳糖浆，咳嗽减轻了一些，但也没彻底好。我真担心，要是一直不好，会引起别的病，我该怎么办呢？

宝宝咳嗽拖延太久，就容易久咳不愈，即使吃药打针全用上，也未必管用。这时，家长应尽快带宝宝就医治疗，以免引起别的疾病。另外，对于久咳不愈，最好的办法除了提前预防以外，科学调养也很重要。下面就重点介绍一些宝宝久咳不愈的调养法。

❀ 控制好室温

室内的温度过高或过低，都会削弱宝宝的抗病能力，影响咳嗽的痊愈。因此，要及时调节室内温度，最好控制在25～28摄氏度之间。

✿ 给宝宝适度保暖

宝宝自身的体温调节功能较差，家长不要因宝宝咳嗽就给宝宝穿得过多。因为过度保暖反而会使宝宝体温调节能力下降，导致免疫力低下，不利于咳嗽的康复。正确的做法是应根据气候变化情况给宝宝适当增减衣服。

✿ 控制好室内湿度

婴幼儿的呼吸器官发育还不成熟，自我保护机制较差。当室内空气干燥时，宝宝呼吸道的黏膜变干，小血管就容易破裂出血，从而导致痰液不易咳出，引起咳嗽。而合理的湿度有利于呼吸道黏膜的活动，便于气管内壁中的尘埃排出。因此，家长要注意控制室内湿度，最好将湿度保持在60%～70%之间。控制湿度较好的方法有使用加湿器、在室内放盆水、直接在地上洒些水等。

✿ 保持空气新鲜

污浊不洁的空气常会引起宝宝咳嗽，因此，家长一定要注意室内通风透气，保持空气新鲜。应避免室内有烟雾及油烟，也要避免室内人员过多，以免污浊的空气使宝宝呼吸道黏膜充血、水肿，加重咳嗽。

✿ 合理饮食

在宝宝咳嗽期间，饮食要清淡、爽口，多吃新鲜蔬菜、豆制品等富含多种维生素与矿物质的食物，避免食用鱼、蟹、虾和肥肉等荤腥油腻的食物。另外，饮食不能过咸，更要少用辣椒、胡椒、生姜等辛辣的调味品。

便秘

便秘包含大便次数和性状的改变。便秘常表现为排便次数减少，大便硬结、干燥、排出困难，有时干硬的粪便还会擦伤肠黏膜而导致粪块外粘有血丝或黏液，可能还会造成肛裂、肛门疼痛，宝宝食欲下降、腹胀、左下腹可触及粪块、精神较差。

● 导致便秘的原因

✿ 配方奶粉选择不当

一般情况下，纯母乳喂养的宝宝很少便秘，这是因为母乳中的脂肪和蛋白质配比合理，易于宝宝吸收。吃母乳的宝宝大便基本上都是软的，不会引起便秘。但如果宝宝吃配方奶粉，情况就不同了，因为配方奶粉含钙和酪蛋白较多，婴幼儿消化吸收功能较差，常常可见较多奶瓣，再加上喂水少就可导致便秘。

★ 宝宝即将上幼儿园了，妈妈要为宝宝准备一些去幼儿园的必备物品，比如外出用的水杯、一些小零食等。

❀ 添加辅食不当

> **案例** 我女儿5个多月了，刚开始吃辅食。她特别喜欢吃肝糊米粉，但对蔬菜、水果不太感兴趣。每次做好后都不吃，宝宝的便便有点干硬，但不算太严重，是不是因为蔬菜、水果吃得太少了造成的?

如果宝宝在开始添加辅食后出现轻微便秘，是正常的。

如果便秘比较严重，家长就要检查一下是否是辅食添加不当引起的。比如，给4个月以下的宝宝过早添加碳水化合物会引起便秘；食物中蛋白质过多，碳水化合物过少也会引起便秘；碳水化合物过多，蔬菜、纤维素过少等同样会引起便秘。如果是添加辅食不当造成的，只要注意改变辅食添加的方式就能改善便秘。

❀ 摄水量不足

如果宝宝没有摄入足够的水分，尤其是吃配方奶粉的宝宝，极有可能会发生脱水。这时，宝宝的身体会尽可能从摄入的食物中吸收水分，也会从宝宝肠道的废物中回收水分，从而导致宝宝的大便又干又硬，不易排出。而长期摄水量不足还会使腹肌、肠肌力量减弱，加重便秘。

❀ 疾病引起宝宝便秘

肛裂、先天性巨结肠、肛门狭窄等器质性疾病均可引起便秘，另外，甲状腺功能减退症、代谢紊乱、食物过敏或肉毒毒素中毒等也会导致宝宝便秘。

❀ 排便没有规律

如果宝宝排便没有规律，就难以形成每日定时的排便反射，也会诱发便秘。

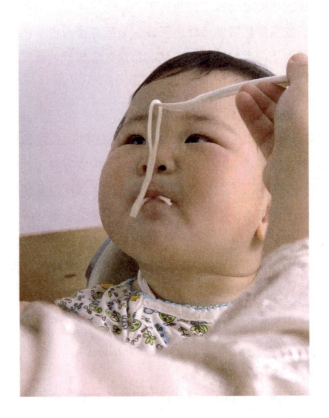

● 宝宝便秘的居家护理法

❀ 饮食护理

如果便秘是由宝宝吃配方奶粉所引起，那么要咨询医生是否需要换其他牌子的奶粉。如果宝宝能吃些辅食了，家长可以考虑把米粉换成大麦或燕麦，或者在宝宝的谷物食品中添加水果泥或蔬菜泥，增加膳食纤维的摄入量，以缓解宝宝便秘。

❀ 训练排便习惯

从3~4个月起，就可以训练宝宝定时排便的习惯了。进食后，由于肠道蠕动加快，此时宝宝常会出现便意，因此建议在进食后让宝宝排便，以便建立起大便的条件反射，预防便秘的发生。

❧ 促进肠道蠕动的按摩法

适当给宝宝按摩腹部不仅可以加快宝宝肠道蠕动，促进排便，并且还有助于消化。具体按摩方法如下：

1.妈妈清洁双手，摘掉首饰。

2.让宝宝仰卧，腹部露出。

3.妈妈手掌向下，平放在宝宝脐部，按顺时针方向轻轻推揉宝宝腹部。

❧ 药物治疗

如果采取以上方法后，宝宝的便秘症状依然没有得到缓解，那么，可以考虑选择药物治疗。治疗便秘的药物多为外用药，最常用的就是开塞露。开塞露主要成分是甘油和山梨醇，这些物质能刺激肠道蠕动，从而起到通便作用。

使用开塞露时，先将开塞露的盖拧开，然后将开塞露慢慢插入宝宝的肛门中。开塞露注入肛门内以后，家长要用手将宝宝两侧的臀部夹紧，让开塞露液体在肠道里保留一会儿，再让宝宝排便，效果会更好。

腹泻

腹泻俗称拉肚子，是小儿最常见的疾病，好发于6个月至2岁的婴幼儿。主要表现为宝宝频繁地排泄不成形的稀便。腹泻如果不及时治疗，就会导致营养不良、反复感染，甚至影响宝宝生长发育。

● 宝宝腹泻的诱因

导致宝宝腹泻的原因较多，从病因上可分为感染性和非感染性腹泻两大类，前者可由细菌、病毒、霉菌、寄生虫感染所引起，后者主要是由饮食因素和气候因素导致的。具体来说，导致宝宝腹泻的原因主要有以下几种。

❧ 细菌或霉菌性腹泻

细菌引起的腹泻，夏季时发病率较高。主要是宝宝饮食不洁、餐具受到污染及长期应用大量抗生素导致菌群失调等因素所致。引起腹泻的细菌不同，临床表现也有所区别。

大肠杆菌引起的腹泻。此类腹泻多发生于夏季，起病缓慢，逐渐加重。主要表现为呕吐、低热及脱水等，大便可能有腥臭味，也可能会便血。

金黄色葡萄球菌引起的腹泻。这类腹泻多由长期大量使用抗生素导致菌群失调所致。主要表现为不同程度的发热、腹泻和呕吐；开始时，宝宝的大便呈黄绿色，3～4天后变成有腥臭味的暗绿色水样便；排便次数较多，每天可达10～20次；宝宝脱水情况严重。

霉菌引起的腹泻。此类腹泻多并发于其他感染或长期应用广谱抗生素的宝宝。主要表现为每天排便3～4次，粪便为黄色稀水样便，有的像豆腐渣状，有的呈绿色，泡沫较多，带有黏液。

❧ 病毒性腹泻

病毒性腹泻多发生于秋季，因此又叫秋季腹泻。此类腹泻起病较急，开始多表现为咳嗽、流涕等上呼吸道感染症状。宝宝还会出现发热，体温可达39～40摄氏度；发病当日会排出水样便或蛋花汤样便，有黏液，但无腥臭味；宝宝脱水比较严重。

❧ 饮食不当导致的腹泻

较小的婴儿，其消化系统功能还未发育健全，消化能力较低，一旦喂养不当，极容易导致腹泻。如过早给宝宝添加大量淀粉类和脂肪类食品，突然更换食物种类，进食过多、过少及不定时的喂养，食物中碳水化合物多、蛋白质含量不足致使食物在肠道内发酵等，都会导致宝宝发生腹泻。

❖ 气候因素导致的腹泻

气候突然变化也会引起宝宝腹泻。比如，天气过热时会使消化液分泌减少，而宝宝会因为口渴而吃奶较多，这样就会增加消化道负担，从而诱发腹泻；天气转凉时，如果不及时给宝宝添加衣物，宝宝就会因腹部受凉而使肠道蠕动增强，进而引起腹泻。

● 腹泻的居家防治法

宝宝腹泻时，应找出病因对症治疗。根据常见的致病原因，其具体预防和缓解方法如下。

对于细菌性腹泻的预防，主要应注意饮食卫生、严格消毒喂养宝宝的餐具。比如，将奶嘴、奶瓶、奶锅等物品用水煮30分钟进行消毒处理；避免给宝宝吃在冰箱内放置过久的食物等。此外，还应避免给宝宝长期大量使用广谱抗生素。治疗时应避免滥用抗生素，并在医生的指导下选择有针对性的药物。不能将两种或三种抗生素一起给宝宝使用，更不能频繁地更换用药。

病毒性腹泻，可以给宝宝服用中药，也可在医生的建议下对症治疗，但不宜使用抗菌药物。

对于饮食因素导致的腹泻，可适当地调整食物的比例和宝宝的摄入量，多给宝宝饮水，防止宝宝发生脱水，大多数宝宝都能痊愈。但注意，此类腹泻不可使用抗生素治疗。

对于气候因素导致的腹泻，预防上要注意随天气的变化为宝宝增减衣物。夏季，宝宝体内的水分蒸发较多，要及时给宝宝喝温开水，但不要增加奶量；冬季，天气转冷，要给宝宝及时添加衣物，做好保暖。这种腹泻在治疗上，只要在饮食和饮水上稍加调理即可康复。

常见皮疹

皮疹属于一种皮肤病变，婴幼儿常见的皮疹主要有尿布疹、湿疹、幼儿急疹等几类。宝宝出疹时，年轻的父母可能无法判断是哪种皮疹，因此更是不知如何应对。因此，一旦发现宝宝出了皮疹，一定要尽快带宝宝看医生，并遵医嘱对宝宝进行日常护理。

● 尿布疹

尿布疹，也叫"红屁股"，是婴儿最常见的皮疹，更多见于女宝宝。尿布疹主要是由于尿布上的尿液紧贴着宝宝的皮肤，致使尿布遮盖的部位不透气而引起的。另外，宝宝出汗时，尿布里会又热又湿，这样也容易诱发尿布疹。尿布疹的具体防治要点如下：

1.注意保持臀部的清洁，并在宝宝的臀部涂上矿脂防护层，以便有效预防尿布疹。

2.当宝宝出现尿布疹时，应停止使用纸尿裤，而要换上厚一点的尿布。

3.尿布疹严重时，宝宝的皮肤会出现破损，极易发生细菌感染。一旦感染，应及时带宝宝就医。

● 湿疹

湿疹，民间又叫"奶癣""奶疮""湿毒""胎毒"等，是一种常见的皮肤疾病，多发于1岁以内的婴儿。通常在宝宝出生后的一两个月内起病，一般在两岁左右自动缓解。每年10月初冬到第二年春夏季节较为多发。湿疹主要分布在面部、额部眉毛及耳郭周围，严重的可蔓延至全身，尤其是皮肤褶皱处。

当宝宝出现湿疹时，家长不必着急，一般情况下只要注意护理就可治愈。如果比较担心，可带宝宝去医院看医生。

✤ 导致湿疹的原因

1.敏感型体质的宝宝对各种刺激因素较为敏感，极易发生过敏反应而出现湿疹。

2.皮肤属于敏感型的宝宝不但爱长湿疹，而且还往往较重，时间持续较长，且反反复复不易治愈。

3.有消化功能紊乱的宝宝也易长湿疹。

4.鱼虾、蛋等食物，以及阳光、湿热、干燥、花粉、搔抓、摩擦、化妆品、肥皂、皮毛、燃料、人造纤维等，都可能会诱发宝宝长湿疹。

5.湿疹与遗传也有一定的关系。比如，父母一方或双方小时候都长过湿疹，那么宝宝长湿疹的概率极大。

✤ 常见的湿疹类型

湿疹分为多种类型，不同类型的湿疹，皮损表现不同，对药物治疗的反应不同，宝宝的感受自然也不同。常见的湿疹有湿润型、干燥型、脂溢型三种。

1.湿润型。湿润型湿疹是最常见的湿疹类型，好发于胖宝宝。头顶、额部、两脸颊部是此类湿疹的好发部位，分布比较对称。发生湿疹的部位可见到红斑、小疱、小丘疹等，总体看上去比较湿润、有液体渗出，还常常会糜烂、结痂。

2.干燥型。干燥型湿疹多见于较瘦的、营养状况比较差的宝宝。其主要表现是皮肤干燥、粗糙、发红，可见丘疹，有糠状鳞屑，无液体渗出。

3.脂溢型。脂溢型湿疹好发于头皮、两眉间、眉弓上。主要表现为有淡黄色的、透明的脂溢性渗出。

✤ 家庭护理要点

如果湿疹不严重，就不必去医院治疗，但居家护理要注意以下事项：

1.保持宝宝的皮肤清洁，但不可用香皂、浴液等给宝宝洗脸、洗澡。

2.为避免宝宝抓破瘙痒处而发生感染，应将宝宝的指甲剪短。

3.如果头发和眉毛等部位的湿疹破溃处结痂，可用棉签涂抹消毒后的花生油或石蜡油，第二天再轻轻擦洗掉。

4.不要给宝宝穿羊毛、化纤等材质的衣服，以免引起宝宝过敏，进而出现湿疹。应给宝宝穿质地柔软的浅色棉布衣服，而且衣服要宽松。

5.室温不宜过高。

6.避免阳光直晒宝宝患处。

7.避免给宝宝吃易导致过敏的食物，可选用低敏配方奶粉，以降低过敏反应。

● 幼儿急疹

　　幼儿急疹又称玫瑰疹，多见于婴儿，冬春季节是该病的高发期。其典型症状就是热退疹出。皮疹呈红色，很小，周围有红晕，与麻疹或风疹相似。玫瑰疹常首先发于颈部，之后向躯干肢体蔓延，皮疹分布对称，鼻部、颊部及肘膝关节以下不会发生皮疹，尤其是手脚部位。玫瑰疹一般不用药物治疗，宝宝也没有明显痒感，2~5天后逐渐消退。

　　出疹的宝宝如果出现高热症状，应遵医嘱给宝宝服用退热药。出了皮疹后，如果不发热了，就可以停药观察。

惊厥

　　惊厥又叫惊风、抽筋、抽风，是中枢神经系统器官或功能异常的一种紧急症状，好发于1岁以内的婴儿。

● 诱发惊厥的原因

　　1.怀孕期间，如果母体受病毒感染，就会导致宝宝出生后出现惊厥。

　　2.如果胎儿在分娩期间缺氧，那么宝宝出生后就会出现惊厥的情况。

　　3.早产儿因缺乏糖分及钙质也会出现惊厥。

　　4.宝宝感冒、气管炎、扁桃体炎等上呼吸道感染症状都有可能会引起高热惊厥。高热引起的惊厥发生时，宝宝的体温急骤上升并出现抽搐，一般在5分钟左右。

　　5.各种脑炎、脑膜炎、败血症、中毒性痢疾等疾病引起的中枢神经系统感染也会诱发宝宝惊厥。除体温急骤升高外，多数宝宝在惊厥发生前后有嗜睡、昏迷等症状。

　　6.原发性癫痫等中枢神经系统功能异常、各种中毒、脑外伤以及维生素D缺乏症、低血钙症等也可表现惊厥，惊厥发作前后体温往往不高。

● 惊厥急救法

　　1.让惊厥的宝宝躺卧于宽敞的地方，并将四周的硬物移开，让宝宝保持侧卧的姿势。大人要用手托着宝宝的头部，以防宝宝因惊厥而扭伤颈部。

　　2.如果宝宝嘴里有呕吐物流出，要将宝宝转至侧卧位，以防呕吐物被吸入气管而出现窒息的情况。另外，还要观察宝宝的呼吸是否畅顺、嘴唇是否变青紫及身体是否撞伤等。

　　3.当宝宝惊厥完毕后，大人可用枕头承托着宝宝的背部，让宝宝保持侧卧姿势休息。

　　4.如果是高热惊厥，当体温达到38.5摄氏度时，应及早给宝宝退热，避免再次发生惊厥。

　　5.在确认宝宝不会发生危险后，应尽快带宝宝就医，以便查出引发惊厥的病因，及早治疗。

佝偻病

　　佝偻病，又称软骨病，是一种常见的慢性营养缺乏症，好发于1岁以内的婴儿。此病多是由维生素D缺乏引起的全身钙、磷代谢紊乱而使骨骼钙化不良所致。佝偻病的危害极大，不但会降低宝宝的抵抗力，还容易合并肺炎及腹泻等疾病，甚至影响宝宝的生长发育。

● 佝偻病的常见症状

　　1.情绪不安稳，精神不安宁，夜晚哭闹、易惊。

　　2.出汗较多。

　　3.头发稀疏。

　　4.食欲不振。

★ 宝宝趴睡时，大人一定要在旁边看护，以免宝宝窒息。

5.骨骼脆软，出牙迟缓，腿骨畸形，出现O形腿或X形腿，行走缓慢无力。

6.关节增大，胸骨突出呈现出鸡胸，脊椎弯曲。

7.肌肉软弱，腹部鼓胀。

8.额头骨突出，囟门闭合延缓。

● **导致佝偻病的原因**

1.人工喂养会增加宝宝患佝偻病的概率，这是因为母乳中的钙、磷比例合理，在维生素D的作用下有助于骨骼的发育；而牛奶中的钙、磷比例不当，即使在维生素D供应充足的情况下也会影响食物中钙质的吸收和成骨作用，从而导致佝偻病的发生。

2.阳光中的紫外线照射皮肤后会使人体内产生内源性维生素D，这是人体中维生素D的主要来源。如果宝宝平时户外活动较少，就容易患佝偻病。

3.生长发育过快的宝宝，对维生素D的需要量相对较多，因此也易患佝偻病。尤其是早产儿，其生长发育较快，佝偻病发病率更高。

4.如果宝宝患有胃肠道或肝、肾疾病，那么患佝偻病的概率也会增加。

● **佝偻病的预防**

佝偻病对宝宝的生长发育影响极大，因此应以预防为主。如果等患了佝偻病后再治疗，就已经晚了。佝偻病在预防上要注意以下几点。

1.为了预防先天性佝偻病，妈妈怀孕期间要多吃富含钙的食物，多晒太阳。

2.宝宝出生后，家长要多带宝宝到户外活动，适当进行日光浴。注意不要让宝宝隔着玻璃晒太阳，因为玻璃阻挡了阳光中的紫外线，达不到补充维生素D的效果。

3.及时给宝宝添加浓缩鱼肝油。由于乳类中维生素D含量极少，因此应及时给宝宝添加浓缩鱼肝油，但给宝宝服用鱼肝油时一定要遵医嘱，绝不能过多服用，以免导致维生素D中毒。

意外伤害的紧急救护

宝宝在成长过程中，一旦看护人照顾不周，就会发生一些意外，而造成伤害也是不可避免的。当意外伤害发生时，父母一定要保持镇静，并要懂得怎样应对意外伤害及处理伤口。

划伤、割伤

宝宝会爬、会走、会跑，每一项体能进步都给了父母无数的幸福与惊喜。但随着宝宝活动与探索能力的增强，一些磕磕碰碰就难以避免，看护人稍不注意，宝宝就受伤了。在众多意外伤害中，划伤、割伤的发生概率很高，如水果刀割伤、坚硬的物品棱角划伤、质地较硬的纸边划伤，等等，这些伤害让人防不胜防。那么，在这些伤害发生后，看护人在第一时间应该做怎样的护理呢？

❀ 划伤、割伤的家庭护理法

如果发现宝宝的伤口出血了，要让伤口处的血流出来。如果没有血液流出，可以轻轻挤压一下，让血液流出。这是因为流出或渗出的血，暴露在空气中已经被污染，沾在伤口上会增加伤口感染的机会。如果是凉席导致的划伤、擦伤，一定要先检查伤口处是否有毛刺残留，如果有，要先将毛刺拔掉。

初步处理伤口后，要给伤口消毒。如果家里有过氧化氢，可以用过氧化氢冲洗伤口，注意应冲洗到没有泡沫为止。如果没有过氧化氢，可以用干净水冲洗伤口，将伤口上的污物尽量冲干净。然后用无菌棉签或棉球蘸取少量碘伏（一种

无刺激性皮肤黏膜消毒液）轻拭伤口。不要用含酒精的消毒液，因刺激性太大。使用碘伏需注意是否发生碘过敏现象。

伤口消毒之后，用创可贴轻轻包裹伤口就可以了。创可贴12小时更换一次，不要沾水，即使是防水创可贴也不能完全保证没有水渗到伤口内。所以，一旦伤口沾水了，就要更换创可贴。如果伤口处被水弄湿，需要再次消毒处理。

如果宝宝的伤口长度超过了1厘米或伤口较深在1毫米以上，在经过简单的消毒、包扎处理后，要尽快带宝宝就医，由医生判断是否需要缝针以及是否需要打破伤风抗毒素等。

❀ 注意事项

结痂时，宝宝会感到伤口刺痒，为了避免宝宝把结痂抓破，可用纱布把伤口包扎上，但一定要保持包扎纱布处干燥，并避免长时间包扎，宝宝入睡后可以把纱布拿下来。

在伤口结痂前，一定不要让宝宝的伤口沾水。即使结痂了，也不要清洗伤口。给宝宝洗澡时动作要快，不要让水把结痂浸泡掉了。洗澡后，要立即在结痂处进行一次消毒。

宝宝学会走路之后，已经分化出恐惧、害怕等情绪。这么大的宝宝对自己受伤的恐惧心理比

任何年龄段的宝宝都来得强烈。因此当宝宝受伤后，父母一定要显出无所谓的样子，一定要把轻松的一面给宝宝，以减轻宝宝的恐惧。

在给宝宝消毒时，父母一定不要因为怕宝宝哭就手下留情，如果不彻底消毒，极有可能会导致伤口感染，这样对宝宝的伤害更大。

烫伤

宝宝的好奇心很强，而且越是看护人不让动的东西他越是要用手摸摸，还要"研究研究"。在好奇心的驱使下，宝宝可能用手去摸装有滚烫食物的碗、"研究"热水瓶时不小心将热水瓶打碎，等等。总之，在宝宝成长过程中，烫伤也是很难避免的。当宝宝被烫伤时，家长要采取正确的处理方式。

❧ 烫伤的家庭护理法

1.立即用凉水冲洗烫伤处，不要使用油、盐、糖、奶等物品。

2.如果烫伤的部位被衣物遮盖，用凉水冲洗降温后要迅速脱去衣服。但注意，一定要先用凉水降温后才能脱去衣服，还要注意衣服是否粘到皮肤上，不要硬脱宝宝的衣服，以免撕伤皮肤。

3.烫伤不需包扎，最好的处理方式就是暴露。如果家里有烫伤药膏，可立即涂在烫伤处。

4.如果仅仅是皮肤烫红，经过上述处理后就不必去医院了。但如果皮肤上起了水疱，切不可把水疱弄破，以免破口后细菌侵入引发感染，不应自行处理，要尽快带宝宝就医。

关节扭伤

宝宝满1周岁以后，随着活动能力的增强，似乎一刻都停不下来，经常会跑跑、跳跳、扭、动动。但由于宝宝的骨骼、关节还未发育完全，极容易发生关节扭伤。发生关节扭伤后，如果宝宝不哭不闹，家长很难发现，而且在受伤初期，通常不会发现什么异样，但过一段时间，宝宝碰伤的部位就会出现红肿。如果关节扭伤不是很严重，家长在家处理一下就可以了。但如果比较担心，最好尽快带宝宝去医院。

❧ 关节扭伤的家庭护理法

1.一旦发现关节扭伤，一定不要揉搓。

2.如果扭伤局部出现红肿，但皮肤无破伤，可采取冷敷，但不要用冰块或冰水冷敷，可以用较凉的自来水敷。如果自来水不够凉，可放到冰箱中冷却片刻后再用。

3.发现扭伤后，不要让宝宝下地行走，而应让宝宝休息，直至消肿。

4.如果关节肿胀、疼痛比较严重，要立即带宝宝就医，检查是否是骨骼损伤或关节错位。

头部撞伤

案例

涛涛刚满1周岁，活动能力越来越强，已经会走路了，有时两个小胳膊一张，朝着奶奶就跟跟着奔过来了，每次都把奶奶逗得大笑。但涛涛走路还不太稳，走起路来总是歪歪扭扭的，经常摔倒，有几次头还碰到了桌子腿，多亏妈妈把桌子腿用海绵包上了，否则非把头磕破不可，奶奶真担心涛涛再跌倒撞伤。

刚刚开始学步的宝宝，跌倒撞伤是难免的，但若是撞到头部，大人往往就会比较担心。一旦发生头部撞伤，看护人一定要采取正确的方法予以处理。宝宝头部撞伤后，父母应先安抚一下宝宝受惊吓的情绪，并在第一时间观察撞伤后宝宝的反应，如摔伤的一刹那宝宝是否立即大哭或摔伤后多长时间开始有哭声，哭的持续时间有多长，哭声越来越大还是越来越小，哭声停止后，宝宝精神状态如何；摔伤后宝宝有无呕吐、头痛、嗜睡等症状出现；意识是否清醒，是否和摔伤前一样玩耍；磕伤部位有何表现，等等。观察后，如果宝宝的意识清楚、语言表达顺畅、没有其他异常，说明创伤没有对宝宝的大脑造成太大的伤害，家长不必太担心，但要多观察后续有无其他变化，并采取正确的护理法。如果发现异常状况，应立即带宝宝就医。

❀ 头部撞伤的家庭护理法

1.检查撞到的部位是否出血。

2.如果撞伤部位出现肿胀，可用冷敷的方法消肿。但一定不能用风油精等搓揉肿起来的部位，尤其是有出血现象时，以免使血管破裂的情况恶化。

3.如果伤口处出血，要做好伤口的清洁消毒工作，具体消毒方法与划伤、割伤的处理方法相同。消毒后再用医用纱布包扎，以免感染。注意不要让宝宝将纱布弄脏或弄湿，还要常换药及干净的纱布。

❀ 注意事项

1.撞伤后，如果宝宝只是啼哭，脸色没有变黑、变白或其他异常，家长就不用特别担心。但如果持续哭闹不停、嗜睡，最好立即去医院检查。

2.在48～72小时内，如果发现宝宝有意识不清、恶心、呕吐、剧烈头痛等症状，应立刻就医。

动物伤害

天气暖和时，如果带宝宝到郊外踏青，宝宝难免会被蜂虫蜇伤，而到了夏天可能还会经常遭遇蚊虫叮咬。另外，家养宠物较多，宝宝有时可能还会被猫、狗等宠物"袭击"。当宝宝发生这些意外时，大人不要惊慌，应马上对宝宝采取紧急护理。

❀ 蜂虫蜇伤的家庭护理法

1.先安抚宝宝的惊恐情绪，以免因哭闹或烦躁不安而加速毒汁在体内的扩散。

2.仔细查看蜇伤的部位，如果毒刺还留在皮肤里，要用小镊子或用胶布粘在伤口处将毒刺取出，不要挤毒刺顶部的毒汁囊，也不要按摩，以免导致更多毒汁进入体内。

3.拔出刺后，可用肥皂水擦洗蜇伤部位，以中和酸性毒液，减轻肿痛症状。

4.如果未能拔出毒刺，或被蜇伤部位较多，应立即就医，以防宝宝发生过敏性休克。

❀ 蚊虫叮伤的家庭护理法

1.剪短宝宝的指甲，告诉宝宝不要用手抓挠，避免抓破皮肤。

2.如果引发感染，应尽快带宝宝就医。

❀ 狗猫咬伤的家庭护理法

1.如果伤口只是皮肤表面，没有破损和出血，应马上用清水、肥皂或过氧化氢清洗一下，然后用无菌纱布包扎伤口，以防感染。

2.如果伤口处有皮肤破损或出血，尽量让含有病毒的血液流出，然后用无菌纱布包扎一下。为了避免引起破伤风或狂犬病，一定要在24小时内带宝宝去医院进一步处理，并注射破伤风预防针和狂犬疫苗。

如何给婴幼儿用药

宝宝生病时，如果病情较轻，医生会为宝宝开对症的药物，并叮嘱父母回家后怎样给宝宝服用；如果宝宝病情较重，甚至会为宝宝输液。

当宝宝在医院就医时，父母不必为怎样给宝宝用药烦恼，因为有医生护士呢。但是，居家时，该怎样给宝宝安全用药呢？这对新手父母来说是个严峻的课题。居家用药一般分为外用与口服两种。如果遵医嘱，外用药一般不会有什么困难。而口服药就不同了，父母不但要掌握好服用量、用药次数、服用方法等用药常识，还要观察宝宝的反应，担心药物的副作用，等等。鉴于此，下面就着重介绍一下关于婴幼儿口服药的用药常识。

● 口服药的种类及喂法

口服药的种类较多，一般分为水剂、糖浆、粉药、药片及中药丸等几种。药物的种类与状态不同，其具体的喂法也有所区别。

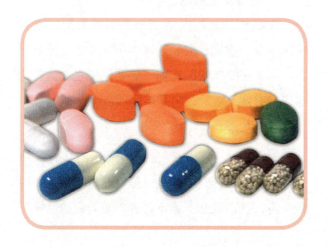

❀ 水剂和糖浆

水剂及糖浆类药物，接近奶水的形态，因此给宝宝服用起来比较简单。另外，由于这类药物很容易变质，因此最好放在冰箱中保存。

喂药方法

1.先将水剂或糖浆倒入小匙中。

2.在宝宝张开嘴后，用小匙压住宝宝的舌头，往嘴里慢慢灌入。如果宝宝对这种方式比较抵触，可以利用药物附带的滴管吸出需要量滴在宝宝的食物上，让宝宝在进餐时将药物摄入。

3.宝宝咽下药物后，要给宝宝喂适量温开水，以清洁口腔，并让宝宝保持站立或坐立位2分钟。

要点提示

1.服用前，摇晃装有糖浆或水剂的瓶子，把药水摇匀。

2.给宝宝喂药要定时定量，不可随意增加或减少，尤其是抗生素。为了更加精准地把控好药物的量，建议使用原装的滴管服药。

3.注意观察宝宝服药后的情况，如发现宝宝皮肤上出现红疹，或病情没有缓解，或出现其他不适症状等情况，一定要立即带宝宝看医生。

4.喂药时，确保宝宝的周围安全，以免宝宝挣扎而造成危险。

❀ 粉药的喂法

喂药方法

1.在粉药中先滴几滴水混合均匀。注意一次不要加太多水，否则不容易搅匀，所以最好滴入少许水后搅拌。

2.当水加到一定程度时，最好用搅拌匙拌匀，以免因有苦味而导致宝宝拒绝服药。

3.当舌头接触药物时宝宝能感觉到苦味，所以最好用小匙紧贴宝宝的口腔内侧喂药。然后再喂适量水，以清洁口腔。

要点提示

1.粉药每次的服用量一定要准确，不能随意增加或减少。

2.粉药最好在饭前喂，如果跟其他饭菜混合着喂，最好选在宝宝有食欲的时候喂。

3.粉药应放在阴凉、干燥的地方，以免变质。

4.治疗感冒的处方粉药不宜保存，宝宝痊愈后，即使剩下了也要马上扔掉。

❀ 药片和中药丸的喂法

对于大一点的幼儿来说，宝宝喝口水、一仰脖就将药片或中药丸吃下去了。但对于较小的婴儿，药片和中药丸吃起来就不能这么容易和安全了。

喂药方法

1.如果是药片，要先将其碾成碎末，然后放入等量白糖溶解的糖水中；如果是中药丸，先将药丸弄碎，再用适量温开水溶化成汤液。

2.在宝宝颈部垫上纱布或围嘴，妈妈左臂怀抱宝宝，并用双膝固定住宝宝的双腿，抬高宝宝的头部，将小匙紧贴着宝宝的嘴角，让药液沿着舌头一点点地进入，当宝宝全部吞咽下去后将小匙拿开。

3.为防止宝宝不肯吞咽药液，妈妈可用手指轻捏宝宝双颊促使其咽下。

要点提示

1.如果碾碎的药末不溶于水，可将药末与白糖混匀，使药末附着在糖粒上，再用温开水溶解。

2.药末溶于水后，如果觉得用小匙喂药不方便，也可用喂水剂和糖浆专用的滴管喂药。

● 给宝宝喂药的注意事项

❀ 仔细阅读药物说明书

在药物的说明书中，一般列有服用方法、用药禁忌、不良反应、药理作用、药物成分等内容。家长在给宝宝服药前一定要仔细查看这些信息，如有疑问应及时向开药医师咨询。

❀ 不可强行灌药

对于较小的婴儿而言，他们还不具备反抗能力，父母喂什么吃什么，虽然感觉味道不好时会哭泣，甚至呕吐，但不会有更加激烈的情绪反应，因此不存在强行灌药的情况。但对于较大的幼儿来说，情况就不同了，他们已经有了一定的自我意识，懂得了很多道理，当然也会有反抗情绪，因此给幼儿喂药时，切不可强行灌药，否则会给宝宝留下心理阴影。

✿ 不要用奶瓶喂药

一旦用奶瓶喂药，宝宝就会对奶瓶产生不愉快的经验，这可能会导致宝宝拒绝吃奶，尤其是对满3个月的宝宝更要注意避免。

吃药最好用温开水

平时，很多成年人在服药时，不管手上拿的是果汁、咖啡还是茶水，随便就用这些饮品服药。这是极其不可取的。如果用咖啡、茶水或可乐服药，会影响药效，其中含有的茶碱，还可能会造成支气管扩张剂过度吸收，从而出现呕吐、痉挛、心悸等不良反应。而给年龄较小的婴幼儿服药时，用水更须谨慎，建议用温开水喂服。

童大夫提醒

✿ 注意把握好喝牛奶与服药的间隔

为了减少给宝宝喂药的麻烦，有些父母喜欢把药物和牛奶一起给宝宝吃。其实这样很不科学，因为牛奶会降低药物的效果。另外，宝宝服药后也不要立即喝牛奶。

✿ 药物吐出后不要再喂

如果宝宝将吃下去的药吐了，妈妈也不要再喂了。因为宝宝可能已经吞下了一些药物，如果再喂就增加了药量。

✿ 服药后仔细观察宝宝的反应

有些药物会引起过敏反应，给宝宝喂药后，一定要密切观察。另外，有些治疗感冒的药物还会造成心跳加快，给宝宝服药后也要小心观察。宝宝服药后，一旦出现不适或一些不良反应，应尽快带宝宝就医。

✿ 吃剩的药立即扔掉

宝宝吃的药不宜保存，当宝宝病愈后，当次开的药即使没有吃完，也要丢掉。因为药物一旦

保存不当就容易变质，当下次宝宝生病时，如果妈妈不小心给宝宝服用了变质的药，会严重损害宝宝的健康。

● **避开婴幼儿的用药误区**

婴幼儿正处于生长发育期，用药与成年人有很大的区别，对药物的毒副作用的反应更为敏感。一旦用药不当，常常会造成药物中毒，严重的甚至威胁生命安全。因此，家长在给宝宝用药时，一定要注意安全，避开用药误区。婴幼儿常见的用药误区如下：

❖ **服用预防性药物**

父母都希望宝宝能健康成长，因此常常在相信广告宣传的情况下，盲目地给宝宝服用一些所谓的有预防作用的药物，如保婴丹等。事实上，这种方法并不科学，常给宝宝服用这类药物对宝宝反而不好。

❖ **随意加大用药剂量**

很多父母认为，加大用药量，就能加强药物的效果。其实不然，随便让宝宝超量用药，反而会造成急性或蓄积性药物中毒。

❖ **滥补保健品**

很多家长认为，保健品是高度浓缩的营养，多给宝宝服用能增强宝宝的体质。事实上，有些保健品并不适合婴幼儿服用，因为婴幼儿胃肠道还不能很好地吸收这些营养品。而有些保健品中可能还含有一定量的激素或类激素物质，服用过多会造成内分泌功能的紊乱，促进宝宝性早熟或影响发育。

❖ **给宝宝服用成人药**

宝宝偶有感冒、发烧，有时夜里来不及去医院买药，于是有些家长会给宝宝吃一些大人服用的

药物，并按比例减少剂量。其实，这是非常不妥的做法。因为婴幼儿的代谢系统、排毒功能还未发育完全，对成人药中的一些有害成分还不能代谢，因此即使是药量减少了，也依然存在危害。

❖ **拒绝或滥用抗生素**

有些父母通过各方面的资料了解到使用抗生素的多种弊端，因此不敢给宝宝用抗生素，即使对医生开的抗生素也不敢使用，常常导致宝宝病情加重。还有的父母由于缺少对抗生素的了解，一旦发现宝宝头疼脑热就盲目地给宝宝使用抗生素，极易造成中毒、过敏、真菌感染等后果，还可能使宝宝产生耐药性，致使很多药物对宝宝都没有治疗效果。由此看来，在病情需要的情况下，科学合理地使用抗生素才是首选。

疫苗接种

> 宝宝出生后，预防接种是必不可少的项目。预防接种看起来很简单，但带给父母的困扰可不少。下面就介绍一些关于预防接种的常识。

● 计划内免疫疫苗一览表

接种年龄	疫苗名称
出生	卡介苗、乙型肝炎疫苗第1针
1个月	乙型肝炎疫苗第2针
2个月	脊灰疫苗第1次服用
3个月	脊灰疫苗第2次服用、无细胞百白破疫苗第1针
4个月	脊灰疫苗第3次服用、无细胞百白破疫苗第2针
5个月	无细胞百白破疫苗第3针
6个月	乙型肝炎疫苗第3针、A群流脑多糖体疫苗第1针
8个月	麻风二联疫苗
9个月	A群流脑多糖体疫苗第2针
1岁	乙脑减毒疫苗免疫2针，间隔7~12天（到1岁后，在5月份接种）
1岁半	甲型肝炎疫苗、无细胞百白破疫苗加强1针、麻风腮疫苗
2岁	乙脑减毒疫苗免疫加强1针（到2岁后，在5月份接种）
3岁	A＋C群流脑疫苗

注：脊髓灰质炎减毒活疫苗糖丸（简称脊灰疫苗）；无细胞百日咳、白喉、破伤风联合疫苗（简称无细胞百白破疫苗）；A+C群脑膜炎球菌多糖疫苗（简称A+C群流脑疫苗）。

● 预防接种后的注意事项

在预防接种后,大多数宝宝或多或少都会出现一些反应症状。如果反应症状较轻,如宝宝在打针后哭闹、食欲不振、烦躁不安、局部红肿疼痛、轻微发热等都属于正常反应。此时,妈妈可以搂抱并哄哄宝宝,也可对症采取物理降温、饮食清淡、仔细呵护打针处等措施。但如果注射后宝宝反应很大,甚至出现高烧,就应尽快咨询医生,必要时要带宝宝就医。

另外,在预防接种后,家长还要注意以下一些事项:

✿ 接种后不宜洗澡

在预防接种后的24小时内,医生建议不要给宝宝洗澡。一是防止洗澡后接种部位因接触水而引起感染;二是洗澡会带走身体上的大量热量,可能会使宝宝着凉,引起发热。

✿ 尽量减少宝宝的活动

活动过多,尤其是剧烈活动,会引起不必要的接种疫苗后的不良反应。因此,建议接种后,让宝宝少活动,多休息。

✿ 减少喂食

预防接种后,很多宝宝会表现为食欲不振,如果坚持像以往一样喂食,可能会导致宝宝拒绝食物。另外,接种以后,如果进食太多还会给肠胃造成负担。因此,一般建议接种疫苗后减少喂食,但要多喝水,并注意营养。

● 疫苗漏种怎么办

案例

上个月,我家宝宝该打乙脑减毒疫苗免疫加强1针了,但我出差了,老公和婆婆在家带宝宝,正好我老公那段时间特别忙,经常加班,就忘了宝宝打针的事,婆婆也没想起来,就漏掉了一针,有什么办法补救吗?

有的家长平时工作比较忙,到了宝宝接种疫苗的时候,有时可能会忘了接种时间而导致漏种疫苗。

这时,也不必担心,建议随后补种即可。但要注意,漏掉哪一针就补种哪一针,之后仍按照正常顺序接种,不必从第1针重种。比如,如果漏掉了百白破疫苗第2针,随时可以补种,等1个月后再接种第3针即可。

为了提高接种预防率,如果宝宝身体状况良好,建议家长最好还是按时带宝宝接种疫苗。

● 不宜给宝宝预防接种的几种情况

疫苗接种是预防传染病简便有效的措施,每种疫苗的接种都有其最适合的时间,但宝宝却并非任何时候都适宜接种。当宝宝生病时,自身的免疫力较低,此时接种可能会影响接种效果。另外,疫苗本身的一些副作用还会加重宝宝的病情。因此,接种疫苗一定选在宝宝健康的时候。一般认为,当宝宝出现下列情况时不能预防接种,可等宝宝康复后延期接种。

如果宝宝因感冒等疾病引起发热,此时不宜接种。因为接种疫苗会使宝宝体温升高,加重病情,甚至诱发新的疾病。

在预防接种期间内,如果宝宝出现呕吐、腹泻及严重的咳嗽等症状,如果医生同意,可暂时不接种,待症状好转后再补种。

如果宝宝患传染病后正处于恢复期,或有急性传染病接触史但未过检疫期,那么应暂缓接种。以免接种疫苗产生的不良反应使原有的病情加重。

如果宝宝患有急慢性肾脏疾病、化脓性皮肤病、化脓性中耳炎、活动性肺结核等疾病，也可暂时不接种，等痊愈后补种即可。

过敏性体质及患有哮喘、湿疹、荨麻疹的宝宝，接种疫苗后易发生过敏反应，尤其是麻疹疫苗、百白破混合疫苗等致敏源较强的疫苗，更易引起过敏反应。这种情况要咨询医生，是否给宝宝接种。

如果宝宝有癫痫和惊厥史，一定要咨询医生宝宝是否适合接种疫苗，尤其是乙脑疫苗、百白破混合疫苗，以免接种后引起晕厥、抽筋、休克等。

患有严重佝偻病的宝宝不宜服用小儿麻痹糖丸，在佝偻病痊愈后咨询医生是否补种。

● 勿入疫苗接种的误区

在给宝宝接种疫苗的问题上，很多家长存在一些错误的认识，不利于为宝宝预防疾病。在预防接种时，勿入以下误区。

误区一：提前接种

宝宝接种疫苗的时间，医生都会在接种卡上标明。但有的家长特别心急，常常会抱着宝宝提前去医院接种。其实，这种做法非常不可取。因为预防接种程序的规定有一定的科学性，接种顺序和时间是十分严密的，这与婴幼儿体内的抗体水平和注射疫苗后抗体的产生以及抗体的持续时间都有着一定的关联。因此，家长应根据卫生部门规定的免疫程序按时接种，如果提前接种，会达不到免疫效果和目的。若遇到特殊情况应向医生说明，由医生安排宝宝的具体接种时间。

误区二：接种过疫苗就不会生病

大多数常规使用的疫苗，其保护率在85%～95%，但由于接种疫苗的个体存在差异，因此并非所有宝宝接种后都能免疫成功。

误区三：国家规定的计划外疫苗没必要接种

预防接种是预防和控制传染病最安全、有效的手段之一，同时也是最经济的一种方式。因此，建议有条件的家长在计划免疫的基础上自费选择更多种类的疫苗，如水痘疫苗、流感疫苗、甲肝疫苗等，为宝宝的健康多设一道防线。

参考书目

1 郭玉德.现代小儿耳鼻咽喉科学〔M〕.北京：人民卫生出版社，2000.

2 金汉珍，等.实用新生儿学〔M〕.北京：人民卫生出版社，2003.

3 邹小兵，静进.发育行为儿科学〔M〕.北京：人民卫生出版社，2005.

4 林海.儿科护理学〔M〕.北京：中国中医药出版社，2006.

5 谭德福，等.中西医结合儿科学〔M〕.北京：中国中医药出版社，2006.

6 陆国辉，徐湘民.临床遗传咨询〔M〕.北京：北京大学医学出版社，2007.

7 汪受传.中医儿科学〔M〕.北京：中国中医药出版社，2007.

8 张丽，等.现代儿童保健〔M〕.北京：上海第二军医大学出版社，2007.

9 杨秉辉.全科医学概论〔M〕.北京：人民卫生出版社，2008.

10 朱启镕，等.小儿传染病学〔M〕.北京：人民卫生出版社，2009.

11 派珀（Piper.M.C.），等.发育中婴儿的运动评估：Alberta婴儿运动量表〔M〕.北京：北京大学医学出版社，2009.

12 童笑梅，鲁珊，等.实用儿科门诊急诊手册〔M〕.北京：北京大学医学出版社，2008.

附录　2005年九市城区3岁以下儿童体格发育测量（$\bar{x} \pm s$）

年龄组	男 体重 $\bar{x}$	s	身高 $\bar{x}$	s	坐高 $\bar{x}$	s	头围 $\bar{x}$	s	胸围 $\bar{x}$	s	女 体重 $\bar{x}$	s	身高 $\bar{x}$	s	坐高 $\bar{x}$	s	头围 $\bar{x}$	s	胸围 $\bar{x}$	s
出生	3.33	0.39	50.4	1.7	33.5	1.6	34.5	1.2	32.9	1.5	3.24	0.39	49.7	1.7	33.2	1.6	34.0	1.2	32.6	1.5
1月	5.11	0.65	56.8	2.4	37.8	1.9	38.0	1.3	37.5	1.9	4.73	0.58	55.6	2.2	37.0	1.9	37.2	1.3	36.6	1.8
2月	6.27	0.73	60.5	2.3	40.2	1.8	39.7	1.3	39.9	1.9	5.75	0.68	59.1	2.3	39.2	1.8	38.8	1.2	38.8	1.8
3月	7.17	0.78	63.3	2.2	41.7	1.8	41.2	1.4	41.5	1.9	6.56	0.73	62.0	2.1	40.7	1.8	40.2	1.3	40.3	1.9
4月	7.76	0.86	65.7	2.3	42.8	1.8	42.2	1.3	42.4	2.0	7.16	0.78	64.2	2.2	41.9	1.7	41.2	1.2	41.4	2.0
5月	8.32	0.95	67.8	2.4	44.0	1.9	43.3	1.3	43.3	2.1	7.65	0.84	66.2	2.3	42.8	1.8	42.1	1.3	42.1	2.0
6月	8.75	1.03	69.8	2.6	44.8	2.0	44.2	1.4	43.9	2.1	8.13	0.93	68.1	2.4	43.9	1.9	43.1	1.3	42.9	2.1
8月	9.35	1.04	72.6	2.6	46.2	2.0	45.3	1.3	44.9	2.0	8.74	0.99	71.1	2.6	45.3	1.9	44.1	1.3	43.9	1.9
10月	9.92	1.09	75.5	2.6	47.5	2.0	46.1	1.3	45.7	2.0	9.28	1.01	73.8	2.8	46.4	1.9	44.9	1.3	44.6	2.0
12月	10.49	1.15	78.3	2.9	48.8	2.1	46.8	1.3	46.6	2.0	9.80	1.05	76.8	2.8	47.8	2.0	45.5	1.3	45.4	1.9
15月	11.04	1.23	81.4	3.2	50.2	2.3	47.3	1.3	47.3	2.0	10.43	1.14	80.2	3.0	49.4	2.1	46.2	1.4	46.2	2.0
18月	11.65	1.31	84.0	3.2	51.5	2.3	47.8	1.3	48.1	2.0	11.01	1.18	82.9	3.1	50.6	2.2	46.7	1.3	47.0	2.0
21月	12.39	1.39	87.3	3.5	52.9	2.4	48.3	1.3	48.9	2.0	11.77	1.30	86.0	3.3	52.1	2.4	47.2	1.4	47.8	2.0
2岁	13.19	1.48	91.2	3.8	54.7	2.5	48.7	1.4	49.6	2.1	12.60	1.48	89.9	3.8	54.0	2.5	47.6	1.4	48.5	2.1
2.5岁	14.28	1.64	95.4	3.9	56.7	2.5	49.3	1.3	50.7	2.2	13.73	1.63	94.3	3.8	56.0	2.4	48.3	1.3	49.6	2.2
3岁	15.31	1.75	98.9	3.8	57.8	2.3	49.8	1.3	51.5	2.3	14.80	1.69	97.6	3.8	56.8	2.3	48.8	1.3	50.5	2.2

注：摘自《中华儿科杂志》45卷，第8期，609页，2007年

图书在版编目（CIP）数据

童笑梅育儿知识百科 / 童笑梅编著. -- 成都 ： 四川科学技术出版社，2015.5

ISBN 978-7-5364-8097-1

I. ①童… II. ①童… III. ①婴幼儿—哺育—基本知识 IV. ①TS976.31

中国版本图书馆CIP数据核字（2015）第108609号

童笑梅育儿知识百科

书名：童笑梅育儿知识百科
TONG XIAOMEI YUER ZHISHI BAIKE

出　品　人：钱丹凝
编　著　者：童笑梅
责　任　编　辑：谢　伟
封　面　设　计：高　婷
责　任　出　版：欧晓春
出版发行：四川科学技术出版社
　　　　　地址：成都市三洞桥路12号　　邮政编码：610031
　　　　　官方微博：http://weibo.com/sckjcbs
　　　　　官方微信公众号：sckjcbs
　　　　　传真：028-87734039
成品尺寸：205mm×260mm
印　　张：26.5
字　　数：600千
印　　刷：北京毕氏风范印刷技术有限公司
版次/印次：2015年6月第1版　2015年6月第1次印刷
定　　价：46.80元

ISBN 978-7-5364-8097-1
本社发行部邮购组地址：成都市三洞桥路12号
电话：028-87734035　邮政编码：610031